Ernst Tiemeyer
Friedel Rößler

AmiPro 3.0

Ernst Tiemeyer
Friedel Rößler

AmiPro 3.0

Die optimale Einführung in die
Textverarbeitung unter Windows

Die Deutsche Bibliothek - CIP-Einheitsaufnahme

Tiemeyer, Ernst:
AmiPro 3.0 : die optimale Einführung in die Textverarbeitung
unter Windows / Ernst Tiemeyer ; Friedel Rössler.-
Braunschweig ; Wiesbaden : Vieweg, 1993
 ISBN 978-3-322-99197-3
NE: Rössler, Friedel:

Das in diesem Buch enthaltene Programm-Material ist mit keiner Verpflichtung oder Garantie
irgendeiner Art verbunden. Die Autoren und der Verlag übernehmen infolgedessen keine
Verantwortung und werden keine daraus folgende oder sonstige Haftung übernehmen, die auf
irgendeine Art aus der Benutzung dieses Programm-Materials oder Teilen davon entsteht.

Alle Rechte vorbehalten
© Springer Fachmedien Wiesbaden 1993
Ursprünglich erschienen bei Friedr. Vieweg & Sohn
Verlagsgesellschaft mbH Braunschweig/Wiesbaden, 1993
Der Verlag Vieweg ist ein Unternehmen der Verlagsgruppe Bertelsmann International.

Druck und buchbinderische Verarbeitung: pdc, Paderborn
Gedruckt auf säurefreiem Papier

ISBN 978-3-322-99197-3   ISBN 978-3-322-99196-6 (eBook)
DOI 10.1007/978-3-322-99196-6

Inhaltsverzeichnis

Vorwort und Hinweise zur Arbeit mit dem Buch

AMI PRO ist das Textverarbeitungsprogramm der Firma Lotus, das auf der grafischen Bedieneroberfläche Windows 3 basiert. Der hohe Funktionsumfang, die einfache Bedienung sowie die hervorragenden Gestaltungs- und Verknüpfungsmöglichkeiten haben es schnell zu einem marktführenden Programm in der Praxis werden lassen. In Vergleichstests unabhängiger Fachzeitschriften nimmt es fast immer einen Spitzenplatz ein.

Mit der Version 3.0, die seit dem Herbst 1992 auf dem Markt ist, wurden gegenüber der Vorgängerversion verschiedene Verbesserungen vorgenommen. Im Mittelpunkt standen einmal eine Vereinfachung der täglich anfallenden Textverarbeitungsaufgaben und damit auch eine angenehme Handhabung ansonsten komplizierter Funktionen. Als Beispiele dafür seien die vom Benutzer frei definierbare Funktionsleiste sowie das vereinfachte Verschieben und Kopieren von Textabschnitten genannt.

In funktionaler Hinsicht sind nahezu alle Möglichkeiten vorhanden, die man sich für eine moderne Textverarbeitung wünscht. Dazu zählen Mehrspaltenverarbeitung, Rechtschreibprüfung, Thesaurus, Fußnotenverwaltung, Gliederungsfunktion, dynamisches Einfügen von Tabellen und Grafiken, Serienbriefe, Arbeiten mit Layoutbögen, Makros, professionelles Dateimanagement und vieles mehr.

Ob Briefe, Berichte, Serientexte, Referate, das Erstellen und Ausfüllen von Formularen - immer verhilft AMI PRO zu einer schnellen und sauberen Lösung. Das vorliegende Buch möchte Sie anhand von konkreten Anwendungsbeispielen systematisch mit allen wichtigen Funktionen dieses leistungsstarken Textverarbeitungsprogramms vertraut machen.

Das Buch ist in 15 Kapitel gegliedert. Am Anfang steht eine gründliche Einführung in die Handhabung des Programms. Danach wird Ihnen gezeigt, was alles für die Erstellung und Gestaltung von Dokumenten mit AMI PRO wichtig ist:

▷ So lernen Sie im 2. Kapitel, wie Fließtexte erfaßt werden können und welche Möglichkeiten der Sofortkorrektur bestehen. Anschließend werden die Besonderheiten bei der Speicherung und dem Drucken von Dokumenten erläutert. Die Beschreibung möglicher Voreinstellungen für das Arbeiten bildet den Abschluß dieses Kapitels.

▷ Die Textbearbeitung ist Gegenstand des 3. Kapitels. Dazu rechnen die verschiedenen Blockoperationen (Löschen, Kopieren, Verschieben), die Funktionen »Suchen« sowie »Suchen und Ersetzen« und schließlich die Rechtschreibprüfung.

▷ Im 4. Kapitel wird gezeigt, wie Dokumente auf verschiedenen Ebenen formatiert werden können. Die Gestaltung von Seiten (Seitenlayout, Kopf-/Fußzeilen, Mehrspaltentext) sowie grundlegende Funktionen der Absatz- und Schriftbildgestaltung bilden dabei die Schwerpunkte.

▷ Im 5. Kapitel folgt eine ausführliche Erläuterung des Arbeitens mit dem Tabulator. Nur bei Kenntnis der Vorgehensweise sowie der vorhandenen Möglichkeiten können Sie tabellarische Aufstellungen, Gliederungen und vergleichbare Formtexte korrekt erfassen und ausdrucken.

▷ Besonders wichtig ist ein genaues Durcharbeiten des 6. Kapitels: das Arbeiten mit einem Layoutbogen. Die Nutzung vorhandener Layoutbogen sowie die Modifizierung und Neuerstellung von Layoutbögen müssen Sie kennen, wenn Sie sich Formatierungsarbeiten erleichtern wollen. Viele Formatierungen sind darüber hinaus ohne ein gezieltes Arbeiten mit dem Absatzlayout gar nicht möglich.

Ein weiterer Schwerpunkt des Buches ist dann die Erläuterung der Tabellenfunktion. So werden im 7. Kapitel anhand konkreter Anwendungsbeispiele zunächst die Vorgehensweise für die Nutzung der Tabellenfunktion erläutert, die Möglichkeiten der Tabellengestaltung beschrieben sowie Hinweise für das Rechnen in Tabellen gegeben. Danach wird ausführlich gezeigt, wie Verbindungen mit einem Tabellenkalkulationsprogramm hergestellt werden können (am Beispiel der Programme EXCEL und 1-2-3/W).

Dargestellt werden verschiedene Möglichkeiten der Integration: über die Zwischenablage, als DDE- sowie als OLE-Verknüpfung.

Für die Erstellung von Standardtexten ist die Textverarbeitung eine wesentliche Hilfe, um Routinearbeiten schnell und komfortabel zu erledigen. In besonderen Kapiteln wird deshalb die Serienbriefschreibung (Kapitel 8) sowie die Bausteinverarbeitung (Kapitel 9) behandelt.

Eine interessante Funktion ist in neueren Textverarbeitungsprogrammen das Arbeiten mit sogenannten Feldern. Was darunter zu verstehen und wie auf diese Weise gezielte Einfügungen in einem Dokument vorgenommen werden können, wird im 10. Kapitel beschrieben.

Im 11. Kapitel steht das Erstellen und Einfügen von Geschäftsgrafiken in Dokumente im Mittelpunkt. Dabei wird zunächst gezeigt, wie Geschäftsgrafiken mit der in AMI PRO integrierten Präsentationsgrafikfunktion erzeugt werden und wie diese in einem Dokument plaziert werden. In bestimmen Fällen kann aber auch eine Übernahme von Grafiken interessant sein, die mit anderen Programmen erstellt wurden. Anhand von Beispielen wird deshalb auch gezeigt, wie aus den Windows-Programmen FREELANCE, HARVARD GRAPHICS, 1-2-3/W und EXCEL Grafiken »eingespielt« werden können.

Im 12. Kapitel wird die Zeichenfunktion von AMI PRO erläutert. Hiermit stehen eine Vielzahl interessanter Optionen zur Verfügung. Die Anwendung der vorhandenen Zeichenobjekte wird Ihnen nach Lesen dieses Abschnittes sicherlich keine Probleme mehr bereiten.

Im 13. Kapitel wird schließlich aufgezeigt, wie durch Nutzung von Makros wiederholte Eingaben überflüssig gemacht werden können. Dabei wird vor allem auf die Aufzeichnung und die Wiedergabe von Befehlsfolgen eingegangen.

Das Wiederauffinden von Dokumenten wird durch Nutzung der besonderen Möglichkeiten der Dokumentenbeschreibung erleichtert. Die Anwendung wird im 14. Kapitel des Buches ebenso beschrieben wie der sogenannte Dokumentenmanager, mit dem Sie Dateioperationen wie das Kopieren, Löschen und Umbennen von Dokumenten direkt und einfach durchführen können.

Den Abschluß des Buches bildet im 15. Kapitel die Beschreibung verschiedener Sonderfunktionen. Sie sind vor allem für die Leser interessant, die umfangreiche Berichte und wissenschaftliche Abhandlungen erstellen müssen. Dann kann nämlich die Anwendung der Fußnotenverwaltung, die Gliederungsfunktion, das automatische Erstellen eines Inhalts- und Sachwortverzeichnisses sowie die Thesaurusfunktion eine wertvolle Hilfe sein.

In den einzelnen Kapiteln des Buches wird in jedem Teilabschnitt immer von einem konkreten Anwendungsbeispiel ausgegangen. Dieses Beispiel bildet die Grundlage für die Beschreibung von Lösungen mit dem Programm AMI PRO. Es empfiehlt sich, die einzelnen Beispiele durch praktische Arbeit am Personal Computer nachzuvollziehen. Als Hilfe zum Einprägen und für ein späteres Nachschlagen enthält das Buch zahlreiche Checklisten, Strukturübersichten und Ablaufschaubilder für die Anwendung der grundlegenden Funktionen.

Beachten Sie für die Nutzung des Buches außerdem folgende **Hinweise:**

⇨ Um das Buch optimal nutzen zu können, kann die diesem Buch beiliegende Lerndiskette nützlich sein. Hierauf sind alle Übungstexte gespeichert, die diesem Buch zugrunde liegen.

⇨ Die Bezeichnung der Funktionstasten orientiert sich an der üblichen PC-Tastatur. Sofern Sie über eine andere Tastatur verfügen, mag folgende Aufstellung hilfreich sein:

Gewählte Bezeichnungen	Alternativen
⏎	<ENTER> <NEXT>
←	<BACK> <BACKSPACE> <BKSP>
Esc	<ESCAPE> <Eing lösch> <Unterbr>
Einfg	<INS> <Einfg. Zeile> <INSERT>
Entf	<DEL> <Löschen> <DELETE>
Ende	<End>
Strg	<Control> <Ctrl>
Pos1	<Home> <Position 1>
⇧	<Shift> <UMSCHALTEN>
Bild↑	<PgUp> <Bild + Pfeil oben>
Bild↓	<PgDn> <Bild + Pfeil unten>
<Caps Lock>	<Groß/Klein>
Alt	<Alt> <Sonderzeichen>

Und nun viel Spaß beim Lesen des Buches und bei der Arbeit am PC.

Dinslaken/Kleve, im Januar 1993

Ernst Tiemeyer/Friedrich Rößler

Vorbemerkung: Programmkonzeption und Hardwarevoraussetzungen zur Nutzung von AMI PRO 3.0

AMI PRO zählt zu den führenden Textverarbeitungsprogrammen für den Personal Computer. Als Textverarbeitung unter WINDOWS wird dabei von folgenden Bedienungsgrundsätzen ausgegangen:

◇ WYSIWYG-Prinzip (für What You See Is What You Get),

◇ Maussteuerung und Symbole zur Befehlsauslösung,

◇ Dialogboxen zur Befehlsspezifizierung,

◇ invididuell einstellbare Ikonen (SmartIcons),

◇ Fenstertechnik zum Öffnen und Bearbeiten mehrerer Dateien,

◇ einfache Verbindung mit anderen Programmen (leichte Übernahme von Tabellen, Grafiken und Bildern in ein Dokument),

◇ Drag & Drop zum einfachen Verschieben von Textpassagen,

◇ Verknüpfungen bei Verbindungen zu anderen Programmen durch dynamischen Datenaustausch und OLE-Prinzip (OLE für Object Linking and Enbedding).

Um das Programm AMI PRO in der Version 3.0 nutzen zu können, werden folgende Systemanforderungen gestellt:

I. Hardware-Anforderungen:

◇ IBM-PC oder Kompatibler (80286, 80386 oder höher; 80486 empfehlenswert). Der Rechner muß mit der Windows-Version 3.x kompatibel sein.

◇ Hauptspeicherkapazität ab 2 MB RAM (wünschenswert 4 MB und mehr).

◇ Festplatte oder File Server (AMI PRO läuft also auch im Netzwerk): Als Minimum benötigt AMI PRO 5 MB freien Speicherplatz auf Ihrer Festplatte. Wenn weitere Optionen installiert sind, kann bis zu 12 MB freier Speicherplatz auf der Festplatte für das Programm erforderlich sein. Da außerdem 3 MB für temporär angelegte Dateien notwendig sind, sollten Sie mindesten 15 MB frei haben, wenn Sie alles installicren.

- ✧ 1 Disketten-Laufwerk (5,25" mit 1,2 MB oder 3,5" mit 720 KB   oder 1,44 MB).

- ✧ EGA oder höher auflösender Bildschirm (kompatibel mit Windows).

Empfohlen wird außerdem die Nutzung einer Windows-kompatiblen Maus. Sie erleichtert das Arbeiten mit dem Programm erheblich.

II. Betriebssystem bzw. Betriebssystemerweiterung:

Auf Ihrem Comuter muß das Betriebssystem DOS in der Version 3.1 oder höher installiert sein. Außerdem ist die Benutzeroberfläche Microsoft WINDOWS (ab Version 3) erforderlich, um mit dem Programm AMI PRO arbeiten zu können.

1 Aufbau und Handhabung des Programms

Bevor Sie Ihr erstes Dokument mit AMI PRO erstellen, sollten Sie sich etwas intensiver mit der Arbeitsweise des Programms auseinandersetzen. Dazu gibt Ihnen dieses erste Kapitel die notwendigen Hinweise und Tips. Im einzelnen wissen Sie nach dem Lesen dieses Kapitels

◇ wie bei der Installation des Programms vorzugehen ist,

◇ welche Varianten für den Aufruf des Programms denkbar sind,

◇ welche Bedeutung die verschiedenen Bildschirmelemente nach dem Programmaufruf haben,

◇ wie Befehle über Menüs ausgelöst und spezifiziert werden können,

◇ welche Besonderheiten für das Arbeiten mit SmartIcons sowie bei der Maussteuerung zu beachten sind und

◇ wie Sie in Problemfällen die Hilfefunktion nutzen können.

Hinweis: Sofern Ihr Programm AMI PRO bereits ordnungsgemäß auf Ihrem Computer installiert ist, können Sie den folgenden Abschnitt 1.1 ruhig überspringen.

1.1 AMI PRO installieren

Sofern Sie das erste Mal mit dem Programm AMI PRO auf Ihrem Computer arbeiten wollen, ist ein **Einrichten des Programms** erforderlich. Auf diese Weise erreichen Sie, daß das Programm überhaupt auf der Festplatte verfügbar ist und den Erfordernissen der von Ihnen verwendeten Hardware entspricht.

Für das Einrichten des Programms sollten Sie zunächst sämtliche Disketten bereitlegen, die mit dem Programm ausgeliefert werden.

Bei einem System mit 3,5"-Laufwerken verfügen Sie über 7 Disketten, die neben den eigentlichen Programmdateien auch die Dateien zur Programminstallation und zur Rechtschreibprüfung enthalten. Ergänzend gibt es noch eine 8. Diskette, auf die der sog. Adobe Type Manager (kurz ATM) gespeichert ist, mit dem be-

sonders ansprechende Schriften installiert und erzeugt werden können.

Zunächst ein **Tip**, bevor Sie mit dem Installationsvorgang beginnen: Verwenden Sie Kopien und nicht die Originaldisketten für die Installation!

Fertigen Sie eine Kopie der Originaldisketten an

Vor dem Kopieren der Originaldisketten sollten Sie diese gegen versehentliches Überschreiben schützen. Bei $3^1/_2$"-Disketten setzen Sie den Schreibschutz durch Zurückschieben des Plastikriegels an der linken unteren Seite der Diskette; bei 5 $^1/_4$"-Disketten kleben Sie die Schreibschutzkerbe an der oberen rechten Seite der Diskette zu. Anschließend kopieren Sie die Disketten mit dem DISKCOPY-Befehl von der DOS-Ebene aus oder Sie benutzen den Datei-Manager durch Aufruf des Befehls »Diskette kopieren« aus dem Menü DISKETTE/FESTPLATTE.

Nun kann die eigentliche Installation von AMI PRO unter Verwendung der Kopien, deren Etiketten Sie entsprechend den Originaldisketten beschriftet haben, beginnen. Dazu müssen Sie zuerst die Diskette 1 in das Laufwerk A einlegen. Danach ist folgendes Vorgehen notwendig:

1. Starten Sie Windows: WIN beim DOS-Prompt eingeben.

2. Aktivieren Sie das Menü DATEI: beispielsweise mit der Tastenkombination [Alt]+[D].

3. Wählen Sie den Befehl »Ausführen«.

4. Geben Sie den Startbefehl zur Installation ein: im Beispielfall A:Install.

5. Lösen Sie den Installationsvorgang aus: [⏎] drücken oder <Ok> klicken.

Nach Abschluß aller Teilschritte kopiert das Installationsprogramm zunächst seine Arbeitsdaten auf die Festplatte und verlangt dann die Eingabe des Firmennamens. Danach müssen Sie zwischen drei Optionen eine Entscheidung treffen:

➪ Ami Pro installieren

➪ Ami Pro auf dem Server installieren

✧ Neue Funktionen der Version 3.0 anzeigen.

Wählen Sie per Mausklick auf dem Symbol die erste Option, um das Programm auf einem Einzelplatz zu installieren. Nach der Wahl stehen folgende Varianten zur Disposition:

a) Vollständige Installation

b) Installation der Basisfunktion (Laptop-Variante)

c) Benutzerdefinierte Installation (Basisfunktion + ausgewählte Funktionen)

d) Optionen installieren.

Für die Erstinstallation kommen die ersten drei Varianten in Frage; die letzte Auswahlmöglichkeit dient lediglich dazu, eine frühere selektive Installation um die bisher nicht berücksichtigten Optionen zu ergänzen. Eine vollständige Installation beansprucht 16.446 KB.

Ist die Art der Installation festgelegt, müssen Sie die Art der Oberfläche (im Regelfall »Windows«) sowie das Programmverzeichnis bestimmen. Die weiteren Aktivitäten bei der Installation sind unproblematisch. Sie müssen lediglich einige Male die Disketten auf Anforderung wechseln und zum Schluß den Adobe Type Manager installieren, der den Teil der PostScript Seitenbeschreibungssprache enthält, der Zeichen in jeder Größe und Schriftart am Bildschirm ohne Zacken darstellt. Selbst mit preisgünstigen Druckern kann ein Schriftbild mit gleicher Kantenschärfe und hoher Schriftqualität erzeugt werden.

Der Fortschritt der Installation wird als Prozentwert angezeigt und in einem weiteren Informationsfeld wird mitgeteilt, welche Funktionen die momentan kopierten Dateien für das Produkt AMI PRO besitzen.

Mit der Installation wird automatisch ein neues Gruppenfenster mit der Bezeichnung »Lotus Anwendungen« angelegt. Dieses enthält zwei Icons (grafische Symbole), wie die folgende Wiedergabe der Bildschirmanzeige deutlich macht:

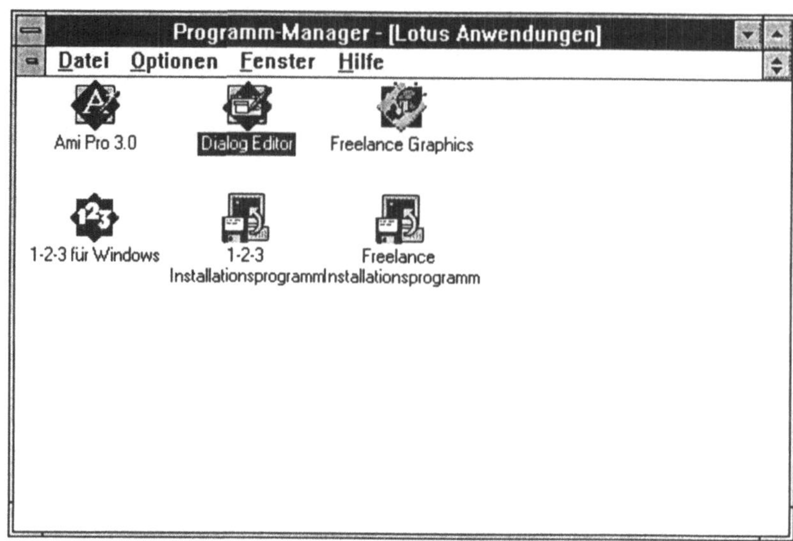

Bild 1-1: Gruppenfenster »Lotus Anwendungen«

Die Symbole haben folgende Bedeutung:

a) Das Symbol **»Ami Pro 3.0«** wird für die eigentliche Programm-Anwendung benötigt. Es ermöglicht den Start des Programms.

b) Der **»Dialog-Editor«** bietet die Möglichkeit, Dialogfelder selbst zu erstellen und so einen gezielten Ablauf von Anwendungen mit AMI PRO zu realisieren.

Sobald die Installation des Programms abgeschlossen ist, können Sie unmittelbar die Arbeit mit dem Textverarbeitungsprogramm aufnehmen.

1.2 AMI PRO starten

Es gibt mehrere Möglichkeiten, das Programm AMI PRO zu starten. Sinnvoll ist in der Regel zunächst der Aufruf von **WINDOWS**. Danach haben Sie dann folgende Möglichkeiten:

a) **Starten über den Programm-Manager:**

Aktivieren Sie per Mausklick das Gruppenfenster, das das Symbol »Ami Pro 3.0« enthält. Danach muß mit dem Mauszeiger das Programmsymbol angesteuert werden und per

Doppelklick (= zweimaliges kurzes Betätigen der linken Maustaste) aktiviert werden.

Per Tastatur erreichen Sie dieses, indem Sie nach Aufruf des Gruppenfensters zunächst mit einer Richtungstaste das Start-symbol markieren und dann die Taste ⏎ betätigen.

b) Starten über den Dateimanager:

Aktivieren Sie in diesem Fall zunächst das Lauf-werk/Verzeichnis, in dem AMIPRO.EXE gespeichert ist. Nach Markierung des Eintrages AMIPRO.EXE muß die Taste ⏎ betätigt werden.

Wenn Sie das Programm **direkt von der DOS-Ebene** aus starten wollen, ist dies natürlich auch möglich. Dazu müssen Sie zunächst das Laufwerk und unter Umständen auch das Verzeichnis aktivie-ren, in dem das Programm gespeichert ist; beispielsweise C:\AMIPRO. Nehmen Sie dann folgende Eingabe vor:

```
WIN AMIPRO.
```

Nach Betätigung der Eingabetaste wird das Programm gestartet.

1.3 Grundaufbau der Bildschirmmaske

Ist der Programmstart fehlerfrei verlaufen, dann können Sie unmit-telbar einen Text in dem sogenannten »AMI PRO-Grundbild-schirm« eingeben. Beim erstmaligen Arbeiten mit dem Programm ist es allerdings empfehlenswert, sich zunächst einmal mit dem Grundprinzip der Arbeitsweise vertraut zu machen und sich die auf dem Bildschirm angezeigte Ausgangsmaske einmal genauer anzusehen.

Die Maske, die nach dem Programmstart auf dem Bildschirm Ih-res Computers erscheint, wird in Bild 1-2 (S. 6) dargestellt:

Die hier abgebildete Maske entspricht dem Standardaufbau. Sie wird auch als Dokumentfenster bezeichnet. Bei näherer Betrach-tung der Bildschirmanzeige wird deutlich, daß der Bildschirm fol-gende Elemente umfaßt (von oben nach unten betrachtet):

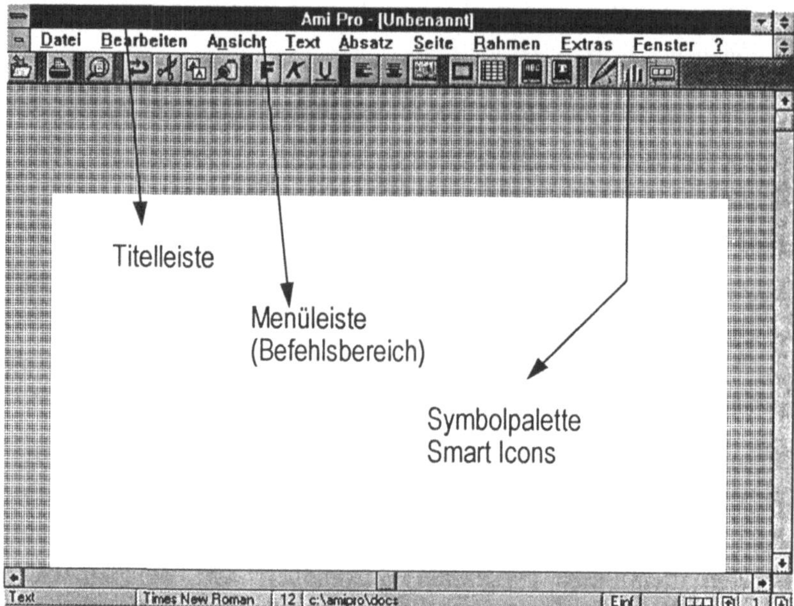

Bild 1-2: Bildschirmmaske nach dem Programmstart

a) Titelleiste

Hier wird nach dem Wort »Ami Pro« in Klammern der Name des aktuellen Dokumentes angezeigt. Sofern noch kein Dateiname vergeben ist, erscheint das Wort »Unbenannt«.

Anstelle dieser Titelleiste können auch einzeilige Informationsmeldungen erscheinen, falls Sie

⇨ einen Befehl der Menüleiste markieren,

⇨ den Mauszeiger auf ein Icon der Symbolpalette positionieren und die rechte/sekundäre Maustaste gedrückt halten.

Sie sollten dies sofort ausprobieren, denn nur Übung macht den Meister. Bewegen Sie den Mauszeiger auf den Menüpunkt DATEI, und markieren Sie das Wort, indem Sie die linke Maustaste gedrückt halten. Nun erscheint in der Titelleiste die Meldung: »Öffnen, Mischen und Drucken von Dateien.«

Achten Sie bei der Titelleiste schließlich noch auf die Symbole am linken und rechten Rand. Hier befinden sich - wie bei Windows-Fenstern üblich - Symbole, die durch Anklicken mit der Maus aktiviert werden. Während mit dem horizontalen Strich am linken Rand (dem sog. Steuerungsmenüfeld) bestimmte Windows-Funktionen aufgerufen werden können, kann mit den Symbolen am rechten Rand ein Fenster als Symbol dargestellt, verkleinert oder auf Vollbild vergrößert werden.

b) Menüleiste (Befehlsbereich)

Die zweite Bildschirmzeile ist die sogenannte Menüleiste. Sie bildet die Grundlage für die Auslösung von Befehlen. Angezeigt werden folgende Menüpunkte:

- ➪ Datei
- ➪ Bearbeiten
- ➪ Ansicht
- ➪ Text
- ➪ Absatz
- ➪ Seite
- ➪ Rahmen
- ➪ Extras
- ➪ Fenster
- ➪ ? (für Hilfe).

Es handelt sich hierbei jeweils um ein sog. **Pull-down-Menü,** das per Mausklick oder Tastendruck heruntergezogen wird.

Am linken Rand der Menüleiste befindet sich das sog. Datei-Steuerungsmenü. Es ermöglicht den Aufruf von Befehlen zur Steuerung der Größe und der Position des aktuellen Dokumentenfensters. Aktiviert wird es durch Mausklick oder mit der Tastenkombination Alt + -

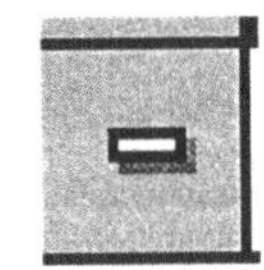

Am rechten Ende der Menüleiste erkennen Sie wieder das Ihnen schon aus der Titelleiste bekannte Größenfeld. Durch einen Mausklick kann das aktuelle Dokumentenfenster verkleinert und anschließend wieder vergrößert werden. Nach der Verkleinerung erhält das Dokumentenfenster eine eigene Titelleiste mit dem Dateinamen und gleichzeitig verschwindet dieser aus derjenigen des Anwendungsfensters. Dort erscheint nur noch der Programmname.

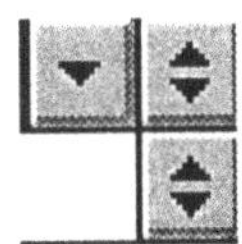

c) Symbolpalette (SmartIcons)

Unterhalb der Menüleiste befindet sich die sog. Symbolpalette, auch SmartIcons, Werkzeugleiste oder »Toolbar« genannt. Sie stellt in Form von Symbolen eine Vielzahl von alltäglichen Optionen bereit, die sich von hier aus - und nicht erst durch umständliches Aktivieren über Menüs und Dialogfelder - mit einem einzigen Mausklick anwählen lassen.

Bild 1-3: Symbolpalette (Toolbar)

So lassen sich in Verbindung mit der Maussteuerung oft benötigte Befehle - wie etwa das Speichern oder Drucken eines Dokumentes - durch Anklicken des zutreffenden Symbols schnell ausführen.

Die Symbole haben im einzelnen folgende Funktion (von links nach rechts betrachtet):

Dokument speichern (Befehl »Speichern unter«)

Drucken

Ansichtswechsel

Widerrufen

Ausschneiden

Kopieren

Einfügen

Fettdruck

Kursivschrift

Unterstreichung

Linksbündige Ausrichtung

Zentrieren

Tabulatorleiste ein/aus

Rahmen hinzufügen

Tabelle erstellen

Rechtschreibprüfung

 Thesaurus

 Zeichnen

 Präsentationsgrafik

»SmartIcons« frei plazierbar.

Interessant ist, daß jeder Benutzer sich die Symbolpalette auch nach seinen persönlichen Wünschen gestalten kann. Sobald Sie also nach einer gewissen Einarbeitungszeit Ihre Bedürfnisse genau kennen, können Sie hier Ihre persönlichen Symbole nach dem Bausteinprinzip zusammenstellen. Dazu dient im Menü EXTRAS der Befehl »SmartIcons«.

Hinweise:

↪ Ohne eine Maus an Ihrem Computer, nützen Ihnen die SmartIcons gar nichts. Die Aktivierung eines Symbols funktioniert nur per Mausklick.

↪ Sollten anfangs bei der Interpretation der Symbole Unsicherheiten auftauchen, dann sollten Sie sich erst mit der rechten Maustaste über die Funktion des Icons informieren. Versuchen Sie es einmal! Setzen Sie beispielsweise den Mauszeiger auf das 2. Symbol von links, und klicken Sie die rechte Maustaste. Es erscheint der Hinweis »Drucken«.

d) Textbereich

Er befindet sich im mittleren Bildschirmbereich und zeigt die Zeilen an, die für die Erfassung und Bearbeitung von Texten verfügbar sind. Auch die eingefügten Tabellen, Grafiken und Bilder des Dokumentes werden hier direkt angezeigt.

Die Größe des Textbereichs hängt von verschiedenen Faktoren ab. Dazu zählen etwa die Bildschirmgröße, die gewählte Ansicht sowie die festgelegten Bildschirmoptionen (Ein- bzw. Ausschalten von Leisten und Symbolen).

Die Position zur Aufnahme von Zeichen im Textbereich wird durch einen senkrechten Strich (Einfügemarke oder Cursor genannt) gekennzeichnet. Nach dem Start befindet sich der Cursor in der linken oberen Ecke des Textbereichs. Eingegebene Zeichen erscheinen immer an dieser Position.

e) Bildlaufleisten

Für die Maussteuerung sind die zwei sog. **Bildlaufleisten** am unteren und rechten Rand des Dokumentfensters wichtig. Sie geben einmal die horizontale und vertikale Position der Einfügemarke im Gesamtdokument an. Durch Klicken eines Bildlaufpfeils kann ausserdem per Maussteuerung eine Änderung der Position vorgenommen werden:

↪ Die **vertikale Bildlaufleiste** am rechten Bildschirmrand dient für den Durchlauf eines Textes von oben nach unten und umgekehrt.

↪ Die **horizontale Bildlaufleiste** befindet sich in der zweitletzten Zeile und erlaubt es, einen weiteren Teil eines Textes sichtbar zu machen, wenn dieser breiter als der Textbereich ist.

Zwischen den Bildlaufpfeilen befindet sich jeweils ergänzend als Kästchen ein sog. Bildlauffeld, das die ungefähre Textposition kennzeichnet. Dieses kann mit der Maus an eine beliebige Position gesetzt werden, so daß schnell ein Bildlauf an den Anfang, zur Mitte oder zum Ende eines Textes möglich ist (bei der vertikalen Bildlaufleiste).

f) Statusleiste

Am unteren Bildschirmbereich des Dokumentfensters befindet sich eine Zeile, die Informationen zum Text und zur aktuellen Bearbeitungssituation enthält (die sog. Statusleiste). Dazu rechnen beispielsweise Informationen zum Status von einigen wichtigen Tasten (etwa der Umschaltarretierung). Sie enthält außerdem Symbole und Schaltflächen mit Informationen zum aktuellen Dokument.

Bild 1-4: Statusleiste

Die aufgelisteten Informationen haben folgende Bedeutung:

Anzeige	**Bedeutung**
Text	Absatzlayout
TimesNewRoman PS	aktuelle Schriftart
12	aktuelle Schriftgröße (in Punkten)
c:\amipro\docs oder 10.10.92 8.00 oder Z1S2	aktuelles Verzeichnis oder aktuelles Datum/Uhrzeit oder die aktuelle Zeile bzw.Spalte des Ein- fügecursors. Eine Änderung erfolgt durch Mausklick auf der Fläche.
Mail-Benachrichtigung	Bei Anschluß einer Mail-Anwendung (z. B. cc:Mail oder Lotus NotesMail) kann hier eine Anzeige erscheinen, daß elektronische Post eingetroffen ist.
Einf	kennzeichnet den Einfügemodus. Beim Arbeiten im Überschreibmodus er- scheint »Über«; im Revisionsmodus »Rev«.
Pfeile	ermöglichen das Blättern auf eine vori- ge oder eine folgende Textseite.
Seitennummer	dient der Anzeige der aktuellen Num- mer der Textseite (nur im Layoutmodus möglich).

Sofern Ihnen das Arbeiten mit einem WINDOWS-Programm noch nicht geläufig ist, mögen außerdem folgende Hinweise nützlich sein:

↪ Das in der Titelleiste am linken Rand vorhandene **Steuerungssystemfeld** enthält ein Menü, das per Mausklick oder mit der Tastenkombination ⌊Alt⌋ + <Leertaste> aktiviert wird (auch Programm-Steuerungsmenü genannt). Es ermöglicht die

Änderung der Fenstergröße und -position. Schließlich kann hierüber die Arbeit mit AMI PRO abgebrochen werden oder zu einem anderen WINDOWS-Programm gewechselt werden.

Hinweis: Bei einem Doppelklick auf das Steuerungssystemfeld wird AMI PRO geschlossen.

- Das zweite Symbol von rechts in der Titelleiste - das nach unten zeigende Rechteck - ist das sog. **Symbolfeld.** Wenn Sie dies mit der Maus aktivieren, wird der AMI PRO-Bildschirm auf ein grafisches Symbol verkleinert und gleichzeitig der Programm-Manager von WINDOWS angezeigt.

- Ganz rechts auf der Titelleiste findet sich das **Wiederherstell- /Vollbildfeld.** Wenn hier zwei Dreiecke erscheinen, nimmt das AMI PRO-Fenster nach Aktivieren des Feldes ca. 3/4 des Bildschirms in Anspruch. Unterhalb erscheinen Symbole anderer möglicher WINDOWS-Programme. Das Vollbild können Sie wieder aktivieren, wenn hier nur ein Dreieck mit der Spitze nach oben angezeigt wird.

Haben Sie sich einen Überblick über den Bildschirmaufbau verschafft, können Sie im Prinzip die Texteingabe in Angriff nehmen sowie die im Bedarfsfall notwendigen Befehle auslösen.

1.4 Arbeiten im Befehlsbereich (Befehlshandling)

Durch Auslösen eines Befehls können Sie den Computer zur Durchführung von bestimmten Operationen veranlassen. Der Befehlsumfang des Programms AMI PRO ist außerordentlich umfangreich. Die **Erteilung von Befehlen** geht grundsätzlich in folgender Weise vor sich:

- Sie aktivieren zunächst einen der neun Menüpunkte am oberen Bildschirmrand.

- Sie wählen im dann erscheinenden Pull-Down-Menü das gewünschte Befehlswort.

- Erscheint nach der Befehlswahl noch ein Dialogfenster zur näheren Befehlsspezifizierung, können Sie in den angezeigten Feldern noch spezielle Eintragungen vornehmen oder eine Auswahl aus Antwortvorgaben treffen.

1.4.1 Menüpunkte aktivieren und Befehlsworte auswählen

Zur Befehlsrealisierung müssen Sie zunächst also einmal wissen, wie das Hauptmenü am oberen Bildschirmrand aufgerufen werden kann. Sie haben drei alternative Möglichkeiten, um das **Pull-Down-Menü** zu **öffnen**:

- ✧ Sie zeigen mit dem Mauszeiger auf den Menüpunkt und klicken die linke Maustaste.

- ✧ Sie betätigen die ⟨Alt⟩-Taste, halten diese gedrückt und geben anschließend den unterstrichenen Buchstabens im Menübegriff ein.

- ✧ Sie drücken die Funktionstaste ⟨F10⟩, markieren mit der ⟨→⟩ den Menübegriff und drücken abschließend die Taste ⟨↵⟩.

Hinweis: Ein Abbruch des Befehlsaufrufes ist natürlich auch möglich. Betätigen Sie dazu ⟨Esc⟩, oder klicken Sie außerhalb des angezeigten Menüs.

Zu Übungszwecken sollten Sie nun einmal in allen drei Varianten das Menü DATEI aktivieren. Ergebnis muß jeweils die Anzeige des zugehörigen Pull-Down-Menüs sein.

In diesem Menü sind also die Befehle zum Aktivieren, Speichern und Drucken eines Dokumentes zusammengefaßt. Sobald das Pull-down-Menü angezeigt wird, kann einer der aufgeführten Befehle gewählt werden. Dabei ist zu beachten, daß nicht immer alle Befehle zu einem bestimmten Zeitpunkt ausgeführt werden können. Sie werden dann im Menü abgeblendet dargestellt. Dies wird deutlich, wenn Sie das Menü BEARBEITEN aktivieren; der Befehl »Verknüpfung einfügen« ist beispielsweise abgeblendet dargestellt.

Im einzelnen bestehen nach Aktivierung eines Pull-Down-Menüs wiederum verschiedene Möglichkeiten zur Konkretisierung der **Befehlsauslösung**:

- a) Sie positionieren mit einer ⟨↓⟩ oder ⟨↑⟩ den im Menü unterlegten Befehlszeiger auf das gewünschte Befehlswort und betätigen dann die Taste ⟨↵⟩.

b) Sie drücken den Buchstaben, der beim gewünschten Befehlswort unterstrichen ist. Das ist oft der erste Buchstabe. Beispielsweise müssen Sie den Buchstaben Ⓓ drücken, wenn Sie im Pull-Down-Menü DATEI den Befehl »Drucken« auslösen wollen.

c) Sie betätigen eine bestimmte Funktionstaste bzw. Tastenkombination. Dies ist allerdings nur für ausgewählte, häufig benötigte Befehle möglich; wie beispielsweise für das Speichern oder Drucken eines Dokumentes. Die zugehörigen Tastenkombinationen werden auf den Menüs jeweils rechts von den Befehlen angezeigt. Beispiele:

⇨ Strg+S für das Speichern einer vorhandenen Datei.

⇨ Strg+D für das Drucken von Dateien.

d) Sie klicken das Befehlswort mit der Maus an. Zunächst muß dazu der Mauszeiger auf das gewünschte Befehlswort positioniert werden. Nach Anklicken mit der linken Maustaste wird der Befehl aktiviert.

Einige Befehle werden nach der Aktivierung unmittelbar vom Programm ausgeführt. In den meisten Fällen ist es jedoch so, daß AMI PRO weitere Informationen benötigt. Aus diesem Grunde wird danach ein gesondertes Dialogfenster angezeigt.

Achten Sie noch auf folgende Besonderheiten beim Aufruf und der Wahl von Befehlen:

⇨ Wenn im Menü einem Befehlsnamen Auslassungspunkte folgen, so bedeutet dies, daß nach der Befehlsauslösung zunächt ein Dialogfenster angezeigt wird. Dies ist nach Aktivierung des Menüpunktes ANSICHT etwa der Fall bei dem Befehl »Bildschirm Optionen«.

⇨ Manche Befehle verlangen vor der Ausführung noch eine besondere Bestätigung. Beispiel: Beenden der Arbeit mit dem Programm ohne Speicherung der gerade bearbeiteten Datei.

⇨ Wollen Sie die Befehlausführung abbrechen, so können Sie das aktivierte Menü dadurch schließen, daß Sie den Mauszeiger außerhalb des Menübereichs plazieren und dann die linke

Maustaste drücken. Diesen Abbruch können Sie auch durch Betätigen der Taste ⎣Esc⎦ bewirken.

1.4.2 Dialogfenster ausfüllen

Zur genauen Befehlsspezifizierung erscheinen sog. Dialogfelder, die verschiedene Optionen für den gewählten Befehl enthalten und entsprechend der Zielsetzung auszufüllen sind. Auf diese Weise können Sie also AMI PRO genau anweisen, wie ein bestimmter Befehl ausgeführt werden soll.

Wählen Sie einmal nach Aktivierung des Menüpunktes DATEI den Befehl »Speichern unter«. Ergebnis ist das folgende Dialogfenster:

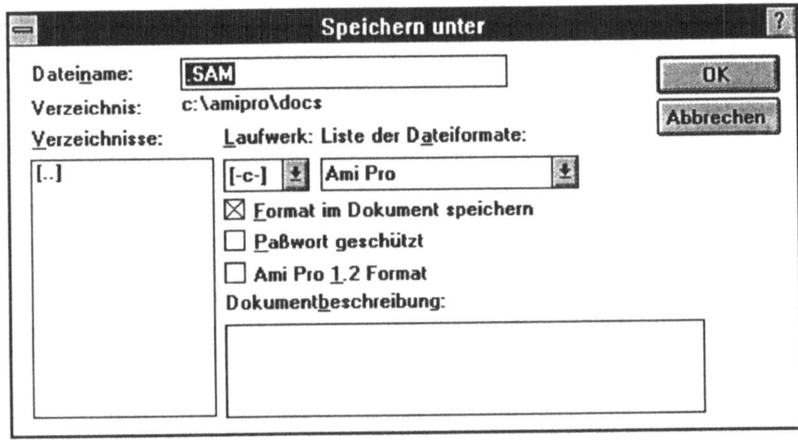

Bild 1-5: Dialogfenster »Speichern unter«

Um das Arbeiten mit dem Dialogmenü optimal zu bewerkstelligen, muß bekannt sein, wie bestimmte Dialogfeldelemente gezielt angesteuert werden können und wie innerhalb dieser Felder eine Auswahl/Eintragung erfolgen kann. Neben den Eingabe- und Auswahlfeldern gibt es dann noch sog. Schaltflächen zur Steuerung des weiteren Ablaufs.

Zur **Ansteuerung von Dialogfeldelementen** mit der Tastatur sind folgende Möglichkeiten zu beachten: 

Zielsetzung	Mögliche Realisierung
- Feld (Eingabefeld, Optionsfeld, Schaltfläche) ansteuern:	a) ⟨Alt⟩ und hervorgehobener Buchstabe des Feldnamens oder b) ⟨⇥⟩
- vorhergehende Option aktivieren:	⟨⇧⟩+⟨⇥⟩

Einfacher geht es auch hier mit der Maus. Nach Positionierung des Mauszeigers genügt ein Klicken der linken Maustaste und schon ist die Option aktiviert.

Im Beispielfall sind zwei Typen von Eingabe-/Optionsfeldern zu unterscheiden:

- ⇨ **Textfelder:** In einem sog. Texteingabefeld ist eine Antwort frei einzugeben. Einzugeben sind hier entweder Texte oder Zahlen zur näheren Bestimmung der Befehlsausführung. Beispiel: das Feld »Dateiname« zur Eingabe eines Dateinamens.

- ⇨ Wenn hier schon eine Eintragung vorgeschlagen wird, können Sie diese entweder
  - übernehmen,
  - korrigieren (nach Positionierung der Einfügemarke) oder
  - eine vollständig neue Eingabe machen.

- ⇨ **Listenfelder (Verzeichnisfelder):** Hier ist eine Auswahl aus einer Liste möglich. Diese Felder sind daran zu erkennen, daß rechts ein nach unten zeigender Pfeil steht. Dies gilt für die Felder »Laufwerk« und »Liste der Dateiformate«. Um den Inhalt der zugehörigen Liste anzuzeigen, können Sie

  a) das Feld aktivieren und durch Betätigen einer <Richtungstaste> die Einträge der Reihe nach ansehen.

  b) den unterstrichenen Pfeil des Verzeichnisfeldes mit dem Mauszeiger anklicken.

  Beispiel: Öffnen Sie das Feld »Liste der Dateiformate«, muß sich die folgende Anzeige ergeben:

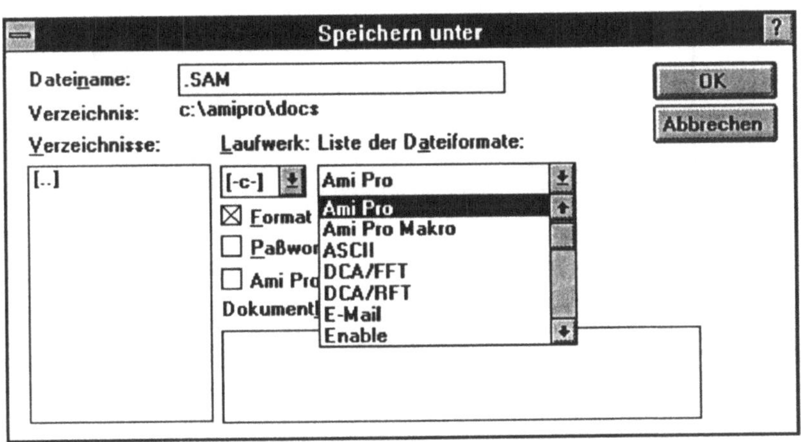

Bild 1-6: Geöffnetes Listenfeld

Eine weitere Variante sind **Optionsfelder**. Sie haben entweder eine Kästchen- oder eine Kreisform:

❖ **Rechteckige Optionsfelder** können unabhängig von anderen Optionsfeldern durch Betätigen der Leertaste ein- oder ausgeschaltet werden. Dabei markiert ein X, daß die Option eingeschaltet ist. Im Beispielfall gilt dies für das Feld »Format im Dokument speichern«.

❖ **Runde Optionsfelder** werden dagegen immer in einer Gruppe dargestellt. Aus der Gruppe kann immer nur eine Option gewählt werden. Das Ein- und Ausschalten erfolgt durch Betätigen der <Richtungstaste> oder per Mausklick. Ein solches Feld ist beim Befehl zum Speichern nicht enthalten.

Außerdem befinden sich im Dialogfenster sogenannte **Schaltflächen**. Die jeweilige Schaltfläche ist mit einem Kästchen gekennzeichnet. Im Beispielfall gibt es die beiden rechts dargestellten Varianten:

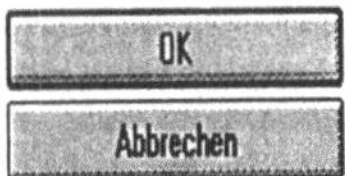

Mehrere Schaltflächen sehen Sie, wenn Sie das Menü DATEI durch Anklicken bei [Abbrechen] verlassen. Wählen Sie dann aus dem Menü DATEI den Befehl »Drucken«. Nach der Befehlswahl ergibt sich das im folgenden abgebildete Dialogfenster:

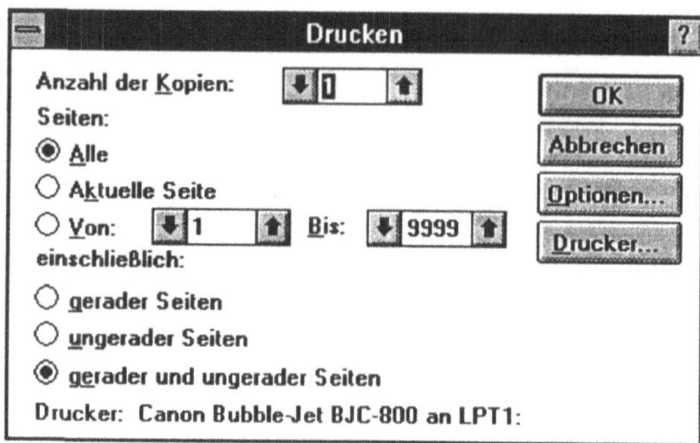

Bild 1-7: Dialogfenster »Drucken«

Das Bild zeigt, daß nun noch zwei weitere Schaltflächen vorhanden sind: nämlich <Optionen> und <Drucker>. Weitere Schaltflächen dienen dazu, zusätzliche Eingaben vorzunehmen bzw. Optionen abzurufen. Dies ist daran erkennbar, daß dem Wort zur Kennzeichnung der Schaltfläche Auslassungspunkte folgen.

Auch die besonderen Schaltflächen können mit der Taste ⊟ oder durch Betätigen der Taste ⟨Alt⟩ in Verbindung mit dem unterstrichenen Buchstaben angesteuert werden.

Aktivierung von Auswahlfeldern   Unter der Rubrik »Seiten« finden sich außerdem runde Auswahlfelder. Sie können hier die Antwort alternativ auswählen. Das erste Feld ist eingeschaltet; das zweite Feld ausgeschaltet. Soll eine Aktivierung geändert werden, ist das Feld mit der ⊟-Taste anzuspringen und die Option mit der Richtungstaste ein- oder auszuschalten.

Beachten Sie noch folgenden Hinweis zur Nutzung von Dialogfenstern: Sie können die Position des Fensters verändern, indem Sie den Mauszeiger auf die Titelleiste plazieren und dann bei gedrückter Maustaste die neue Position festlegen.

1.4.3 Befehlsausführung

Zur Ausführung eines Befehls muß der Computer eine ausdrückliche Aufforderung erhalten. Dies geschieht durch Klicken des Schaltfeldes <OK> oder durch Betätigen der ⏎-Taste. Nach

Auslösen eines Befehls kehrt AMI PRO meist unmittelbar in den Textbereich zurück.

Neben der sofortigen Befehlsausführung sind allerdings auch noch zwei andere Reaktionen des Computers denkbar:

a) Angabe einer **Fehlermeldung**. Beispiel: Sie lösen einen Druckbefehl aus, der Drucker ist jedoch nicht eingeschaltet.

b) Verlangen einer **ausdrücklichen Bestätigung**. Ein typisches Beispiel hierfür ist das Schließen einer Datei oder das Beenden der Arbeit mit dem Programm. Um ein unbeabsichtigtes Löschen eines noch nicht gespeicherten Textes zu vermeiden, fragt das Textprogramm, ob man Änderungen speichern möchte. Nach Eingabe von Ⓙ (für Ja) oder Ⓝ (für Nein) erfolgt dann die Ausführung. Möchte man allerdings den Befehl zurücknehmen, so ist die Taste ⒺⓈⒸ zu betätigen bzw. <Abbrechen> zu klicken.

Wir wollen nun die Befehlsausführung am Beispiel des Befehls DATEI BEENDEN kennenlernen. Geben Sie einmal testhalber Ihren Namen als Text ein, und wählen Sie danach diesen Befehl. Es erscheint dann die Abfrage, ob die Änderungen gespeichert werden sollen: 

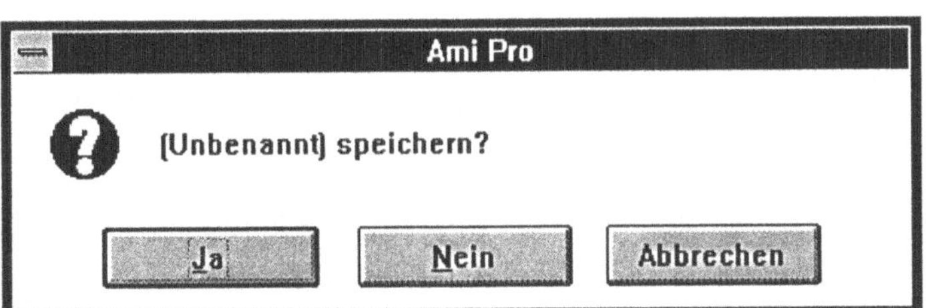

Bild 1-8: Abfragefenster

Hinweis: Diese Abfrage tritt immer dann auf, wenn eine gerade bearbeitete Textdatei noch geöffnet ist und nicht in dieser Form gespeichert wurde. Wenn Sie nun die Taste ⒺⓈⒸ betätigen oder die Schaltfläche <Abbrechen> anklicken, steht der Bildschirm für eine weitere Texteingabe zur Verfügung. 

1.5 Arbeiten mit SmartIcons

Zur schnellen Auslösung häufig benötigter Befehle und Funktionen sind die SmartIcons hilfreich, die sich standardmäßig unterhalb der Menüleiste befinden. Ein Mausklick auf dem gewünschten Symbol genügt, und schon werden die zugeordneten Befehle/Funktionen ausgeführt.

Grundsätzlich gilt folgendes Vorgehen:

⇨ Positionieren Sie zunächst den Mauszeiger auf das Symbol, dessen Funktion ausgeführt werden soll.

⇨ Drücken Sie die linke Maustaste, so daß die Funktion, der Befehl oder das Makro ausgeführt wird.

Testen Sie dies einmal aus: Klicken Sie etwa das 5. Symbol von links an. Ergebnis ist die Anzeige der Seitenansicht.

AMI PRO bietet Ihnen weitgehende Möglichkeiten für das Arbeiten mit SmartIcons. So können Sie gezielt festlegen, an welcher Stelle des Bildschirms die Symbolpalette angezeigt werden soll. Aber damit nicht genug: Sie können darüber hinaus noch genau festlegen, welche Symbole in der Iconleiste enthalten sein sollen. Dazu dient im Menü EXTRAS der Befehl »SmartIcons«. Nach der Befehlswahl ergibt sich die in Bild 1-9 dargestellte Bildschirmanzeige:

Veränderung der Position der SmartIcons

Für die Veränderung der Position von SmartIcons auf dem Bildschirm stehen vier Optionen zur Verfügung: links, rechts, unten und oben im Ami-Pro-Fenster. Dies wird deutlich, wenn Sie das Listenfeld »Position« aktivieren.

Darüber hinaus gibt es hier noch die Option »Variabel«. Diese Variante ermöglicht eine freie Plazierung der SmartIcons auf dem Bildschirm. Dazu müssen Sie das linke Symbol in der Leiste mit dem Mauszeiger auf die neue Position ziehen.

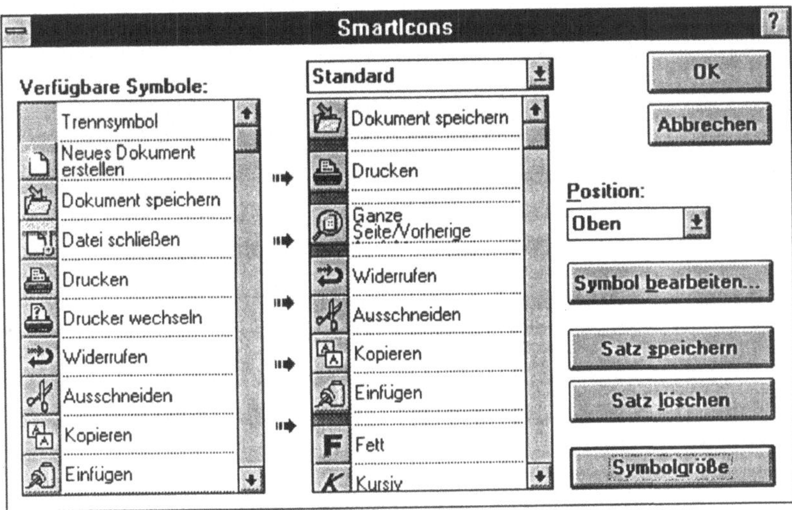

Bild 1-9: Optionen für SmartIcons

Größe der Iconsymbole verändern

Um die Anzeigegröße der Symbole zu ändern, müssen Sie die Schaltfläche <Symbolgröße> nach Wahl des Befehls »SmartIcons« aus dem Menü EXTRAS anklicken. Ergebnis ist die folgende Bildschirmanzeige:

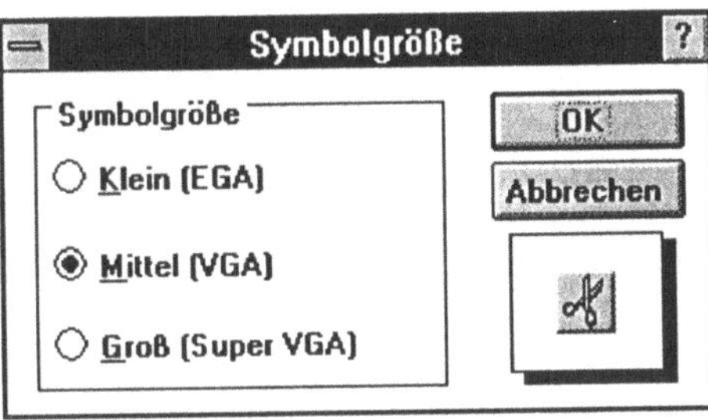

Bild 1-10: Symbolgröße einstellen

Die aktuell gewählte Größe wird mit einem Beispielsymbol wiedergegeben.

Anzeigeoptionen für SmartIcons

Grundsätzlich wird ein bestimmter Standardsatz von Icons angezeigt, der die am häufigsten benutzten Befehle und Funktionen enthält. Alternativ werden jedoch weitere Sätze von Symbolen für besondere Bearbeitungs- und Formatierungsaufgaben zur Verfügung gestellt. Diese können Sie einfach statt des bisher angezeigten Satzes aktivieren.

Zur Auswahl eines anderen Satzes von SmartIcons ist folgendes
Vorgehen notwendig:

Reihenfolge der Bearbeitung	Tastenfolge/Mausaktionen
1. Menü EXTRAS aktivieren	[Alt]+[E]
2. Option »SmartIcons« wählen	[C]
3. Gewünschten Satz auswählen	Listenfeld anklicken, Satz auswählen
4. Befehl ausführen	<OK> anklicken

Ergebnis der Befehlsausführung ist, daß nun der ausgewählte Satz
SmartIcons angezeigt wird.

Hinweise:

↪ Bei Öffnen des Listenfeldes ergeben sich folgende Varianten:

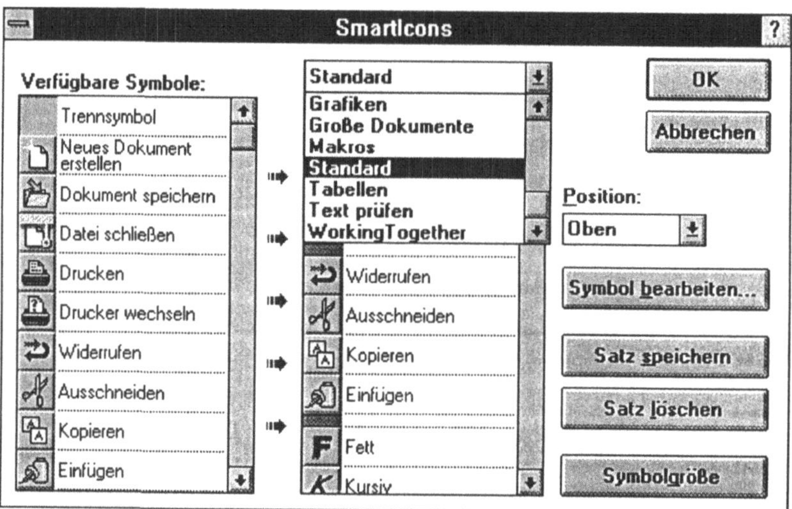

Bild 1-11: Angebot an SmartIcons

↪ Sie können die Anzeige von Icons auch ausschalten. Möglich
ist dies, indem Sie das Menü ANSICHT aktivieren und hier

die Option »SmartIcons verbergen« wählen. Alternativ können Sie auch die Tastenkombination ⌷Strg⌷+⌷Q⌷ betätigen.

⇨ Alternativ ist es auch möglich, einen eigenen Satz von Symbolen zusammenzustellen.

1.6 Besonderheiten bei Nutzung der Maus

In vielen Fällen werden Sie die Maus zur Bedienung von AMI PRO nutzen. Damit wird unter anderem ein Mauszeiger auf dem Bildschirm in der Position verändert; analog zur Positionierung der Maus auf dem Schreibtisch bewegt sich der Mauszeiger auf dem Bildschirm.

Abhängig von der Bildschirmposition können mit der Maus verschiedene Aktionen ausgelöst werden. Um zu verdeutlichen, welche Aktionen gerade möglich sind, nimmt der Mauszeiger unterschiedliche Formen an. Folgende Varianten sind zu beachten:

Mauszeiger-Form	Bildschirmposition	Mögliche Mausaktion
Pfeil	Menüleiste, Bildlaufleiste, Statusleiste	Befehlsworte sind aktivierbar; Objekte sind markierbar.
Senkrechter Strich (I-Form)	Textbereich, Eingabefelder	Texte oder Zahlen können positionsgenau eingegeben werden.
Pfeil in zwei Richtungen (Doppelpfeil)	Fensterrahmen, Fensterecken	Fenster können in der Größe horizontal und vertikal verändert werden.
Vierfachpfeil	über der Rasterlinie einer Tabelle	Veränderung der Größe einer Tabellenzeile.
Kopier-/Verschiebepfeil	Text	Blockoperationen per Drag and Drop.
Rechteck	beliebige Textposition	Rahmen kann manuell erzeugt werden.

Mauszeiger-Form	Bildschirmposition	Mögliche Mausaktion
Sanduhr	beliebig	Funktionen werden ausgeführt.
Händchen	Bildrahmen, Hilfe-index	Bild im Rahmen bewegen, Querverweis im Hilfefenster aufrufen.

Für das eigentliche Auslösen einer bestimmten Aktion mit der Maus ist die Kenntnis verschiedener **Maustechniken** notwendig. Folgende Varianten sind zu unterscheiden:

Maustechnik	Bedeutung
Zeigen	bewegt Mauszeiger auf ein bestimmtes Bildschirmelement (z. B. ein Symbol oder ein Befehlswort), um eine Aktion ausführen zu können. Die Maus muß zu diesem Zweck auf einem flachem Untergrund gerollt werden (am besten auf einem sog. Mauspad).
Klicken	Die Maustaste wird kurz gedrückt und dann losgelassen (meist linke Maustaste).
Doppelklick	Die Maustaste wird zweimal kurz gedrückt und dann losgelassen.
Halten	Die Maustaste wird gedrückt und festgehalten, um Bewegungsaktionen mit dem Mauspfeil durchzuführen.
Ziehen	Linke Maustaste wird gedrückt und während der Mauszeigerbewegung gedrückt gehalten.
Loslassen	beendet Befehlsauslösungen bzw. Markierungen.

1.7 Hilfefunktion nutzen

Insbesondere in der Anfangsphase des Arbeitens mit einem Textprogramm oder nach einer längeren Unterbrechungsphase kann es vorkommen, daß Sie nicht mehr genau wissen, welche Eingaben zur weiteren Befehlsrealisierung notwendig sind. In diesem Fall hilft Ihnen das Textprogramm häufig unmittelbar weiter, ohne daß Sie im Handbuch nachschlagen müssen. Eingebaut ist nämlich ein sog. elektronischer Ratgeber (auch Hilfetext genannt).

Sie haben grundsätzlich drei Möglichkeiten, den Hilfetext am Bildschirm aufzurufen:

- ➪ allgemeiner Aufruf und Suche in einem Indexregister oder
- ➪ befehlsorientierter Aufruf (kontextsensitive Hilfe) oder
- ➪ thematische Hilfe.

Allgemeiner Aufruf des Hilfsmenüs

Wollen Sie allgemeine Hinweise haben, dann können Sie über das Hauptbefehlsmenü den Menüpunkt HILFE durch Aktivierung des Fragezeichens ? wählen.

Im einzelnen haben die nach Wahl des Hilfe-Menüs erscheinenden Unterbefehlsfelder folgende Bedeutung:

Befehl	Bedeutung
Übersicht	listet Themen auf, zu denen eine Hilfe-Information angefordert werden kann.
Anleitung	gibt Informationen zur Verwendung der Hilfe-Funktion.
Tastatur	Angezeigt wird eine Liste mit Kurzbefehlen zu den Funktionen von Ami Pro.
Wie kann man...	Angezeigt wird eine Übersicht der gebräuchlichsten Funktionen von Ami Pro.
Für Fortgeschrittene	gibt Informationen über neue und erweiterte Funktionen von Ami Pro 3.0.
Lernprogramm	führt das Lernprogramm von Ami Pro aus.
Makro Dokumentation	zeigt, wie Makros erstellt und verwendet werden können.
Über Ami Pro	zeigt die Versionsnummer sowie die freie Speicherkapazität an.

Bei Wahl der Option »Übersicht« wird ein Katalog mit verschiedenen Themen angezeigt. Für das Auswählen eines Hilfeindex gibt es folgende Möglichkeiten:

▷ Positionieren Sie den Mauszeiger auf das Thema, zu dem Sie Informationen wünschen. Sobald sich der Zeiger in ein Hand-Symbol ändert, klicken Sie bitte die linke Maustaste.

▷ Positionieren Sie mit der Taste ⇄ die Hervorhebung auf das gewünschte Thema. Drücken Sie dann die Taste ↵.

Wählen Sie auf eine der beiden dargestellten Weisen einmal die Variante »Tastatur«. In beiden Fällen erscheint dann eine Information zu dem gewählten Thema:

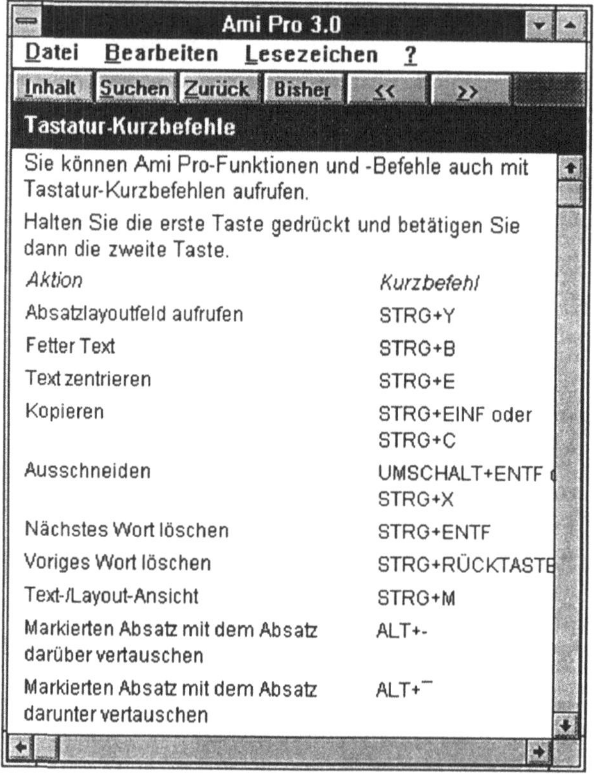

Bild 1-12: Hilfeindex

Positionieren Sie jetzt den Mauszeiger auf das vertikale Bildlauffeld, drücken Sie die linke Maustaste, und ziehen Sie das Feld auf der Bildlaufleiste etwas nach unten. Während des Ziehens bleibt das Bildlauffeld in der Ursprungsposition; es bewegt sich lediglich ein »Schatten«. Entfernen Sie jetzt den Druck von der linken Maustaste, dann nimmt das Bildlauffeld die neue Stelle ein, und Sie sehen den weiter unten stehenden Textbereich.

Aufruf im Befehlsbereich (befehlsorientierter Aufruf)

Häufig weiß man bei Auslösung eines Befehls (z. B. des Befehls »Suchen & Ersetzen« im Menü BEARBEITEN) oder bei der An- *kontextbezoge-*
zeige eines Dialogmenüs nicht mehr die genaue Handhabung. *ne Hilfe*
Dann können Sie spezielle Hilfen zu diesem Befehl erhalten, indem Sie diesen Befehl zunächst wählen und danach die Funktionstaste [F1] betätigen (sog. Hilfe-Taste). Ergebnis sind spezielle, auf diesen Befehl bzw. das aktuelle Dialogmenü bezogene Informationen, wie die folgende Bildschirmwiedergabe zeigt.

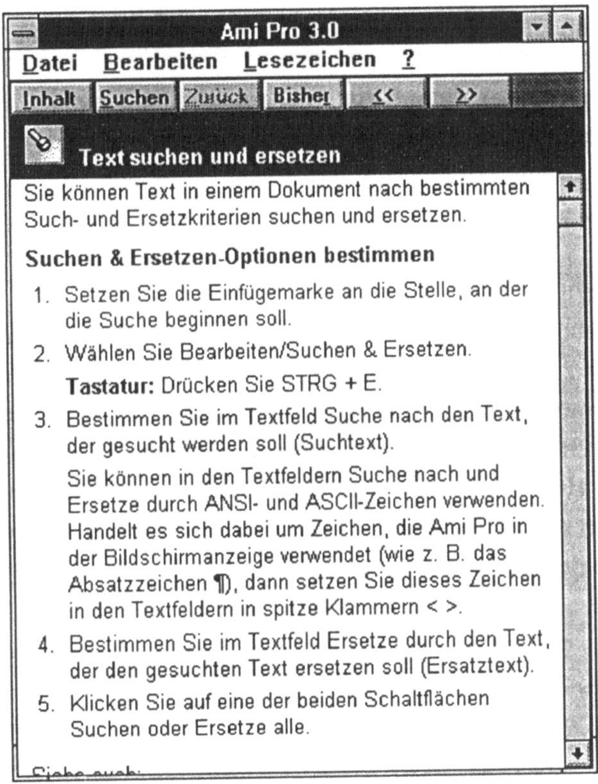

Bild 1-13: Kontextsensitive Hilfe zu »Suchen & Ersetzen«

Wenn Sie nach dem Lesen des Hilfetextes wieder zum ursprünglichen Text zurückkehren wollen, müssen Sie das Dialogmenü schließen bzw. im Dialogfenster den Menüpunkt DATEI aktivieren und hier die Option »Beenden« wählen.

Grundsätzlich ist die kontextsensitive Hilfe für beliebige Befehle und Dialogfelder verfügbar. Im einzelnen sind bei Betätigung von F1 folgende Varianten in Abhängigkeit von der aktuellen Arbeitssituation denkbar:

Aktuelle Situation	Ergebnis bei Hilfeaufruf mit F1
- Cursor im Text	Hilfe-Index erscheint.
- markierter Menübefehl	Hilfeanzeige zum Befehl
- Dialogmenü erscheint	Hilfeanzeige zum Dialogmenü

Abschließend sei darauf hingewiesen, daß angezeigte Hilfetexte auch ausgedruckt werden können. Dazu müssen Sie im Hilfefenster das Menü DATEI aktivieren und dann den Befehl »Thema drucken« wählen.

Thematische Hilfe

Eine weitere Variante stellt die thematische Hilfe dar. Nachdem Sie ⇧+F1 eingegeben haben, verändert der Mauszeiger sein Aussehen in ein Fragezeichen. Nun können Sie Informationen zu den einzelnen Menübefehlen erhalten, indem Sie einen entsprechenden Befehl mit dem Mauspfeil des Fragezeichens markieren. Diese Art der Hilfestellung steht jedoch nicht auf den Ebenen der Dialogfelder zur Verfügung.

Anhang zu Kapitel 1:

Zusammenfassende CHECKLISTE zur Erstinstallation		
Programmdiskette 1 in Laufwerk A schieben		
Möglichkeit 1	Möglichkeit 2	Möglichkeit 3
C:\>	Programm-Man.	WINDOWS Datei-Manager öffnen
WIN A:\INSTALL Menü DATEI		INSTALL.EXE markieren
	Befehl Ausführen	⏎-Taste drücken
Eingabe des Firmen-/Benutzernamen ins Textfeld		
»Ami Pro mit Optionen installieren« aufrufen		
Kontrollfelder evtl. ausschalten		
Schaltfläche »OK«		
Textfeld Programmverzeichnis übernehmen oder ändern		
Diskettenwechsel		
neues Gruppenfenster »Lotus Anwendungen«		

2 Fließtexte erfassen, speichern und drucken

Das Erstellen von Texten umfaßt im wesentlichen drei Grundaktivitäten:

(1) Texteingabe

(2) Textspeicherung

(3) Textausgabe auf einem Drucker

Die Anwendung dieser Funktionen sollen Sie im folgenden Abschnitt näher kennenlernen. Außerdem wird darauf eingegangen, wie Sofortkorrekturen vorzunehmen sind.

Ausgangspunkt sei die folgende Beispielanwendung:

Aufgabe: Fließtext erfassen

Erfassen Sie folgenden Fließtext, und nehmen Sie eine eventuell erforderliche Fehlerkorrektur unmittelbar vor.

```
PC-Textverarbeitungsprogramme stellen dem Benutzer alle
wesentlichen Textfunktionen zur Verfügung. Hierzu zählen das
Erfassen, das Speichern und das Drucken von Texten.

Ca. 80 % der Fehler bei der Texteingabe werden unmittelbar
entdeckt. Von Vorteil ist deshalb die Nutzung von Geräten der
Textverarbeitung, die eine komfortable Sofortkorrektur
ermöglichen. Hierzu zählen z. B. das Löschen, Einfügen und
Überschreiben von Zeichen.

In der beruflichen Praxis entstehen viele Texte außerdem nicht
selten in mehreren Arbeitsschritten. An der «Roh-Fassung» werden
vom Autor Korrekturen, Einfügungen, Umformatierungen und
Kürzungen vorgenommen, die im dann folgenden Arbeitsgang in den
Text eingearbeitet werden müssen. Im Rahmen der nachträglichen
Überarbeitung eines Textes sind häufig auch größere Textteile zu
löschen oder einzufügen. Dies ist meist problemlos mit wenigen
Arbeitsschritten möglich.

Umfangreiche Möglichkeiten stehen in der Regel auch für die
Textgestaltung zur Verfügung. So können z. B. mit fast allen
Textprogrammen Überschriften zentriert und ein Text im Blocksatz
geschrieben werden. Um bestimmte Textteile hervorzuheben, ist
außerdem eine gezielte Auszeichnung (Fettdruck, Kursivschrift,
Unterstreichen) möglich.
```

2.1 Fließtexte erfassen (Texteingabe und Sofortkorrektur)

Zwei grundsätzliche Möglichkeiten sind denkbar, wenn Sie ein neues Dokument erstellen wollen:

a) Direkt nach dem Programmstart:

Sie können unmittelbar mit der Texteingabe beginnen, da automatisch mit dem Programmstart ein neues, leeres Dokument mit einem temporären Namen erzeugt wird. Als vorläufiger Name erscheint zunächst in der Titelzeile in eckigen Klammern »Unbenannt«. Die Vergabe eines endgültigen Namens erfolgt dann bei der Speicherung.

b) Während der Arbeit:

Sofern Sie zuvor bereits andere Anwendungen mit AMI PRO durchgeführt haben, müssen Sie zunächst aus dem Menü DATEI den Befehl »Neu« wählen, um einen neuen Text erfassen zu können. Es erscheint das folgende Dialogfenster:

Bild 2-1: Anlegen einer neuen Datei

Die Bildschirmanzeige macht deutlich, daß der Erstellung eines neuen Dokuments immer ein sogenannter Layoutbogen zugrundeliegt. Normalerweise ist die Option »Standardformat« markiert, die für alle Arten von Dokumenten interessant ist.

Zunächst können Sie bei Erscheinen dieses Fensters deshalb direkt eine Bestätigung vornehmen; beispielsweise durch Mausklick auf <OK> oder durch Betätigen von ⏎. Sie können danach unmittelbar mit der Texteingabe beginnen.

Die Texteingabe erfolgt nun also aufgrund der standardmäßig vorgegebenen Daten: Schrift »TimesNewRoman« bei einem Schriftgrad von 12 Punkten. Gespeichert sind diese Daten in einem sog. Layoutbogen mit dem Namen »Default.Sty«.

Die Bedeutung des Dialogfensters, das nach Wahl des Befehls »Neu« erscheint sowie die Vorgehensweise für das Ändern und Erstellen neuer Layoutbögen werdem in einem späteren Abschnitt dieses Buches detaillierter erläutert (vgl. Abschnitt 6).

2.1.1 Ansicht für das Arbeiten festlegen

Charakteristisch für die Texteingabe am Computer ist, daß die eingegebenen Zeichen unmittelbar an der Stelle aufgenommen werden, an der sich gerade die Einfügemarke (Lichtpunkt, Cursor) befindet. Nach dem Start steht diese in der linken oberen Ecke des Eingabebildschirms. Sobald ein Zeichen eingegeben wird, erscheint dieses auf dem Bildschirm - gleichzeitig bewegt sich die Schreibmarke um eine Position nach rechts.

Für das Arbeiten mit AMI PRO sind verschiedene Bildschirmansichten denkbar. Dies wird deutlich, wenn Sie einmal das Menü ANSICHT aktivieren.

Im ersten Teil können Sie die Größe der Bildschirmanzeige einstellen. Die Varianten haben folgende Bedeutung:

Größenvarianten	Bedeutung
Ganze Seite	Eine vollständige Seite wird verkleinert dargestellt.

Größenvarianten	Bedeutung
Arbeit	Anfang und Ende einer Zeile sind sichtbar. Die Ansicht kann über den Befehl »Bildschirm-Optionen« frei skaliert werden (10 % bis 400 %).
Standard	Die Einstellung entspricht dem Windows-Standard (100 %).
Vergrößert	zeigt eine vergrößerte Ansicht des Textes an (200 %).
Gegenüberliegende Seiten	Zwei gegenüberliegende Seiten werden angezeigt.

Die zweite wichtige Einstellung betrifft den Modus, in dem gearbeitet wird. Neben dem beim Programmaufruf aktiven Layoutmodus gibt es noch den Text- und den Gliederungsmodus:

a) Layoutmodus

Bei dieser Einstellung werden die Texte mit allen Auszeichnungen auf dem Bildschirm direkt angezeigt; beispielsweise Fettschrift sowie unterschiedliche Schriftarten und Schriftgrößen. Sie entspricht dem Grafikmodus und bietet sich vor allem für die Textgestaltung an.

b) Textmodus:

Dies bedeutet, daß keine unmittelbare Wiedergabe aller Auszeichnungen auf dem Bildschirm erfolgt. Dieser Modus bietet sich für die schnelle Texteingabe und Textbearbeitung an.

c) Gliederungsmodus

Für Berichtstexte, die auf einer systematischen Gliederung basieren, ist die Konzeption und Erfassung der Gliederung im Gliederungsmodus zweckmäßig. Dabei kann die Anzeige der verschiedenen Elemente bei Bedarf eingeschränkt oder erweitert werden. Dann ist sowohl eine automatische Numerierung

möglich als auch eine einfache Umstellung von Gliederungspunkten.

Weitere Varianten der Bildschirmansicht betreffen

✧   das Verbergen bzw. Anzeigen der SmartIcon-Leiste,

✧   das Ein- bzw. Ausschalten der Tabulatorleiste,

✧   die Anzeige eines Absatzlayoutfeldes,

✧   die Möglichkeit, einen freien Bildschirm einzuschalten,

✧   das Anzeigen von Feldern sowie

✧   die Anzeige besonderer Bildschirmoptionen.

2.1.2 Vorgehensweise und Regeln zur Texteingabe

Nehmen Sie nun die Eingabe des gewünschten Textes vor. Sie
können dabei die Tastatur des Personal-Computers grundsätzlich 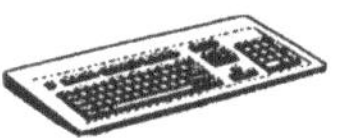
wie eine Schreibmasch..ientastatur nutzen. Im einzelnen sollten
Sie jedoch folgende Grundsätze berücksichtigen:

**a)   Nehmen Sie keine Zeilenschaltung am Ende einer Zeile
vor!**

Im Gegensatz zum Arbeiten mit einer herkömmlichen
Schreibmaschine, bei dem am Ende einer jeden Zeile eine
Zeilenschaltung durch Tastendruck vorzunehmen war, wird
der Zeilenwechsel bei Computersystemen automatisch durchgeführt. Der Text ist deshalb als Fließtext einzugeben, was z.
B. den Vorteil hat, daß Sie weiterschreiben können, ohne auf
das Zeilenende achten zu müssen. Passt ein Wort nicht mehr
in eine Zeile, dann wird dies vom Textprogramm automatisch
in die nächste Zeile geschoben, sobald der rechte Zeilenrand
überschritten wird (sog. automatischer Wortumbruch).

**b)   Betätigen Sie für das Erzeugen eines Absatzes die ↵-
Taste!**

In diesem Fall wird automatisch eine Absatzmarke in den Text
eingefügt. Dadurch wird es möglich, später eine gezielte Gestaltung eines Absatzes vorzunehmen (z. B. hinsichtlich von
Einrückungen und Zeilenabständen).

c) Lassen Sie den Seitenumbruch automatisch durch das Computersystem vornehmen!

Im Gegensatz zur Schreibmaschine brauchen Sie beim Arbeiten mit dem Textprogramm AMI PRO nicht mehr darauf zu achten, wann das Seitenende erreicht ist, da das Programm einen automatischen Seitenumbruch vornimmt. Wollen Sie allerdings vorzeitig eine neue Seite beginnen - weil z. B. ein bestimmtes Kapitel eines längeren Textes beendet wurde -, dann können Sie dies natürlich auch realisieren: Wählen Sie im Menü SEITE den Befehl »Umbruch«.

Abschließend noch folgender Hinweis: Grundsätzlich wird auf dem Bildschirm der gerade in Bearbeitung befindliche Textteil angezeigt. Erreichen Sie im Rahmen der Texterfassung das untere Ende des Bildschirmausschnittes, wird der auf dem Bildschirm befindliche Text um eine oder um mehrere Zeilen nach oben verschoben.

Nach vollständiger Erfassung des vorgegebenen Textes muß sich folgende Bildschirmanzeige ergeben:

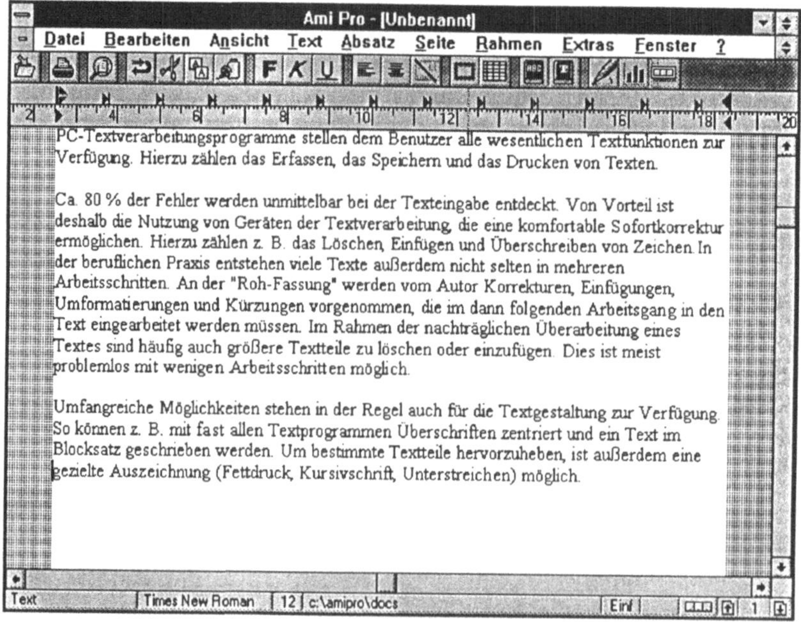

Bild 2-2: Erfaßter Text

2.1.3 Sofortkorrekturen vornehmen

Fehler, die Sie bei der Texteingabe erkennen, können Sie mit AMI PRO sofort oder direkt im Anschluß an die Texteingabe korrigieren. Bei nachträglicher Änderung ist es notwendig, die Einfügemarke jeweils gezielt auf die Korrekturstellen zu setzen (per Mausklick oder durch Betätigen der Richtungstasten).

Im Rahmen der Sofortkorrektur können drei typische **Varianten zeichenweiser Änderungen** vorkommen:

a) **Löschen von Zeichen.** Hier gibt es drei Möglichkeiten:

   a1) Betätigen der Taste ⌫. Dies bietet sich an, wenn Sie erkennen, daß das zuletzt eingegebene Zeichen falsch war. Die Rücktaste bewirkt, daß die links vom Lichtpunkt stehenden Zeichen gelöscht werden.

   a2) Betätigen der Löschtaste Entf. Diese Variante ist notwendig, wenn Sie ein beliebiges Zeichen im vorhergehenden Text löschen wollen. Mit der Taste Entf wird das Zeichen, das rechts von der Einfügemarke steht, gelöscht. Die rechts vom Cursor stehenden Zeichen werden dann nach links geschoben.

   a3) Wahl des Befehls »Ausschneiden« aus dem Menü BEARBEITEN. Voraussetzung dazu ist, daß das zu löschende Zeichen zunächst markiert wird.

b) **Einfügen von Zeichen.** Grundsätzlich befinden Sie sich beim Textprogramm AMI PRO im Einfügemodus. Dies bedeutet, daß Sie an einer beliebigen Stelle im vorhergehenden Text Zeichen problemlos einfügen können. Die rechts vom Cursor stehenden Zeichen werden dann nach rechts verschoben, damit Platz für neue Zeichen geschaffen wird.

c) **Überschreiben von Zeichen.** Haben Sie ein oder mehrere falsche Zeichen eingegeben, so ist es möglich, diese einfach durch neue Zeichen zu überschreiben. In den Überschreibmodus gelangen Sie durch Betätigen der Funktionstaste Einfg (in der Statusleiste erscheint dann der Tastaturzustandscode »Über«). Es empfiehlt sich, nach Beenden des Überschreibens wieder in den Einfügemodus zurückzukehren (erfolgt durch erneutes Betätigen von ⌨Einfg).

Wortweise Änderungen sind bezüglich des Löschens möglich. So können Sie

↪ mit ⌨Strg+⌨← das Wort vor der Einfügemarke und

↪ mit ⌨Strg+⌨Entf das Wort nach der Einfügemarke löschen.

Zeilenweise Änderungen sind ebenfalls mitunter notwendig. Hierzu zählen das nachträgliche Löschen und Einfügen von Zeilen:

↪ Um eine Leerzeile zu löschen, müssen Sie sich lediglich auf die zu löschende Zeile positionieren und dann die Löschtaste betätigen.

↪ Das nachträgliche Einfügen einer Zeile erfolgt durch Positionieren des Cursors auf das Ende der vorhergehenden Zeile und anschließendes Betätigen der Taste ⌨↵.

Aufgabe: Sofortkorrektur

Testen Sie nun einmal die Möglichkeiten der Sofortkorrektur anhand des soeben erfaßten Textes aus! Betätigen Sie z. B. - wenn Sie am Textende stehen - mehrfach hintereinander die Rücktaste. Sie sehen dann, daß alle links davon stehenden Zeichen unmittelbar gelöscht werden.

Um den letzten Bearbeitungsschritt, beispielsweise das Löschen bestimmter Textteile, wieder rückgängig zu machen, bietet AMI PRO eine interessante Funktion. Durch Wahl des Befehls »Widerrufen« im Menü BEARBEITEN oder durch Betätigen der Tastenkombination ⌨Strg+⌨Z können Sie jede letzte Befehlsauslösung wieder auf den Ursprungszustand bringen. Testen Sie dies nach einem Löschvorgang einmal aus, so daß sich der ursprüngliche Text wieder ergibt.

2.2 Dokumente speichern

Ein eingegebener Text befindet sich zunächst nur im Arbeitsspeicher. Bei Ausschalten des Computers wäre dieser Text unwiderruflich verloren. Wird ein Text später wieder benötigt, ist deshalb eine Speicherung auf einem Datenträger (Diskette oder Festplatte) erforderlich. Darüber hinaus empfiehlt sich auch während des Arbeitens an einem Text in bestimmten Abständen eine externe Speicherung, um ein Verlorengehen des Textes (etwa durch Stromausfall) zu verhindern (allgemeiner Tip: ungefähr alle 30 Minuten abspeichern).

Die Befehle zum Speichern von Dateien sind unter dem Menüpunkt DATEI zusammengefaßt. Nach Aktivierung des Menüpunktes werden verschiedene Befehlsoptionen angezeigt, wobei die oberen sechs Befehle das Speichern und Laden von Dateien betreffen. Einen ersten Überblick über die Bedeutung und Anwendung dieser Befehlsworte gibt die folgende Aufstellung:

Befehlsoption	Bedeutung
- Neu	für das Erstellen eines neuen Dokumentes.
- Öffnen	aktiviert ein bestehendes Dokument.
- Schließen	beendet die Arbeit mit einem in einem aktiven Fenster befindlichen Text.
- Speichern	speichert eine bereits gesicherte Datei unter dem vorhandenen Dateinamen.
- Speichern unter	steht für die erstmalige Speicherung zur Verfügung sowie für das Speichern unter einem anderen Namen.
- Änderungen aufheben	Änderungen im Text bleiben unberücksichtigt, und es erfolgt eine Rückkehr zur ursprünglichen Version des Dokumentes.

2.2.1 Neu erfaßte Dokumente speichern

Speichern bedeutet, daß der Inhalt des internen Speichers zum Zweck der dauerhaften Speicherung auf eine Diskette oder auf die Festplatte »kopiert« wird. Die Entscheidung darüber können Sie nach Aufruf des Speicherbefehls noch treffen.

Im Menüpunkt DATEI sind zwei verschiedene Speicherbefehle für Dokumente enthalten, die je nach Anwendungsfall gezielt einzusetzen sind. Im Beispielfall der erstmaligen Speicherung der Datei ist der Befehl »Speichern unter« zu wählen.

Hinweis: Sofern Sie einen anderen Speicherbefehl aktivieren, wird dennoch bei einer neu angelegten Datei das entsprechende Dialogfenster »Speichern unter« aufgerufen.

Ergebnis ist die folgende Bildschirmanzeige:

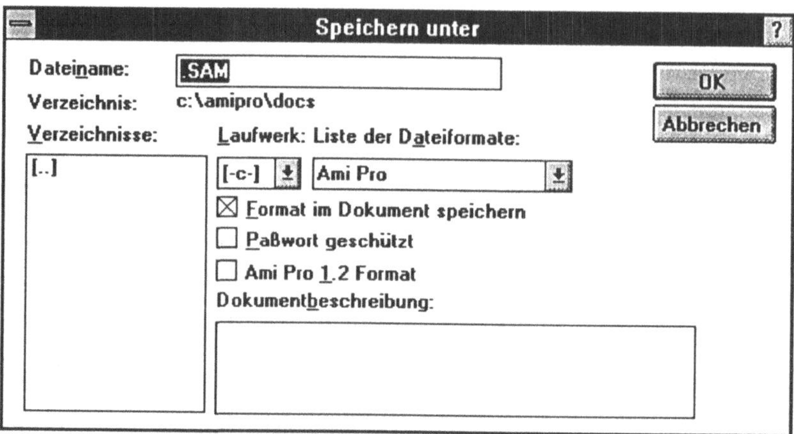

Bild 2-3: Dialogfenster »Speichern unter«

Die Dialogfelder haben folgende Bedeutung:

⇨ Im ersten Feld »Dateiname:« ist zunächst ein geeigneter Name für das Dokument einzugeben. Möglich sind im Betriebssystem MS-DOS maximal nur acht Zeichen (keine Leerzeichen, keine Sonderzeichen und deutsche Umlaute). Bei der Speicherung wird dann noch automatisch bei Textdokumenten die Erweiterung .SAM hinzugefügt.

⇨ In der Zeile »Verzeichnis« wird das aktuell gültige Verzeichnis für die Speicherung angezeigt. Standardmäßig gilt das Verzeichnis c:\amipro\DOCS.

⇨ Im Listenfeld »Laufwerk« lassen sich alle bei Ihrem System möglichen Laufwerke auflisten. Durch Mausklick bei den Feldern »Laufwerk« und »Verzeichnisse« bzw. nach Ansteuerung mit der Taste ⊟ und Auswahl mit der <Richtungstaste> kön-

nen Sie noch gezielt auswählen, wo die Speicherung erfolgen
soll.

↪ Im Feld »Liste der Dateiformate« kann auch das Dateiformat
variiert werden. Wählen Sie hier eines der angebotenen Formate aus, wenn Sie die Datei in einer anderen Anwendung
verwenden wollen.

↪ Im Bereich »Dokumentbeschreibung« können Sie Kurzanga-
ben zum Dokument machen.

Darüber hinaus gibt es drei Optionsfelder, deren Anwendung im
folgenden verdeutlicht wird.

Aufgabe: Dateien speichern

Führen Sie nun die Speicherung des soeben erfaßten Textes auf
dem gewünschten Datenträger (Diskette oder Festplatte) durch,
indem Sie den Text mit dem Namen TEXT20.SAM versehen.

Nach Wahl des Befehls »Speichern unter« aus dem DATEI sollten
Sie das Dialogfenster so ausfüllen, wie dies im folgenden wiedergegeben ist:

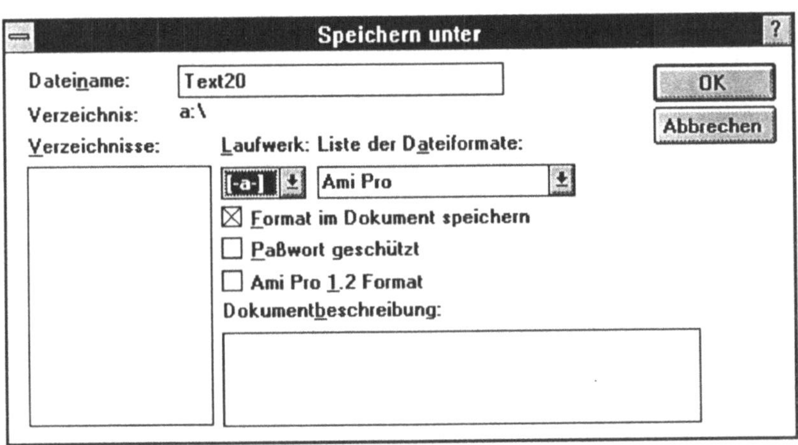

Bild 2-4: Ausgefülltes Dialogfenster »Speichern unter«

Sie sehen also, daß Sie das Dokument nun auf der Diskette in
Laufwerk A speichern sollen. Dazu wurde also die standardmäßi-
ge Laufwerkseinstellung geändert.

Ist das Dialogfenster in der vorstehenden Weise ausgefüllt, können Sie die Schaltfläche <OK> aktivieren. Ergebnis ist dann die Speicherung. Außerdem wird der vergebene Dokumentname einschließlich der Erweiterung im oberen Bildschirmrahmen angezeigt. Im Beispiel erscheint die Anzeige »TEXT20.SAM« in der Titelzeile.

Das Dokument selbst bleibt weiter geöffnet und steht somit für eine weitere Bearbeitung zur Verfügung. Ist dies nicht mehr notwendig, sollten Sie den Befehl »Schließen« aus dem Menü DATEI wählen.

2.2.2 Überarbeitete Dokumente speichern

Wollen Sie einen überarbeiteten Text wieder abspeichern, so unterscheidet sich das Vorgehen danach, ob dieser unter demselben oder unter einem anderen Namen gespeichert werden soll.

a) **Vergabe eines neuen Textnamens:** In diesem Fall müssen Sie wie im vorhergehenden Abschnitt erläutert aus dem Menü DATEI den Befehl »Speichern unter« wählen. Nach Eingabe des neuen Dateinamens und Durchführung des Befehls wird der Text unter dem neuen Namen gespeichert; der alte Text bleibt weiter mit dem ursprünglichen Textnamen erhalten.

b) **Beibehaltung des alten Textnamens.** Diese Variante werden Sie dann wählen, wenn Sie die alte Fassung des Textes nicht mehr benötigen. Dazu muß der Befehl »Speichern« aus dem Menü DATEI gewählt werden. Ohne weitere Abfragen erfolgt danach die Speicherung.

Beachten Sie noch folgende **Hinweise** zur Anwendung des Befehls »Speichern«:

▷ Die Anwendung des Befehls »Speichern« setzt voraus, daß die aktuelle Datei bereits namentlich auf dem Datenträger existiert.

▷ Der Aufruf des Befehls kann auch durch Anklicken des Symbols für »Speichern« in der Funktionsleiste erfolgen:

✧   Wird beim erstmaligem Speichern einer Datei der Befehl
    »Speichern« aus dem Menü DATEI gewählt, so erfolgt auto-
    matisch eine Verzweigung in das Dialogmenü des Befehls
    »Speichern unter«.

Bei den weiteren Ausführungen in diesem Kapitel wird außerdem
deutlich werden, daß gleichzeitig verschiedene Dokumente geöffnet sein können.

2.2.3 Speicherungsoptionen festlegen

Für die Speicherung können verschiedene Optionen eingestellt
werden. Wählen Sie einmal nach Aufruf des Menüs EXTRAS den
Befehl »Voreinstellung«. Ergebnis ist die folgende Bildschirmanzeige:

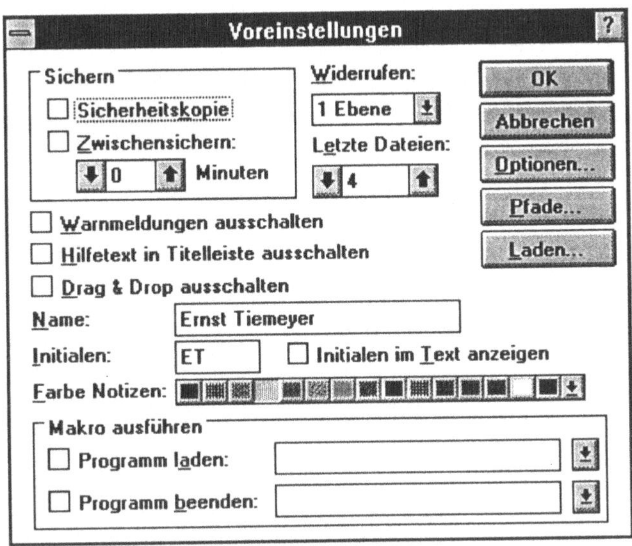

Bild 2-5: Voreinstellungen zur Speicherung

Für die Speicherung gibt es unter dem Begriff »Sichern« zwei interessante rechteckige Optionsfelder:

Sicherungskopien anlegen

Eine besondere Sicherung gegen Verlust von Dateien können Sie
dadurch herstellen, daß Sie beim Speichern eine Sicherungskopie
der letzten Datei anlegen. Dazu müssen Sie das Optionskästchen

»Sicherungskopie« markieren. Ergebnis ist, daß bei der Speicherung dafür gesorgt wird, daß die vorherige Version des Dokuments noch weiter aufbewahrt wird.

AMI PRO erstellt die Sicherheitsdatei unter demselben Namen und mit derselben Erweiterung wie die Originaldateien. Achten Sie deshalb darauf, daß die Sicherheitskopien in einem anderen Verzeichnis abgelegt werden als die Dokumente, mit denen Sie arbeiten. Wählen Sie dazu die Schaltfläche <Pfade>, und machen Sie in dem dann angezeigten Dialogfenster Angaben im Feld »Kopien«.

Automatische Speicherung einstellen

Aus Erfahrungsgründen hat es sich bewährt, wenn Sie eine in Bearbeitung befindliche Datei alle 10 bis 15 Minuten speichern. Dadurch können Sie verhindern, daß bei einem Problemfall nicht zuviel der zuletzt durchgeführten Arbeit verlorengeht; etwa bei Stromausfall oder bei versehentlichem Ausschalten des Computers.

Da es leicht passieren kann, daß Sie das regelmäßige Speichern vergessen, bietet AMI PRO hierfür eine Hilfe an. Geben Sie das Intervall in Minuten nach Aktivierung des Optionsfeldes »Zwischensichern« an: es ist eine Zeitangabe zwischen 1 und 99 Minuten möglich. Während der Bearbeitung eines Dokumentes erfolgt dann automatisch die Speicherung in den von Ihnen angegebenen Zeitintervallen.

2.2.4 Sicherungen für gespeicherte Dateien einstellen

Um zu verhindern, daß ein erstelltes Dokument von unbefugten Personen gelesen wird oder in unerwünschter Form geändert wird, wird vom Programm eine Sicherungsmöglichkeit angeboten: Um zu unterbinden, daß unbefugte Personen schutzwürdige Dokumente lesen, können Sie diese mit einem Kennwort speichern.

Möglich ist dies durch Aktivierung des Optionsfeldes »Paßwort geschützt« beim Dialogfenster »Speichern unter«. Dies ermöglicht die Speicherung von Dateien mit einem Kennwort. Unbefugte können damit das Dokument nicht ansehen, solange sie das Schutzwort nicht kennen.

Aufgabe: Dateien mit Kennwort speichern

Speichern Sie die zuletzt erstellte Datei erneut unter einem neuen Dateinamen. Vergeben Sie den Dateinamen »Kenn1.SAM«, und geben Sie als Kennwort »Sicher« ein.

Zur Lösung der Aufgabenstellung müssen Sie nach Wahl des Befehls »Speichern unter« aus dem Menü DATEI zunächst den Dateinamen »Kenn1« eingeben. Anschließend ist das Optionsfeld »Paßwort geschützt« zu aktivieren. Das folgende Dialogfenster ist somit in folgender Form auszufüllen:

Bild 2-6: Datei mit Kennwort speichern

Nach der Befehlsausführung ist zunächst das gewünschte Kennwort einzugeben; in diesem Fall das Wort »Sicher«. Das erscheint auf dem Bildschirm allerdings nicht; es wird aus Sicherheitsgründen nur eine Folge hochgestellter X abgebildet. Nach Bestätigung mit ⏎ bzw. Anklicken der Schaltfläche <OK> erfolgt eine erneute Aufforderung zur Kennworteingabe. Wird das Kennwort dann in gleicher Form eingegeben, kann durch zweimalige Betätigen von ⏎ der Vorgang abgeschlossen werden.

Dies hat nun zur Konsequenz, daß für ein Öffnen dieser Datei immer zunächst die Abfrage nach dem vergebenen Kennwort richtig beantwortet werden muß.

Den Ablauf im Überblick veranschaulicht noch einmal folgende Checkliste:

Reihenfolge der Bearbeitung	Tastenfolge
1. Menü DATEI wählen	Alt + D
2. Option »Speichern unter«	U
3. Dateinamen eingeben	KENN1
4. Befehlsfeld »Paßwort geschützt« aktivieren	Alt + P , ↵
5. Kennwort eingeben	Sicher
6. Schaltfläche <OK> aktivieren	↵
7. Kennwort erneut eingeben	Sicher
8. Schaltfläche <OK> aktivieren	↵
9. Schaltfläche <OK> aktivieren	↵

Beachten Sie noch folgende **Hinweise** zur Kennwortvergabe:

⇨ Das Kennwort darf maximal 14 Zeichen umfassen. Leerzeichen sind bei der Kennwortvergabe ebenso wie Groß- und Kleinbuchstaben erlaubt.

⇨ Stimmt das Wort, das wiederholt eingegeben wird, nicht mit dem zuerst eingegebenen Kennwort überein, erfolgt der Hinweis »Fehlerhafter Paßwortvergleich« in einem Fenster.

Zusammenfassende Übersicht zur Speicherung von Dateien:	
Zielsetzung	**Menü/Befehlswort**
(1) Erstmalige Speicherung	DATEI SPEICHERN oder DATEI SPEICHERN_UNTER
(2) Speicherung einer bear beiteten Datei a) unter gleichem Namen b) unter einem neuen Namen	 DATEI SPEICHERN DATEI SPEICHERN_UNTER
(3) Speicherung in einem anderen Format	DATEI SPEICHERN_UNTER und Feld »Dateiart« aktivieren; »Fremdformat« wählen.
(4) Speicherung mit Kennwort	DATEI SPEICHERN_UNTER und Feld »Paßwort geschützt« aktivieren.

2.3 Druckausgabe eines fertiggestellten Textes

Eine Ausgabe auf dem angeschlossenen Drucker erfolgt in der Regel dann, wenn die unmittelbar festgestellten Eingabefehler korrigiert sind und das Dokument zuvor gespeichert wurde. Dabei ist grundsätzlich zu beachten, daß die Art des verwendeten Drukkers einen entscheidenden Einfluß darauf hat, wie das Dokument angezeigt und gedruckt wird. 

Für die Druckausgabe eines Fließtextes dienen die folgenden Befehle nach Aufruf des Menüpunktes DATEI:

Befehlswort	Bedeutung
Drucken	Durchführung des Druckvorganges.
Drucker wechseln	dient der Auswahl des gewünschten Druckers bzw. des dazugehörigen Anschlusses.

Hinweise:

- ➪ Der Befehl »Mischen« ermöglicht das Drucken von Serienbriefen.
- ➪ Über den Befehl »Briefumschlag drucken« können Sie eine Adresse auf einen Briefumschlag im Standardformat oder mit selbst festgelegter Größe drucken.

2.3.1 Drucker einstellen

Bevor Sie den Druckbefehl auslösen, sollten Sie sich vergewissern, daß auch alle Einstellungen für die Druckausgabe korrekt vorgenommen wurden. Dies betrifft insbesondere die Frage des angeschlossenen Druckers. Der Name des gerade aktivierten Druckers erscheint in der untersten Zeile des Dialogfensters; im Beispielfall: »Canon Bubble-Jet«.

Wenn Sie einen anderen Drucker benutzen wollen, ist nach Wahl des Menüs DATEI der Befehl »Drucker wechseln« zu aktivieren. Das entsprechende Bildschirmmenü zeigt die folgende Abbildung:

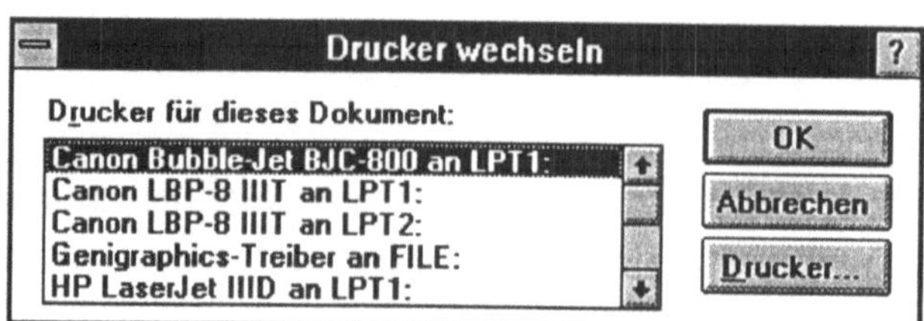

Bild 2-7: Dialogmenü «Drucker wechseln»

Sofern mehrere Drucker auf Ihrem System installiert sind, können Sie nun den gewünschten Drucker auswählen.

besondere Einstellungen am Drucker vornehmen

In Abhängigkeit vom installierten Drucker können Sie durch Anklicken der Schaltfläche <Drucker> gesonderte Einrichtungen vornehmen. Sie hat im Beispielfall folgendes Aussehen:

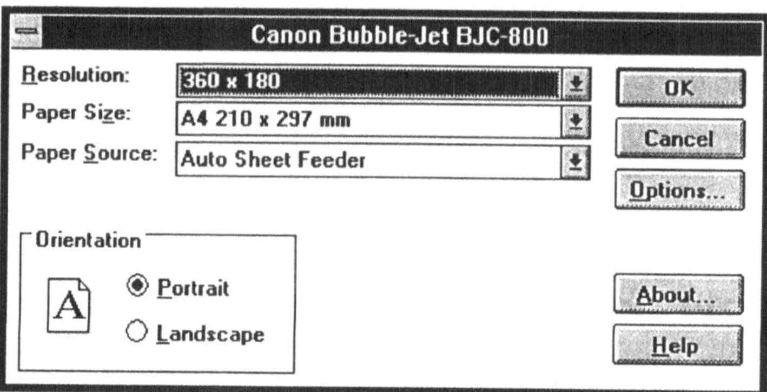

Bild 2-8: Einrichtung von Druckern

Die Dialogfelder haben folgende Bedeutung:

↪ Im Feld «Resolution (Grafikauflösung)» können Sie die Qualität der Druckausgabe festlegen.

↪ Im Feld »Paper Size (Papiergröße)« wird das Format des verwendeten Papiers angegeben.

↪ Das Feld »Paper Source (Papierzufuhr)« bestimmt den verwendeten Druckerschacht.

↪ Unter der Rubrik »Orientation (Format)« kann zwischen Hoch- und Querformat gewählt werden (Portrait bzw. Landscape).

Weitere Besonderheiten zum Drucken sind nach Anklicken der Schaltfläche <Optionen> einstellbar.

2.3.2 Druckbefehl aufrufen

Wählen Sie im folgenden nach Einrichtung Ihres Druckers zunächst im Menü DATEI den Befehl »Drucken«. Danach erscheint das nun dargestellte Dialogmenü.

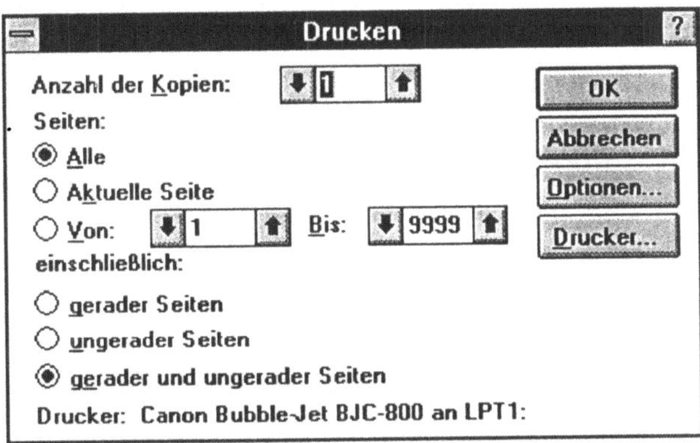

Bild 2-9: Dialogmenü DRUCKEN

Die angezeigten Auswahlfelder haben folgende Bedeutung:

Auswahlfelder	**Bedeutung**
Anzahl der Kopien:	bestimmt die Anzahl der zu druckenden Exemplare. Im Normalfall wird ein Exemplar ausgegeben. Alternativ kann die gewünschte Anzahl eingegeben werden.
Seiten:	Alternativ zum gesamten Text (Variante »Alle«) können bestimmte Seiten oder nur die aktuelle Seite/Markierung gezielt ausgedruckt werden. Die Felder danach dienen der konkreten Angabe der zu druckenden Seiten.

Standardmäßig wird nach Auslösung des Druckvorganges das gesamte Dokument auf dem Drucker ausgegeben. Die Befehlsfläche »Von«, die sich im Dialogfenster »Drucken« befindet, bietet

Ihnen alternativ die Möglichkeit, bestimmte Teilabschnitte eines Dokumentes gezielt zu drucken. Beispiel:

⇨ im Feld »Von«: die Nummer der ersten zu druckenden Seite,

⇨ im Feld »Bis«: die Nummer der letzten zu druckenden Seite.

Festlegbar ist auch, ob nur gerade oder nur ungerade Seiten gedruckt werden sollen.

2.3.3 Druckoptionen anpassen

Ausgehend vom Dialogfenster »Drucken« können verschiedene Druckoptionen eingestellt werden. Nach Wahl der Schaltfläche <Optionen> ergibt sich folgende Bildschirmanzeige:

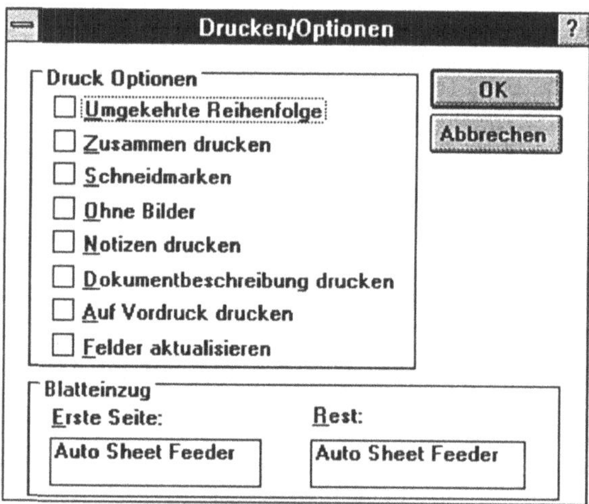

Bild 2-10: Druckoptionen

Die Bedeutung der Möglichkeiten gibt die folgende Zusammenstellung wieder:

Druck-Optionen	Bedeutung/Anwendung
Umgekehrte Druckreihenfolge	Beim Ausdruck wird mit der letzten Seite begonnen. Die Anwendung empfiehlt sich für Drucker, die eine Stapelung mit nach oben gerichteter Druckseite vornehmen.

Druck-Optionen	Bedeutung/Anwendung
Zusammen drucken	Bei mehrfacher Druckauflage wird zunächst eine Kopie des Dokuments vollständig gedruckt; anschließend die nächste Kopie.
Schneidmarken	Es werden dünne Linien mitgedruckt, die die Ecken einer Seite markieren.
Ohne Bilder	Das Drucken geht schneller, spezielle Formatierungen entfallen allerdings. Rahmen, die Bilder enthalten, werden als leere Rahmen gedruckt. Interessant ist diese Option für den Entwurfsdruck.
Notizen drucken	Am Ende des Dokuments werden alle Notizen gedruckt. An den Stellen im Dokument, an denen eine Notiz eingefügt wurde, erscheinen die Benutzerinitialien.
Dokumentbeschreibung drucken	Nach dem Ausdruck des Dokuments wird auf einer separaten Seite auch die dazugehörige Datei-Information ausgedruckt.
Auf Vordruck drucken	Geschützt definierter Text wird beim Druck nicht mit ausgegeben. Gleiches gilt für Linien und Schatten, die mit Rahmen und Tabellen verbunden sind.
Felder aktualisieren	Alle Feldeinfügungen werden automatisch aktualisiert.
Blatteinzug	Erste Seite und restliche Seiten können aus unterschiedlichen Behältern eingezogen werden.

2.3.4 Druckvorgang auslösen

Sind die Vorüberlegungen und Prüfungen zum Drucken abgeschlossen, dann können Sie den im Hauptspeicher befindlichen Text unmittelbar ausdrucken. Dazu muß im aktivierten Dialogfenster »Drucken« die Schaltfläche <OK> aktiviert werden.

Im Normalfall wird der Druck nun entsprechend durchgeführt werden; d. h. der im Hauptspeicher befindliche Text wird in der gewünschten Form auf dem Drucker ausgegeben. Die Seiten werden automatisch so umbrochen, wie es den eingegebenen Formaten entspricht (festgelegte Ränder, Zeilen- und Zeichenabstände).

Andernfalls sind zwei grundsätzliche Reaktionen des Computers nach Ausführung des Druckvorganges möglich:

a) Es ergibt sich keine Druckausgabe. Im wesentlichen sind dann zwei Fehlerursachen denkbar:

    ❏ Sie haben vergessen, den Drucker einzuschalten.

    ❏ Der angeschlossene Drucker muß noch auf das Textprogramm abgestimmt werden.

b) Das Format der Druckausgabe ist unbefriedigend (z. B. unzureichender Zeilen- und Seitenumbruch). In diesem Fall müssen Sie im Menü SEITE eine entsprechende Anpassung vornehmen.

Zusammenfassend ergibt sich folgender Ablauf zur Realisierung des Druckens:

Reihenfolge der Bearbeitung	Tastenfolge/Mausaktionen
1. Menü DATEI wählen	⟮Alt⟯+⟮D⟯
2. Option «Drucken» wählen	⟮D⟯
3. Befehl ausführen	⟮↵⟯ oder Schaltfläche <OK> klicken

2.4 Neuen Text erfassen

Um einen neuen Text erfassen zu können, ist es unter Umständen (wenn wie im Beispielfall zuvor ein anderer Text bearbeitet wurde) notwendig, daß zunächst der Textbereich wieder frei verfügbar gemacht werden muß und die bisherige Datei geschlossen werden soll.

Das Löschen des internen Speichers geschieht mit dem Befehl »Schließen« aus dem DATEI. Nach Aktivierung dieses Befehls ist der Bildschirm gelöscht.

Sofern der Text jedoch nicht gespeichert wurde, werden Sie vorher noch aufgefordert, den Datenverlust ausdrücklich zu bestätigen. Auf diese Weise soll ein unbeabsichtigtes Löschen eines Textes verhindert werden.

Aufgabe: Texte nacheinander erfassen

Erfassen Sie folgenden Text, und speichern Sie diesen auf Ihrer Arbeitsdiskette unter dem Dateinamen »Text21«.

```
Textverarbeitung hat sich zum Hauptanwendungsgebiet für den
Personal Computer entwickelt. Dies ist im wesentlichen auf zwei
Gründe zurückzuführen. Zum einen sind die anfallenden Kosten
gering; zum anderen konnten Funktionsumfang und Komfort der
Software in den letzten Jahren stetig verbessert werden. Hinzu
kommen die vielfältigen Einsatzmöglichkeiten: So können neben
Textverarbeitung mit dem PC noch weitere Aufgaben schnell und
problemlos erledigt werden.
```

Um nun einen neuen Text erfassen zu können, können Sie im Menü DATEI zunächst den Befehl »Neu« wählen.

Ergebnis ist die in Bild 2-11 dargestellte Bildschirmanzeige.

Die Abbildung macht deutlich, daß das Programm die Erstellung eines Dokumentes auf der Basis des Standard-Layoutbogens »Default.Sty« vorschlägt. In dieser Vorlage sind bestimmte Standards - etwa zur Schriftart und Schriftgröße - vorgegeben. Sollen keine Änderungen erfolgen, so können Sie unmittelbar die Schaltfläche <OK> anklicken und dann mit der Texteingabe beginnen.

Bild 2-11: Dialogfenster »Neu«

Andernfalls haben Sie über das angezeigte Dialogfenster noch folgende Möglichkeiten:

→ Wenn Sie einen anderen Layoutbogen verwenden wollen, müssen Sie im Listenfeld »Layoutbogen für neues Dokument« eine entsprechende Auswahl treffen. Das Arbeiten mit anderen Layoutbögen wird später noch ausführlich erläutert. Dabei wird auch gezeigt, wie Sie eigene Layoutbögen anlegen können (vgl. Kapitel 6 des Buches).

→ Es können verschiedene Optionsfelder eingestellt werden; beispielsweise, ob ein Layoutbogen mit Inhalt geladen werden soll.

Da künftig zunächst immer davon ausgegangen wird, daß der Layoutbogen mit dem Namen »Default.STY« genutzt wird, können Sie den Befehl im Beispielfall unmittelbar bestätigen und dann die Texterfassung in der bekannten Weise vornehmen.

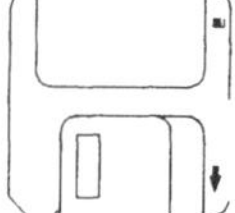

Speichern Sie die Datei anschließend mit dem Befehl »Speichern« aus dem Menü DATEI unter dem gewünschten Dateinamen »Text21«.

Schließen Sie danach alle Dateien, indem Sie das Menü DATEI aktivieren und hier den Befehl »Schließen« wählen. Sofern mehrere Dateien geöffnet sind, müssen Sie den Befehl wiederholt aufrufen.

2.5 Gespeicherte Texte aktivieren (Textdateien öffnen)

Soll ein bereits früher erfaßter Text überarbeitet werden, so muß dieser vom Datenträger Diskette oder Festplatte in den Hauptspeicher übertragen werden. Dieses ist quasi eine Umkehrung des Vorganges vom Speichern und wird als Dateiöffnen bezeichnet.

Das Öffnen der Datei geschieht dabei in der Weise, daß der ausgewählte Text vom Datenträger in den Hauptspeicher »kopiert« wird (auch nach dem Laden bleibt der Text auf der Diskette erhalten). Gleichzeitig erscheint der Textanfang (oder bei kurzen Texten der gesamte Text) auf dem Bildschirm.

Aufgabe: Datei öffnen

Aktivieren Sie den zuerst erfaßten Text mit dem Dateinamen »Text20« wieder in den Hauptspeicher.

Das Aufrufen von auf Diskette/Festplatte befindlichen Texten erfolgt bei AMI PRO mit dem Befehl »Öffnen« des Menüs DATEI. Nach dem Aufruf des Befehls erscheint das in Bild 2-12 dargestellte Dialogfenster.

Die angezeigten Dialogfelder haben folgende Bedeutung:

Felder	Bedeutung
Dateiname	Angabe des Namens des zu öffnenden Dokuments.
Dateien	Ein Name kann ausgewählt oder eingegeben werden.

Felder	Bedeutung
Verzeichnisse	für die Aktivierung des Verzeichnisses, in dem die gewünschte Datei gespeichert ist.
Laufwerk	zur Angabe der Laufwerkskennung. Es ist eine Auswahl aus einem Listenfeld möglich.
Liste der Dateiformate	bestimmt die Art der zu öffnenden Dateien.

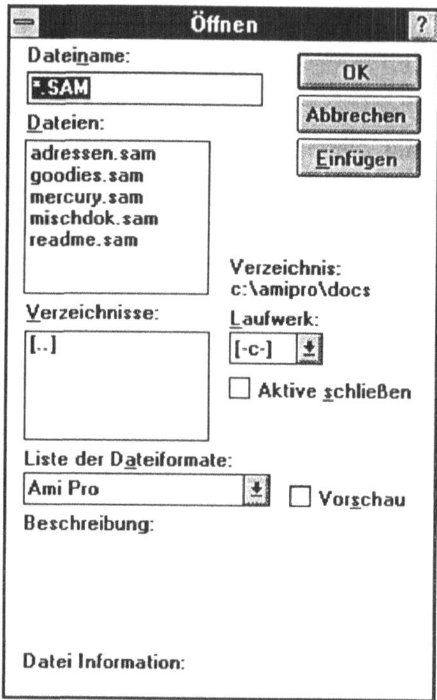

Bild 2-12: Dialogfenster »Öffnen«

Sie werden also zunächst aufgefordert, den Namen der Datei einzugeben oder auszuwählen, die Sie öffnen wollen. In diesem Fall können Sie etwa den Namen unmittelbar über Tastatur eingeben (z. B. »TEXT20.SAM«). Alternativ zur Eingabe können Sie auch den Dateinamen auswählen, wenn sich dieser in der angezeigten Dateiliste befindet.

Sofern die gewünschte Datei hier nicht enthalten ist, müssen Sie zunächst das zutreffende Laufwerk oder Verzeichnis aktivieren, unter dem die Datei gespeichert wurde. Dazu stehen die entsprechenden Listenfelder »Laufwerk« bzw. »Verzeichnisse« zur Verfügung. Der aktuelle Suchpfad wird im Dialogfenster angezeigt.

Die Art der angezeigten Dateien können Sie im Feld »Liste der Dateiformate« festlegen. Neben dem AMI-PRO-Format werden beispielsweise ASCII, DCA, DIF, EXCEL, Word für DOS, Winword und viele andere Formate unterstützt.

Außerdem gibt es zwei Optionsfelder: »Aktive schließen« und »Vorschau«. Durch Anklicken des Feldes »Vorschau« können Sie beispielsweise zunächst prüfen, ob das markierte Dokument auch tatsächlich geöffnet werden soll.

Es können bis zu neun Dokumente gleichzeitig geöffnet sein. Dies kann etwa interessant sein, wenn Sie verschiedene Abschnitte aus einem anderen Dokument in das aktuelle übernehmen wollen.

Wie die Aktivierung und Bearbeitung mehrerer Dokumente erfolgt, wird deutlich, wenn Sie als nächstes einmal die Datei »Text21.SAM« öffnen. Nach Beendigung des Ladevorganges erscheint nun dieses Dokument auf dem Bildschirm.

Aktivieren Sie danach einmal den Menübefehl FENSTER. Sie sehen, daß jetzt zwei Dateien geöffnet sind. Es kann natürlich immer nur eine davon die aktuelle sein. Nach der Auswahl des gewünschten Dokuments wird dieses im Vordergrund des Bildschirms angezeigt und damit zum aktuellen Dokument. Im Menü FENSTER ist der Dateiname mit einem Häkchen gekennzeichnet.

Sie können auch eine überlappende Darstellung vornehmen oder die Dokumente nebeneinander darstellen. Wählen Sie die Option nebeneinander, so daß sich die folgende Bildschirmanzeige ergibt:

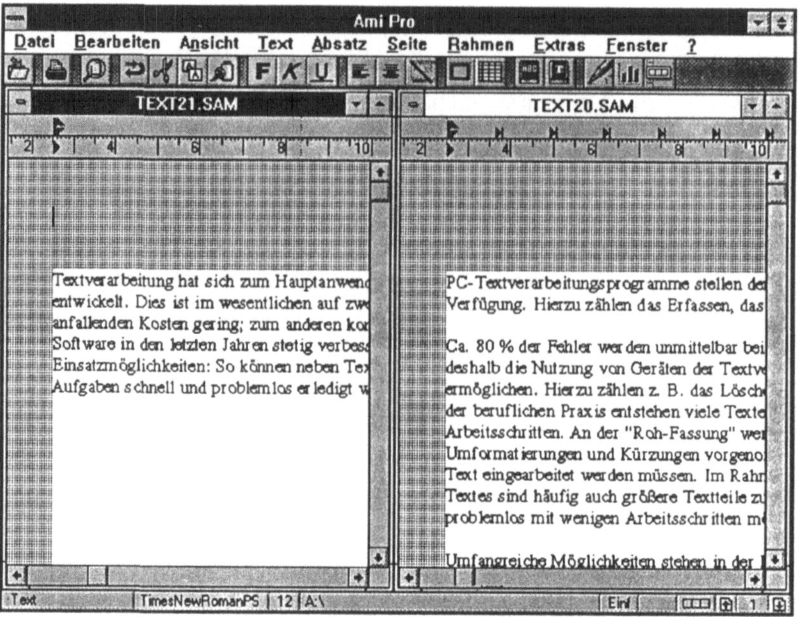

Bild 2-13: Dokumente nebeneinander

Durch Anklicken des Symbols für Vollbild in der Titelleiste kann ein Dokument wieder allein zur Anzeige gebracht werden.

Beachten Sie noch folgende **Hinweise** zum Öffnen von Dateien:

➪ Die Namen der zuletzt bearbeiteten Dokumente erscheinen außerdem im unteren Abschnitt des Menüs DATEI. Wenn Sie den Menüpunkt DATEI aktivieren, haben Sie damit die Möglichkeit, das Dokument schnell und einfach zu öffnen, indem Sie den Namen mit dem Mauszeiger anklicken oder die unterstrichene Zahl eingeben, die dem zu öffnenden Dokument entspricht.

➪ Denken Sie daran, zunächst eine bearbeitete Datei zu speichern und dann zu schließen, wenn Sie diese Datei aktuell nicht mehr benötigen. Ansonsten hat das Programm nachher zu viele Dateien geöffnet, was auch das Arbeiten mitunter verlangsamt.

2.6 Dateien aus anderen Textprogrammen einlesen

In vielen Fällen werden Sie vor Nutzung von AMI PRO bereits mit einem anderen Textprogramm Texte erstellt haben; etwa mit WORD, Word Perfect oder PC Text 4/5. Dann ist es natürlich häufig interessant, diese in AMI PRO zu übernehmen. Dadurch erübrigt sich dann eine Neuerfassung von Texten, die man insgesamt oder ausschnittweise wieder benötigt.

Da andere Programme in einem anderen Format arbeiten als AMI PRO, ist zunächst eine Konvertierung erforderlich, um diese Dateien nutzen zu können. Dies geht jedoch relativ einfach, wie das folgende Beispiel zeigt.

Aufgabe: DOS-Textdatei einlesen

Auf der Arbeitsdiskette zu diesem Buch befindet sich eine Textdatei, die mit dem Textprogramm WORD für DOS erstellt wurde. Sie ist unter den Dateinamen TEXT01.TXT gespeichert. Diese soll nun in das Programm AMI PRO eingelesen werden.

Für die Übernahme können Sie ebenfalls den Befehl »Öffnen« des Menüs DATEI nutzen. Nach Wahl des Befehls erscheint der bereits bekannte Bildschirm, der nun wie in Bild 2-14 dargestellt auszufüllen ist, wenn Sie die Datei TEXT01.TXT aktivieren wollen:

Wichtig ist, daß Sie den Dateinamen zunächst korrekt eingeben oder auswählen. Denken Sie dabei an die richtige Einstellung von Laufwerk/Verzeichnis sowie an die korrekte Dateierweiterung, damit auch eine entsprechende Aktivierung erfolgen kann.

Übernahmemöglichkeiten werden aus dem Aktivieren des Listenfeldes »Liste der Dateiformate« ersichtlich (Bild 2-15):

Übernehmbar sind unter anderem WORD für DOS, verschiedene WINWORD-Versionen, Word Perfect, WordStar, PC Text 4 sowie unformatierte Textdateien.

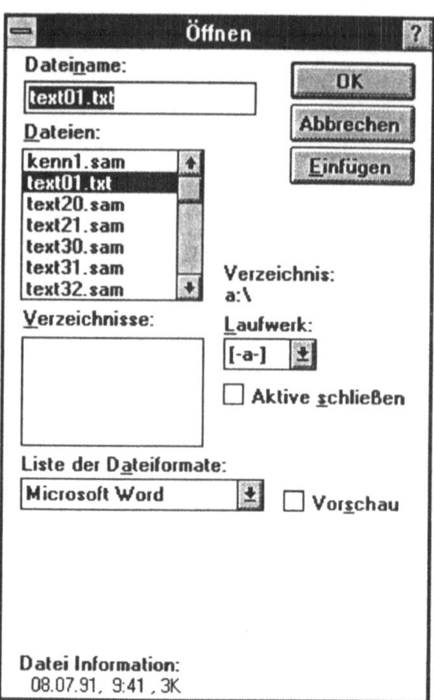

Bild 2-14: Dokument mit anderem Dateiformat einlesen

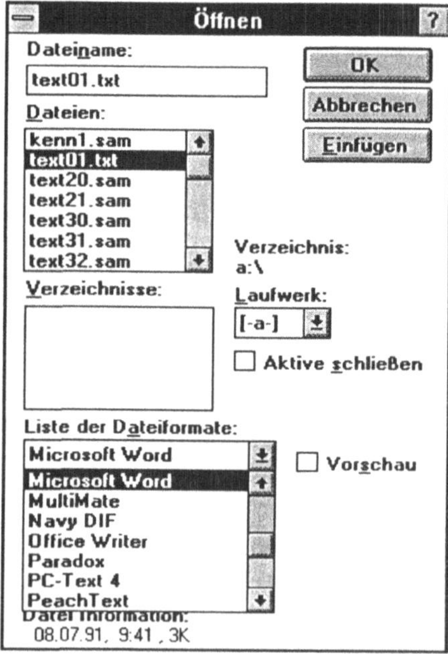

Bild 2-15: Dateiarten für den Import

Nach Aktivierung der Schaltfläche <OK> erfolgen mehr oder weniger viele Abfragefenster, bei denen Sie eine Auswahl treffen können (z. B. bei der Frage nach dem Druckertreiber oder den Druckformatoptionen).

Zusammenfassung zur Organisation von Dateien:

Zielsetzung	Befehlsfolge
Neues Dokument erstellen	DATEI NEU
Vorhandene Datei laden	DATEI ÖFFNEN
Arbeit mit einem Dokument beenden	DATEI SCHLIESSEN
Weitere Datei erstellen	DATEI NEU
Arbeit mit dem Programm beenden	DATEI BEENDEN

2.7 Voreinstellungen festlegen (für das Arbeiten mit AMI PRO)

Je nach Arbeitsstil und Anwendungsgebiet dürften unterschiedliche Einstellungen für das Arbeiten mit AMI PRO gewünscht sein. Deshalb werden verschiedene Möglichkeiten angeboten, um eine Anpassung an die individuellen Wünsche vornehmen zu können.

Um einen Überblick über die Möglichkeiten zu erhalten, müssen Sie das Menü EXTRAS aktivieren und hier den Befehl »Voreinstellungen« aufrufen. Ergebnis ist das in Bild 2-16 dargestellte Dialogfenster:

Die Voreinstellungen können sich auf folgende Bereiche beziehen:

- ➪ Dateispeicherung: Sicherheitskopie und Zwischenspeicherung.
- ➪ Textbearbeitung: Hier sind etwa die Widerrufebenen sowie eine Einstellung zu Drag&Drop möglich.
- ➪ Textorganisation: Einstellungen können den Namen sowie den Suchpfad betreffen.
- ➪ Farbeinstellung.
- ➪ Typografische Optionen.
- ➪ Makroanwendung.

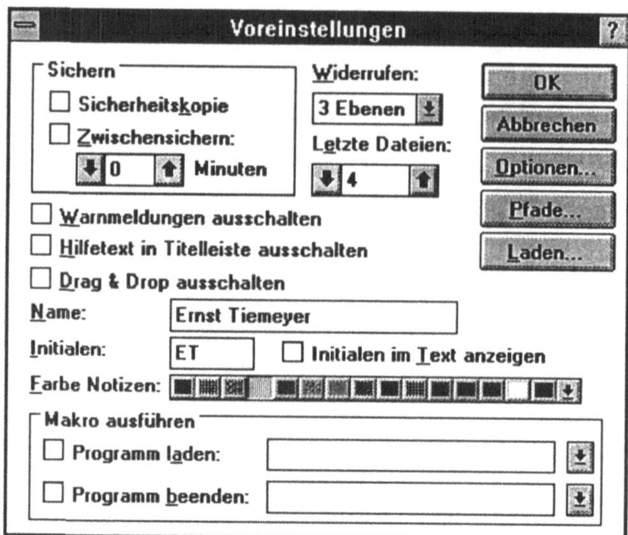

Bild 2-16: Dialogfenster »Voreinstellungen«

2.7.1 Widerruf-Ebenen bestimmen

AMI PRO verfügt im Menü BEARBEITEN über die Möglichkeit der Anwendung des Befehls »Widerrufen«. Damit können Sie zuletzt aufgerufene Befehle wieder rückgängig machen; beispielsweise den letzten Löschvorgang.

Nun besteht nicht nur die Möglichkeit, lediglich den letzten Befehl rückgängig, Sie können sogar mehrere Optionen rückgängig machen (maximal bis zu fünf). Dazu ist im Fenster »Voreinstellungen« gezielt festlegbar, wieviele Aktionen mit diesem Befehl wieder aufgehoben werden können.

Derzeit weist das Dialogfenster aus, daß die letzten 3 Aktionen widerrufen werden können.

Hinweis: Wenn weniger Widerruf-Ebenen festgelegt sind, kann die Ausführung des Befehls »Widerrufen« beschleunigt werden.

2.7.2 Einstellungen zu Drag and Drop

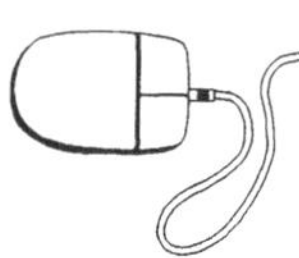

Im nächsten Kapitel dieses Buches werden Sie kennenlernen, daß durch Anwendung der sog. Drag&Drop-Funktion das Verschieben und Kopieren von Textabschnitten per Maussteuerung sehr einfach vorgenommen werden kann.

Es ist allerdings auch möglich, diese Funktion auszuschalten. Nicht geübte Benutzer können so Fehler vermeiden. Um eine Ausschaltung vorzunehmen, müssen Sie das entsprechende Optionsfeld anklicken.

2.7.3 Farbeinstellungen vornehmen

Eingefügte Notizen werden im Dokument in einer ausgewählten Farbe angezeigt. Sie können nun gezielt festlegen, welche Farbe Sie verwenden wollen.

Soll eine Änderung der bisher eingestellten Farbe erfolgen, müssen Sie in der Farbleiste zunächst die Farbe markieren, die Sie ersetzen wollen. Anschließend ist die gewünschte neue Farbe im Farbfeld zu markieren. Danach ersetzt AMI PRO dann die Farbe in der Farbleiste durch die Farbe im Farbfeld.

2.7.4 Typografische Optionen festlegen

Typografie ist ein Fachgebiet, das sich insbesondere mit dem Erscheinungsbild von Dokumenten beschäftigt. Wenn Sie vom Dialogfenster »Voreinstellungen« aus die Schaltfläche <Optionen> anklicken, lassen sich dazu besondere Vorkehrungen treffen. Nach Wahl der Schaltfläche ergibt sich nämlich die folgende Bildschirmanzeige:

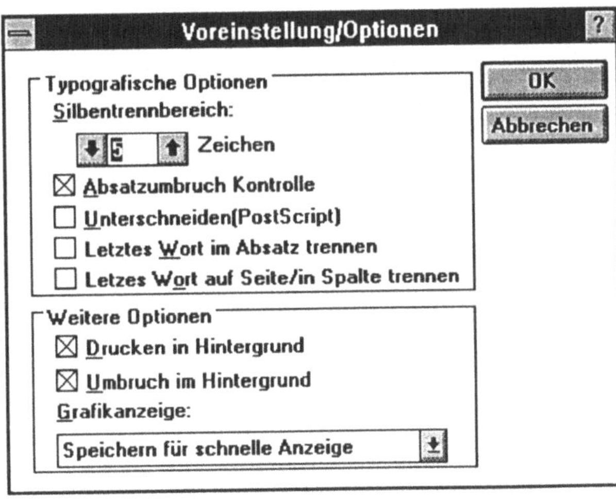

Bild 2-17: Voreinstellungen/Optionen

Die Bedeutung der Optionen verdeutlicht die folgende Übersicht:

Optionsfeld	Bedeutung/Anwendung
Silbentrennbereich	Hiermit bestimmen Sie die minimale Anzahl von Stellen zum rechten Rand, bevor eine Trennung erfolgt.
Absatzumbruch Kontrolle	Es wird verhindert, daß die erste Zeile eines Absatzes als letzte Zeile einer Seite erscheint. Auch ist es nicht möglich, daß die letzte Zeile eines Absatzes als erste Zeile einer Seite/Spalte erscheint.
Unterschneiden	Der Abstand zwischen bestimmten Zeichenpaaren wird gezielt angepaßt, damit sich ein gleichmäßiges Schriftbild ergibt.
Letztes Wort im Absatz trennen	Die Trennung des letzten Wortes in einem Absatz wird bei Einschaltung zugelassen.
Letztes Wort auf Seite trennen	Erlaubt wird die Trennung des letzten Wortes auf einer Seite/Spalte.

2.7.5 Ablaufoptionen festlegen

Geschwindigkeitsoptionen können ebenfalls definiert werden. Dies ist etwa möglich, indem bestimmte Aktivitäten des Programms im Hintergrund ausgeführt werden. Dies betrifft etwa die Ausführung bestimmter Druckvorgänge oder den Seitenumbruch.

2.7.6 Suchpfade für die Dateiorganisation einstellen

In AMI PRO können Sie gezielt festlegen, in welchem Laufwerk/Verzeichnis standardmäßig gespeichert werden soll. Dabei kann eine Differenzierung erfolgen nach

➪ Dokumenten,

➪ erstellte Layoutbögen,

➪ Speicherung von Sicherheitskopien,

➪ erstellte Makros,

➪ vorhandene Symbole und SmartIcons.

Um die Möglichkeiten zu sehen, wählen Sie bitte die Schaltfläche
<Pfade>. Ergebnis ist die folgende Bildschirmanzeige:

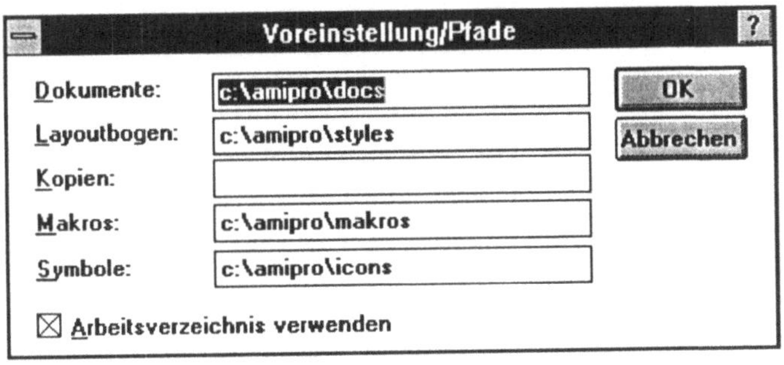

Bild 2-18: Voreinstellung/Pfade

Zur Änderung muß der genaue Suchpfad in dem Textfeld angegeben werden.

2.8 Bildschirmoptionen festlegen

In einem Sondermenü können weitere besondere Bildschirmoptionen festgelegt werden. Wählen Sie einmal das Menü ANSICHT
und hier den Befehl »Bildschirm Optionen«. Ergebnis ist die folgende Bildschirmanzeige:

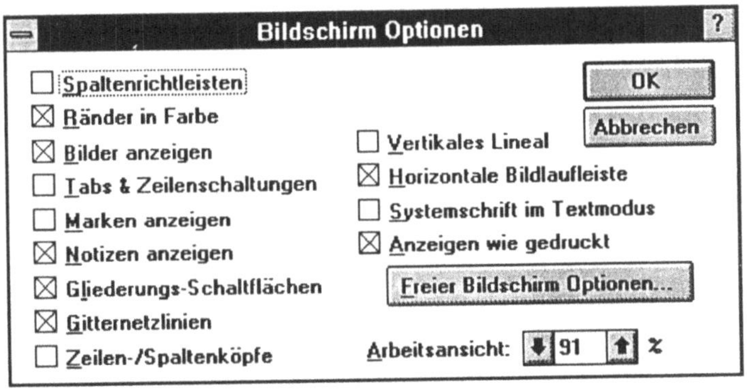

Bild 2-19: Dialogfenster »Bildschirm Optionen«

Je nach dem gerade anstehenden Arbeitsgang können Sie damit
die Bildschirmdarstellung Ihren Wünschen anpassen. Die Bedeutung der verschiedenen Optionsfelder im Falle einer Aktivierung
macht die folgende Zusammenstellung deutlich:

Optionsfeld	Bedeutung/Anwendung
Spaltenrichtleisten	Im Layoutmodus werden die Spaltenränder in einer gepunkteten Linie angegeben.
Ränder in Farbe	Im Layoutmodus werden die Ränder eines Dokuments in Farbe angezeigt (bei einem Farbbildschirm).
Bilder anzeigen	Bei Einschaltung der Option werden eingefügte Bilder auf dem Bildschirm angezeigt. Ansonsten ist im Rahmen statt des Bildes ein X enthalten.
Tabs & Zeilenschaltungen	Im Dokument werden die Symbole für Tabulatoren und Zeilenschaltungen angezeigt.
Marken anzeigen	Im Dokument werden Symbole angezeigt für Spaltenumbruch, Seitenumbruch, eingefügtes Lineal, eingefügtes Seitenlayout sowie fließende Kopf- und Fußzeilen.
Notizen anzeigen	Eingefügte Notizen werden im Dokument als farbig numerierte Rechtecke angezeigt.
Gliederungs-Schaltflächen	Im Gliederungsmodus werden Gliederungsschaltflächen angezeigt.
Gitternetzlinien	Bei Tabellen werden zwischen Spalten und Zeilen hellgraue durchgängige Linien angezeigt. Diese werden beim Ausdruck allerdings nicht berücksichtigt.

Optionsfeld	Bedeutung/Anwendung
Zeilen-/Spaltenköpfe	In einer Tabelle werden die Köpfe von Zeilen (als Zahlen) sowie von Spalten (als Buchstaben) angezeigt, wenn sich die Einfügemarke in der Tabelle befindet.
Vertikales Lineal	Im Layoutmodus wird auf der linken Bildschirmseite ein vertikales Lineal angezeigt.
Horizontale Bildlaufleisten	Die horizontale Bildlaufleiste wird oberhalb der Statuszeile angezeigt.
Systemschrift im Textmodus	Bei Einschaltung dieser Option erhöht sich die Arbeitsgeschwindigkeit.
Anzeigen wie gedruckt	Die Bildschirmdarstellung entspricht dem Druckbild.

3 Texte überarbeiten

In der Praxis stellt sich häufig die Notwendigkeit, eine nachträgliche Überarbeitung an einem Text vornehmen zu müssen. So kann etwa das Korrekturlesen eines ausgedruckten Textes ergeben, daß verschiedene Schreibfehler »auszumerzen« sind: Zeichen, Wörter, Sätze oder Absätze, die vergessen wurden, sind einzufügen; umgekehrt müssen bestimmte Zeichen oder Zeichenfolgen gelöscht werden. Diese nachträgliche Schreibfehlerkorrektur kann i. d. R. in gleicher Weise vorgenommen werden wie die bereits erläuterte Sofortkorrektur. Ergänzend bieten Textprogramme - insbesondere für umfangreiche Texte - weitere Funktionen, die die Korrekturarbeiten erleichtern (z. B. die Funktion »Suchen und Ersetzen« oder die Möglichkeit der Rechtschreibprüfung).

In der beruflichen Praxis entstehen viele Texte außerdem nicht selten in mehreren Arbeitsschritten. Erstmalig erfaßte Texte stellen mitunter eine vorläufige Fassung dar, an der vom Autor noch Korrekturen, Einfügungen, Umformatierungen und Kürzungen vorgenommen werden, die im nachfolgenden Arbeitsgang in den Text eingearbeitet werden müssen. Mehrere Überarbeitungen sind außerdem dann notwendig, wenn mehrere Personen für einen Text verantwortlich sind oder verschiedene Stellen Änderungswünsche äußern: Das ist etwa der Fall bei gemeinschaftlich erarbeiteten Untersuchungsergebnissen oder bei wichtigen betrieblichen Richtlinien oder Regelungen, die in einem längeren Änderungs- und Genehmigungsverfahren mehrere Stellen durchlaufen müssen.

Daraus ergeben sich folgende typische Textbearbeitungsaufgaben, auf die in diesem Kapitel ausführlich eingegangen wird:

- ➪ Textabschnitte löschen
- ➪ Texte hinzufügen oder einfügen
- ➪ Textabschnitte verschieben
- ➪ Textabschnitte kopieren
- ➪ Rechtschreibfehler korrigieren

Die wichtigsten Befehle zur Realisierung dieser Optionen stehen
unter dem Menüpunkt BEARBEITEN. Die Bedeutung der einzelnen Befehlsworte zeigt die folgende Zusammenstellung:

Menüpunkt	Bedeutung
Widerrufen	macht die letzte Bearbeitung oder die letzten widerrufbaren Arbeitsschritte rückgängig.
Ausschneiden	löscht einen markierten Textabschnitt oder ein markiertes Objekt und überträgt diesen in einen Zwischenspeicher.
Kopieren	kopiert einen markierten Textabschnitt und überträgt diesen in einen Zwischenspeicher.
Einfügen	fügt den Inhalt der Zwischenablage an der Stelle im Dokument ein, an der die Einfügemarke positioniert ist.
Verknüpfung einfügen	fügt den Inhalt der Zwischenablage in das Dokument ein. Dabei ergibt sich eine Verknüpfung, so daß ein dynamischer Datenaustausch realisierbar ist.
Inhalte einfügen	Bestimmte Objekte können für eine Einfügung definiert werden. Dabei ist zum Beispiel eine Einfügung als Text, Windows Metafile oder Bitmap denkbar.
Verknüpfungen	Eingestellte Verknüpfungen können aktualisiert, deaktiviert oder unterbrochen werden.
Suchen & Ersetzen	Es wird nach einer bestimmten Zeichenfolge, nach einem bestimmten Wort oder nach einer bestimmten Formatierung gesucht und der Suchbegriff kann durch eine andere Vorgabe ersetzt werden.
Gehe zu	ermöglicht die Positionierung der Einfügemarke an eine bestimmte Stelle im Dokument.

Menüpunkt	Bedeutung
Variable einfügen	ermöglicht das Einfügen von Datum/Uhrzeit und anderen Mischvariablen.
Felder	Felder können eingefügt und aktualisiert werden.
Text markieren	Text kann als Indexeintrag oder als geschützter Text definiert werden.
Lesezeichen	fügt ein Lesezeichen ein oder positioniert die Einfügemarke dort.

Zur Realisierung der Bearbeitungsoptionen ist außerdem von Vorteil, wenn eine komfortable Bewegung im Dokument möglich ist. Dazu sind spezielle **Bildlauffunktionen** vorhanden, deren Kenntnis die Bearbeitung von Texten erheblich erleichtert.

Schließlich muß dem System noch mitgeteilt werden, welche Textabschnitte bearbeitet werden sollen. Dies erfolgt durch eine gezielte **Markierung**, für die bestimmte Optionen zur Verfügung stehen.

3.1 Bewegen und Bildlauf im Text

Wird ein gespeicherter Text auf den Bildschirm für Überarbeitungszwecke abgerufen, so ist die Einfügemarke (der Cursor) auf den Textanfang plaziert. Um die notwendigen Überarbeitungen vornehmen zu können, muß also noch die jeweils erforderliche Arbeitsposition aufgesucht und angesteuert werden.

Im einfachsten Fall wird der Cursor mit einer der vier Richtungstasten an die gewünschte Arbeitsposition auf dem Bildschirm bewegt. Dies ist allerdings insbesondere bei längeren Texten relativ aufwendig. Hinzu kommt, daß nur Textausschnitte auf dem Bildschirm sichtbar sind.

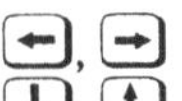

Um auch den nicht direkt auf dem Bildschirm sichtbaren Text schnell und komfortabel bearbeiten zu können, muß der Text deshalb über die Bildschirmfläche seitlich sowie auf und ab verschiebbar sein: Man nennt diese Bildlauffunktionen, die durch spezielle Tasten oder per Maussteuerung ausgelöst werden, horizontales und vertikales Rollen (engl.: scrolling).

Soll ein Text nach unten (zum Ende) oder nach oben (zum Anfang) bewegt werden, so bieten Textprogramme hierfür einen unterschiedlichen Komfort. Möglich ist etwa ein zeilen-, absatz- und seitenweises Verschieben des Textes. Im einzelnen stehen in AMI PRO für die Bewegung der Einfügemarke mit der Tastatur die nachfolgend aufgeführte Kurzbefehle zur Verfügung. Testen Sie diese ruhig einmal der Reihe nach aus, nachdem Sie einen dazu geeigneten Text geöffnet haben; z.B. »Text20.SAM«.

Cursorbewegungen im Text	Tasten/Tastenkombin.
1) Zeichenweises Bewegen	
- nach links	[←]
- nach rechts	[→]
2) Zeilenweises Bewegen	
- nach unten	[↓]
- nach oben	[↑]
3) Wortweises Bewegen	
- ein Wort nach rechts	[Strg]+[→]
- ein Wort nach links	[Strg]+[←]
4) Satzweises Bewegen	
- nächster Satzanfang	[Strg]+<.> (Punkt)
- vorheriger Satzanfang	[Strg]+<,> (Komma)
5) Absatzweises Bewegen	
- Absatzanfang	[Strg]+[↑]
- Absatzende	[Strg]+[↓]
6) Bewegen auf einer Bildschirmseite	
- Zeilenanfang	[Pos1]
- Zeilenende	[Ende]
7) Blättern im Dokument	
- Bildschirmseite oben	[Bild↑]
- Bildschirmseite unten	[Bild↓]
- Textende	[Strg]+[Ende]
- Textanfang	[Strg]+[Pos1]
- Eine Seite nach oben	[Strg]+[Bild↑]
- Eine Seite nach unten	[Strg]+[Bild↓]

Hinweis: Es ist nicht möglich, die Einfügemarke in einen Bereich zu plazieren, in der sich kein Text befindet. Beispielsweise kann keine Plazierung rechts von einer Zeilenschaltung erfolgen.

Mausgesteuert kann die Einfügemarke ebenfalls relativ leicht bewegt werden. Die einfachste Methode besteht dabei darin, zunächst mit dem Mauszeiger auf die gewünschte Stelle zu zeigen. Durch Klicken der linken Maustaste wird dann die Einfügemarke gesetzt, und es kann eine Korrektur oder Einfügung vorgenommen werden.

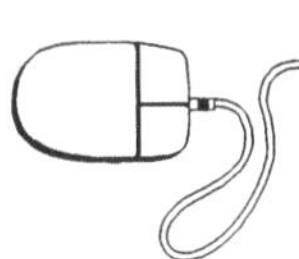

In längeren Texten kann mit der Maus eine schnelle Positionierung durch Nutzung der **vertikalen Bildlauflaufleiste** erreicht werden:

↪ Bildlaufpfeil in der vertikalen Bildlaufleiste anklicken: bewegt eine Zeile nach oben oder nach unten.

↪ Ziehen des Bildlauffeldes in den Bildlaufleisten: ermöglicht einen Bildlauf um einen prozentualen Teil der Dokumentenlänge bzw. der Dokumentenbreite. Sie müssen das Bildlauffeld mit dem Mauszeiger in die Nähe der Stelle ziehen, an der die gesuchte Seite vermutet wird.

↪ Klicken auf der vertikalen Bildlaufleiste oberhalb oder unterhalb des Bildlauffeldes: ermöglicht eine Veränderung um eine Bildschirmseite nach oben oder nach unten.

Mit der Veränderung des Bildlaufes wird die Anzeige der Textposition verändert, die Einfügemarke muß jedoch danach noch gesondert durch Klicken im Text positioniert werden.

In ähnlicher Weise kann die **horizontale Bildlaufleiste** genutzt werden. Sie ermöglicht es, per Maussteuerung den Bildschirmausschnitt nach rechts oder links zu verschieben, wenn es sich um sehr breit angelegte Dokumente handelt. Wollen Sie beispielsweise die rechte Seite eines Dokumentes näher anschauen, können Sie das Bildlauffeld in der Leiste nach rechts ziehen.

Befehlsgesteuert kann außerdem mit dem Befehl BEARBEITEN das Dialogfeld »Gehe zu« aufgerufen werden. Hiermit kann durch entsprechende Eingaben schnell eine bestimmte Textseite oder ein

bestimmtes Element (z. B. Fußnote, Lesezeichen, Kopf- und Fußzeile, Notiz) angesteuert werden. Nach der Befehlswahl ergibt
sich folgende Bildschirmanzeige:

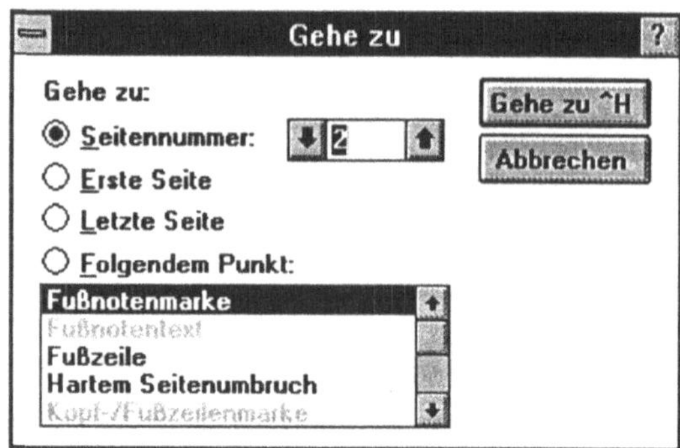

Bild 3-1: Dialogfenster »Gehe zu«

Der Bildschirmausschnitt zeigt, daß drei verschiedene Seitenoptionen zur Verfügung stehen:

⇨ Seitennummer: Die Einfügemarke wird an den Anfang der
  Seite positioniert, deren Seitennummer angegeben ist.

⇨ Erste Seite: Die Einfügemarke erscheint am Anfang der ersten
  Seite.

⇨ Letzte Seite: Die Einfügemarke erscheint am Anfang der letzten Seite.

Voraussetzung zur Anwendung dieser Seitenoptionen ist das Arbeiten im Layoutmodus.

Aktivieren Sie das Optionsfeld »Folgendem Punkt«, so können Sie
im darunterliegenden Listenfeld das gewünschte Bildschirmele-
ment auswählen; beispielsweise: Fußnote, Fußzeile oder Lesezeichen.

Ausgelöst wird der Befehl durch Anklicken der Schaltfläche
<Gehe zu ^H>.

Aufgabe: Bewegen und Bildlauf im Text

Öffnen Sie die Datei »Text20.SAM«, die sich auf Ihrer Arbeitsdiskette befindet. Führen Sie im einzelnen folgende Cursor-Be-
wegungen im Text durch (Anwendung sog. Bildlauf-Funktionen):

➪ Bewegen Sie die Einfügemarke an das Textende.

➪ Setzen Sie die Einfügemarke unmittelbar zurück an den Textanfang.

➪ Setzen Sie die Einfügemarke in die zweite Zeile des 1. Absatzes.

➪ Steuern Sie das letzte Zeichen der Zeile an.

➪ Bewegen Sie abschließend die Einfügemarke wieder an den Anfang der Zeile.

Zur Lösung der Aufgabenstellung sind per Tastatur folgende Aktivitäten nach dem Öffnen der Datei notwendig:

➪ Betätigen der Tastenkombination [Strg]+[Ende], um die Einfügemarke an das Textende zu setzen.

➪ Um dann an den Textanfang zurückkehren zu können, müssen Sie die Tastenkombination [Strg]+[Pos1] drücken.

➪ Danach ist der Cursor mit der Richtungstaste in die zweite Zeile des 1. Absatzes zu positionieren.

➪ An das Zeilenende gelangen Sie schließlich mit der Taste [Ende], an den Zeilenanfang mit der Taste [Pos1].

3.2 Textstellen markieren

Eine typische Aufgabe im Rahmen der Text-Überarbeitung besteht darin, bestimmte Textstellen (Zeichen, Worte, Sätze, Absätze) zu löschen, einzufügen, zu kopieren oder neu zu formatieren. Möglich wird dies durch das Auslösen der entsprechenden Befehle. Voraussetzung hierzu ist allerdings, daß Sie vorher die entsprechenden Textstellen genau markieren.

Um bestimmte Wortteile, Worte, Sätze oder Absätze markieren zu können, müssen Sie diese Textstellen zunächst mit dem Cursor ansteuern; danach können Sie dann die gewünschte Markierungsfunktion (z. B. das Markieren eines Absatzes) aufrufen. Realisiert wird das Markieren mit der Tastatur oder per Maussteuerung.

Das Ergebnis des Markierens wird unmittelbar auf dem Bildschirm angezeigt: das bzw. die markierten Zeichen werden hervorgehoben dargestellt.

Nach Markierung des Textabschnittes kann dann der gewünschte Befehl ausgelöscht werden; etwa Befehle zum Löschen, Verschieben, Kopieren oder Gestalten des Abschnittes.

Textmarkierung mit der Tastatur

Um eine Markierung mit der Tastatur vorzunehmen, müssen Sie die Einfügemarke zunächst an den Anfang oder an das Ende des Textbereichs setzen, den Sie markieren wollen. Anschließend ist die Taste ⬆ zu drücken. Halten Sie die Umschalttaste gedrückt, und steuern Sie dann mit einer Pfeiltaste das Ende der Markierung an.

Um das Markieren bestimmter Textabschnitte zu erleichtern, können Sie die Taste ⬆ auch in Verbindung mit den Funktionstasten zur schnellen Bewegung der Einfügemarke im Text nutzen. Beispiel: Zur schnellen Markierung eines Absatzes ist zunächst die Einfügemarke an den Anfang des Absatzes zu setzen. Aktivieren Sie danach bei gedrückter Taste ⬆ die Tastenkombination Strg+⬇.

Aufgabe: Textmarkierungen vornehmen

Öffnen Sie erneut die Datei »Text20.SAM«, falls diese schon wieder geschlossen wurde. Markieren Sie übungshalber der Reihe nach die folgenden Textteile:

⇨   das Wort »Speichern« im zweiten Satz

⇨   die Wortfolge »Speichern und das Drucken«

⇨   den zweiten Satz des zweiten Absatzes

⇨   den gesamten zweiten Absatz.

Um das Markieren von Worten und Textblöcken im praktischen Einsatz zu testen, sind per Tastatur folgende Vorgehensweisen notwendig:

⇨   Ansteuern des 1. Zeichens des Wortes »Speichern«; Wortmarkierung vornehmen.

⇨ Nach Markierung des Wortes ist die Umschalttaste weiter gedrückt zu halten und die ⊡ zu betätigen.

⇨ Zur Markierung des zweiten Satzes im zweiten Absatz ist zunächst das erste Zeichen in dem Satz anzusteuern. Nachdem
   Sie die Umschalttaste gedrückt haben, wird der Satz danach
   am schnellsten durch Drücken der Tastenkombination
   [Strg]+<Punkt> markiert.

⇨ Um den gesamten zweiten Absatz zu markieren, ist zunächst
   das erste Zeichen im zweiten Absatz anzusteuern und dann bei
   gedrückter Umschalttaste das Ende des Absatzes anzusteuern
   (am schnellsten mit der Tastenkombination [Strg]+⊡).

Die Bildschirmdarstellung nach Markieren des zweiten Absatzes
zeigt für den Beispielfall Bild 3-2.

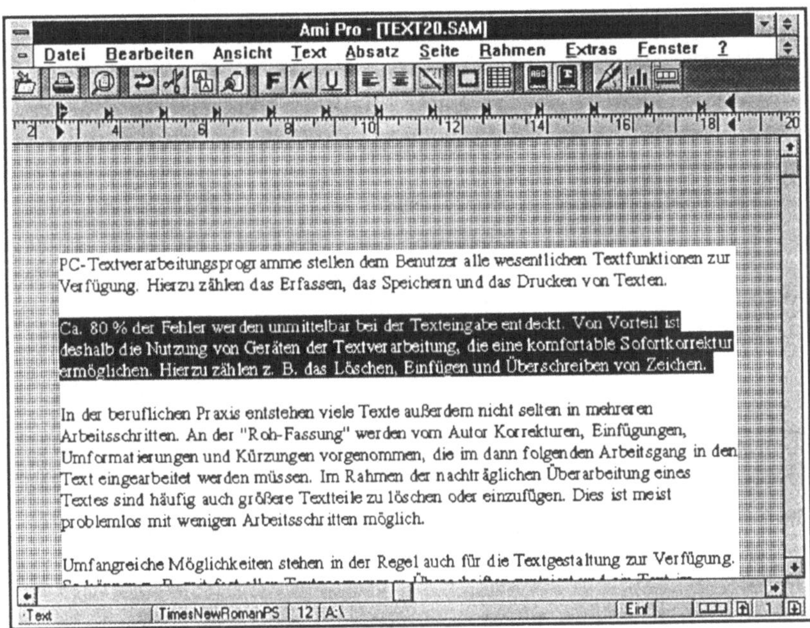

Bild 3-2: Beispiel einer Absatzmarkierung

Textmarkierung per Mausklick

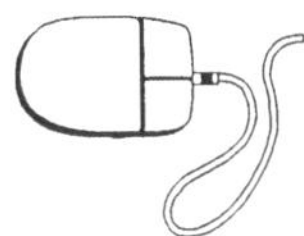

Ein einfaches Markieren von Textabschnitten kann auch per
Maussteuerung und anschließendem Mausklick realisiert werden.

Generell kann hierzu zunächst an einem Ausgangspunkt im Text geklickt werden und dann bei gedrückter linker Maustaste die Endposition angesteuert werden. Nach Loslassen der linken Maustaste ist dann der Bereich markiert, wie aus einer Hervorhebung am Bildschirm deutlich wird. Aufgehoben wird die Markierung, indem an einer beliebigen Stelle im Text geklickt wird.

Es ist auch möglich, per Maussteuerung eine Textmarkierung über mehrere Seiten hinweg vorzunehmen. In diesem Fall müssen Sie den Mauszeiger nach Erreichen des unteren Bildschirmrandes einfach weiter nach unten ziehen, bis die Zielposition erreicht ist.

Besonderheiten zur schnellen und gezielten Markierung zeigt die folgende Zusammenstellung:

Markierungsvariante	Mausaktionen
1) Wort markieren	beliebiges Zeichen im Wort anklicken; zweimal linke Maustaste drücken (Doppelklick).
2) Satz markieren	Mauszeiger auf ein Zeichen im Satz positionieren; [Strg]-Taste gedrückt halten und linke Maustaste klicken.
3) Absatz markieren	Mauszeiger im Absatz positionieren; [Strg]-Taste gedrückt halten und Mauaste zweimal drücken.

Testen Sie diese Varianten anhand der gleichen Aufgabenstellung, mit der Sie die Markierung mit der Tastatur vorgenommen haben.

Hinweise:

➪ Beachten Sie, daß ein markierter Text sofort gelöscht wird, wenn Sie irgendeinen Text eingeben, die [←], die Taste [Entf] oder die Taste [↵] drücken. Sollte dies aus Versehen passieren, wählen Sie den Befehl »Widerrufen« im Menü BEARBEITEN.

➪ Wollen Sie eine **Markierung wieder aufheben** (etwa weil Sie sich geirrt haben), dann betätigen Sie zunächst die Taste

⌊Esc⌋ und danach eine Richtungstaste. Die ursprünglich hervorgehobenen Zeichen erscheinen nun wieder in »normaler« Form. Alternativ können Sie auch mit der Maus an einer anderen Stelle im Text klicken (sog. »Ausklicken«).

3.3 Textabschnitte löschen

Text beliebiger Länge kann im nachhinein problemlos gelöscht werden. Dies können einzelne Zeichen oder Wortteile, aber auch ganze Sätze, Zeilen, Absätze oder Seiten sein.

Sollen größere Textteile aufgrund der Überarbeitung durch den Autor gelöscht werden, so müssen diese zunächst - wie im vorhergehenden Abschnitt beschrieben - markiert werden. Das Löschen kann anschließend

⇨ durch Betätigen der Tastenkombination ⌊Strg⌋+⌊X⌋ oder

⇨ durch Wahl des Befehls »Ausschneiden« aus dem Menü BE-ARBEITEN

bewirkt werden. Die angegebenen Text-Portionen werden in diesem Fall vom Programm in einem Zug »geschluckt«.

Aufgabe: Textabschnitte löschen

Öffnen Sie die Datei »Text20.SAM«, und löschen Sie den dritten Absatz.

Zur Lösung der Aufgabe müssen Sie nun lediglich den Absatz mit einer der Varianten markieren (wie im vorhergehenden Abschnitt beschrieben), und anschließend die Lösch-Tastenkombination ⌊Strg⌋+⌊X⌋ betätigen bzw. alternativ den Befehl »Ausschneiden« im Menü BEARBEITEN wählen.

Generell gilt somit folgende Checkliste für das Löschen von Textteilen (Annahme: Löschen eines Absatzes):

Reihenfolge der Bearbeitung	Mausaktionen/Tastenfolge
1. Absatz markieren	[Strg]+Doppelklick
2. Befehl »Ausschneiden« im Menü BEARBEITEN wählen	[Alt], [B], [A] oder [Strg]+[X]

Gelöschte Textabschnitte werden zunächst in einem Zwischenspeicher aufbewahrt. Löschbefehle können deshalb auch wieder aufgehoben gemacht werden. Dazu ist der Befehl »Widerrufen« im Menü BEARBEITEN zu wählen oder die Tastenkombination [Strg]+[Z] zu betätigen.

Hinweis: Mit der Tastenkombination [Strg]+[←] löschen Sie das vorherige Wort; das nächstfolgende Wort wird mit [Strg]+[Entf] gelöscht.

3.4 Textabschnitte kopieren und verschieben

Ein weiterer wichtiger Anwendungsfall in der Praxis der Textbearbeitung besteht darin, daß vorhandene Textabschnitte wieder verwendet werden können. In diesem Fall ist die Möglichkeit des gezielten Kopierens von Textabschnitten von Nutzen. Darüber hinaus kommt es häufig vor, daß die Reihenfolge von Textabschnitten nachträglich geändert werden soll.

3.4.1 Arbeiten mit dem Zwischenspeicher

Textabschnitte, die kopiert bzw. umgestellt werden sollen, werden zunächst in einen Zwischenspeicher übertragen. Nur so ist gewährleistet, daß man einen Textteil an einer Stelle im Text entfernen kann und dann an einer anderen Stelle wieder einfügen kann.

Für das Arbeiten mit dem Zwischenspeicher sind somit folgende Varianten interessant:

a) Textabschnitt in den Zwischenspeicher übertragen:

Um einen Textabschnitt für die spätere Wiederverwendung in den Zwischenspeicher zu übertragen, muß dieser zunächst markiert werden. Dann gibt es zwei grundsätzliche Möglichkeiten, einen Textabschnitt in den Zwischenspeicher zu übertragen:

❑ **Ausschneiden:** Durch Wahl des Befehls »Ausschneiden« im Menü BEARBEITEN oder durch Betätigen der Tastenkombination ⌷Strg⌷+⌷X⌷ wird ein markierter Textabschnitt in den Zwischenspeicher übertragen und gleichzeitig vom Bildschirm gelöscht.

❑ **Kopieren:** Durch Wahl des Befehls »Kopieren« im Menü BEARBEITEN oder durch Betätigen der Tastenkombination ⌷Strg⌷+⌷C⌷ wird ein markierter Textabschnitt ebenfalls in den Zwischenspeicher übertragen. Der Text erscheint jedoch weiterhin auf dem Bildschirm.

b) Textabschnitt aus dem Zwischenspeicher einfügen:

Der Inhalt des Zwischenspeichers kann an einer beliebigen Stelle des Textes eingefügt werden. Dazu müssen Sie den Cursor auf die Einfügestelle positionieren und die Tastenkombination ⌷Strg⌷+⌷V⌷ oder die Tastenkombination ⌷⇧⌷+⌷Einfg⌷ betätigen. Sie können allerdings auch den Befehl »Einfügen« im Menü BEARBEITEN wählen.

Im Zwischenspeicher kann ein beliebig langer Text aufbewahrt werden. Sobald ein neuer Text hier hinein übertragen wird, erfolgt ein Überschreiben des alten Inhaltes.

3.4.2 Textabschnitte kopieren

Das Kopieren von Textabschnitten kann sowohl innerhalb eines Textes erfolgen (wenn sich Abschnitte wiederholen) als auch zwischen verschiedenen Texten. Der erste Fall ist einfacher zu realisieren, da nicht zwischen verschiedenen Dateien gewechselt werden muß.

Um ein Einfügen bereits erfaßter oder gespeicherter Textabschnitte vornehmen zu können, ist der Befehl »Kopieren« im Menü BEARBEITEN aufzurufen. Die auf diese Weise zwischengespeicherten Texte können dann an eine beliebige andere Textposition eingefügt werden. Positiv ist, daß der vorhandene Folge-Text während des Einfügens auf dem Bildschirm sichtbar bleibt und innerhalb eines Absatzes automatisch der notwendige neue Zeilenumbruch erfolgt.

Kopieren innerhalb eines Dokuments

Generell ist folgendes Vorgehen notwendig, um das Kopieren von Textblöcken zu realisieren. Als erstes müssen Sie den Textabschnitt, den Sie kopieren wollen, genau bestimmen (markieren). Dieser Text/Textabschnitt, der an anderer Stelle verwendet werden soll, ist dann mit dem Kopierbefehl in einen Zwischenspeicher zu übertragen. Anschließend ist in dem Text, in dem die Einfügung vorgenommen werden soll, die Einfügestelle zu markieren und der Text/Textabschnitt aus dem Zwischenspeicher zu übernehmen.

Aufgabe: Textabschnitt kopieren

Öffnen Sie das Dokument mit dem Dateinamen »Text20.SAM«, und kopieren Sie den dritten Absatz an das Textende. Löschen Sie anschließend den dritten Absatz.

Zur Lösung der Aufgabenstellung müssen Sie zunächst die Datei »Text20.SAM« laden. Steuern Sie danach den 3. Absatz an, und markieren Sie diesen. Lösen Sie dann den Befehl »Kopieren« im Menü BEARBEITEN aus, um den Textabschnitt zwischenzuspeichern (alternativ die Tastenkombination Strg+C). Steuern Sie dann die gewünschte Einfügestelle am Textende an, und aktivieren Sie den Befehl »Einfügen« aus dem Menü BEARBEITEN.

Für das Löschen des dritten Absatzes ist dieser zunächst zu markieren und danach die Taste Entf oder die Tastenkombination Strg+X zu betätigen. Jetzt muß sich dann das gewünschte Ergebnis einstellen. Schließen Sie dann die Datei, ohne zu speichern.

Die generelle Vorgehensweise beim Kopieren von Textblöcken zeigt die folgende Checkliste:

Reihenfolge der Bearbeitung	Tastenfolge
1. Textblock markieren	
2. Menü BEARBEITEN aktivieren	Alt + B
3. Befehl »Kopieren« wählen	K
4. Einfügestelle ansteuern	<Richtungstaste>
5. Menü BEARBEITEN aktivieren	Alt + B
6. Befehl »Einfügen« wählen	E

Kopieren durch Übernahme aus anderen Texten

Im Regelfall werden Sie nicht innerhalb eines Dokuments Kopien vornehmen wollen. Wichtiger ist vielmehr meist, aus anderen Dokumenten, die früher erstellt wurden, Textabschnitte zu übernehmen, um so einen aktuellen Text zu erstellen oder zu vervollständigen.

Der Unterschied zum vorher beschriebenen Vorgehen besteht nun darin, daß Sie nach dem Kopieren eines Textabschnittes in den Zwischenspeicher noch das Zieldokument aktivieren müssen, um die Einfügeposition zu fixieren. Dazu ist es denkbar, daß zunächst das Zieldokument mit dem Befehl »Öffnen« aus dem Menü DATEI aufgerufen werden muß. Ist das Zieldokument allerdings noch aktiv, müssen Sie lediglich das entsprechende Fenster öffnen; beispielsweise durch Wahl des gewünschten Dokuments nach Aktivierung des Menüs FENSTER.

Aufgabe: Text aus anderen Dokumenten kopieren

Öffnen Sie erneut die Datei »Text20.SAM«, und fügen Sie danach durch Kopieren die ersten drei Sätze des Textes »Text21.SAM« am Ende dieses Textes ein. Speichern Sie das Ergebnis als »TEXT30.SAM«.

Zur Lösung der Aufgabenstellung müssen Sie den Text, aus dem kopiert werden soll, zunächst öffnen (im Beispielfall »Text21.SAM«). Nach Markierung der ersten drei Sätze ist der

Befehl »Kopieren« im Menü BEARBEITEN zu wählen. Anschließend kann diese Datei geschlossen werden und in dem dann wieder angezeigten Dokument »Text20.SAM« die Einfügestelle angesteuert werden und die Einfügung mit dem Befehl »Einfügen« aus dem Menü BEARBEITEN vorgenommen werden.

Speichern Sie das Ergebnis mit dem Befehl »Speichern unter« aus dem Menü DATEI unter dem Dateinamen »Text30.SAM«.

Kopieren mit der Drag&Drop-Funktion

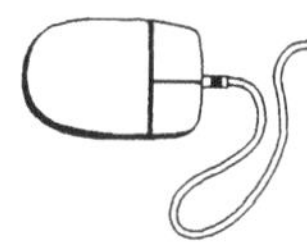

Eine besondere Möglichkeit, die AMI PRO ab der Version 3.0 für das Kopieren und Verschieben von Textabschnitten bietet, ist das sogenannte Drag & Drop (Ziehen und Fallenlassen). Auf diese Weise können Sie per Maussteuerung besonders elegant arbeiten.

Wollen Sie beispielsweise einen Textabschnitt auf diese Weise kopieren, müssen Sie folgendermaßen vorgehen:

- ➪ Markieren Sie zunächst den zu kopierenden Textabschnitt.

- ➪ Setzen Sie den Mauszeiger innerhalb des markierten Textes, drücken Sie die Taste ⟨Strg⟩, und ziehen Sie den Mauszeiger an die Position, an die der Text eingefügt werden soll. Der Mauszeiger wird jetzt als Kopierpfeil dargestellt, die Einfügestelle durch eine andere Farbe gekennzeichnet.

- ➪ Lassen Sie die Maustaste los, wenn die Einfügeposition erreicht ist. Der zuvor markierte Textabschnitt ist nun auch an der Einfügeposition vorhanden.

Probieren Sie das beschriebene Vorgehen einmal mit einem beliebigen Absatz aus. Wenn Sie die Maussteuerung gewohnt sind, werden Sie diese Variante sicher besonders schätzen.

3.4.3 Textblöcke verschieben/vertauschen

Die Überarbeitung eines Textes kann ergeben, daß Satzteile, Sätze oder ganze Absätze in ihrer Reihenfolge anders anzuordnen sind, also miteinander vertauscht werden müssen. Manchmal müssen solche Textabschnitte (Textblöcke) auch nach oben/unten oder seitlich frei verschoben werden können - besonders, wenn es sich um gestalterisch anspruchsvolle Texte handelt. Diese Textblock-Bewegungen setzen zweierlei voraus:

⇨ das Markieren von Anfang und Ende des Textblocks

⇨ das Zwischenspeichern verschiedener Blöcke.

Wollen Sie mit dem Textprogramm AMI PRO einen bestimmten Textabschnitt an eine andere Stelle im Text (vorher oder nachher) setzen, können Sie grundsätzlich folgende vier Schritte durchlaufen:

⇨ Textabschnitt markieren

⇨ Befehl »Ausschneiden« aus dem Menü BEARBEITEN wählen

⇨ Neue Textposition ansteuern

⇨ Befehl »Einfügen« aus dem Menü BEARBEITEN wählen.

Aufgabe: Textabschnitte verschieben

Lassen Sie das Dokument »Text30.SAM« weiter aktiv. Positionieren Sie den zuletzt eingefügten Textabschnitt an den Anfang des Dokuments. Speichern Sie anschließend den Text unter dem Dateinamen »Text31.SAM«.

a) Lösung durch Tastatur-/Menüsteuerung

Zur **Lösung** müssen Sie zunächst den letzten Absatz des Textes ansteuern und dann den Absatz markieren. Aktivieren Sie anschließend das Menü BEARBEITEN, und wählen Sie den Befehl »Ausschneiden«, so daß ein Löschen des Textabschnittes am Bildschirm und eine Übertragung in den Zwischenspeicher bewirkt wird. Bewegen Sie den Cursor dann an den Textanfang, und fügen Sie den Abschnitt durch Wahl des Befehls »Einfügen« aus dem Menü BEARBEITEN ein.

Ergebnis ist der gewünschte Text; vgl. die folgende Bildschirmdarstellung:

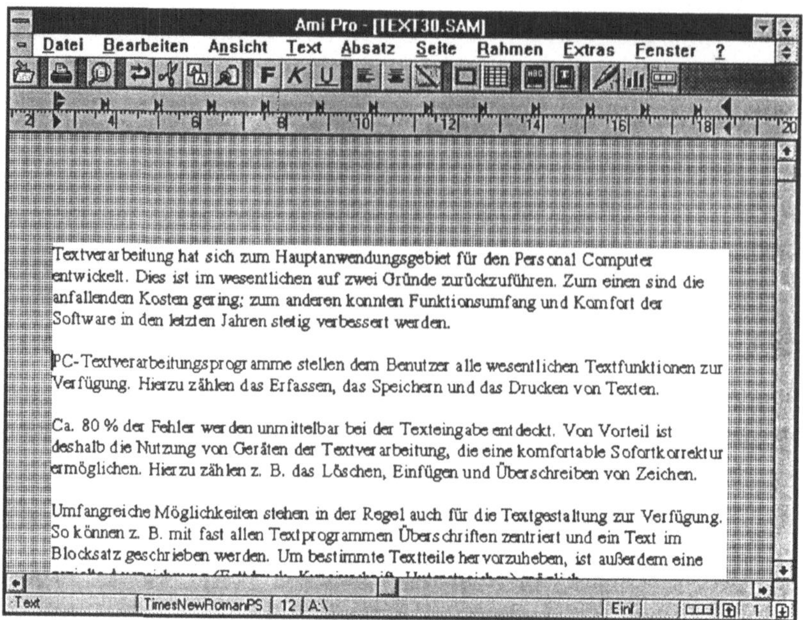

Bild 3-3: Text nach Verschieben

Der fertige Text kann schließlich unter dem gewünschten Dateinamen »Text31« mit dem Befehl »Speichern unter« aus dem Menü DATEI gespeichert werden.

Reihenfolge der Bearbeitung	Tastenfolge
1. Textblock markieren	
2. Menü BEARBEITEN aktivieren	[Alt], [B]
3. Befehl »Ausschneiden« wählen	[A]
4. Einfügestelle ansteuern	<Richtungstaste>
5. Textblock einfügen	[Alt], [B], [E]

Hinweis: Mit einer einfachen Tastenkombination können Sie zwei aufeinanderfolgende Absätze austauschen. Wollen Sie beispielsweise einen Absatz, in dem die Einfügemarke positioniert ist, mit dem vorhergehenden Absatz tauschen, müssen Sie [Alt]+[↑] betätigen. Mit [Alt]+[↓] können Sie den aktuellen Absatz mit den nachfolgenden Absatz tauschen.

b)   Lösung per Maussteuerung (Drag and Drop)

Eine sehr elegante Lösung zur Bewegung von Textabschnitten ist ab der Version 3 von AMI PRO per Maussteuerung möglich. Wörter, Sätze, Absätze, Tabellen und Grafiken können nun blitzschnell direkt mit der Maus verschoben werden.

Diese Möglichkeit wird als »drag-and-drop«-Funktion bezeichnet. Damit ist gemeint, daß die zu verschiebende Textpassage zunächst nur markiert werden muß. Anschließend ist die linke Maustaste zu drücken; angezeigt wird jetzt der Mauszeiger als Bewegungspfeil und die mögliche Einfügestelle in einer anderen Farbe. Ziehen Sie die farbige Einfügemarke dann einfach bei gedrückter Maustaste an die neue gewünschte Stelle auf dem Bildschirm.

Wird die Maustaste losgelassen, ist der zuvor markierte Textabschnitt bereits an der neuen Position abgelegt (»drag-and-drop« für »Ziehen-und-Ablegen«). Probieren Sie dies einmal aus, indem Sie das vorherige Beispiel zunächst rückgängig machen und dann erneut ausführen.

Hinweis: Sie können die Drag&Drop-Funktion auch deaktivieren und so verhindern, daß Sie Textabschnitte versehentlich verschieben.

3.5 Suchen im Text (Suchwortfunktion)

Um Korrekturen (Einfügungen, Löschungen) am Bildschirm vornehmen zu können, müssen Sie mit dem Cursor zunächst an die jeweilige Stelle fahren. Das ist mitunter sehr aufwendig, wenn dies lediglich unter Einsatz der Richtungstasten erfolgt. Vor allem bei umfangreichen Texten, in denen jeweils kleine Korrekturen vorzunehmen sind, kann die sog. Suchworteingabe von erheblichem Nutzen sein. In diesem Fall muß nur eine charakteristische Zeichenfolge - z. B. Korrekturwort-Anfang oder vorangehendes Wort - eingegeben werden und schon ist es möglich, daß der Cursor unmittelbar die zu korrigierende Position ansteuert.

Aus Kontrollgründen kann es darüber hinaus sinnvoll sein, sich zu vergewissern, ob ein bestimmter, im Text mehrfach vorkommender Ausdruck richtig benutzt wurde oder nicht. Der Suchbefehl muß sich für solche Zwecke einfach wiederholen lassen.

Zur Anwendung der Suchfunktion steht in AMI PRO im Menü BEARBEITEN der Befehl »Suchen & Ersetzen« zur Verfügung. Nach Wahl des Befehls ergibt sich folgende Bildschirmanzeige:

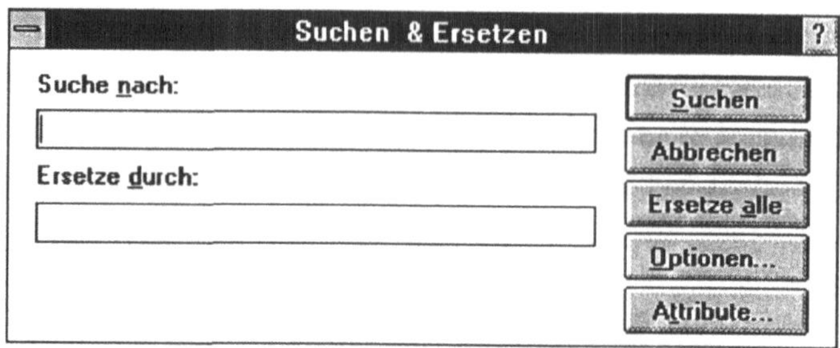

Bild 3-4: Dialogfeld »Suchen & Ersetzen«

Im Feld »Suche nach« können Sie den Ausdruck bzw. Wortteil eingeben, der gesucht werden soll. Dies können auch ASCII- oder ANSI-Zeichen sein.

Klicken Sie anschließend die Schaltfläche <Optionen>. Ergebnis ist die folgende Bildschirmanzeige:

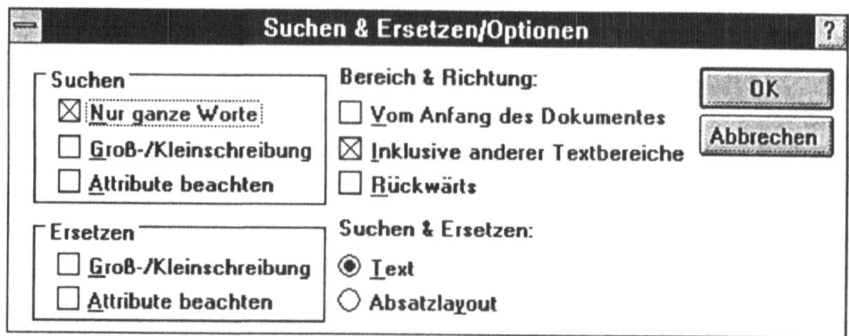

Bild 3-5: Optionen für »Suchen & Ersetzen«

Bei der Anwendung der einzelnen Befehlsfelder ist folgendes zu beachten:

a) Im rechteckigen Optionskästchen »Nur ganze Worte« können Sie durch eine Markierung bewirken, daß der eingegebene

Suchbegriff nur als selbständiges alleinstehendes Wort erkannt wird. Bei Nichtmarkierung werden Suchbegriffe auch als Teil eines größeren Wortes gefunden. Heißt der Suchbegriff z. B. »Text«, dann wird nicht nur das Wort »Text« im Dokument gesucht und gefunden, sondern etwa auch Begriffe wie »Textverarbeitung«, »Textbearbeitung« oder »Textbaustein«.

b) Mit der Option »Groß-/Kleinschreibung« können Sie festlegen, ob die Schreibweise beim Suchvorgang berücksichtigt werden soll oder nicht. Wird die Option markiert, so wird das Suchwort nur dann gefunden, wenn die Schreibweise hinsichtlich Groß- und Kleinbuchstaben mit dem eingegebenen Begriff übereinstimmt. Andernfalls wird die Schreibweise des Suchbegriffs hinsichtliche Groß-/Kleinschreibung nicht berücksichtigt.

c) Durch Aktivierung des Feldes »Attribute beachten« kann zusätzlich noch bestimmt werden, daß die Suche nur für bestimmte Attribute gilt; etwa bei der Auszeichnung als Fettdruck.

d) Standardmäßig beginnt der Suchvorgang an der Cursorposition. Typische Suchvarianten sind »Vom Anfang des Dokumentes« und »Rückwärts«. Die Aktivierung der Variante »Rückwärts« bewirkt ein Durchsuchen des Textes von der Markierung bis zum Textanfang hin. Beachten Sie also: Soll der gesamte Text durchsucht werden, sollten Sie den Cursor zunächst an den Textanfang oder an das Textende bewegen. Das Einschalten der Option »Inklusive anderer Textbereiche« bewirkt, daß sich die Suche auf den Textbereich bezieht, in dem sich die Einfügemarke befindet und auf alle Textbereiche niedrigerer Priorität.

Aufgabe: Suchen im Text

Aktivieren Sie die Datei »Text31.SAM«. Suchen Sie in dem Dokument nach dem Wort »Text«. Die Suche soll nach dem gesamten Wort erfolgen; Wortteile, in denen die Zeichenfolge »Text« vorkommt, sind als Suchergebnis nicht gewünscht.

Zur Lösung der Aufgabe sind folgende Einstellungen vorzunehmen:

⇨ Wort »Text« im Feld »Suche nach« eingeben

⇨ Bei »Optionen« ist darauf zu achten, daß »Nur ganze Worte«
   eingestellt ist.

Zur Aktivierung des Suchbefehls brauchen Sie nur die Schaltfläche <Suchen> anzuklicken und schon wird die Stelle gesucht und
markiert, wo der Suchbegriff »Text« auftaucht. Ergebnis ist die
folgende Bildschirmanzeige:

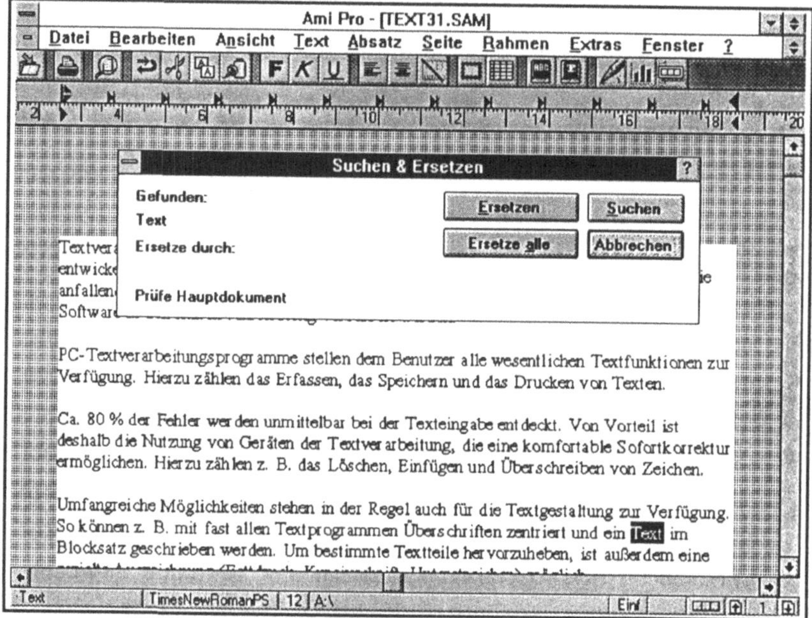

Bild 3-6: Anwendung der Suchfunktion

Soll weiter gesucht werden, müssen Sie danach die Schaltfläche
<Suchen> anklicken. Dann wird im folgenden Text weiter nach
dem eingegebenen Suchbegriff gesucht. Nach Beendigung erscheint in der unteren Bildschirmzeile ein kurzer Hinweis, wie oft
der Suchbegriff gefunden wurde; im Beispielfall: 2 gefunden, 0
ersetzt.

3.6 Suchen und Ersetzen

Häufig in einem Text verwendete Wörter können sich nachträglich als fehlerhaft herausstellen - und sei es nur, weil keine durchgängig einheitliche Schreibweise gewahrt ist (z. B. Graphik/Grafik). Oft soll auch für einen fremdsprachlichen Ausdruck die eingedeutschte Version, für eine Abkürzung die ausführliche Fassung eingesetzt werden (nicht »i. d. R.«, sondern »in der Regel«). Programme mit automatischer Such- und Ersetz-Funktion nehmen Ihnen das manuelle Durchforsten des Textes ab, so daß z. B. die Fehlersuche viel schneller erfolgt. Auch wird auf diese Weise sichergestellt, daß keiner der fraglichen Begriffe übersehen wird.

Im Programm AMI PRO wird die Funktion ebenfalls über den gerade erläuterten Befehl »Suchen & Ersetzen« aus dem Menü BEARBEITEN ausgelöst.

Aufgabe: Suchen und Ersetzen anwenden

Ersetzen Sie im vorliegenden Textdokument »Text31.SAM« den Begriff »Textverarbeitung« durch den Begriff »Dokumentenverarbeitung«. Speichern Sie das Ergebnis als Datei »Text32.SAM«.

Zur Lösung der Aufgabenstellung ist nach Wahl des Befehls »Suchen & Ersetzen« aus dem Menü BEARBEITEN das Dialogfenster in folgender Weise auszufüllen:

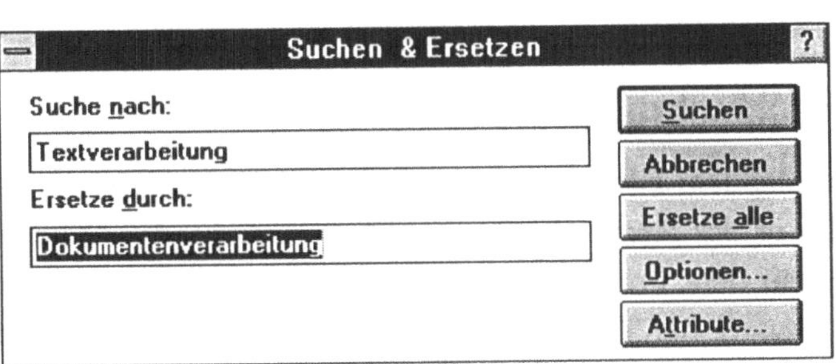

Bild 3-7: Anwendung des Befehls »Suchen & Ersetzen«

Mit Ausnahme der Eintragungen in den Befehlsfeldern »Suche nach:« und »Ersetze durch:« sind also keine Änderungen gegenüber der Standardvorgabe notwendig.

Aktivieren Sie außerdem die Schaltfläche <Optionen>, und stellen Sie folgendes sicher:

⇨ Im Optionsfeld »Groß-/Kleinschreibung« darf keine Markierung erfolgen, da sowohl Groß- als auch Kleinschreibung ersetzt werden sollen.

⇨ Im Feld »Nur ganze Worte« sollte eine Markierung erfolgen.

Zur Auslösung des Befehls gibt es zwei Varianten:

⇨ <Ersetze alle> sollten Sie wählen, wenn automatisch die Realisierung ohne Abfragen erfolgen soll.

⇨ <Suchen> führt dazu, daß jeweils einzeln eine Abfrage erfolgt, ob der Ersetzvorgang durchgeführt werden soll.

Aktivieren Sie einmal die Schaltfläche <Suchen>. Nach Auslösung des Befehls springt der Cursor zunächst auf das erste Wort, das ersetzt werden soll. Sie können nun entscheiden, ob ein Wechsel stattfinden soll oder nicht. Soll gewechselt werden, ist die Schaltfläche <Ersetzen> zu klicken, bei Nein die Schaltfläche <Suchen>; mit [Esc] oder durch Anklicken der Schaltfläche <Abbrechen> kann der gesamte Vorgang abgebrochen werden. Wählen Sie jeweils <Ersetzen> zur Lösung der Beispielanwendung. Bei vollständiger Durchführung müßte sich nun der korrigierte Text ergeben.

3.7 Rechtschreibprüfung

Eine besondere Funktion, die auch für alle diejenigen von Nutzen ist, die in der Rechtschreibung sicher sind, ist die Möglichkeit, Texte mit dem Programm auf Orthographiefehler zu überprüfen. Insbesondere bei Texten, die man mehrfach überarbeitet hat und inhaltlich kennt, werden beim Korrekturlesen nicht selten Schreib- und Flüchtigkeitsfehler übersehen. Hier kann ein Rechtschreibprüfprogramm helfen, über das viele Textprogramme als Zusatzfunktion heute verfügen.

Auch das Textverarbeitungsprogramm AMI PRO bietet die Möglichkeit, vorhandene Texte auf ihre Rechtschreibung zu prüfen und - sofern erforderlich - unmittelbar Korrekturen vorzunehmen. Grundlage für die computergestützte Rechtschreibprüfung ist ein in das eigentliche Textprogramm **integriertes Rechtschreibprüfprogramm** sowie der Zugriff auf ein mehr oder weniger umfangreiches **Wörterbuch**. Auch das Wörterbuch wird dabei vom Softwarehersteller auf Disketten mitgeliefert (zumindest in einer Standardversion) und mit der Programminstallation auf die Festplatte übertragen. Das mit AMI PRO mitgelieferte Standard-Wörterbuch verfügt über 1,6 Millionen Eintragungen.

Bei Aufruf der Rechtschreibprüffunktion schaut das Programm dann nach, ob die Schreibweise der Wörter des Dokumentes mit der Schreibweise in dem elektronischen Wörterbuch übereinstimmt. Ist ein Wort nicht vorhanden, so wird dieses zunächst markiert und Sie können entscheiden, ob eine Korrektur erfolgen soll oder nicht. Dabei werden vom Programm auch Korrekturvorschläge unterbreitet.

Einen Überblick über die organisatorischen Grundlagen der Rechtschreibprüfung gibt Bild 3-8.

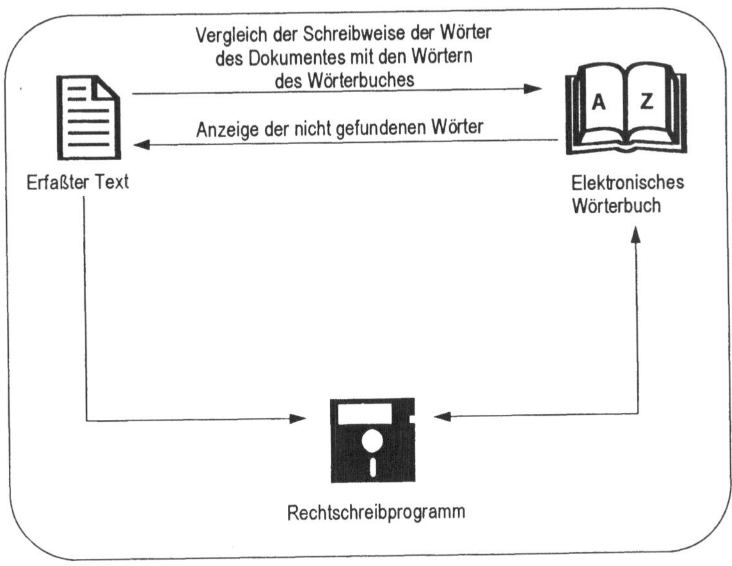

Bild 3-8: Organisatorische Grundlagen der Rechtschreibprüfung

Grundsätzlich verfügt AMI PRO über eine deutschsprachige Rechtschreibprüfung. Aber auch fremdsprachige Texte können sehr gut geprüft werden, wenn Sie Versionen für weitere Sprachen erworben und installiert haben.

Die Prüfung der Rechtschreibung kann darüber hinaus auf der Basis eines eigens erstellten Benutzerwörterbuches erfolgen. Dies ist etwa interessant, wenn in einer Produktliste Produktbezeichnungen geprüft werden sollen.

Wie Sie sehen, sind die Möglichkeiten, die sich durch die Rechtschreibprüfung ergeben, enorm. Allerdings gibt es auch Grenzen der Funktionalität: Weder Grammatik- noch sinnentstellende Tippfehler können mit den heutigen Programmen herausgefunden werden.

Aufgabe: Rechtschreibprüfung

Öffnen Sie das auf Ihrer Arbeitsdiskette unter dem Dateinamen »Text20.SAM« gespeicherte Dokument. Im ersten Absatz sind die Fehler einzubauen, wie die folgende Darstellung des Absatzes deutlich macht. Rufen Sie dann das Rechtschreibprüfprogramm auf, und wenden Sie die Prüffunktion an.

```
PC-Textverarbeitungsprograme stellen dem Benuzer
alle wesendlichen Textfunktionen zur Verfügung.
Hierzu zälen das Erfassen, das Speichern und das
Drucken von Texten.
```

Hinweise zur Lösung:

⇨ Nehmen Sie die Korrekturen in der Weise vor, daß für falsch erkannte Wörter zunächst eine Abfrage einer Vorschlagsliste erfolgt.

⇨ Sofern kein geeignetes Wort vorgeschlagen wird, nehmen Sie bitte eine entsprechende Korrektur vor, ohne diese allerdings im Wörterbuch zu speichern.

⇨ Sofern ein korrekt geschriebenes Wort moniert wird, ignorieren Sie den Korrekturhinweis.

3.7.1 Ablauf der Rechtschreibprüfung

Im Regelfall möchten Sie einen gesamten Text auf korrekte Rechtschreibung hin überprüfen. Standardmäßig muß dieser Text zunächst vollständig erfaßt werden bzw. ein vorhandener Text geladen werden. Erst dann ist die Rechtschreibprüfung aufzurufen.

Wollen Sie nicht den gesamten Text prüfen, müssen Sie die Einfügemarke zunächst an der Stelle im Text plazieren, an der die Prüfung beginnen soll. Für die Auslösung des Prüfvorganges muß dann

⇨ der Befehl »Rechtschreibprüfung« aus dem Menü EXTRAS gewählt oder

⇨ das rechts stehende Symbol angeklickt werden.

Nach Aktivierung des Befehls erscheint folgende Bildschirmanzeige:

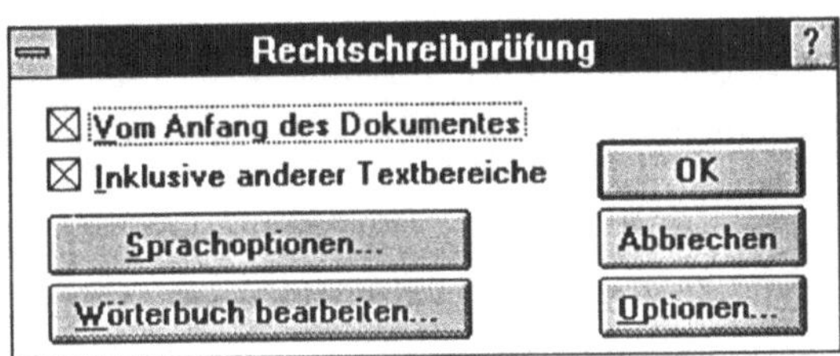

Bild 3-9: Befehl »Rechtschreibprüfung«

Sie können vor der endgültigen Auslösung also noch bestimmte Optionen einstellen:

⇨ Durch Einstellung der Option »Vom Anfang des Dokumentes« legen Sie fest, daß der Text vom Beginn des Dokumentes an geprüft werden soll. Anderenfalls beginnt die Rechtschreibprüfung ab der Position der Einfügemarke.

⇨ Sofern die Option »Inklusive anderer Textbereiche« eingeschaltet ist, wird zunächst der Textbereich geprüft, in dem sich die Einfügemarke befindet. Danach werden auch alle Textbereiche niedrigerer Priorität geprüft; beispielsweise Fußnotentext, Text in Rahmen sowie Kopf- und Fußzeilen. Anderenfalls wird nur der Textbereich geprüft, in dem die Einfügemarke positioniert ist.

Zu den Optionen, die über die anderen drei Schaltflächen einstellbar sind, später mehr.

Lösen Sie im Beispielfall zunächst direkt den Befehl durch Anklicken der Schaltfläche <OK> aus. Ergebnis ist die folgende Bildschirmanzeige:

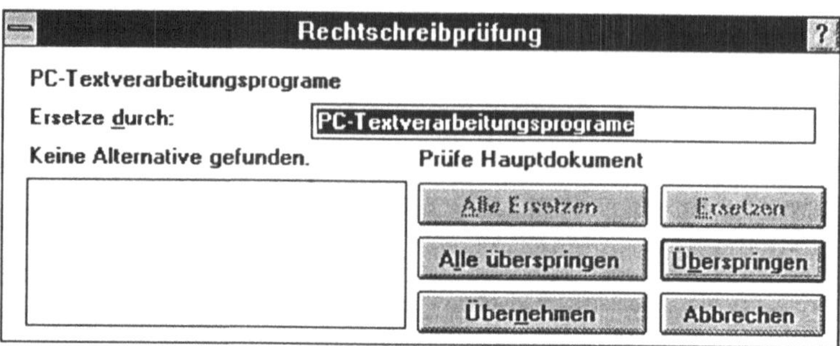

Bild 3-10: Rechtschreibprüfung

Im Textbildschirm und im Dialogfenster wird das erste Wort angezeigt, das für das Programm unbekannt ist. Im Beispielfall ist das falsch geschriebene Wort »PC-Textverarbeitungsprograme« nicht im Wörterbuch vorhanden.

Sie müssen jetzt selbst eine Korrektur eingeben, da im Beispielfall kein Vorschlag erscheint.

Im links befindlichen Bereich können Sie unter Umständen einen Korrekturvorschlag auswählen. Der markierte Vorschlag erscheint sodann im zu ändernden Feld.

Die Schaltflächen haben folgende Bedeutung:

a) **<Alle Ersetzen>**: Das korrigierte Wort wird bei Aktivierung der Schaltfläche automatisch an sämtlichen Stellen geändert, an denen es anschließend im Dokument gefunden wird.

b) **<Ersetzen>**: Sie fordern damit das Programm zum Korrigieren des Wortes auf. Es setzt eine Änderung des Ursprungs voraus.

c) **<Überspringen>**: Das als falsch markierte Wort wird in diesem Fall übergangen und - sofern vorhanden - das nächste falsch geschriebene Wort markiert. Diese Option bietet sich an, wenn ein richtig geschriebenes Wort moniert wird.

d) **<Alle überspringen>**: Im Unterschied zum Fall c) wird das markierte Wort nun an allen nachfolgend in Ihrem aktuellen Dokument gefundenen Stellen übersprungen.

e) **<Übernehmen>**: ermöglicht die Aufnahme neuer Wörter in ein ausgewähltes Wörterbuch.

f) **<Abbrechen>**: Die Rechtschreibprüfung wird abgebrochen.

Soll ein als fehlerhaft erkanntes Wort korrigiert werden, haben Sie prinzipiell zwei Möglichkeiten:

➪ Sie markieren das zutreffende Wort, das im Listenfeld »Alternativen« angezeigt wird.

➪ Sie bearbeiten das im Textfeld »Ersetze durch« als fehlerhaft ausgewiesene Wort, so daß hier jetzt die richtige Schreibweise angezeigt wird.

Im Beispielfall wird zunächst kein akzeptabler Korrekturvorschlag angezeigt. Korrigieren Sie deshalb jetzt das falsch geschriebene Wort »Textverarbeitungsprograme« im Feld »Ersetze durch« durch Hinzufügen des Buchstabens »m«, und wählen Sie dann die Option <Ersetzen>. Es wird das nächste falsch geschriebene Wort angezeigt; im Beispiel »Benuzer«:

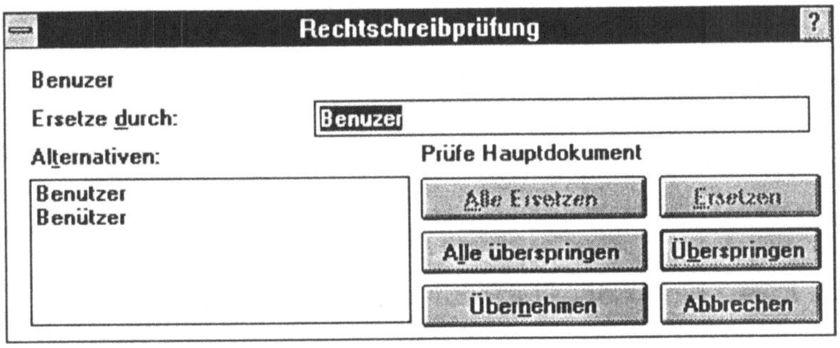

Bild 3-11: Fehleranzeige mit Korrekturvorschlag

Es erscheint nun also ein annehmbarer Korrekturvorschlag. Markieren Sie das Wort »Benutzer« in der Vorschlagsliste. Wählen Sie dann <Ersetzen> oder <Alle ersetzen>. Gleiches gilt für andere falsch geschriebene Wörter wie »wesendlichen« und »zälen«.

Bei weiterer Anwendung der Rechtschreibprüfung wird deutlich, daß sowohl tatsächliche Fehler angezeigt werden als auch Wörter, die richtig geschrieben wurden. So erscheint anschließend ein Korrekturhinweis für das korrekt geschriebene Wort »Sofortkorrektur«.

Auch die monierten Wörter »Roh-Fassung«, »Einfügungen« und »Umformatierungen« sind richtig geschrieben. Da sie jedoch nicht im Wörterbuch vorhanden sind, werden Sie zunächst als falsch reklamiert. Sobald richtig geschriebene Wörter markiert werden, bieten sich zwei grundsätzliche Reaktionsmöglichkeiten an:

a) Einmal kann der Hinweis ignoriert werden, so daß der Text weiter auf Rechtschreibfehler durchsucht werden kann. Dazu ist dann die Option <Überspringen> oder die Option <Alle Überspringen> zu wählen.

b) Alternativ kann auch eine Aufnahme in ein Wörterbuch erfolgen. Dann müßte die Option <Übernehmen> gewählt werden.

Im folgenden sollten Sie sich bei Anzeige dieser Wörter zunächst mit der Wahl die Option <Überspringen> begnügen.

Werden keine unbekannten Wörter mehr gefunden, wird der gesamte Prüfvorgang beendet. In der Statusleiste erscheint als kurzer Hinweis: »Rechtschreibprüfung beendet«. Die Einfügemarke befindet sich an der Position des zuletzt gefundenen Wortes.

Die Lösung der Beispielaufgabe macht deutlich, daß die Rechtschreibprüfung im Programm AMI PRO interaktiv vorgenommen werden kann. Das bedeutet, daß bei Aufruf der Prüfoption immer dann eine Unterbrechung erfolgt, wenn ein unbekanntes oder fehlerhaftes Wort gefunden wird. Der Bediener ist dann gefordert, eine Korrektur vorzunehmen oder den Hinweis zu ignorieren.

3.7.2 Individuelle Einstellungen zum Rechtschreibprüfvorgang

Der genaue Ablauf der Rechtschreibprüfung hängt unter anderem von den festgelegten Einstellungen ab. So kann gezielt angegeben werden, nach welchen Maßgaben die Anzeige von Wörtern als

Fehler erfolgt und inwieweit Alternativvorschläge bei Fehlern angezeigt werden.

Um das Arbeiten mit dem Rechtschreibprogramm den individuellen Bedürfnissen anzupassen, verfügt AMI PRO über verschiedene Möglichkeiten, auf die in diesem Abschnitt hingewiesen werden soll. Wählen Sie dazu die Schaltfläche <Optionen> nach Wahl des Befehls »Rechtschreibprüfung« aus dem Menü EXTRAS.

Ergebnis ist die folgende Bildschirmanzeige:

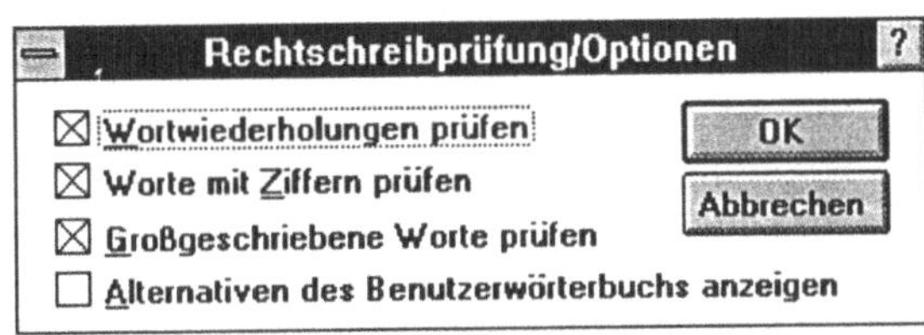

Bild 3-12: Optionen zur Rechtschreibprüfung

a)   Wortwiederholungen prüfen

In diesem Fall wird nach Wörtern gesucht, die direkt hintereinander vorkommen. Ist dies der Fall, erfolgt eine Markierung im Text.

b)   Worte mit Ziffern prüfen

Durch Deaktivierung des Optionsfeldes »Worte mit Ziffern prüfen« können Sie das Programm anweisen, Wörter bei der Rechtschreibprüfung zu ignorieren, die Zahlen enthalten.

c)   Großgeschriebene Worte prüfen

Eine weitere Möglichkeit besteht darin, Wörter, die durchwegs in Großbuchstaben geschrieben sind, von der Rechtschreibprüfung auszuschließen. Dazu ist das Optionsfeld »Großgeschriebene Worte prüfen« zu deaktivieren. Dies empfiehlt sich z. B. bei Texten, die viele Abkürzungen, Akronyme oder Befehle aus Programmiersprachen enthalten.

d) Alternativen des Benutzerwörterbuchs anzeigen

In diesem Optionsfeld kann die Art des Aufrufens einer Vorschlagsliste bestimmt werden. Während bei Aktivierung der Option das Programm automatisch bei Auffinden eines unbekannten Wortes eine Liste mit Korrekturvorschlägen auch aus dem Benutzerwörterbuch anzeigt, ist dies sonst nicht der Fall.

3.7.3 Anwendung des Benutzerwörterbuches

In AMI PRO stehen grundsätzlich zwei Wörterbücher zur Verfügung. Neben dem mitgelieferten Hauptwörterbuch, das 1.600.000 Einträge enthält und nicht bearbeitet werden kann, gibt es ein zweites spezielles Benutzerwörterbuch. Alle Wörter, die Sie im Verlauf der Anwendung der Rechtschreibprüfung mit der Schaltfläche <Übernehmen> kennzeichnen, werden in diesem Benutzerwörterbuch abgelegt.

Sie haben jederzeit die Möglichkeit, das Benutzerwörterbuch im nachhinein Ihren besonderen Wünschen anzupassen und Änderungen bzw. Aktualisierungen vorzunehmen. Wollen Sie beispielsweise bestimmter Fachwörter ergänzen, müssen Sie folgendermaßen vorgehen:

  ⇨ Aktivieren Sie zunächst den Menüpunkt EXTRAS und wählen Sie dann den Befehl »Rechtschreibung«.

  ⇨ Aktivieren Sie im angezeigten Dialogfenster die Schaltfläche <Wörterbuch bearbeiten>. Ergebnis ist die folgende Bildschirmdarstellung:

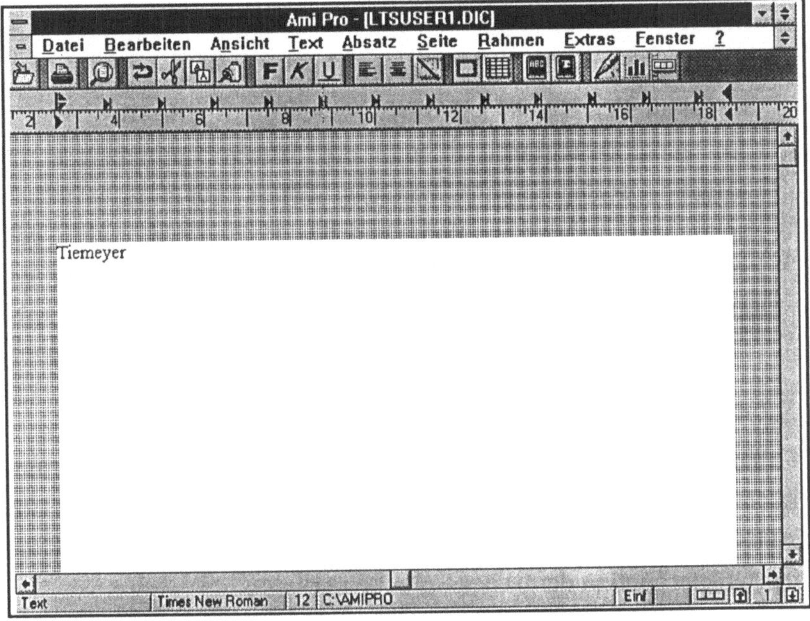

Bild 3-13: Anzeige des Benutzerwörterbuches

Es wird nun also in einem gesonderten Fenster das Benutzerwörterbuch mit den Wörtern angezeigt, die hierin bisher übernommen wurden. Zur Bearbeitung haben Sie nun folgende Möglichkeiten:

⇨ Um ein weiteres Wort aufzunehmen, müssen Sie eine leere Zeile schaffen und das gewünschte Wort eintippen. Pro Zeile darf immer nur ein Wort eingegegeben werden.

⇨ Um ein Wort aus dem Benutzerwörterbuch zu entfernen, müssen Sie dieses zunächst markieren und dann die Taste ⟨Entf⟩ betätigen.

Haben Sie sämtliche Bearbeitungen zum Benutzerwörterbuch erledigt, müssen Sie noch eine Speicherung der Änderungen vornehmen. Wählen Sie dazu aus dem Menü DATEI den Befehl »Speichern«. Verlassen können Sie das Benutzerwörterbuch, indem Sie aus dem Menü DATEI den Befehl »Schließen« wählen.

Hinweise:

⇨ LTSUSER1.DIC ist der Dateiname des Benutzerwörterbuchs. Es ist im Verzeichnis \AMIPRO\TOOLS gespeichert.

⇨ Im Benutzerwörterbuch sind die Wörter automatisch in folgender Reihenfolge gespeichert: Ziffern, Symbole, groß geschriebene Wörter in alphabetischer Reihenfolge, klein geschriebene Wörter in alphabetischer Reihenfolge. Nach der Hinzufügung von neuen Wörtern erfolgt automatisch eine korrekte Einsortierung, nachdem die Datei gespeichert wurde.

3.7.4 Anderes Sprachwörterbuch nutzen

Grundsätzlich wird das Programm AMI PRO mit einem Wörterbuch in der Sprache ausgeliefert, die in dem jeweiligen Land die Amtsprache bildet. Sie werden somit also in der Regel nur über das Wörterbuch in deutscher Sprache verfügen.

AMI PRO verfügt aber auch über die Möglichkeit, auf Wörterbücher in anderen Sprachen zuzugreifen und diese beim Rechtschreibprüfvorgang zu nutzen. Voraussetzung hierzu ist, daß Sie die Wörterbücher der anderen Sprache erwerben und installieren. Mögliche Sprachen sind etwa Englisch (amerikanisches und britisches Englisch), Französisch, Holländisch, Spanisch, Italienisch, Norwegisch, Schwedisch und Dänisch.

Um ein anderes Sprachwörterbuch aufzurufen, müssen Sie zunächst aus dem Menü EXTRAS den Befehl »Rechtschreibprüfung« aufrufen. Anschließend ist Schaltfläche <Sprach Optionen> zu aktivieren. Ergebnis ist die folgende Bildschirmanzeige:

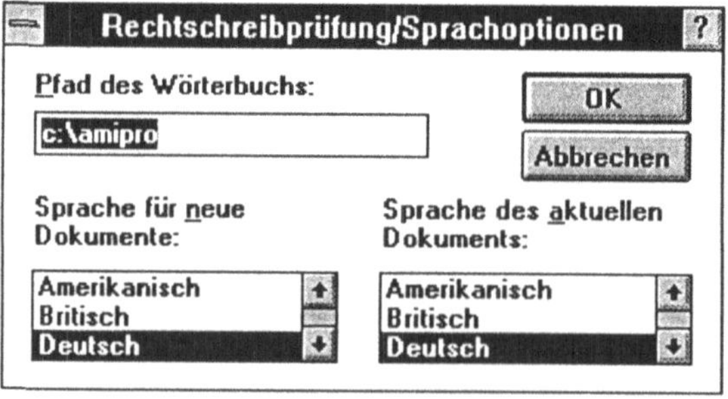

Bild 3-14: Dialogfenster »Sprachoptionen«

Sie müssen nun in dem Textfeld »Pfad des Wörterbuchs« genau angeben, in welchem Pfad sich das zu aktivierend Wörterbuch befindet; beispielsweise c:\AMIPRO. Danach ist die Sprache zu markieren, die Sie für neue Dokumente bzw. für das aktuelle Dokument verwenden wollen. Nach Bestätigung der Eingaben und der Optionswahl durch Anklicken der Schaltfläche <OK> wird dann die Veränderung vorgenommen.

4 Seitenlayout und Textgestaltung (Formatieren)

Textprogramme bieten eine Vielzahl besonderer Gestaltungsmöglichkeiten. Diese können meist direkt bei der Texteingabe, aber auch im nachhinein schnell vorgenommen werden.

Um einen Text in eine gewünschte Form zu bringen, sind - je nach Gestaltungsanforderung - verschiedene Aktivitäten erforderlich. Dieses Ausrichten eines Textes an eine bestimmte Form wird allgemein als **Formatieren** bezeichnet. Beispielsweise lassen sich mit speziellen Formatierungsbefehlen folgende Gestaltungsmöglichkeiten realisieren:

➪ die gezielte Festlegung von Seitenrändern und Seitenlayout eines Dokumentes (z. B. Papierformat, Randbreiten, Seitennumerierung, Kopf- und Fußzeilen);

➪ die Variation der Absatzgestaltung (z. B. Zeilenabstände, Zentrieren oder Anordnung im Blocksatz) und

➪ die Auszeichnung von Wörtern oder Sätzen (z. B. in Fettdruck oder Kursivschrift, Variation von Schriftart und Schriftgröße).

4.1 Formatierungsstrukturen

Um ein Dokument innerhalb kurzer Zeit ansprechend formatieren zu können, müssen Sie beachten, daß Texte programmtechnisch in verschiedenen Hierarchieebenen organisiert sind. Dies wurde bereits beim Markieren von Textstellen deutlich.

Im einzelnen sind folgende Textstrukturen zu unterscheiden:

➪ Zeichen: Jedes Zeichen kann unterschiedlich dargestellt werden; 256 mögliche Zeichen sind verfügbar.

➪ Wort: Programmtechnisch gesehen ist ein Wort eine Folge von Zeichen, wobei verschiedene Wörter durch ein Leerzeichen voneinander abgegrenzt sind.

➪ Zeile: Eine Folge von Wörtern, die durch den rechten und linken Rand begrenzt wird, wird als Zeile bezeichnet.

⇨ Absatz: Eine oder mehrere Zeilen können einen Absatz bilden. Eine Abgrenzung ergibt sich durch eine Leerzeile oder durch das Seitenende.

⇨ Seite: Eine Seite umfaßt eine mehr oder weniger große Anzahl von Absätzen. Die Aufnahmekapazität der Zeichen wird durch das Papierformat und das Seitenlayout bestimmt.

⇨ Spalte: Eine Seite kann auch in mehrere Spalten eingeteilt sein. Denken Sie etwa an Zeitschriften oder Broschüren.

AMI PRO bietet Ihnen verschiedene Möglichkeiten der Vorgehensweise, wenn Sie einen Text formatieren wollen:

a) Direkte Änderung des Layouts und der Textbereiche

In diesem Fall erfolgt eine Änderung durch Auslösen eines Befehl aus den Menüs TEXT, ABSATZ, SEITE und RAHMEN. Alternativ ist auch das Betätigen programmierter Tasten oder das Anklicken von Symbolen aus der Symbolpalette möglich.

b) Nutzung von Layoutbögen.

Durch Nutzung von vergebenen Absatzlayout-Bezeichnungen können bestimmte Textstellen in einem Dokument auf relativ einfache Art und Weise in einem Schritt geändert werden. Dies ist interessant für häufig benötigte Textformate. Diese sind dann in einem Layoutbogen gespeichert und lassen sich mit einem Tastendruck/Befehl schnell wieder aufrufen.

In diesem Kapitel wollen wir uns mit der direkten Formatierung beschäftigen (die Thematik »Arbeiten mit Layoutbögen« soll in Abschnitt 6 gesondert behandelt werden).

4.2 Seitengestaltung

Bisher wurden im wesentlichen Texte erstellt und bearbeitet, die nicht über eine Druckseite hinausgehen. Im Regelfall hat man jedoch mit mehrseitigen Texten zu tun. Eine weitere wichtige Teilaufgabe bei der Schriftstückgestaltung ist deshalb die Formatierung der Seiten. Nur so kann z. B. sichergestellt werden, daß der

Seitenumbruch entsprechend dem vorgegebenen Papierformat und den definierten Randeinstellungen erfolgt.

Im Programm AMI PRO sind bereits Standardwerte zum Seitenlayout festgelegt, die nach dem Start des Programms unmittelbar wirksam werden. Können Sie dieses Standardformat übernehmen, so brauchen Sie keine Festlegungen bezüglich der Formatierung der Seiten mehr vorzunehmen.

Andernfalls ist der Menüpunkt SEITE zu aktivieren und hier der Befehl »Layout ändern« zu wählen.

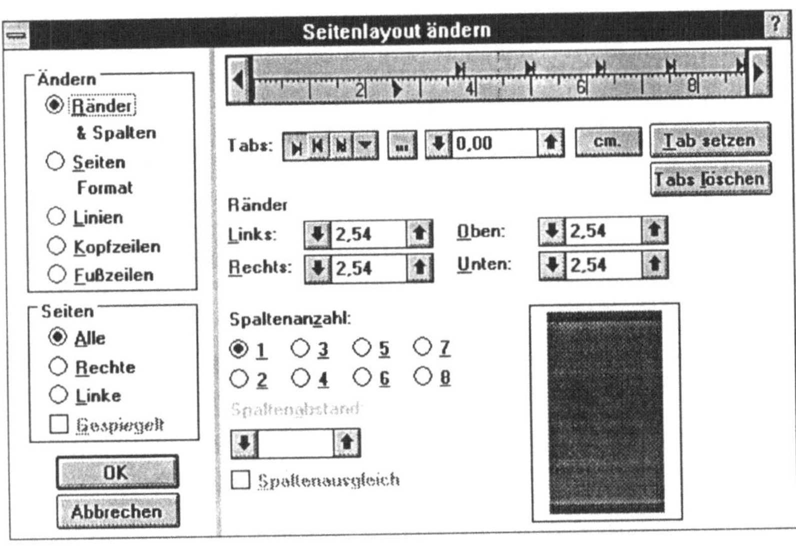

Bild 4-1: Befehl »Layout ändern«

Über diesen Befehl können Sie unter anderem festlegen bzw. anpassen:

⇨ die zu berücksichtigenden Seitenmaße (Seitenlänge und Seitenbreite des verwendeten Papierformates),

⇨ die gewünschte Randbreite (linker, rechter, oberer und unterer Rand),

⇨ ob die Ränder gespiegelt werden sollen,

⇨ wo Kopf- und Fußzeilen zu positionieren sind,

⇨ ob und wie der Text in Spalten gesetzt werden soll (Spaltenanzahl und Spaltenabstand) und

➪ ob der gesamte Text mit Linien/einem Rahmen versehen werden soll.

Beachten Sie noch folgende **Hinweise**:

➪ Um das Seitenlayout ändern zu können, muß der Layoutmodus aktiviert sein. Schauen Sie unter Umständen im Menü
ANSICHT nach, um dies zu kontrollieren.

➪ Die vorgenommenen Änderungen gelten für das aktuell in
Bearbeitung befindliche Dokument.

➪ Sollen die Einstellungen auch für künftige Dokumente gleicher
Art gelten, bietet sich dafür die Anlage eines Layoutbogens
an. Dazu später mehr in diesem Buch.

4.2.1 Seiten- und Randmaße festlegen

In einem ersten Schritt sollten Sie sich Gedanken über das Seitenlayout des von Ihnen zu erstellenden Textes machen.

Aufgabe: Seiten- und Randmaße prüfen

Öffnen Sie die Datei, die Sie als »Text20« gespeichert haben, und
stellen Sie fest, welches Seitenformat für dieses Dokument gilt
(Seitengröße, Seitenränder). Kopieren Sie danach den gesamten
aktivierten Text 15 x nach unten, und prüfen Sie den Seitenumbruch. Speichern Sie das Ergebnis als Datei »Text40«.

Wählen Sie nach Öffnen der Datei »Text20« zunächst das Menü
SEITE, und aktivieren Sie dann den Befehl »Layout ändern«. Im
angezeigten Dialogfenster sind fünf Hauptbereiche zu unterscheiden, die sich im linken Bereich unter der Überschrift »Ändern« als
Optionsfelder darstellen:

➪ Ränder & Spalten

➪ Seiten Format

➪ Linien

➪ Kopfzeilen

➪ Fußzeilen.

Wählen Sie hier die Variante »Seiten Format« , falls diese nicht bereits aktuell gilt. Ergebnis sollte dann folgende Bildschirmdarstellung sein:

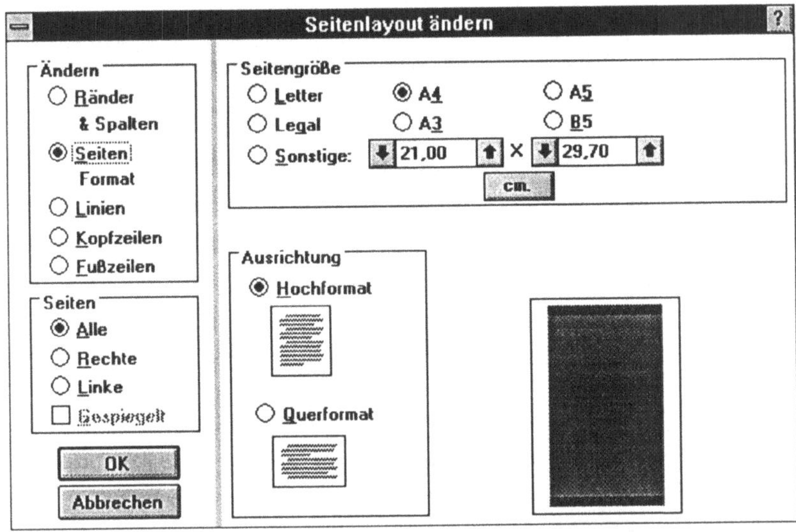

Bild 4-2: Dialogmenü »Seitenformat«

Eine Prüfung des Formates zeigt, daß standardmäßig bestimmte Formate bereits definiert sind. Es wird von der Papiergröße A4 ausgegangen, wobei eine Ausrichtung im Hochformat erfolgt. Im einzelnen gelten grundsätzlich folgende Maße (in Zentimeter):

⇨ Seitenbreite: 21,00 cm

⇨ Seitenlänge: 29,70 cm.

Die jeweils eingestellten Maße werden auch angezeigt.

Alternativ werden in Abhängigkeit vom installierten Drucker weitere Papiergrößen angeboten. Beispiele sind A5, A3 und B5 Darüber hinaus sind benutzerdefinierte Größen unter der Rubrik »Sonstige« möglich. Dies erfolgt durch Eingaben in den beiden folgenden Feldern des angezeigten Dialogfensters.

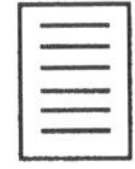

Als letztes findet sich im Bereich »Seitengröße« noch ein Schaltfeld, mit dem Sie die Maßeinheit einstellen können, die Sie bei der Angabe von bestimmten Größen verwenden wollen. Standardmäßig gilt cm; Varianten sind Pica, Punkte (Pt) und Inch (In = Zoll).

Des weiteren ist ein Wechsel von Hoch- auf Querformat im aktuell geöffneten Dialogfenster möglich. Standardmäßig gilt zunächst das Hochformat. Eine Änderung ist durch Anklicken des Optionsfeldes »Querformat« möglich.

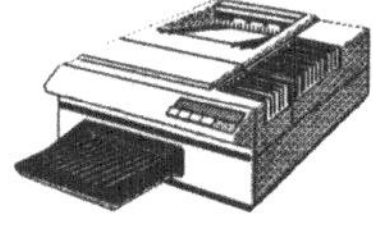

Die Angaben zur Seitengröße (Breite und Länge der Seite) müssen Sie in Abhängigkeit von dem verwendeten Papierformat und Druckertyp unter Umständen angepaßt festlegen. Häufig kommt es beispielsweise vor, daß Sie bei Nutzung von Endlospapier die Seitenlänge auf 30,5 cm einstellen müssen. Dies ist wichtig, damit der Drucker den Seitenvorschub korrekt durchführt.

Nach Prüfung der Seitengröße sollen Sie nun noch feststellen, wie die Seitenränder eingestellt sind. Klicken Sie deshalb jetzt einmal im linken Bereich des Dialogfensters beim Optionsfeld »Ränder & Spalten« , so daß sich folgende Darstellung ergibt:

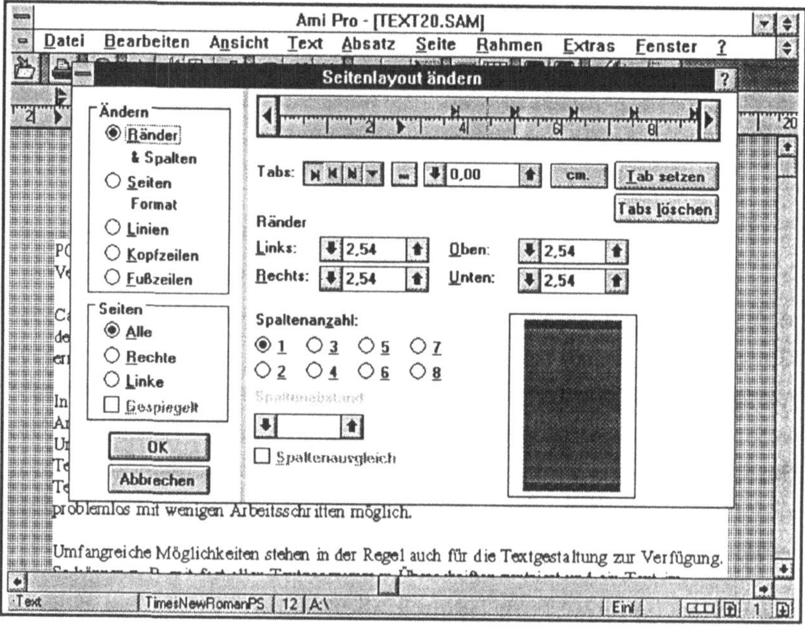

Bild 4-3: Dialogfenster »Ränder und Spalten«

Das Bild macht deutlich, daß bezüglich der Seitenränder folgende Einstellungen gelten:

➪ Seitenrand oben: 2,54 cm

➪ Seitenrand unten: 2,54 cm

➪ Seitenrand links: 2,54 cm

➪ Seitenrand rechts: 2,54 cm

Die Angaben zu den **Seitenrändern** (Links, Rechts, Oben, Unten) können nach Ansteuern der Befehlsfelder ebenfalls frei festgelegt werden. Die Maßeinheiten beziehen sich dabei auf den Abstand zwischen Blattrand und Textrand. Im einzelnen haben Eingaben also folgende Bedeutung

➪ **Links:** Abstand zwischen linkem Blattrand und linkem Textrand.

➪ **Rechts:** Abstand zwischen rechtem Blattrand und rechtem Textrand.

➪ **Oben:** Abstand zwischen oberem Blattrand und erster Textzeile.

➪ **Unten:** Abstand zwischen unterem Blattrand und letzter Textzeile.

Hinweis: Bei der Berechnung werden mögliche Zeileneinzüge nicht berücksichtigt.

Eine weitere Option betrifft das Einstellen von **Spalten**. Maximal können pro Seite 8 Spalten erzeugt werden. Dazu ist das entsprechende Optionsfeld unter dem Begriff »Spaltenanzahl« anzuklicken.

Interessant ist außerdem der Bereich »Seiten« . Standardmäßig gilt »Alle« . Varianten sind »Rechte« , »Linke« und »Gespiegelt« . Einschalten sollten Sie das Feld »Gespiegelt« , wenn ein beidseitiger Druck des Dokumentes erfolgen soll, da hiermit eine Spiegelung von linken und rechten Seiten erreicht wird. Es ist nur aktivierbar, wenn zunächst die rechte oder linke Seite gewählt wird.

Die dritte Hauptoption des Dialogfensters »Seitenlayout ändern« betrifft die **Zuordnung von Linien.** Nach Aktivierung des Optionsfeldes »Linien« aus der Rubrik »Ändern« verändert sich das Dialogfenster in der folgenden Weise:

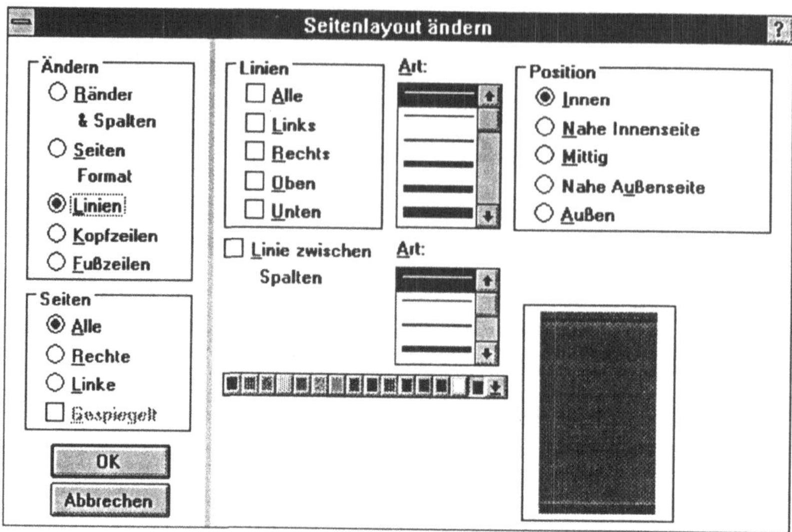

Bild 4-4: Linien zuordnen

Hiermit haben Sie die Möglichkeit auf das gesamte Dokument bezogen

➪ jede Seite mit einer Umrandungslinie zu versehen,

➪ bei Spaltentexten zwischen den einzelnen Spalten Trennungslinien einzufügen.

Die Optionsfelder haben folgende Bedeutung:

Alle	Seite erhält oben, unten, links und rechts Begrenzungslinien.
Links	Die Seite erhält links eine Begrenzungslinie.
Rechts	Die Seite erhält rechts eine Begrenzungslinie.
Oben	Die Seite erhält oben eine Begrenzungslinie.
Unten	Die Seite erhält unten eine Begrenzungslinie.

Ferner ist die Linienart (= Linienstärke) sowie die Position und Farbe der Linien festlegbar.

Die vierte und fünfte Option betrifft die **Formatierung von Kopf-
und Fußzeilen.** Aktivieren Sie im Dialogfenster »Seitenlayout
ändern« zunächst einmal die Option »Kopfzeilen« . Ergebnis ist
Bild 4-5:

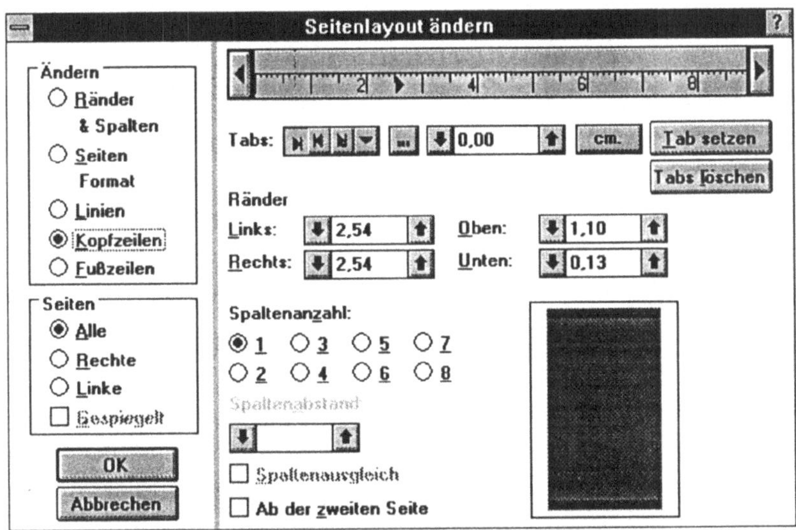

Bild 4-5: Layout für Kopf- und Fußzeilen

Über dieses Dialogfenster können Sie die Positionierung der
Kopfzeile festlegen. Grundsätzlich gilt für die Kopfzeilenposition:

↪ 1,10 cm vom oberen Seitenrand

↪ 0,13 cm Abstand vom unteren Textbeginn

↪ 2,54 cm von linken Seitenrand und

↪ 2,54 cm vom rechten Seitenrand.

Analog wird über die Option »Fußzeilen« die Positionierung der
Fußzeilen auf einer Seite bestimmt.

Soweit zur Prüfung des eingestellten Seitenformats sowie den übrigen Optionen des Befehls »Layout ändern« . Im Beispielfall
sollen Sie danach noch auf relativ einfache Weise einen längeren
Text erzeugen. Markieren Sie den geladenen Text, und wählen Sie
dann im Menü BEARBEITEN den Befehl »Kopieren« . Bewegen
Sie danach den Cursor an das Textende. Anschließend ist 15 x
hintereinander aus dem Menü BEARBEITEN der Befehl

»Einfügen« zu wählen (oder einfach 15 mal [Strg]+[V] drücken). Speichern Sie das Ergebnis als Text40.SAM.

Nun sollen Sie kennenlernen, wie Änderungen in den Befehlsfeldern zur Festlegung der Seiten-Merkmale eines Textes vorgenommen werden und welche Auswirkungen sich dadurch ergeben.

Aufgabe: Seiten- und Randmaße festlegen

Aktivieren Sie - sofern dies nicht mehr der Fall ist - die Datei »Text40.SAM«, und ändern Sie das Seitenformat gemäß untenstehender Vorgabe: Speichern Sie dann die neue Datei unter dem Dateinamen »Text41«.

⇨ Seitenrand links auf 4,5 cm einstellen

⇨ Seitenrand rechts auf 1,5 cm einstellen.

Nach Aktivierung der Datei müssen Sie erneut im Menü SEITE den Befehl »Layout ändern« wählen. Nehmen Sie dann nach Aktivierung der Option »Ränder & Spalten« die gewünschten Einstellungen vor. Nach Vornahme der Eintragungen muß das Dialogmenü das folgende Aussehen haben:

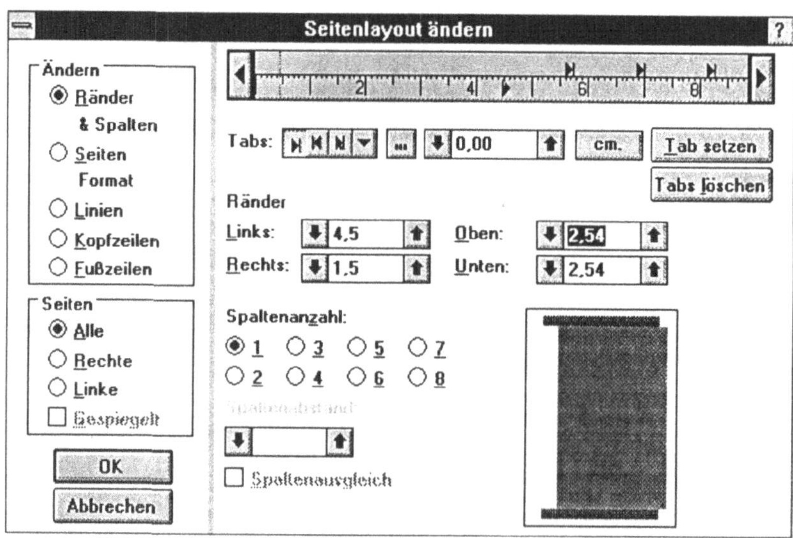

Bild 4-6: Verändertes Dialogmenü

Achten Sie darauf, daß die Änderungen durch verkleinerte Musterdarstellungen veranschaulicht werden. Diese Art von Anzeigefeldern ist für Gestaltungsbefehle typisch. Dies hat den Vorteil, daß etwa auch festgelegte Schriftarten und andere grafische Elemente direkt nach der Festlegung in der Dialogbox geprüft werden können.

Nach Ausführung des Befehls »Seitenlayout ändern« werden die Seiten automatisch neu umbrochen. Der Seitenumbruch wird ausserdem bei Wahl des Befehls »Ganze Seite« oder des Befehls »Gegenüberliegende Seiten« im Menü ANISCHT deutlich. Wenn Sie einmal die Option »Ganze Seite« wählen, ergibt sich das folgende Bild:

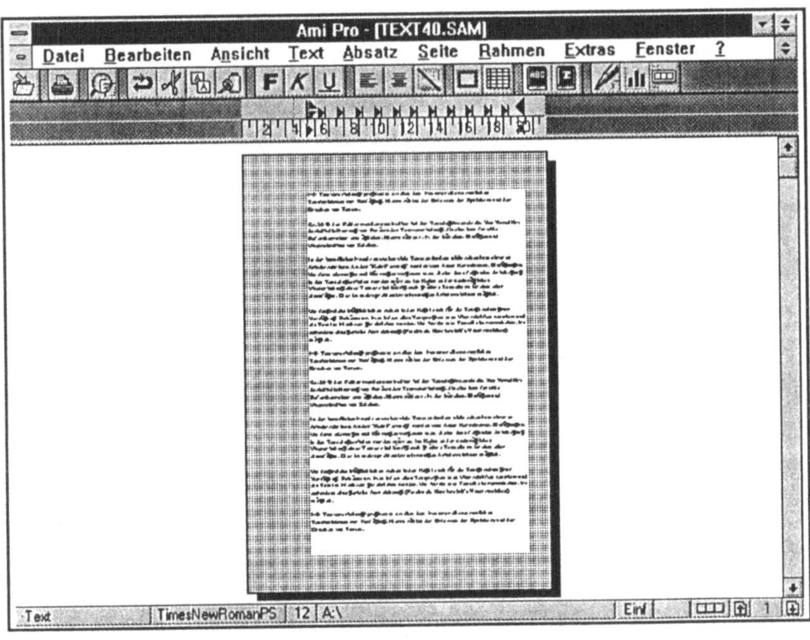

Bild 4-7: Ansicht ganzer Seiten

Wählen Sie anschließend wieder aus dem Menü ANSICHT die Option »Standard« oder »Arbeit«. Speichern Sie dann das Ergebnis als Text41.SAM.

Aufgabe: Seitenformat mit gegenüberliegenden Seiten definieren

Lassen Sie die Datei »Text41.SAM« geöffnet. Wählen Sie danach erneut den Befehl »Layout ändern« im Menü SEITE aus. Nehmen Sie dann die Veränderungen so vor, daß sich gespiegelte Seiten ergeben. Prüfen Sie danach durch Aufruf der Ansichtsoption »Gegenüberliegende Seiten« die Wirkungen dieser Veränderung. Speichern Sie das Ergebnis als Datei mit dem Namen »Text42.SAM«.

Nach Wahl des Menüpunktes SEITE kann wiederum der Befehl »Layout ändern« gewählt werden. Wenn Sie nun die Option »Rechte« aus dem Bereich »Seiten« anklicken, können Sie auch das rechteckige Optionsfeld »Gespiegelt« einschalten. Das Programm tauscht dann bei geraden (linken) Seiten die Festlegungen für den rechten und linken Seitenrand. Nach einer Aktivierung hat das Dialogfenster das folgende Aussehen:

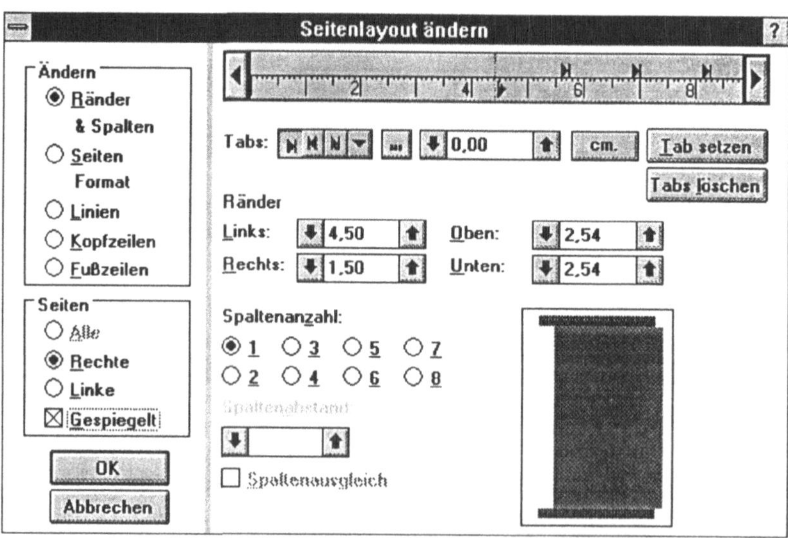

Bild 4-8: Einstellung gegenüberliegender Seiten

Wählen Sie nach der Befehlsausführung den Menüpunkt AN-SICHT, und lassen Sie sich die Option »Gegenüberliegende Seiten« anzeigen. Das Ergebnis für die Seiten 2 und 3 gibt die folgende Abbildung wieder (Hinweis: Drücken Sie unter Umständen zunächst einmal Bild↓):

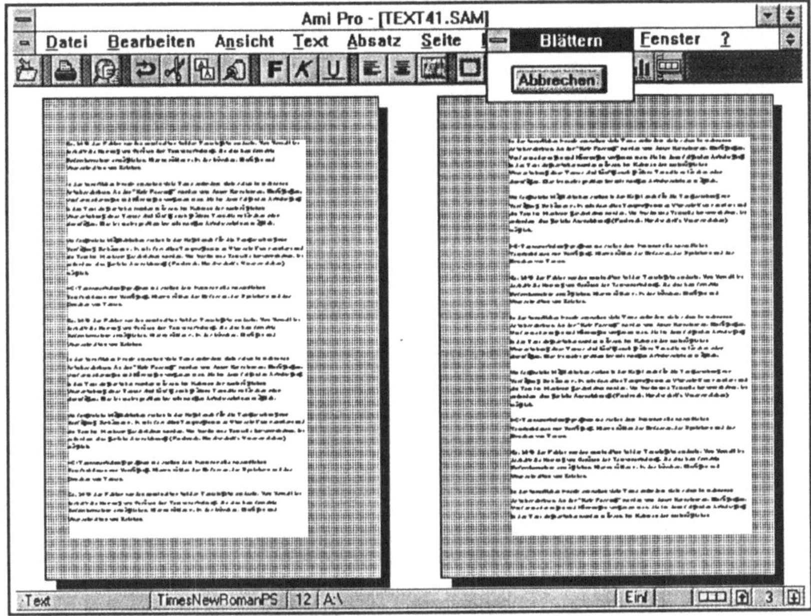

Bild 4-9: Seitenansicht mit gespiegelten Rändern

Sie haben als inneren Seitenrand 4,5 cm und als äußeren Seitenrand die Angabe 1,5 cm vorgenommen. Bei ungeraden Seiten ist der Rand links auf 4,5 cm und rechts auf 1,5 cm gesetzt; bei geraden Seiten gilt dagegen ein linker Rand von 1,5 cm und ein rechter Rand von 4,5 cm.

Klicken Sie anschließend die Schaltfläche <Abbrechen>. Speichern Sie das Ergebnis als »Text42.SAM«.

4.2.2 Seitenwechsel steuern

Generell findet - wie dargestellt - ein automatischer Seitenumbruch statt. Häufig ist jedoch auch gewünscht, darauf gezielt Einfluß zu nehmen.

Erzwungene Seitenumbrüche können zweckmäßig sein, wenn ein neues Kapitel beginnen soll. Sie erfolgen entweder

↪ durch Wahl des Befehls »Umbruch« im Menü SEITE oder

⇨   durch Wahl des Menüs ABSATZ und Aktivierung eines Absatzlayouts.

4.2.3 Seiten numerieren (Paginierung)

Bei mehrseitigen Texten ist es von Vorteil, wenn das Textprogramm automatisch eine richtige Seitennumerierung bei der Druckausgabe vornimmt. In AMI PRO wird dies über den Befehl »Seitennumerierung« im Menü SEITE unterstützt. Da darüber hinaus ein automatischer Seitenumbruch erfolgt, wenn die Zeilen-Zahl eines Textes das Fassungsvermögen einer Papier-Seite übersteigt, können somit umfangreiche Texte schnell und mit fehlerfreier Seitennumerierung ausgegeben werden.

Standardmäßig erfolgt der Ausdruck eines Textes ohne Angabe der jeweiligen Seitenzahlen. Nach Wahl des Befehls »Seitennumerierung« erscheint das folgende Dialogmenü:

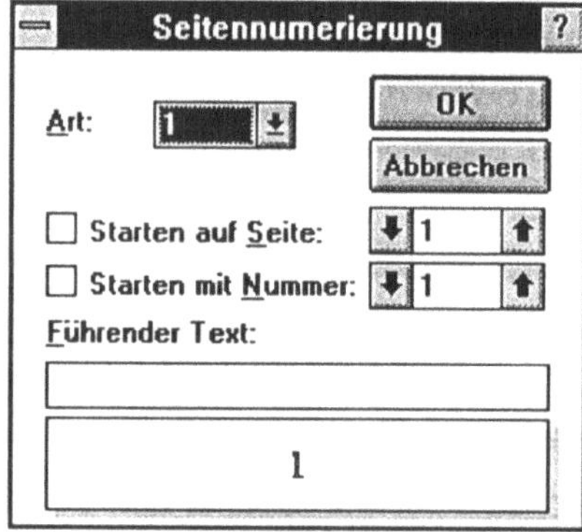

Bild 4-10: Dialogmenü »Seitennumerierung«

Aufgabe: Seitenzahlen zuordnen

Öffnen Sie den unter dem Dateinamen »Text41« gespeicherten Text, und erstellen Sie anschließend ein Dokument mit Angabe der Seitenzahlen. Speichern sie das Ergebnis als »Text43.SAM«.

Öffnen Sie zur Aufgabenlösung zunächst die Datei »Text42«, und wählen Sie den Befehl zur Paginierung. Schalten Sie - sofern dies nicht der Fall ist - zunächst über Wahl des Menüs ANSICHT den Layoutmodus ein.

Bestimmen Sie danach die Stelle, an der die Seitennummer erscheinen soll. Setzen Sie zu diesem Zweck die Einfügemarke auf einer beliebigen Seite des Dokuments in den oberen oder unteren Rand. Nun können Sie das Menü SEITE öffnen und hier den Befehl »Seitennumerierung« aktivieren. Das Dialogfenster ist dann wunschgemäß auszufüllen.

Das Listenfeld »Art« ermöglicht eine Festlegung, in welcher Form die Pagina gedruckt werden soll. Standardmäßig werden die Seitenzahlen in arabischen Ziffern angegeben (1, 2, 3 ....). Alternativ können aber auch römische Ziffern (groß bzw. klein), Groß- sowie Kleinbuchstaben gewählt werden.

Durch Aktivierung des Optionsfeldes »Starten auf Seite« können Sie des weiteren gezielt festlegen, auf welcher Seite die Numerierung beginnen soll. Beispielsweise ist hier die Seite 2 anzugeben, wenn auf der ersten Seite keine Paginierung erfolgen soll.

Im Befehlsfeld »Starten mit Nummer« erhalten Sie die Möglichkeit, festzulegen, ob die Seitennumerierung bei 1 beginnen soll oder ob ab einer bestimmten Zahl weitergezählt werden soll. Letzteres kann dann sinnvoll sein, wenn der Folgetext auf einer anderen Diskette bzw. unter einem anderen Textnamen gespeichert war. Die Zahl, mit der die Paginierung dann beginnen soll, müssen Sie im Befehlsfeld angeben.

Mitunter möchten Sie auch vor der Seitennumerierung einen konstanten Text mitführen; beispielsweise das Wort »Seite«. Geben Sie diesen Text dann im Eingabefeld ein.

Das Dialogfenster kann im Beispielfall ausgefüllt etwa dem Bild 4-11 entsprechen.

Nach der Befehlsausführung erscheint der Text mit der jeweils gültigen Seitennummer an der gewählten Position. Dies können Sie durch Blättern im Layoutmodus oder in der Seitenansicht kontrollieren. Wenn Sie jetzt einen Ausdruck vornehmen, wird eine fortlaufende Paginierung der Seiten vorgenommen (d. h. der Text beginnt auf Seite 1).

Bild 4-11: Spezifikationen zur Seitennumerierung

Speichern Sie das Dokument abschließend unter dem Namen
»Text43.SAM«.

4.2.4 Kopf- und Fußzeilen einfügen

Ein üblicher Weg zur Kennzeichnung mehrseitiger Dokumente ist
das Einfügen von Kopf- und Fußzeilen. Dabei ist es auch sinnvoll,
neben einer Textinformation hier die Seitennummern mitzuführen.

Zur Realisierung ist der Befehl »Kopf-/Fußzeilen« aus dem Menü
SEITE zu wählen. Ergebnis ist die folgende Bildschirmanzeige:

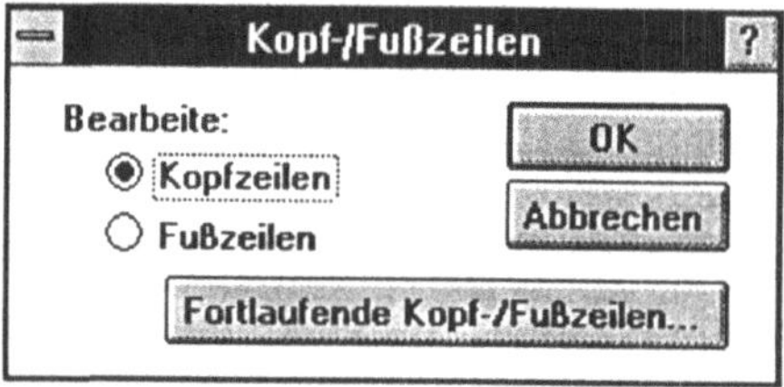

Bild 4-12: Dialogfenster »Kopf-/Fußzeile«

Aufgabe: Einfache Kopfzeile einfügen

Öffnen Sie die Datei »Text41.SAM«, und fügen Sie folgende
Kopfzeile ein:

```
Textverarbeitung im Wandel der Zeit.
```

Am rechten Rand soll die Seitennummer ausgewiesen werden; die Kopfzeile soll außerdem zur Abgrenzung vom eigentlichen Text unterhalb eine Leiste erhalten.

Das Ergebnis ist unter dem Dateinamen »Text44.SAM« zu speichern.

Wählen Sie zur Aufgabenlösung nach Öffnen der Datei »Text41.SAM« den Befehl »Kopf-/Fußzeilen« im Menü SEITE. Anschließend ist der Begriff »Fortlfd. Kopfzeile« anzuklicken. Auch soll die Option auf »Allen folgenden Seiten« gelten. Nach Bestätigung des Dialogmenüs mit <OK> kann der gewünschte Kopfzeilentext eingegeben werden.

Erzeugt wird die Kopfzeile in der Weise, daß Sie zunächst den Text eingeben. Klicken Sie dann die Tabulatorposition für rechtsbündigen Tabulator in der Formatierungsleiste, und klicken Sie danach am rechten Seitenrand.

Speichern Sie das Ergebnis anschließend als »Text44.SAM«.

Hinweis: Fußzeilen werden analog den Kopfzeilen erzeugt.

Es gibt bezüglich der Kopf- und Fußzeilen noch eine interessante Variante, wenn das Seitenlayout auf gegenüberliegende Seiten eingestellt ist. So sind beispielsweise auch wechselnde Kopf- und Fußzeilen möglich (linke und rechte Seite anders).

Aufgabe: Wechselnde Kopf- und Fußzeilen erzeugen

Öffnen Sie die Datei »Text42.SAM«, und erzeugen Sie folgende Kopfzeilen:

a) für die ungerade Seiten:

```
Textverarbeitung im Wandel der Zeit      Seite #
```

b) für die geraden Seiten:

```
Seite #   Grundfunktionen der Textverarbeitung
```

Speichern Sie das Ergebnis als »Text45.SAM«.

Zur Aufgabenlösung ist das Dialogfenster »Kopf-/Fußzeilen« in folgender Form zu aktivieren, um die Kopfzeile für rechte Seiten (= ungerade Seiten) zu erzeugen.

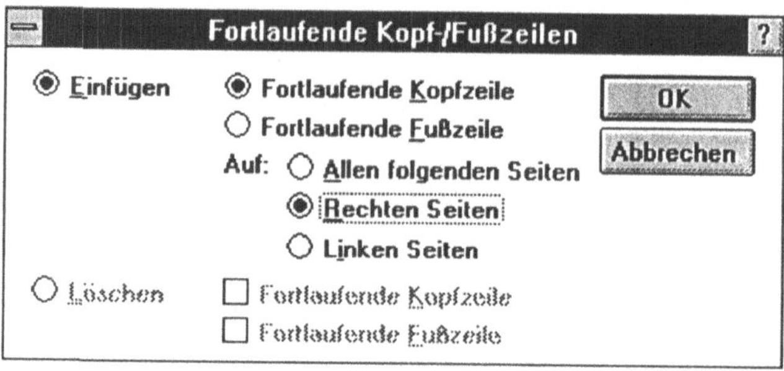

Bild 4-13: Wechselnde Kopf-/Fußzeilen

Jetzt können Sie für die geraden und ungeraden Seiten in der gewünschten Weise wieder den Kopfzeilentext mit der automatischen Paginierung erzeugen.

4.3 Mehrspaltentext erstellen

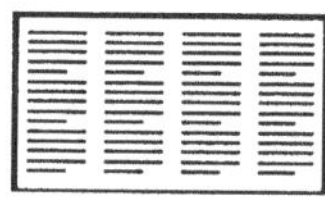

Eine besondere Funktion von Textverarbeitungsprogrammen, die viele Benutzer bei der Erstellung und beim Lesen umfangreicher Berichte, bei Zeitschriften oder bei Büchern zu schätzen wissen, ist die Möglichkeit, einen Text in Spalten zu setzen. Dies bedeutet, daß auf einer Druckseite mehrere Spalten definiert werden können, in denen der Text bei der Erfassung und auch bei Überarbeitungsvorgängen kontinuierlich umläuft.

Die Organisation eines Textes in mehrere Spalten hat vor allem zwei Vorteile. Zum einen wird dadurch die Lesbarkeit eines Textes erhöht; zum anderen lassen sich so die Textseiten insgesamt lebendiger gestalten.

Nützlich ist die Möglichkeit der Mehrspaltenorganisation auch für das Erstellen von Listen sowie in ausgewählten Textabschnitten. Dies gilt beispielsweise für Gegenüberstellungen verschiedener Art: etwa für die Gegenüberstellung eines deutschsprachigen und eines fremdsprachigen Textes oder für den Vergleich von Kosten und Leistungen.

4.3.1 Regeln und Möglichkeiten zur Gestaltung von Spaltentexten

Auch bei der Gestaltung von Mehrspaltentexten müssen bestimmte Gestaltungsregeln eingehalten werden. Sie betreffen

- die Zahl der zweckmäßigerweise einzurichtenden Spalten,
- die Breite des Spaltentextes,
- den Abstand zwischen den einzelnen Spalten,
- die Möglichkeit der Einfügung von vertikalen Trennlinien zwischen den Spalten,
- die Option des Spaltenausgleichs.

Spaltenzahl festlegen

Eine erste wichtige Entscheidung ist darüber zu treffen, wieviele Spalten die Textseite umfassen soll. Die sinnvolle Spaltenanzahl hängt jedoch von verschiedenen Faktoren ab; dazu rechnen insbesondere das zugrundeliegende Seitenformat (Hoch- oder Querformat, Papiergröße, Randeinstellungen) sowie die verwendete Schriftgröße.

Spaltenbreite definieren

Es empfiehlt sich, alle Spalten mit gleicher Breite zu definieren. Gerade dem in der typografischen Gestaltung wenig geübten Anwender wird deshalb in der Regel geraten, immer gleich große Spalten zu wählen.

Spaltenabstand bestimmen

Eine weitere Option besteht darin, den Spaltenabstand festzulegen. Wichtig ist, daß der Abstand nicht zu klein, aber auch nicht zu groß gewählt wird. Als optimal gilt in der Regel ein Spaltenzwischenraum, der in etwa der Breite zweier durchschnittlich breiter Buchstaben entspricht (Beispiel: nn). Notwendig ist in jedem Fall, daß der Spaltenabstand größer ist als der Wortabstand.

Vertikale Trennlinien einfügen

Um die Trennung der Spalten deutlich hervorzuheben, gibt es ein weiteres Gestaltungsmittel: das Hinzufügen vertikaler Trennlinien. Ob Sie diese verwenden, ist Ihrem ästhethischen Empfinden überlassen. Besondere formale Regeln hierfür gibt es nicht.

4.3.2 Mehrspaltenlayout einstellen

Um kennenzulernen, wie ein Layout für einen Mehrspaltentext zu erstellen ist, soll von folgendem Anwendungsbeispiel ausgegangen werden:

Aufgabe: Dokument im Mehrspaltenformat erstellen

Laden Sie den unter dem Dateinamen »Text41« gespeicherten Text, und verändern Sie den einspaltigen Text in einen Mehrspaltentext mit zwei Spalten. Speichern Sie den Text unter dem Dateinamen »Text46«.

Beachten Sie folgende **Hinweise:**

⇨ Der Text soll auf einer A4-Seite im Hochformat ausgegeben werden.

⇨ Folgende Randeinstellungen sollen gelten:

☐ linker Rand 1 cm

☐ rechter Rand 1 cm

⇨ Die Breite der beiden Spalten soll gleich groß sein.

⇨ Als Spaltenabstand zwischen der 1. und 2. Spalte ist 0,42 Zentimeter vorzusehen.

⇨ Zwischen den Spalten soll eine vertikale Trennlinie gezogen werden.

⇨ Für die letzte Seite soll ein Spaltenausgleich erfolgen.

Erstellen Sie nach Öffnen der Datei »Text41« zur Aufgabenlösung zunächst das Seitenformat. Wählen Sie dazu den Befehl »Layout ändern« im Menü SEITE. Setzen Sie die Ränder links und rechts auf jeweils 1 cm. Klicken Sie die Spaltenzahl 2 an. Stellen Sie außerdem die Option »Spaltenausgleich« ein. Das Dialogfeld soll danach folgendes Aussehen haben:

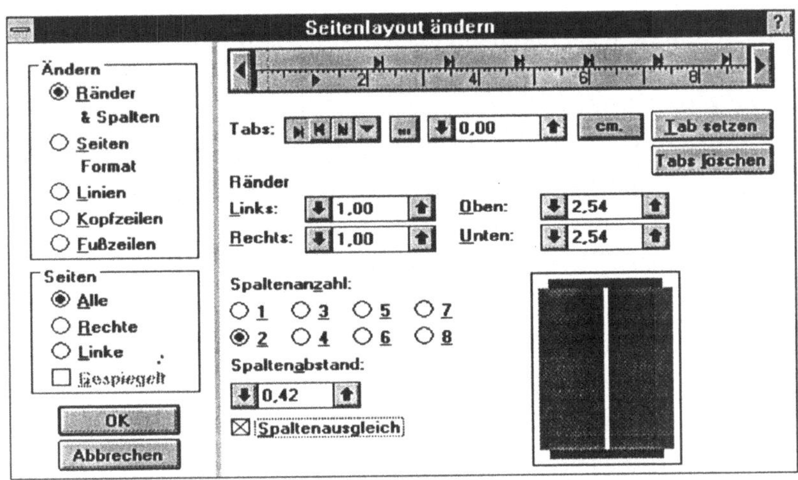

Bild 4-14: Mehrspaltentext einstellen

Wählen Sie danach die Option »Linien« aus dem Dialogfenster »Seitenlayout ändern«, und schalten Sie hier das Optionskästchen »Linie zwischen Spalten« ein. Nach Bestätigung mit <OK> wird die Bildschirmanzeige verändert. Lassen Sie sich das Ergebnis sowohl als Layoutmodus als auch in der Seitenansicht anzeigen. In beiden Fällen wird die Spaltendarstellung deutlich. Bei der Seitenansicht ergibt sich das folgende Bild, wenn Sie auf »Gegenüberliegende Seiten« optieren:

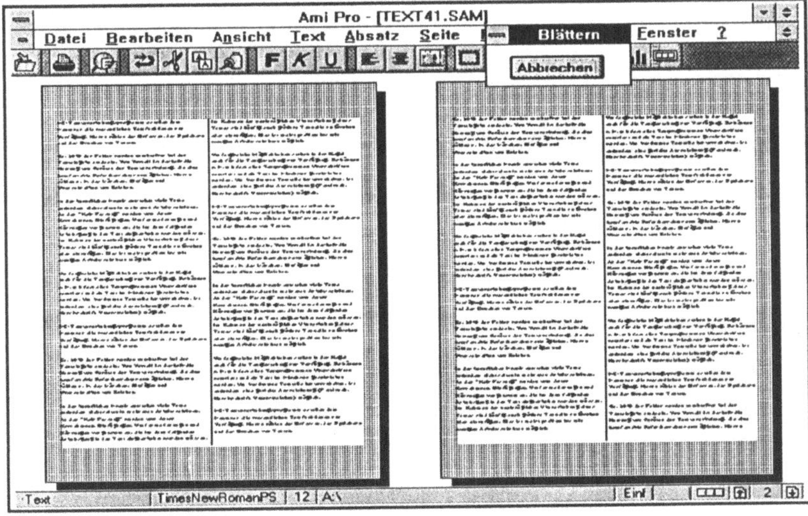

Bild 4-15: Spaltentext in der Seitenansicht

Speichern Sie das Dokument als »Text46.SAM«.

4.3.3 Mehrspaltentext im Querformat

Sie sollen jetzt noch eine letzte Option für das Seitenlayout kennenlernen; und zwar die Arbeitsweise im Querformat.

Aufgabe: Dreispaltiges Dokument im Querformat erstellen

Laden Sie den unter dem Dateinamen »Text41« gespeicherten Text, und verändern Sie den einspaltigen Text in einen Mehrspaltentext mit drei Spalten und im Querformat. Als Ränder sind jeweils 1,5 Zentimeter zu berücksichtigen. Speichern Sie den Text unter dem Dateinamen »Text47.SAM«.

Im einzelnen müssen Sie folgendes über das Menü SEITE mit dem Befehl »Layout ändern« einstellen:

➪ Randangaben und Spalten bei der Option »Ränder/Spalten« einstellen.

➪ Seitenformat als Querformat bei der Option »Seiten Format« einstellen.

➪ Zwischenlinie über den Befehl »Linien« optieren.

In der Seitenansicht ergibt sich die Bildschirmdarstellung aus Bild 4-16 nach Beendigung der Arbeit, die dann nach Wahl des Menüs DATEI mit dem Befehl »Speichern unter« bei Vergabe des Dateinamens »Text47.SAM« zu archivieren ist.

4.4 Absätze gestalten

Weitere Gestaltungswünsche können die einzelnen Absätze betreffen. Je nach Art der Texte, die erstellt werden sollen, werden höchst unterschiedliche Anforderungen an die Gestaltung der Absätze gestellt (z. B. Brieftexte in einzeiliger und Aktennotizen in anderthalbzeiliger Schreibweise). Meist besteht auch der Wunsch, innerhalb eines Textes verschiedene Varianten der Absatzgestaltung vorzunehmen (z. B. Einrückungen für bestimmte Absätze).

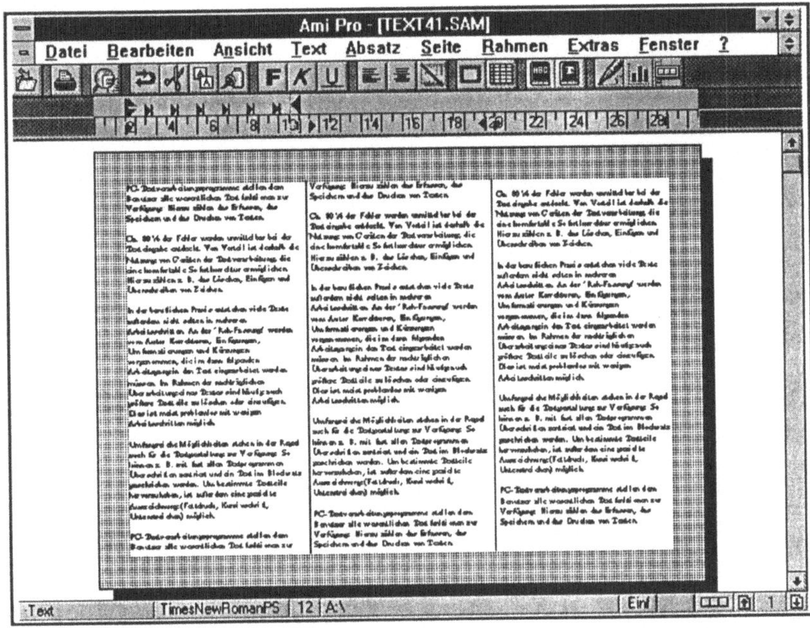

Bild 4-16: Seitenansicht mit dreispaltigem Text im Querformat

Spezielle Einstellungen zur Absatzformatierung sind entbehrlich, wenn die vorgegebenen Standard-Absatzformate übernommen werden können. Standardmäßig werden in einem Absatz

⇨ die Zeilen linksbündig angeordnet;

⇨ Zeileneinzüge nicht vorgenommen;

⇨ Zeilenabstände engzeilig realisiert;

⇨ die Seitenwechsel bei jeder Zeile eines Absatzes in Abhängigkeit von der festgelegten Seitenlänge vorgenommen.

Alternativ bietet AMI PRO die Möglichkeit, eine Vielzahl von Änderungen individuell einzustellen (z. B. das Einstellen auf Blocksatz, das Einrücken bestimmter Absätze oder die Festlegung unterschiedlicher Zeilenabstände).

4.4.1 Vorgehensweisen und Möglichkeiten

Die Gestalt eines Absatzes können Sie direkt bei der Erfassung des Textes gezielt festlegen. Um eine einheitliche Gestaltung eines längeren Dokuments vorzunehmen, bietet es sich freilich häufig an, die Absätze erst im nachhinein zu formatieren. Dann müssen

Sie den Absatz zunächst markieren und danach den zutreffenden Befehl aufrufen.

Unterschiede ergeben sich auch in der Art der Befehlsrealisierung. Möglich sind

➪ Einstellungen über ein sog. Absatzlayout.

➪ die Wahl von Befehlen aus dem Menü TEXT.

➪ das Betätigen bestimmter Funktionstasten/Tastenkombinationen.

Die Wahl der Methode hängt vor allem von Ihrem Arbeitskonzept sowie den verfolgten Zielen ab:

➪ Sollen beispielsweise in einem Dokument nur einige Textpassagen oder bestimmte Wörter in einer besonderen Weise gestaltet werden, empfiehlt sich die Formatierung über den Aufruf des Menüs TEXT. Die über dieses Menü vorgenommenen Änderungen wirken sich nur auf die zuvor markierten Textstellen aus.

➪ Eine andere Methode mit grundsätzlich anderen Auswirkungen ist die Arbeiten mit einem bestimmten Absatzlayout. Wenn Sie aus dem Menü ABSATZ die Option »Layout ändern« wählen und dann verschiedene Einstellungen vornehmen, so hat dies unmittelbar Konsequenzen für alle Textstellen, die dieses Absatzlayout verwenden. Anwenden werden Sie diese Methode deshalb vor allem dann, wenn mehrere Absätze in einem Schritt an eine bestimmte Gestaltungsanforderung angepaßt werden sollen.

Im folgenden sollen Sie nur das Arbeiten nach der ersten Methode genauer kennenlernen. Die Definition von Absatzlayouts und ihre Anwendung wird im 6. Kapitel dieses Buches ausführlicher erläutert.

Hinweis: Es ist auch möglich, in einem Dokument sowohl durch Änderungen des Absatzlayouts als auch durch Auswahl von Befehlen aus dem Menü TEXT eine Gestaltung vorzunehmen.

4.4.2 Absatz-Ausrichtung festlegen (Justierung)

Eine besondere Form der Absatzgestaltung besteht darin, die Form der Ausrichtung eines Absatzes oder mehrerer markierter Absätze gezielt festzulegen. Auf diese Weise kann optischen Ansprüchen in hervorragender Weise Rechnung getragen werden.

Grundsätzlich lassen sich vier verschiedene Formen der Ausrichtung von Absätzen unterscheiden:

➪ **Linksbündig.** Standardmäßig werden die Zeilen in einem Absatz linksbündig angeordnet. Unter Umständen ergibt sich am rechten Rand ein mehr oder weniger unansehnlicher Flatterrand.

> Dieser Text ist linksbündig ausgerichtet. Dieser Text ist linksbündig

➪ **Zentriert.** Bei Überschriften kann das Zentrieren von Zeilen in Betracht kommen. Der eingegebene oder markierte Text wird dann automatisch exakt in die Mitte zwischen einem vorher festgelegten linken und rechten Rand des Schriftstückes plaziert.

> Dieser Text ist zentriert ausgerichtet. Dieser Text ist zentriert.

➪ **Rechtsbündig.** Das rechtsbündige Anordnen von Zeilen dürfte sicherlich die Ausnahme sein. Diese Funktion ist eigentlich nur im Rahmen von Tabulationen sowie bei spaltenorientierter Arbeitsweise interessant.

> Dieser Text ist rechtsbündig ausgerichtet. Dieser Text ist rechtsbündig.

➪ **Blocksatz.** Eine aus Büchern und Zeitungen bekannte Form der Zeilenanordnung ist der Blocksatz. Der Text wird in diesem Fall gleichzeitig an den linken und an den rechten Rand angeglichen (außer am Absatzende). Wo die Textzeichen zur Füllung einer Zeile nicht ausreichen, werden zusätzliche Leerstellen zwischen den Wörtern eingefügt.

> Dieser Text ist im Blocksatz ausgerichtet. Dieser Text ist im Blocksatz ausgerichtet.

Alle genannten Varianten können Sie mit AMI PRO einfach und schnell einstellen. Möglich ist dies in direkter Form sowohl durch Betätigen bestimmter Kurzbefehlstasten (Tastenkombinationen in Verbindung mit der Taste (Strg)) als auch durch Wahl des Befehls »Ausrichtung« aus dem Menü TEXT.

Aufgabe: Absatzausrichtung ändern

Aktivieren Sie die Datei »Text44.SAM«, und setzen Sie den gesamten Text in Blocksatz. Fügen Sie anschließend zu Beginn des Dokuments folgenden Überschriftstext ein:

```
Anwendungen moderner Textverarbeitung
```

Diese Überschrift ist zu zentrieren und der Text dann als »Text48.SAM« zu speichern.

In der Aufgabe soll zunächst die Zeilenanordnung des gesamten Textes nachträglich von »Linksbündig« in »Blocksatz« geändert werden. Markieren Sie dazu zunächst den gesamten Text, und gehen Sie dann nach einer der folgenden Möglichkeiten vor:

➪ Betätigen Sie die Tastenkombination [Strg]+[B].

➪ Wählen Sie den Befehl »Ausrichtung« im Menü TEXT, und stellen Sie die Option »Blocksatz« ein.

Fügen Sie jetzt noch am Anfang des Dokuments die gewünschte Überschrift ein. Nach Markierung eines beliebigen Zeichens in der Überschrift kann dann in ähnlicher Weise die Zentrierung des Absatzes eingestellt werden:

➪ Betätigen Sie die Tastenkombination [Strg]+[I].

➪ Wählen Sie den Befehl »Ausrichtung« im Menü TEXT, und stellen Sie die Option »Zentriert« ein.

Den Anfang des Dokumentes mit den Änderungen gibt Bild 4-17 wieder. Speichern Sie das Ergebnis als »Text48.SAM« durch Wahl des Befehls »Speichern unter« im Menü DATEI.

Einen Überblick über die möglichen Formatierungtasten zur Beeinflussung der Ausrichtung eines Absatzes gibt die folgende Zusammenstellung:

[Strg]+[L]	Linksbündig
[Strg]+[I]	Zentriert
[Strg]+[R]	Rechtsbündig
[Strg]+[B]	Blocksatz

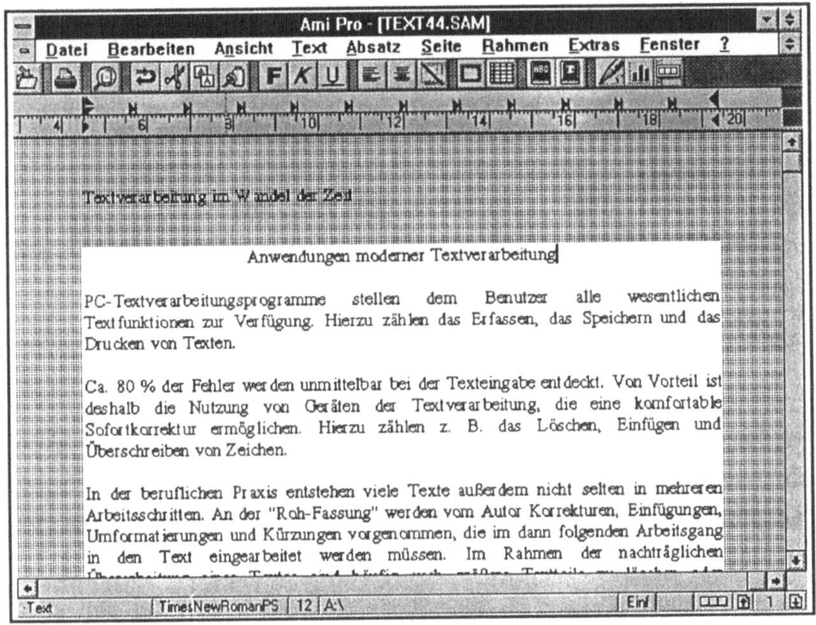

Bild 4-17: Veränderung der Absatz-Ausrichtung

Beachten Sie außerdem noch folgende **Hinweise**:

➪ Es reicht aus, die Einfügemarke im Absatz zu positionieren, wenn Sie nur die Ausrichtung eines bestimmten Absatzes markieren wollen.

➪ Soll ein bereits in der Ausrichtung geändertes Absatzformat wieder den Einstellungen des Absatzlayout entsprechen, müssen Sie nach Markierung des Absatzes aus dem Menü TEXT den Befehl »Ausrichtung« wählen und dann die Ausrichtungsart aktivieren, die durch ein Häkchen gekennzeichnet ist.

4.4.3 Einrückungen für Absätze festlegen

Es wurde bereits erwähnt, daß grundsätzlich keine Absatzeinzüge im Text erfolgen. Das Herausheben bestimmter Informationen eines Textes, aber auch DIN-Regeln für Geschäftsbriefe können jedoch einen Zeileneinzug notwendig machen. Ein gutes Textprogramm bietet dabei die Möglichkeit, beliebig viele Zeilen mit unterschiedlichen Einzügen zu versehen.

Zur Realisierung des Zeileneinzuges enthält der Befehl »Einrückung« des Menüs TEXT vier verschiedene Eingabefelder.

Nach Wahl des Befehls ergibt sich die folgende Bildschirmanzeige:

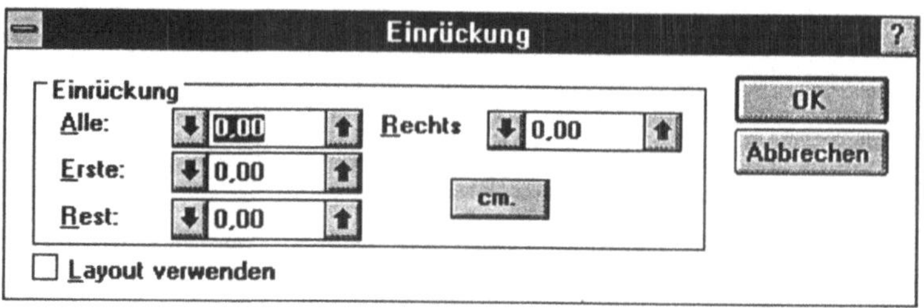

Bild 4-18: Dialogfenster »Einrückung«

In den vier angezeigten Eingabefeldern können Sie Maßgrößen eingeben, durch die der Abstand vom linken bzw. rechten Rand festgelegt wird. Im einzelnen haben die Eingabefelder folgende Bedeutung:

1. **Alle:** Eintragungen in diesem Befehlsfeld bewirken, daß alle Zeilen des Absatzes um einen bestimmten Abstand vom linken Rand eingerückt werden. Das eingegebene Maß bezieht sich dabei auf den Abstand zwischen dem linken Rand und dem Zeilenanfang des Absatzes.

2. **Rechts:** Zwischen dem rechten Rand und dem Zeilenende kann durch eine Eintragung ein gewünschter Abstand gesetzt werden. Dies gilt dann für alle Zeilen dieses Absatzes.

3. **Erste:** Hier ist der Einzug der ersten Zeile größer (d. h. die erste Zeile wird nach rechts eingerückt), was durch Eingabe eines Wertes in dem Befehlsfeld erreicht wird (auch positiver Erstzeileneinzug genannt).

4. **Rest:** Alle Zeilen eines Absatzes, außer der ersten Zeile, werden eingerückt. Ist der Einzug der ersten Zeile kleiner als derjenige der folgenden Zeile, dann spricht man von negativem Erstzeileneinzug. Dies kann etwa sinnvoll bei der numerischen Untergliederung von Absätzen sein.

Grundsätzlich werden die festgelegten Angaben in der Maßeinheit »cm« ausgedrückt. Wollen Sie dies ändern, dann müssen Sie die Schaltfläches <cm> anklicken. Dann können Sie sich der Reihe nach die möglichen Maßeinheiten anzeigen lassen und eine Wahl nach Ihren Vorstellungen treffen: pica, Pt. (für Punkte), cm oder in. (für Inch = Zoll).

Unter Umständen kann auch noch das rechteckige Optionskästchen »Layout verwenden« nützlich sein. Durch eine Aktivierung können Sie bewirken, daß ein bereits in der Einrückung geänderter Absatz wieder den Einstellungen des Absatzlayouts entspricht.

Hinweis: Statt der menüorientierten Vorgehensweise können Sie auch durch Nutzung der SmartIcon-Symbole eine Einrückung von markierten Textteilen vornehmen.

Einrückungen von Absätzen können Sie direkt bei der Erfassung organisieren. Alternativ kann aber auch im nachhinein eine Veränderung erfolgen. Dazu müssen Sie die Einfügemarke zunächst in dem Absatz positionieren, bei dem eine Einrückung vorgenommen werden soll. Danach ist der Befehl zu wählen oder das zutreffende SmartIcon anzuklicken.

Aufgabe: Einrückungen realisieren

Aktivieren Sie die Datei »Text48.SAM«, und nehmen Sie folgende Änderungen vor:

a) Steuern Sie den dritten Absatz an, und rücken Sie diesen 2 Zentimeter von links und 1 Zentimeter von rechts ein.

b) Markieren Sie die Absätze 5 bis 7, und erzeugen Sie einen negativen Erstzeileneinzug. Setzen Sie danach vor dem Absatz jeweils die Zahlen 1., 2. und 3.

Speichern Sie das Ergebnis erneut unter dem Namen »Text48.SAM«.

Zur Lösung der Aufgabe Teil a) müssen Sie nach einer Markierung des dritten Absatzes das Menü TEXT aktivieren und dann den Befehl »Einrückung« wählen. Im Feld »Alle:« ist das gewünschte Maß 2 (für 2 cm) einzugeben, im Feld »Rechts« ist der Wert 1 einzutragen. Nach Ausführung des Befehls wird die Veränderung im Dokument realisiert.

Zur Lösung der Teilaufgabe b) geben Sie im Beispielfall nach Aufruf des Dialogfensters »Einrückung« im Feld »Rest« einen Wert von 0,5 ein. In diesem Fall wird die Formatierung der drei Absätze in der vorgesehenen Form vorgenommen. Ergebnis soll die folgende Bildschirmanzeige sein, nachdem auch die Aufzählungsnummern hinzugefügt wurden:

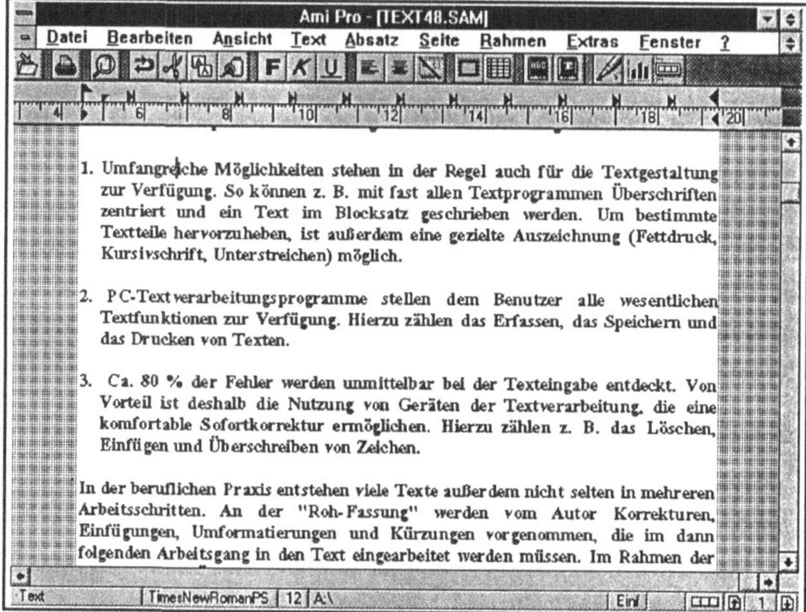

Bild 4-19: Absätze mit negativem Erstzeileneinzug

4.4.4 Zeilenabstände festlegen

Je nach Textart kann es zweckmäßig sein, den Zeilenabstand zu variieren. Dies gilt selbst innerhalb eines Textes; etwa um einen bestimmten Absatz hervorzuheben. Außerdem kann es bei Texten mit Fußnoten gewünscht sein, den eigentlichen Text 1,5-zeilig zu schreiben, während der Fußnotentext einzeilig geschrieben wird.

AMI PRO bietet die Möglichkeit, den Zeilenabstand (also den Abstand zwischen zwei Zeilen) auf komfortable Art und Weise festzulegen. Dazu müssen Sie nach Markierung des Absatzes den Befehl »Zeilenabstand« im Menü TEXT wählen. Bei Wahl des Befehls ergibt sich die folgende Bildschirmanzeige:

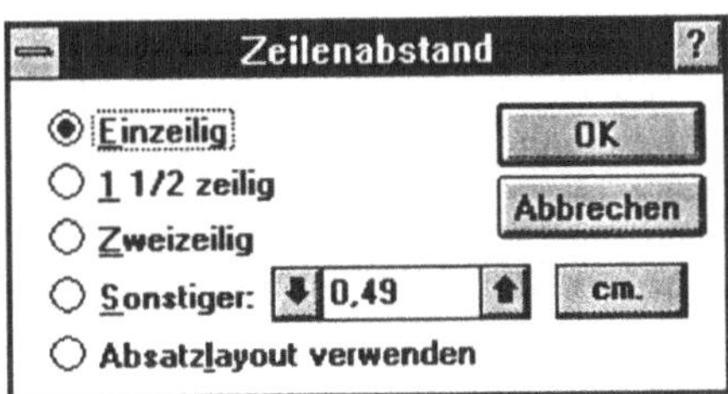

Bild 4-20: Dialogfenster »Zeilenabstand«

Standardmäßig findet sich bei »Zeilenabstand« z. B. die Eintragung »Einzeilig«; auch Zwischenwerte sind durch eine Eintragung bei »Sonstiger« möglich. Varianten sind:

a) Einzeilig: Der Text wird mit einfachem Zeilenabstand formatiert.

b) 1 ½ zeilig: Es wird ein anderthalbfacher Zeilenabstand zugrunde gelegt.

c) Zweizeilig: Es gilt ein zweifacher Zeilenabstand.

d) Sonstiger: Der Zeilenabstand wird durch eine Angabe im folgenden Eingabefeld frei festgelegt. Es gilt dabei die Maßeinheit, die in der rechts davon liegenden Schaltfläche eingestellt ist.

Soll ein bereits im Zeilenabstand geänderter Absatz wieder den Einstellungen des Absatzlayouts entsprechen, müssen Sie nach Markierung des Absatzes die Option »Layout verwenden« einstellen.

Aufgabe: Zeilen- und Absatzabstände festlegen

Öffnen Sie das auf Ihrer Arbeitsdiskette befindliche Dokument mit dem Dateinamen »Text48.SAM«, und formatieren Sie den dritten Absatz so, daß der Zeilenabstand auf 1,5-zeilig gesetzt wird.

Zur Lösung der Aufgabe müssen Sie zunächst den dritten Absatz markieren. Dabei reicht es aus, wenn Sie lediglich die Einfügemarke in dem Absatz setzen, dessen Zeilenabstand geändert werden soll. Aktivieren Sie dann den Befehl »Zeilenabstand« im Menü TEXT. Wählen Sie nun die Angabe »1 1/2 zeilig«, und bestätigen Sie den Befehl mit ⏎.

4.5 Texte auszeichnen (Schriftbildgestaltung)

Um die Übersicht für den Empfänger eines Textes zu erhöhen, ist es sinnvoll, wichtige Textteile in einer geeigneten Form hervorzuheben. Programme zur Textverarbeitung bieten die Möglichkeit, verschiedene Besonderheiten in der Darstellungsweise von Zeichen auf einfache Weise zu realisieren. Allgemein wird hierfür der Begriff Text-Auszeichnung verwendet.

4.5.1 Möglichkeiten der Textauszeichnung

Die Möglichkeiten der Textauszeichnung ergeben sich aus den übrigen Befehlen des Menüs TEXT oder durch Aktivierung der Schaltfläche <Schriftart> bzw. <Schriftgröße> in der Statuszeile.

Um Schriftart, -größe und -farbe eines bestimmten Textabschnittes zu ändern, müssen Sie diesen zunächst markieren. Wählen Sie dann beim Menü TEXT den Befehl »Schriftart«. Ergebnis müßte die folgende Bildschirmanzeige sein:

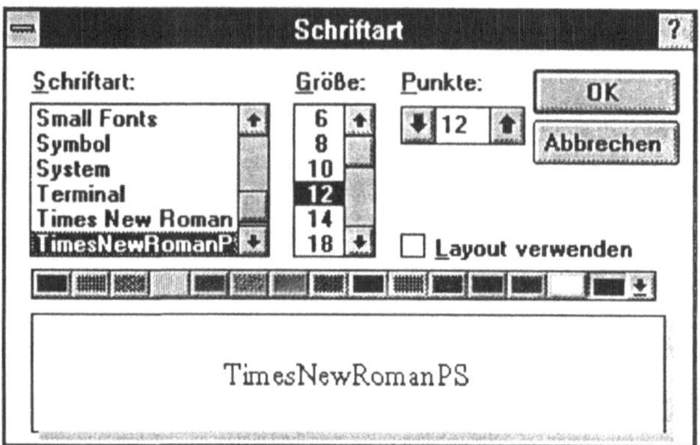

Bild 4-21: Dialogfenster »Schriftart«

Das Bild zeigt, daß sich fünf verschiedene Optionen bieten:

⇨ **Schriftart:** Hier handelt es sich um ein Listenfeld, das hinsichtlich der angebotenen Auswahlmöglichkeiten von dem jeweils installierten Drucker abhängt. Gängige Schriftarten sind Antiqua- und Groteskschriften (Pica und Elite als Schriftfamilien, Courier, Times, Letter Gothic, Orator, Italic etc.). Wird eine Schriftart auf dem Bildschirm in rot dargestellt, so ist diese auf Ihrem Drucker nicht verfügbar. Soll auf einem anderen Drucker ausgegeben werden, können hier auch die Namen von Schriftarten angegeben werden, die nicht in der Liste enthalten sind.

➪ **Schriftgröße:** In diesem Optionsfeld kann eine Variation der Schriftgröße aus einem Auswahlangebot erfolgen, wobei die Größe in Punkten festgelegt wird. Im Beispielfall ist die Schriftart »CG Times« sowie die Schriftgröße »10« eingestellt. Bei dieser Schriftart stehen dann für die Schriftgröße noch verschiedene Alternativen zur Wahl. Auch hier ist eine Eingabe oder Auswahl der Option möglich.

➪ **Punkte:** In diesem Eingabefeld können Sie eine eigene Punktgröße bestimmen. Ist diese Option abgeblendet dargestellt, bedeutet dies, daß bei der von Ihnen gewählten Schrift auf Ihrem Drucker keine eigene Punktgröße zugeordnet werden kann.

➪ **Farbe:** Die Farbfelder bieten die Möglichkeit, die Farbe des gedruckten Textes festzulegen, wenn ein Drucker oder Plotter mit Farbausgabefähigkeiten installiert ist. Es stehen verschiedene vordefinierte Farben zur Verfügung. Die gewünschten Farbbezeichnungen sind in dem Befehlsfeld einzugeben oder auszuwählen. Das Ergebnis der Auszeichnung wird bei Farbbildschirmen auch in Farbe dargestellt.

➪ **Layout verwenden:** Durch »Ankreuzen« dieses Optionsfeldes können Sie geänderte Schrifteinstellungen schnell wieder so formatieren, wie dies im Absatzlayout vorgegeben ist.

Im unteren Bereich des Menüs TEXT stehen verschiedene Optionsfelder zur Auszeichnung, die auch in Kombination eingeschaltet werden können (Textattribute). Die angeführten Varianten bieten folgende Anwendungsmöglichkeiten:

Fett

Kursiv

Unter-
streichung

Kapitälchen

➪ **Fett:** Sollen bestimmte Wörter, Sätze oder Absätze hervorgehoben werden, dann können diese durch Fettdruck ausgezeichnet werden. Die Hervorhebung wird dabei dadurch erreicht, daß ein Doppeldruck von Zeichen erfolgt.

➪ *Kursiv:* Die Zeichen erscheinen in diesem Fall in einer leicht schräggestellten Form. Beachten Sie allerdings, daß angeschlossene Drucker mitunter nicht in der Lage sind, Kursivschrift darzustellen. Alternativ erscheint dann meist der Unterstreichungsstrich.

➪ Unterstrichen: Die Unterstreichung kann entweder einzelne Wörter oder auch ganze Sätze und Absätze umfassen. Infrage kommt sie vor allem für Überschriften und Schlüsselwörter eines Textes.

➪ Worte unterstrichen: Die Unterstreichung erfolgt in diesem Fall wortweise.

➪ Groß-/Kleinschreibung: Auf diese Weise läßt sich die Schreibweise eines bestimmten Textbereiches sehr schnell in »Großbuchstaben« oder »Kleinbuchstaben« ändern. Eine weitere Variante ist KAPITÄLCHEN: Bei dieser Hervorhebung wird die Zeichenfolge insgesamt in Großbuchstaben, aber in einem kleineren Schriftgrad dargestellt. Schließlich können Initialien (= Anfangsbuchstaben eines markierten Wortes) größer gesetzt werden.

➪ Hervorhebung: Hier werden verschiedene Optionen angeboten. Dazu zählen:

~~Durchgestrichen:~~ Mit dieser Option können Sie bestimmte Textteile durchstreichen. Das kann interessant sein, wenn in einem Vertragstext bestimmte Vertragsbedingungen für ungültig erklärt werden sollen.

Überschrieben mit: In diesem Fall können markierte Textteile mit einem gesondert eingegebenen Zeichen überschrieben werden. Das eingegebene Überschreibungszeichen verwendet dabei die gleiche Schriftart wie der Grundtext.

Option _{Hochgestellt}: Anwendungsgebiete sind etwa Fußnotendarstellung, die Kennzeichnung von Warenzeichen oder die Darstellung mathematischer Formeln.

Option _{Tiefgestellt}: Typisches Anwendungsbeispiel ist die Darstellung von chemischen Formeln.

Hinweis: Um komplexe mathematische Formeln und Gleichungen mit Hoch- und Tiefstellungen zu erzeugen, bietet sich die Nutzung des in AMI PRO integrierten Formeleditors an.

4.5.2 Vorgehensweise bei der Text-Auszeichnung

Auch bezüglich der Text-Auszeichnung besteht die Wahl, ob das Auszeichnen unmittelbar bei der Erfassung eines Textes oder im nachhinein erfolgt.

Hinsichtlich der **Art der Befehlsauslösung** gibt es folgende Varianten:

a) Zeichenformatierung mit einem Symbol der Symbolpalette

b) Menügesteuertes Auszeichnen

c) Tastenkombinationen betätigen (mit Funktionstasten)

Zeichenformatierung mit der Symbolleiste

Sofern die sogenannte Symbolpalette aktiviert ist, lassen sich hierüber mit der Maus die drei am meisten verbreiteten Schriftmerkmale Fettdruck, Kursivschrift und Unterstrichen einstellen.

In der Symbolpalette können die drei Schriftmerkmale Fett, Kursiv und Unterstrichen gewählt werden. Um eine Zuordnung vorzunehmen, müssen Sie einen der drei Kennbuchstaben anklicken (F = Fettdruck, K = Kursivschrift, U = Unterstreichung).

Auszeichnen durch Menüsteuerung

Alternativ kann ein erfaßter Text auch per Menüsteuerung in der gewünschten Form ausgezeichnet werden. Dazu müssen in dem vorhandenen Text lediglich die gewünschten Wörter markiert werden und die Auszeichnung durch entsprechende Befehlswahl erfolgen. Hierzu stehen im Menü TEXT die verschiedenen Varianten zur Verfügung.

Aufgabe: Auszeichnen über das Dialogmenü

Laden Sie den von Ihnen bereits erstellten und unter dem Dateinamen »Text48.DOC« gespeicherten Text, und zeichnen Sie die ersten beiden Absätze so aus, daß sich folgende Darstellung ergibt:

```
PC-TEXTVERARBEITUNGSPROGRAMME stellen dem Benutzer alle
wesentlichen Textfunktionen zur Verfügung. Hierzu zählen das
Erfassen, das Speichern und das Drucken von Texten.

Ca. 80 % der Fehler bei der Texteingabe werden unmittelbar
entdeckt. Von Vorteil ist deshalb die Nutzung von Geräten der
Textverarbeitung, die eine komfortable Sofortkorrektur
ermöglichen. Hierzu zählen z. B. das Löschen, Einfügen und
Überschreiben von Zeichen.
```

Speichern Sie das Ergebnis unter dem bisherigen Dateinamen »Text49.DOC«.

Im Beispielfall müssen Sie zunächst die Wortkombination »PC-Textverarbeitungsprogramme« markieren. Wählen Sie anschliessend den Befehl »Groß-/Kleinschreibung« aus dem Menü TEXT, und steuern Sie das Feld »Großschreiben:« an, um dort die Option einzustellen. Nach Ausführung des Befehls mit der Taste ⏎ ist das Wort in der gewünschten Weise ausgezeichnet.

In ähnlicher Form sind die übrigen Textauszeichnungen vorzunehmen. Die generelle Vorgehensweise bei der nachträglichen Auszeichnung von Texten zeigt folgende Checkliste:

Reihenfolge der Bearbeitung	Tastenfolge
1. Wörter/Sätze/Absätze markieren	
2. Wahl des Menüs TEXT	Alt + T
3. Auszeichnungswunsch markieren/ anklicken	.....
4. Optionen unter Umständen spezifizieren	
5. Befehl ausführen	⏎

Hinweis: Durch Wahl der Option »Normal« aus dem Menü TEXT können Sie alle Textattribute, die gesondert eingestellt wurden, wieder so ändern, daß die Vorgaben des Absatzlayouts gelten.

Auszeichnen über Funktionstasten

Das Auszeichnen von Texten über die Wahl des zutreffenden Befehls aus dem Menü TEXT ist mitunter recht umständlich. Eine erhebliche Zeitersparnis bringt in vielen Fällen die Anwendung der sog. Strg-Tastenkombinationen. Hiermit können Sie auf einfache Weise bei der Erfassung oder im nachhinein bestimmten Zeichen die gewünschten Auszeichnungsmerkmale zuordnen.

Die Bedeutung der einzelnen Formatierungstasten zur Auszeichnung wird in der folgenden Zusammenstellung gezeigt.

Tastenkombination	Schriftmerkmal
Strg + F	Fettdruck
Strg + N	Normal
Strg + K	Kursiv
Strg + U	Unterstrichen
Strg + W	Wortunterstreichung

Die wichtigsten Tastenkombinationen lassen sich leicht merken. Achten Sie auf den zugeordneten Buchstaben und die Bedeutung der Tastenkombination.

Wollen Sie einen Text im nachhinein mit Hilfe der Formatierungstasten auszeichnen, müssen Sie die entsprechende Zeichenfolge zunächst markieren. Danach können Sie dann die gewünschte Tastenkombination betätigen.

4.6 Schnellformatierung

AMI PRO bietet die Möglichkeit einer Schnellformatierung für einen markierten Text. Auf diese Weise können Sie Formatinformationen schnell aus einem bestimmten Textabschnitt herausziehen und diese einfach per Mausklick auf einen anderen Textabschnitt übertragen (z. B. den Haupttext oder einen Tabellentext). Zu diesen übertragbaren Formatinformationen rechnen Schriftart, Schriftgröße, Schriftfarbe, Schriftattribute (fett, kursiv, unterstrichen) sowie spezielle Hervorhebungen.

Die generelle Vorgehensweise zur Schnellformatierung von Texten zeigt folgende Checkliste:

Reihenfolge der Bearbeitung	Tastenfolge/Mausaktionen
1. Textabschnitt markieren, der die Formatinformation enthält	
2. Wahl des Menüs TEXT	Alt + T
3. Option »Schnellformatieren« wählen	
4. Text mit der Maus markieren, der neues Format erhalten soll	Mauszeiger ziehen
5. Befehl ausführen	Maustaste loslassen

Im dritten Teilschritt nimmt der Mauszeiger die Form eines Pinsels an und zieht damit die Formatinformation heraus, die dann an einer anderen Stelle wieder eingesetzt werden kann.

Nach Ausführung des letzten Teilschrittes wird der zuvor markierte Text in dem gewünschten Textformat dargestellt. Dieser Vorgang kann nun beliebig oft wiederholt werden. Um diese Art der Zuweisung von Formatinformationen zu beenden, müssen Sie erneut aus dem Menü TEXT den Befehl »Schnell formatieren« wählen. Der Mauszeiger wird dann wieder als I-Strich dargestellt.

4.7 Silbentrennung (Zeilenumbruch)

Üblich ist bei Textprogrammen ein automatischer Wortumbruch: Das letzte über den rechten Zeilenrand hinausreichende Wort - erkennbar an der vorangehenden Leerstelle - wird komplett in die nächste Erfassungszeile hinübergezogen.

Für englischsprachige Texte reicht der automatische Wortumbruch in der Regel aus, da die Wörter meist sehr kurz sind. In deutschen Texten entsteht aber oft ein unansehnlicher Flatterrand. Um zu erreichen, daß der rechte Rand eines Textes ein harmonisches Bild bietet, ist eine Silbentrennung von Wörtern deshalb vielfach unumgänglich.

Grundsätzlich bieten sich zwei Möglichkeiten, eine Silbentrennung zu organisieren. Einmal kann die Silbentrennung durch den Benutzer selbst vorgenommen werden. Dabei setzt er die Trennstriche entweder bei der Erfassung oder nachträglich nach Ansteuerung der Trennposition.

Daneben verfügen gute Textverarbeitungsprogramme alternativ auch über die Möglichkeit, Hilfen für die Silbentrennung zu geben. Dies ist vor allem für lange Texte sinnvoll, die noch häufig umformatiert werden. Allerdings ist ein Silbentrennprogramm nicht vollständig zuverlässig. So werden Ausnahmefälle nicht unbedingt berücksichtigt. Beispielsweise erfolgt keine Korrektur bzw. Rücknahme einer ck-Trennung.

Grundsätzlich sind folgende **Varianten der Silbentrennung** zu unterscheiden, wenn Sie Texte mit einem Computer erstellen:

a) Manuelle Silbentrennung durch den Benutzer: Dies ist in der Regel auf aufwendigsten.

b) Silbentrennung mit Computerunterstützung

    ❏ halbautomatische Silbentrennung

    ❏ vollautomatische Silbentrennung

Gehen Sie für das Erlernen der computergestützten Silbentrennung von der folgenden Beispielaufgabe aus:

Aufgabe: Silbentrennung

Öffnen Sie die auf Ihrer Arbeitsdiskette befindliche Textdatei »Text49.SAM«, und wenden Sie die Funktionen zur Silbentrennung an.

Zur Lösung der Aufgabenstellung müssen Sie das Menü ABSATZ aktivieren und hier den Befehl »Layout ändern« wählen. Hier ist

das zutreffende Absatzlayout einzustellen sowie die Option »Silbentrennung« zu markieren. Nach Bestätigung mit <OK> wird dann die Silbentrennung automatisch durchgeführt.

5 Arbeiten mit Tabulatoren, Rechnen und Sortieren im Text

Bisher haben Sie im wesentlichen Fließtexte erstellt, bearbeitet und gestaltet. Häufig müssen in diesen Texten jedoch auch tabellarische Aufstellungen angefertigt werden (etwa bei Berichten oder bei Angebotstexten). Dann ist eine fortlaufende Erfassung nicht mehr möglich und die **Nutzung eines Tabulators** außerordentlich hilfreich. Das gilt auch für das Erstellen von Gliederungen, Glossaren oder diversen Formtexten.

5.1 Texterfassung mit Tabulatoren

Textverarbeitungsprogramme verfügen heute über mehr oder weniger komfortable Tabulatorfunktionen. Zeitvorteile bringt die Nutzung des Tabulators in einer Vielzahl von Fällen wie beispielsweise beim:

- ⇨ Erfassen von statistischen Aufstellungen;
- ⇨ Schreiben von Gliederungen;
- ⇨ Ausfüllen von Formularen sowie beim
- ⇨ Erstellen herkömmlicher A4-Briefe.

Wie bei der Schreibmaschine können Tabstopps an beliebigen Stellen innerhalb einer Schreibzeile gesetzt werden. Dabei kann zwischen verschiedenen Formen bei der Anordnung des Tabstopps (wie Dezimaltabulation, zentrierende und linksbündige Tabulation) unterschieden werden.

Sind die Tabulatoren positionsgerecht gesetzt, können im Rahmen der Texterfassung die jeweiligen Spalten schnell angesteuert werden. Dabei muß lediglich die Funktionstaste (hier die Taste ⇥) betätigt werden, der Cursor springt dann unmittelbar an den nächsten Tabstopp, und ermöglicht so eine gezielte Erfassung von Daten und Texten.

Einfach ist auch das Überarbeiten von Tabellen. So lassen sich gesetzte Tabulatoren mittels Maussteuerung oder durch Eingaben schnell auf eine neue Position setzen. Auch können Tabellenspalten gelöscht bzw. neue einfach hinzugefügt werden.

5.1.1 Vorgehensweise bei Anwendung eines Tabulators

Stehen Sie vor der Aufgabe, eine tabellarische Aufstellung zu schreiben, dann ist es meist wenig sinnvoll, unmittelbar mit der Erfassung zu beginnen. Vielmehr sollten Sie sich zunächst Gedanken über die Aufteilung der Tabellenspalten machen und daraufhin die entsprechenden Tabulatoren setzen. Erst danach beginnen Sie zweckmäßigerweise mit dem Erfassen der Tabellenwerte.

Damit ergeben sich folgende Teilschritte:

a) Tabellenaufteilung festlegen

Den Ausgangspunkt für die Vorüberlegungen bildet der zur Verfügung stehende Schreibraum (z. B. 65 Zeichen pro 10 Pitch). Daran anknüpfend muß die Spaltenzahl bestimmt sowie die jeweilige Spaltenbreite festgelegt werden. Soweit es sich um Spalten mit gleichartigen Informationsinhalten handelt, sollte aus optischen Gründen möglichst eine gleiche Spaltenbreite gewählt werden.

b) Tabulatoren setzen

Liegt fest, wie die Tabelle gestaltet werden soll, kann mit dem Einstellen der Tabstopp-Positionen sowie deren Ausrichtung begonnen werden. Dabei ist es von Vorteil, wenn in dem Textverarbeitungsprogramm hierfür ein Zeilenlineal als Orientierung auf dem Bildschirm erscheint.

c) Tabelle ausfüllen

Sind die Vorüberlegungen zum Tabellenaufbau getroffen und die Tabstopps eingestellt, können Sie mit dem Erfassen der Texte und Werte in der Tabelle beginnen. Durch Anspringen der Positionen mit der Tabulator-Taste ist dies nun zügig und formgerecht realisierbar.

Grundsätzlich sollte dazu auf dem Bildschirm zunächst mit dem Befehl »Tabulatorleiste anzeigen« des Menüs ANSICHT in jedem Fall das Zeilenlineal zur Anzeige gebracht werden (sofern dies nicht bereits der Fall ist). Damit wird die Festlegung von Tabulatoren wesentlich erleichtert, da Sie so deutlich erkennen können, wo sich gesetzte Tabstopps befinden.

5.1.2 Einfache Tabulatoren setzen und nutzen

Bei AMI PRO kann das **Setzen individueller Tabulatoren** auf zweierlei Art erfolgen:

➪ durch Einstellungen in der Tabulatorleiste (= Zeilenlineal).

➪ durch Wahl des Befehls »Absatzlayout ändern« im Menü ABSATZ und Wahl des Optionsfeldes »Anordnung«.

Es bieten sich folgende Möglichkeiten:

a) Tabstopposition festlegen

Sie können angeben, an welcher Stelle der Tabulator stehen soll. Die einzugebende Maßgröße kann in unterschiedlichen Maßeinheiten erfolgen: cm, Pica (sog. 10er-Teilung), Punkte, Zoll (Inch).

b) Ausrichtung des Tabstopps wählen

Haben Sie die Position des Tabstopps festgelegt, dann können Sie in einem nächsten Teilschritt festlegen, wie die Eingabe, die an der jeweiligen Tabstopp-Position erfolgt, angeordnet werden soll (linksbündig, rechtsbündig, zentriert oder dezimal).

Im einzelnen ergibt sich folgende Bedeutung der zur Verfügung stehenden Optionen:

➪ **Linksbündige Tabulation:** Bei dieser Form der Tabulatoranordnung werden die eingegebenen Zeichen an der vorgegebenen Stelle linksbündig ausgerichtet (sinnvoll bei Texteingaben).

➪ **Zentrierende Tabulation:** Die eingegebenen Zeichen werden links und rechts unter der gewählten Tabulatorposition gleichverteilt.

➪ **Rechtsbündige Tabulation:** Die an der Tabulatorposition eingegebenen Zeichen werden rechtsbündig untereinander gesetzt. Dies kann etwa bei der Eingabe von numerischen Informationen sinnvoll sein.

➪ **Dezimaltabulation:** Die Ausrichtung erfolgt nach dem eingegebenen Dezimalkomma. Die Dezimaltabulation ist z. B. zweckmäßig, wenn bei Zahlenkolonnen eine stellengerechte Eingabe der Ziffern erforderlich ist.

Die verschiedenen Möglichkeiten der Tabulatoranordnung verdeutlicht Ihnen Bild 5-1.

Tabulator-Anordnung	Beispiel	
Linksbündig		Maier Maus Schumann
Rechtsbündig	S. 43 S. 122 S. 44	
Dezimaltabulator	3384,78 34,34 23,56	
Zentrierende Tabulation	Programm Veranstaltung Leitung	
Vertikale Tabulation		

Bild 5-1: Tabulatoranordnungen

Standardmäßig gilt die linksbündige Anordnung. Welcher Tabulator im Einzelfall zu wählen ist, hängt von der jeweiligen Anwendung (Textart bzw. dem Spalteninhalt) ab.

Füllzeichen setzen

Weiterhin bietet AMI PRO die Möglichkeit, die Spalte vor dem Tabstop mit Punkten (...), Gedankenstrichen (----) oder Unterstrichen (___) aufzufüllen. Gewählte Füllzeichen werden im Zeilenlineal angezeigt. Standardmäßig bleibt der Zwischenraum allerdings frei.

Um Tabstopps zu setzen, müssen Sie unterhalb des Lineals (= Tabulatorleiste) klicken. Ergebnis ist eine zusätzliche Anzeige zum Setzen und Löschen von Tabulatoren:

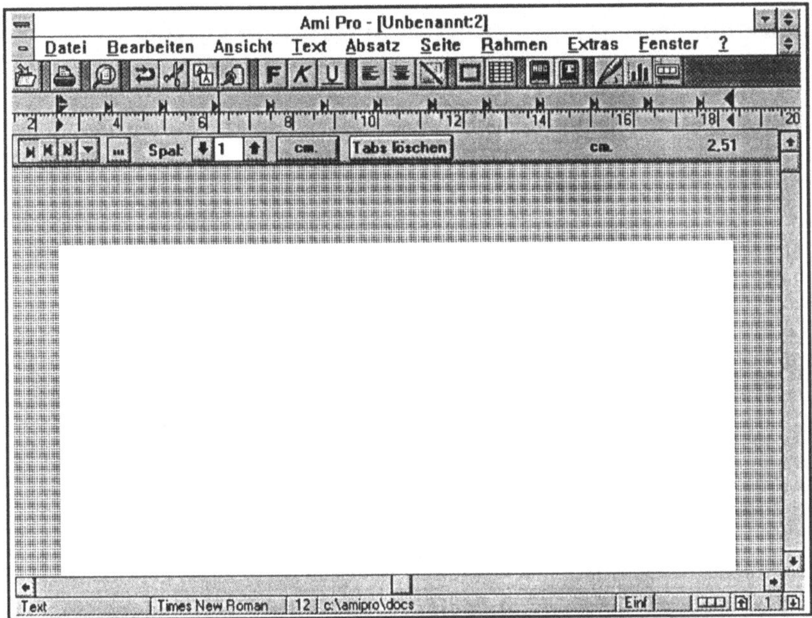

Bild 5-2: Setzen von Tabulatoren

Die Festlegung von Tabstops über das Lineal kann folgendermaßen mausgesteuert erfolgen:

- Klicken Sie zunächst auf die Schaltfläche <Tabs löschen>.

- Legen Sie danach die Anordnung des Tabulators fest. In der Formatierungsleiste sind vier sog. Toggle-Schalter für Tabulatoren vorhanden. Standardmäßig ist der linksbündige Tabulator aktiviert. Durch Anklicken mit der Maustaste können die verschiedenen Ausrichtungskennungen erzeugt werden.

- Bestimmen Sie die Position des Tabulators. Zur Festlegung der Tabstop-Position müssen Sie anschließend den Mauszeiger in das Lineal unterhalb der Maßeinheiteneinteilung an die Stelle setzen, an der ein Tabulator positioniert sein soll. Das Setzen erfolgt dann durch Drücken der linken Maustaste.

Sind die Tabulatoren gesetzt, ist die Erfassung von Tabellen eine recht einfache Aufgabe. Die jeweilige Tabulatorposition wird mit der Taste ⭾ angesprungen.

Aufgabe: Einfachen Tabulator setzen und nutzen

Erfassen Sie folgende Gliederung, und speichern Sie das Ergebnis unter dem Dateinamen »Text50«.

```
Gliederung

1           Einordnung computerunterstützter Textverarbeitung
1.1         Der Begriff »Textverarbeitung«
1.2         Geräte zur Textverarbeitung
1.3         Funktionen von PC-Textverarbeitungsprogrammen

2           Fließtexte eingeben, speichern und drucken
2.1         Fließtexte erfassen
2.1.1       Vorgehensweise bei der Texteingabe
2.1.2       Sofortkorrekturen vornehmen
2.2         Texte speichern
2.2.1       Neu erfaßte Texte speichern
2.2.2       Überarbeitete Texte speichern
2.3         Druckausgabe eines fertiggestellten Textes
2.3.1       Vorüberlegungen zum Drucken
2.3.2       Druckvorgang auslösen
```

Hinweis zur Lösung: Stellen Sie sich zunächst die gewünschte Maßeinheit ein, mit der Sie arbeiten wollen. Setzen Sie einen linksbündigen Tabulator auf die Position 4,5, wenn Sie mit der Maßeinheit »Zentimeter« arbeiten.

Um die gestellte Aufgabe schnell zu bewältigen, ist es notwendig und sinnvoll, individuelle Tabulatoren für das Erfassen der Gliederungspunkte zu setzen. Wichtig ist, daß Sie die Art des Tabulators sowie die Position des Tabulators in einer geeigneten Maßeinheit festlegen.

Nun können Sie die Lösung der Übung in Angriff nehmen. Dazu ist zunächst der Überschriftstext »Gliederung« schreiben und dann die nächste Zeile anzusteuern. Danach ist der Tabulator zu setzen.

Nach Ausführung des Befehls erscheint im Lineal die festgelegte Tabstop-Markierung. Dies zeigt der folgende Bildschirmausschnitt nach Erfassen der Gliederung:

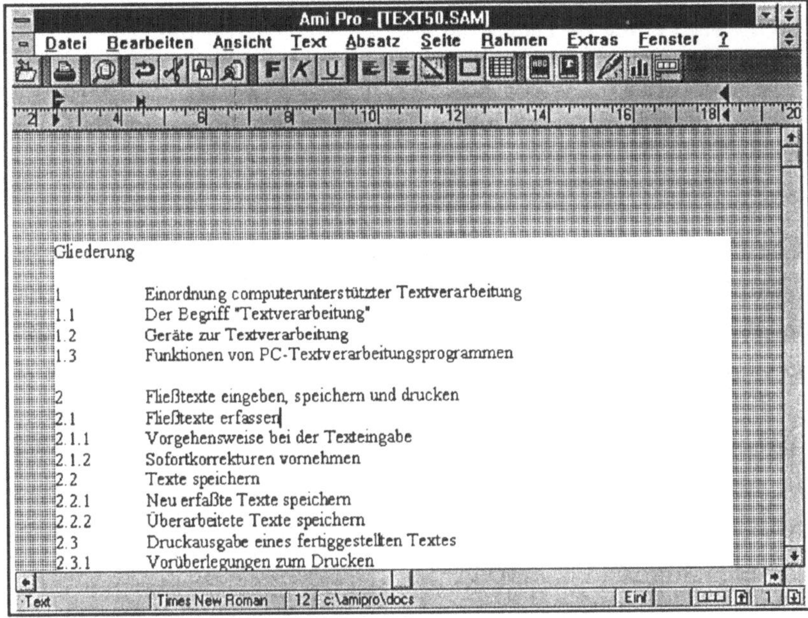

Bild 5-3: Tabulatoranzeige im Lineal und erfaßte Tabelle

Nach Rückkehr in den Textbereich können Sie direkt den ersten Gliederungspunkt 1 schreiben. Danach ist die Taste ⬅➡ zu betätigen und der Text »Einordnung computergestützter Textverarbeitung« zu erfassen. Um in die nächste Zeile zu gelangen, kann die Taste ⏎ betätigt werden. Dadurch können Sie bewirken, daß die Tabelle als ein Absatz gilt, was das Formatieren und Überarbeiten in vielen Fällen vereinfacht.

Am Beispiel der Erfassung der zweiten Zeile der Gliederung veranschaulicht die folgende Checkliste, in welchen Teilschritten eine gezielte Erfassung in Textzeilen erfolgt, die einen Tabulator beinhalten:

Reihenfolge der Bearbeitung	Tastenfolge
1. Ausfüllen der 1. Spalte	1.1
2. Nächste Position ansteuern	⬅➡
3. Text eingeben	Der Begriff »Textverarbeitung«
4. Nächste Zeile ansteuern	⏎

Reihenfolge der Bearbeitung	Tastenfolge
5.Teilschritte 1 - 4 wiederholen	...
6. Befehl ausführen (bei letzter Zeile)	⏎

Die Erfassung unter Nutzung der gesetzten Tabulatoren wird vom Textprogramm intern anders behandelt als das Arbeiten mit Leerzeichen. Dies würde deutlich, wenn Sie einmal das Menü ANSICHT aktivieren und hier den Befehl »Bildschirm-Optionen« aufrufen. Wenn Sie hier die Option »Tabs & Zeilenschaltungen« aktivieren, wird erkennbar, daß durch das Betätigen der Taste ⇄ in den Leerraum zwischen den Spalten ein kleiner nach rechts gerichteter Pfeil auf dem Bildschirm eingefügt wurde (das sog. Steuerzeichen für den Tabulator).

Speichern Sie nun - so Sie die gesamte Tabelle erfaßt und die Anzeige der Steuerzeichen wieder entfernt haben - die Datei mit dem Befehl DATEI SPEICHERN_UNTER unter dem Dateinamen »Text50«.

5.1.3 Mehrere Tabulatoren in einer Zeile

Meist müssen in einer Zeile mehrere Tabulatoren gesetzt werden. Um die Tabulatoren für eine Zeile schnell zu setzen, sind zusätzliche Informationen hilfreich.

Aufgabe: Mehrere Tabulatoren setzen

Die soeben erfaßte Gliederung soll nun zusätzlich mit Seitenzahlen ausgewiesen werden. Erfassen Sie die Gliederung neu in der folgenden Form, indem Sie innerhalb der Schreibzeile neben

⇨ dem linksbündigen Tabulator

⇨ einen zweiten Tabulator an die Position 18 cm mit rechtsbündiger Ausrichtung setzen und davor Punkte als Füllzeichen einfügen.

```
Gliederung

1         Einordnung computerunterstützter Textverarbeitung .1
1.1       Der Begriff »Textverarbeitung« ....................3
1.2       Geräte zur Textverarbeitung ......................7
1.3       Funktionen von PC-Textverarbeitungsprogrammen ....12

2         Fließtexte eingeben, speichern und drucken .......19
2.1       Fließtexte erfassen ..............................19
2.1.1     Vorgehensweise bei der Texteingabe ...............20
2.1.2     Sofortkorrekturen vornehmen ......................25
2.2       Texte speichern ..................................31
2.2.1     Neu erfaßte Texte speichern ......................31
2.2.2     Überarbeitete Texte speichern ....................34
2.3       Druckausgabe eines fertiggestellten Textes .......41
2.3.1     Vorüberlegungen zum Drucken ......................42
2.3.2     Druckvorgang auslösen ............................50
```

Speichern Sie das Ergebnis unter dem Dateinamen »Text51«.

Um die Aufgabe zu lösen, ist nach Wahl des Befehls »Neu« im Menü DATEI zunächst die Überschrift zu erfassen. Danach können Sie zwei Zeilen weiter schalten und dann die Tabulatorleiste aktivieren. Hier sind nun zwei Tabulatoren zu setzen:

➪ Der erste Tabulator ist - wie in der ersten Übung - linksbündig unter Eingabe der Position 4,5 cm zu setzen.

➪ Beim zweiten Tabulator muß neben der Position auch die Ausrichtung (auf Rechts) angegeben sowie bei der Schaltfläche <Füllzeichen> die Variante »Punkte« aktiviert werden. Durch diese punktierte Linie läßt sich eine übersichtliche Verbindung zwischen den Gliederungspunkten und den Seitenangaben herstellen.

Durch Schließen des Dialogfensters zum Setzen der Tabulatoren werden dann die definierten Tabstopp-Positionen gesetzt und im Lineal angezeigt.

Jetzt können Sie die gewünschte Gliederung mit den Seitennummern erfassen. Jede Spalte läßt sich dabei schnell und exakt mit Hilfe der TAB-Taste anspringen.

Speichern Sie das Ergebnis unter dem Dateinamen »Text51«. Das Dokuments hat dann folgendes Aussehen:

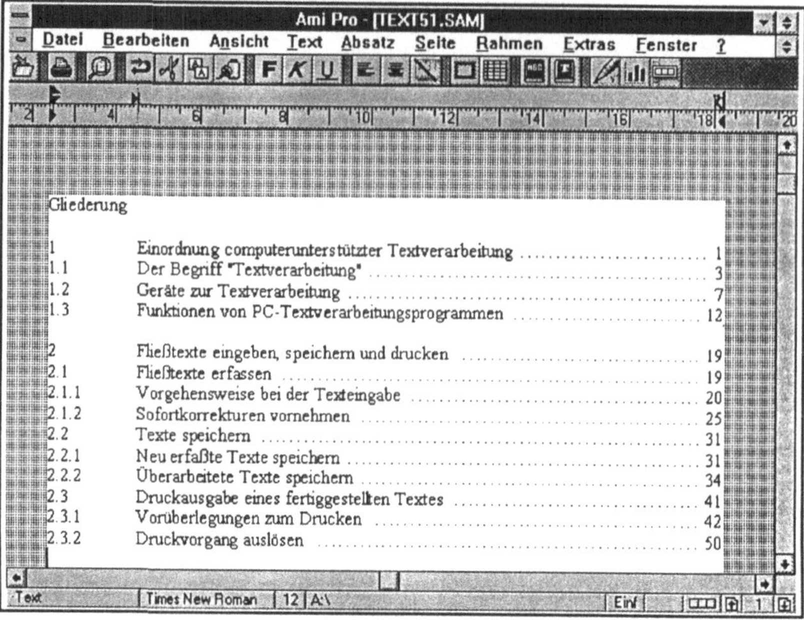

Bild 5-4: Gliederung mit mehreren Tabulatoren

Beachten Sie noch folgenden **Hinweis:** Sie hätten zur Aufgabenlösung natürlich auch die bisherige Datei »Text50.DOC« aktivieren und dann die Seitennummern ergänzen können. Um den Tabulator korrekt einzufügen, müssen Sie dann jedoch zunächst den gesamten Bereich markieren. Danach kann dann die ergänzende Angabe der Tabulatoren erfolgen.

5.2 Tabulator-Einstellungen ändern

Mitunter ist die einmal gesetzte Tabulatorposition im nachhinein zu verändern. Ein Grund kann etwa sein, daß die gesetzten Spalten etwas enger gesetzt werden sollen, um in dem Hochformat noch eine zusätzliche Spalte (etwa für ein weiteres Merkmal) anfügen zu können.

5.2.1 Tabulator-Position verschieben

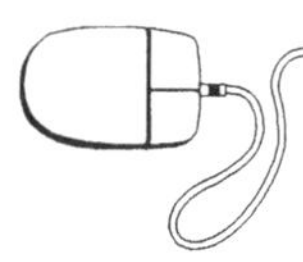
Elegant ist die Lösung des Problems über die **Steuerung mit der Maus im Lineal.** Bewegen Sie zu diesem Zweck den Mauszeiger auf den Tabstopp, dessen Position geändert werden soll. Nach Anklicken des zu verschiebenden Tabstops müssen Sie lediglich

bei gedrückter linker Maustaste die neuen Position ansteuern. Nach Loslassen der Maustaste ist der Tabulator dann neu positioniert.

Probieren Sie dies anhand der letzten Gliederung ruhig einmal aus.

Hinweis: Das Ändern von Tabstopp-Positionen mit der Maus hat den Vorteil, daß die bereits definierten Tabulatoren nicht erst gelöscht werden müssen und danach dann ein neuer Tabulator gesetzt wird.

5.2.2 Tabulatoren löschen

Werden gesetzte Tabulatoren nicht mehr benötigt, so können Sie diese einzeln per Maussteuerung oder insgesamt durch Klicken auf der Schaltfläche <Tabs löschen> löschen. Voraussetzung für das Löschen ist, daß mindestens ein Zeichen in dem betreffenden Absatz markiert ist.

Das Löschen sämtlicher Tabulatoren ist immer dann angebracht, wenn Sie das Erfassen der tabellarischen Aufstellung beendet haben. Demgegenüber kommt das Löschen einzelner Tabstopps insbesondere in den Fällen in Frage, wo bereits bei der Erfassung festgestellt wird, daß ein bestimmter Tabulator aus Platzgründen anders gesetzt werden sollte.

Auch wenn Sie die Maussteuerung bevorzugen, bietet sich eine elegante Lösung für das Löschen einzelner Tabulatoren. Folgendes Vorgehen ist dann bei eingeschaltetem Lineal notwendig:

➪ Mauszeiger auf den zu löschenden Tabstop im Lineal positionieren und linke Maustaste drücken,

➪ Mauszeiger bzw. Tabstop bei gedrückter Maustaste aus dem Lineal herausziehen.

Nach Loslassen der Maustaste ist dann der Tabulator aus dem Absatz entfernt.

6 Arbeiten mit Layoutbogen

6.1 Bedeutung und Übersicht

Bei der Gestaltung der bisher erstellten Dokumente haben Sie sich der Voreinstellungen von AMI PRO bedient, wie sie im Layoutbogen »_default.sty« gespeichert sind. Punktuelle Änderungen bei der Formatierung der Texte haben Sie vorgenommen mit Hilfe

⇨ der entsprechenden SmartIcons;

⇨ der Befehle des Textmenüs;

⇨ des Tabulators;

⇨ des Seitenlayouts;

⇨ der Listenfelder der Statusleiste (Absatzlayout, Schriftart und Schriftgrad).

In den oben angesprochenen Fällen kann man - außer im Fall der Zuweisung von Absatzlayouts - von einer **direkten Formatierung** sprechen.

Wiederholen sich bestimmte äußere Gestaltungsmerkmale in den Schreiben, und findet man unter den zahlreichen, von Lotus dem Programm beigegebenen Layoutbogen keinen den eigenen Bedürfnissen entsprechenden, bietet sich das Anlegen individueller Layoutbogen z.B. für Briefe, Protokolle und Berichte an. Diese über Layoutbogen vorgenommene **indirekte Formatierung** führt zu folgenden praktischen Vorteilen:

⇨ Einmal definierte Layoutbogen können durch Aufruf jederzeit eingesetzt werden. Da diese immer eine Kombination von Formatierungsvorschriften enthalten, entfällt das Einstellen durch den Aufruf mehrerer Befehle (= Zeitgewinn).

⇨ Durch die Umsetzung von Gestaltungsrichtlinien in Layoutbogen kann ein einheitliches äußeres Erscheinungsbild einfacher durchgesetzt werden (= Einheitlichkeit).

Was ist denn nun eigentlich ein Layoutbogen? Ist er schwierig zu erstellen? Muß man sich beim Einsatz von Layoutbogen an bestimmte Regeln halten?

Als Antwort auf die erste Frage bietet das Handbuch folgende Definition:

»Ein Layoutbogen ist eine Datei mit Vorschriften für die Absatz- und Seitenformatierung eines Dokuments. Ein Layoutbogen enthält mehrere Absatzlayouts und ein Seitenlayout.«

Hierbei handelt es sich nur um eine Minimaldefinition, da

⇨ ein Layoutbogen auch einen bestimmten Inhalt erhalten kann;

⇨ und ein Makro mit dem Layoutbogen verbunden werden kann.

Mithin kann ein Layoutbogen maximal folgende Komponenten umfassen:

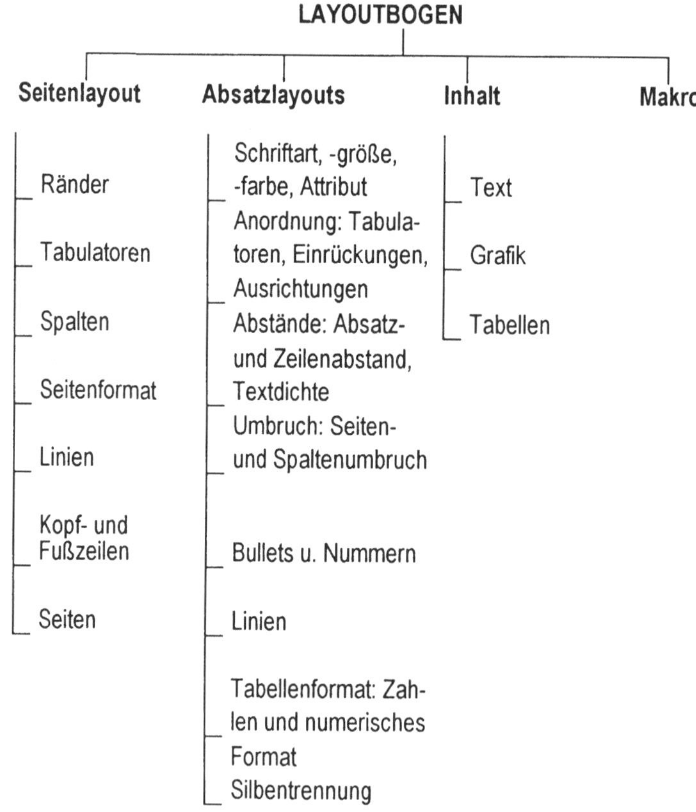

Sie erkennen, daß die Unterpunkte zum Seitenlayout schon in Kapitel 4 thematisiert worden sind und auch einige, das Absatzlayout charakterisierende Merkmale. Wesentlich für dieses Kapitel sind also nicht primär die Unterpunkte an sich, sondern ihre Interdependenz als Teil eines Layoutbogens oder Dokuments.

Bezüglich der anderen Fragen ist folgendes anzumerken:

⇨ Aufgrund der Vielzahl und Vielschichtigkeit der Einstellungsmöglichkeiten kann es leicht passieren, daß man »vor lauter Bäumen den Wald nicht mehr erkennt«. Die Möglichkeiten dieses Instruments muß man sich erst geistig erschließen.

⇨ Außerdem kann unbedachtes Experimentieren bei dieser Thematik gravierende Folgen für die schon bestehenden Dokumente haben. Deshalb beherzigen Sie den folgenden Rat: »Fertigen Sie sich vor dem Ändern eines Layoutbogens erst immer eine Sicherheitskopie desselben an!«

Bei der Arbeit mit Layoutbogen müssen Sie drei Varianten unterscheiden:

1. Sie formatieren einen Text mit vorhandenen Absatzlayouts eines vorgegebenen Layoutbogens oder mit Hilfe der Befehle des Textmenüs bzw. der entsprechenden SmartIcons/Schaltflächen der Statusleiste.

   Sie variieren mit ABSATZ-»Layout ändern« und/oder SEITE-»Layout ändern« im entsprechenden Dialogfenster die Voreinstellungen. Eventuell ordnen Sie sogar dem veränderten Absatzlayout mit <SPEICHERN UNTER> einen neuen Namen zu.

   Verbleibt es bei diesen Handlungen, so hat dies keinen Einfluß auf den Layoutbogen und alle bisher mit ihm erstellten Dokumente. Die Einstellungsänderungen haben nur **lokale Bedeutung**; sie werden im Dokument gespeichert.

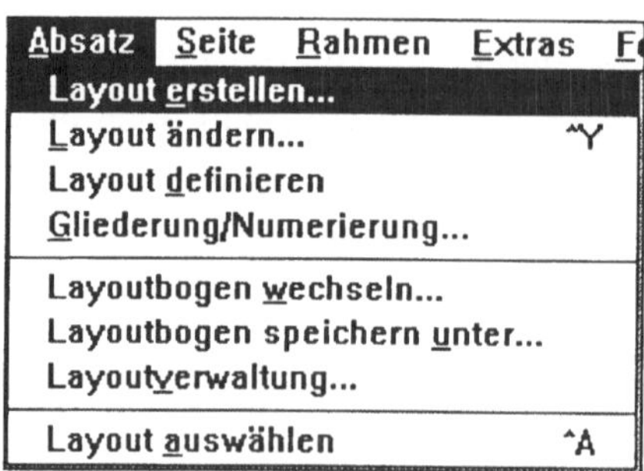

BILD 6-1: Menü zu Layoutbogen

2. Diese bisher nur für ein einzelnes Dokument wirksamen Änderungen erhalten eine **globale Bedeutung für Vergangenheit, Gegenwart und Zukunft**, wenn sie mit ABSATZ-»Layoutverwaltung«->>BEWEGEN>> in den Layoutbogen aufgenommen werden. Dies bedeutet, daß die aktuellen Einstellungen auch Gültigkeit für die »alten« Dokumente gewinnen. Dies kann manchmal sehr unerwünscht sein.

Über die Layoutverwaltung erhalten nur die Absatzlayouts globale Bedeutung. Sollen auch die neuen Seiteneinstellungen im Layoutbogen gespeichert werden, erreicht man dies mit ABSATZ-»Layoutbogen speichern unter...« und dem Bestätigen des vorgegebenen Layoutbogens. Dieser Befehl nimmt also die Veränderungen bei den Absatzlayouts wie auch bei dem Seitenlayout im Layoutbogen auf.

Beschränken sich die Veränderungen eines vorhandenen Layoutbogens auf die Neuaufnahme weiterer Absatzlayouts, so ist dies unproblematisch, da die Dokumente der Vergangenheit davon nicht betroffen werden. In allen anderen Fällen sollte man i.d.R. von solchen Veränderungen des Layoutbogens Abstand nehmen.

3. Sollen die Veränderungen an einem bestehenden Layoutbogen primär für die Zukunft globale Gültigkeit erlangen, so speichert man ihn unter einem neuen Namen: ABSATZ-»Layoutbogen speichern unter...«. Die »Layoutverwaltung« darf in diesem Zusammenhang nicht aktiviert werden.

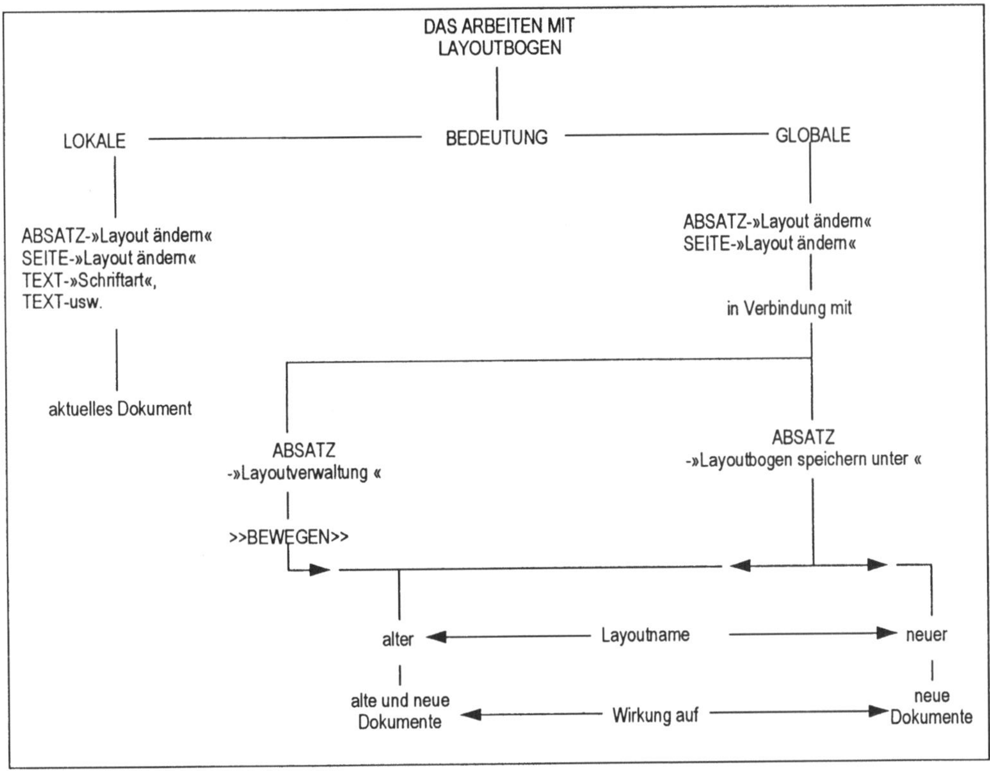

6.2 Arbeiten mit vorhandenen Layoutbogen

Zur Vorbereitung der nachstehenden Übungen ist es zweckmäßig,
eine Kopie des Standardlayouts anzulegen und diese dann als Ar-
beitsgrundlage zu wählen. Denjenigen Lesern, die diese Aufgabe
weder mit dem Dateimanager noch mit der DOS-Shell selbständig
lösen können, sei folgendes Vorgehen empfohlen:

↪ AMI PRO starten bzw. DATEI-»Neu« mit »_default.sty« aufrufen;

↪ ABSATZ-»Layoutbogen speichern unter ...« aktivieren;

↪ »STANDARD« als neuen Dateinamen angeben. AMI PRO
fügt selbständig die Endung ».STY« an.

BILD 6-2: *Umbenennen eines vorhandenen Layoutbogens*

6.2.1 Formatierungen mit Hilfe des Textmenüs

Erstellen Sie das untenstehende Schreiben, und speichern Sie es unter »TEXT61.SAM". Dem Text soll der Layoutbogen »STANDARD.STY« zugrundeliegen. Die Einrückungen sollen mit der Tabulatortaste vorgenommen werden. Dies erreichen Sie, indem Sie

⇨ entweder einem schon geöffneten, leeren Dokument mit ABSATZ-»Layoutbogen wechseln...« die Datei »STANDARD.STY« zuordnen

⇨ oder ein neues Dokument öffnen: DATEI-»Neu«-Layoutbogen »STANDARD.STY«.

```
KLASSENARBEIT MATH. Nr.

NAME: _______________ KLASSE: ___  ZEIT: 45 Min. DATUM: 01.04.1993

PUNKTZAHL: __ (__%) NOTE: ___________________________________

KENNTNISNAHME DER ERZIEHUNGSBERECHTIGTEN: ______________________


1. AUFGABE

Die Großhandlung für Bürokommunikation HARD & SOFT GmbH reicht am
10.04. die untenstehenden Wechsel zur Gutschrift am mittleren
Verfalltag bei ihrer Hausbank ein.

            Wechselbetrag          fällig am
            3.800,00 DM            23.04.
            12.500,00 DM           10.05.
            8.900,00 DM            05.07.

Auf welchen Tag erteilt die Bank die Gutschrift des Gesamtbetrags?
Welcher Betrag würde gutgeschrieben, falls das Kreditinstitut die
Wechsel zum 10.04. mit 9 % diskontiert?
```

Nachdem Sie diesen Text geschrieben haben, speichern Sie ihn unter »TEXT61.SAM«. Anschließend ist die Textstelle »1. Aufgabe« zu markieren und mit den Möglichkeiten der TEXT-Befehle zu formatieren:

- ↳ Schriftgrad 14,
- ↳ Unterstrichen,
- ↳ Fett.

Alternativ hätten Sie diese Formatierungen auch mit Hilfe der SmartIcons und der Statusleiste vornehmen können.

Anschließend markieren Sie die Zeilen mit den DM-Beträgen und ersetzen den linksbündigen Tabulator durch einen Dezimaltabulator, damit die Beträge stellengerecht ausgewiesen werden können:

- ↳ Klicken Sie auf die aktuelle Tabulatorleiste.
- ↳ Bewegen Sie den Mauszeiger auf den zu ersetzenden Tabulator.
- ↳ Drücken Sie die linke Maustaste, und ziehen Sie den Tabulator aus dem Lineal heraus.

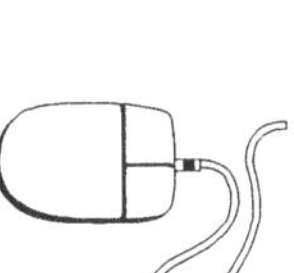

- ↳ Klicken Sie auf den Dezimaltabulator und anschließend auf die Stelle des Lineals, an der der Tabulator eingefügt werden soll.
- ↳ Durch Drücken und Ziehen der Maus können Sie den Tabulator positionieren.

Alle bisher vorgenommenen Tätigkeiten haben keinerlei Auswirkungen auf den Layoutbogen; diese Formatierungen werden direkt im Dokument, dem wir mit DATEI-»Speichern unter...« den Namen »TEXT62.SAM« zuordnen, gespeichert. Nach Aufruf von ABSATZ-»Layoutverwaltung« muß BILD 6-3 mit den noch unveränderten Absatzlayouts angezeigt werden.

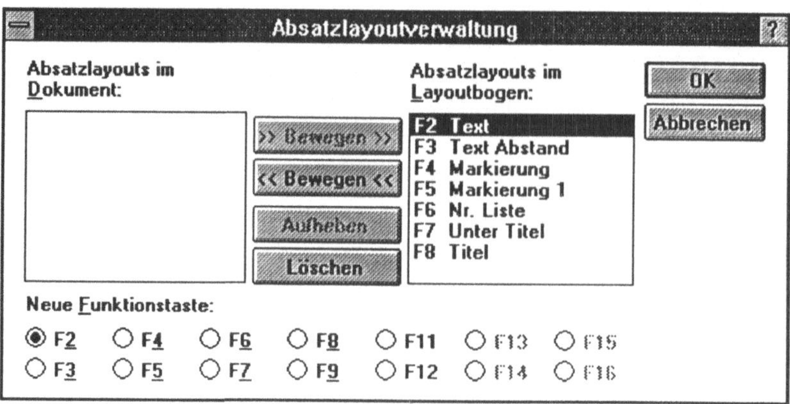

BILD 6-3: Absatzlayouts von STANDARD.STY

6.2.2 Zuweisungen von Absatzlayouts

Bei der obigen Formatierung mußten Sie mehrere Befehle aktivieren, um das gewünschte Ergebnis zu erzielen. Dies war wenig effektiv.

Um dem Text ein ansprechendes Äußeres zu verleihen, positionieren Sie den Cursor in die Textzeile »KLASSENARBEIT MATH. NR.« und betätigen die Funktionstaste ⃞. Das Ergebnis präsentiert sich wie folgt:

- ✧ Zentrierung,
- ✧ Vergrößerung des Schriftgrads,
- ✧ Fettdruck.

Nun markieren Sie die beiden Fragen und drücken ⃞. Es ergibt sich BILD 6-4.

Zwischen der ersten und zweiten Frage soll eine Leerzeile eingefügt werden. Positionieren Sie zu diesem Zweck den Cursor an das Ende der ersten Frage und drücken ⃞. Sie werden feststellen, daß

- ✧ die Leerzeile (= der neue Absatz) die Ziffer »2.« erhält;
- ✧ die zweite Frage mit »3.« beziffert wird.

Sie erkennen also, daß neu eingefügter Text immer das Layout des unmittelbar vorhergehenden erhält. Um die unsinnige Bezifferung der Leerzeile aufzuheben, drücken Sie ⟨F2⟩.

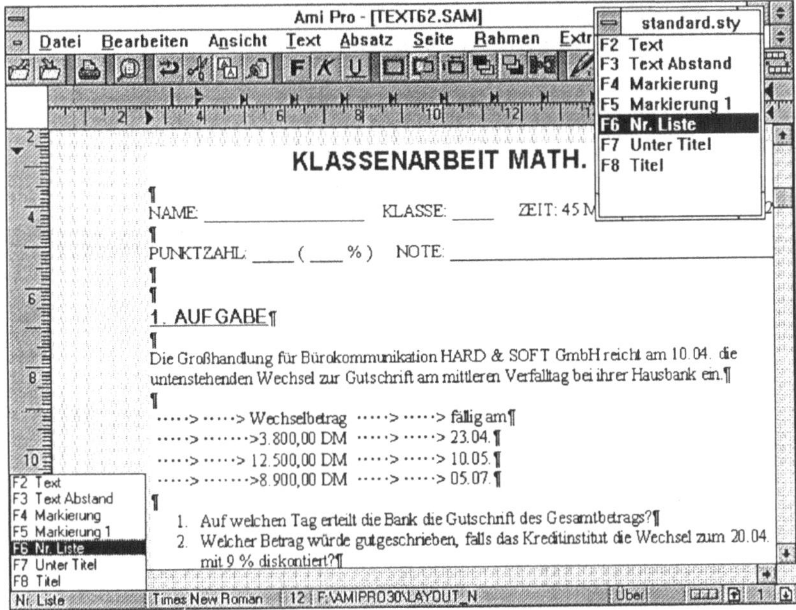

BILD 6-4: Zuweisung von Absatzlayouts

Jetzt haben Sie aber lediglich ein Übel durch ein anderes ausgetauscht. Die Leerzeile wird nicht mehr numeriert, aber das System beginnt bei der zweiten Frage wieder von vorn zu zählen. Es ist also ersichtlich, daß die Bezifferung unterbrochen wird, sobald ein anderes Absatzlayout eingefügt wird.

Das Problem des Einfügens einer Leerzeile kann durch Einfügen einer **manuellen Zeilenschaltung** aus dem Weg geräumt werden.

Löschen Sie zu diesem Zweck die gerade eingefügte Leerzeile, positionieren Sie den Cursor an das Ende der ersten Frage, und drücken Sie ⟨Strg⟩+⟨↵⟩. Anschließend speichern Sie das angestrebte Ergebnis einmal als »TEXT62.SAM« und zur Weiterbearbeitung als»TEXT63.SAM«.

6.2.3 Absatzlayout ändern und im Dokument speichern

Steuern Sie den Cursor in einen Textbereich von»TEXT63.SAM«, der durch das Absatzlayout »TEXT« formatiert wird. Das Absatzlayout für den Bereich, in dem sich der Cursor gerade befindet, wird immer unten links in der Statusleiste angezeigt.

Nun öffnen Sie das Dialogfenster »Absatzlayout ändern« über das Menü ABSATZ und verändern die Schriftart und -größe. Außerdem schalten Sie das Kontrollfeld »Silbentrennung« ein.

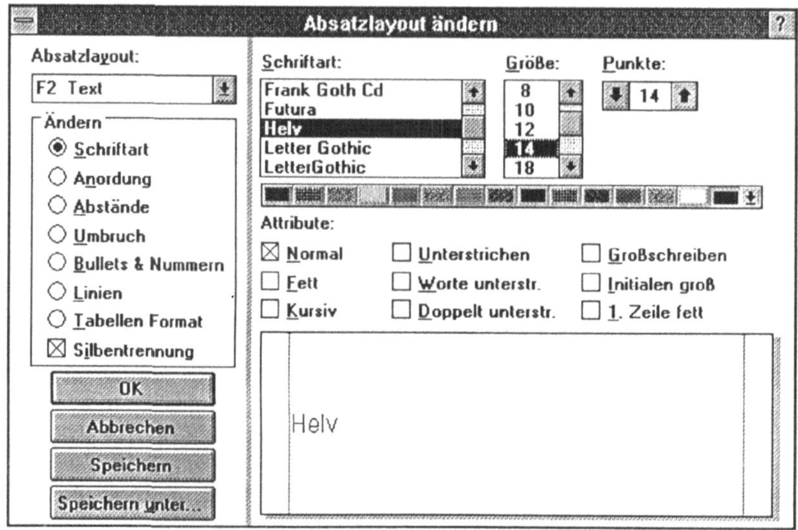

BILD 6-5: Absatzlayout ändern

Sie können jetzt auf Ihrem Bildschirm sehen, daß nicht nur der Absatz, in dem sich der Cursor befindet, verändert wurde, sondern alle Absätze mit dem Absatzlayout »Text« von der Änderung betroffen werden. So müssen Sie z.B. im Kopf der Klassenarbeit einige Unterstriche und/oder Leerschritte löschen, damit die Absätze den Platz einer Zeile nicht überschreiten.

Die gerade vorgenommene Änderung des Absatzlayouts hat Auswirkungen auf alle entsprechenden Absätze des aktuellen Dokuments. Das Absatzlayout wird im Dokument gespeichert. Speichern Sie Ihre Ergebnisse als »TEXT63.SAM« und zur Weiterarbeit als »TEXT64.SAM«.

Öffnen Sie nun das Dialogfenster »Absatzlayoutverwaltung«, nehmen Sie die Änderung zu Bild 6-3 zur Kenntnis, und schließen Sie es mit <ABBRECHEN>.

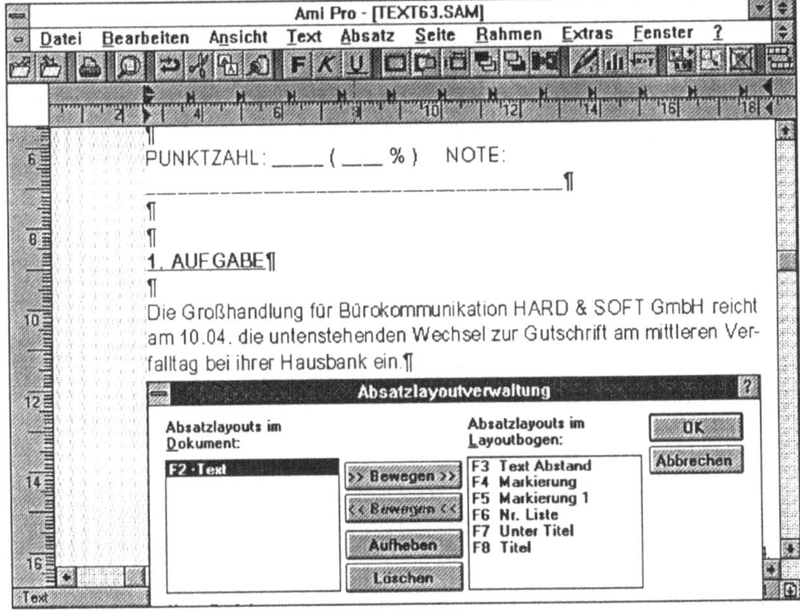

BILD 6-6: Absatzlayoutverwaltung

6.2.4 Erstellen neuer Absatzlayouts

Neue Absatzlayouts basieren auf schon bestehenden oder markiertem Text. Diese beiden Varianten werden Sie bei der Durcharbeit der Übungen kennenlernen.

Positionieren Sie den Cursor auf die Fragen, denen das Absatzlayout »Nr. Liste« zugeordnet ist. Anschließend öffnen Sie das Dialogfenster »Absatzlayout erstellen« über das Menü ABSATZ. Als neuen Layoutnamen vergeben Sie »Frage« basierend auf »Nr. Liste«.

Würden Sie die Schaltfläche <ERSTELLEN> aktivieren, hätten Sie eine Kopie des bestehenden Absatzlayouts angefertigt. Da dies nicht beabsichtigt ist, entscheiden Sie sich für <ÄNDERN...>. Im Bereich »Schriftart« nehmen Sie die identischen Änderungen wie beim Absatzlayout »Text« vor. Anschliessend markieren Sie den Optionsschalter Anordnung. Die wesentlichen Einstellungsmöglichkeiten sind Ihnen schon aus den vorhergehenden Kapiteln bekannt.

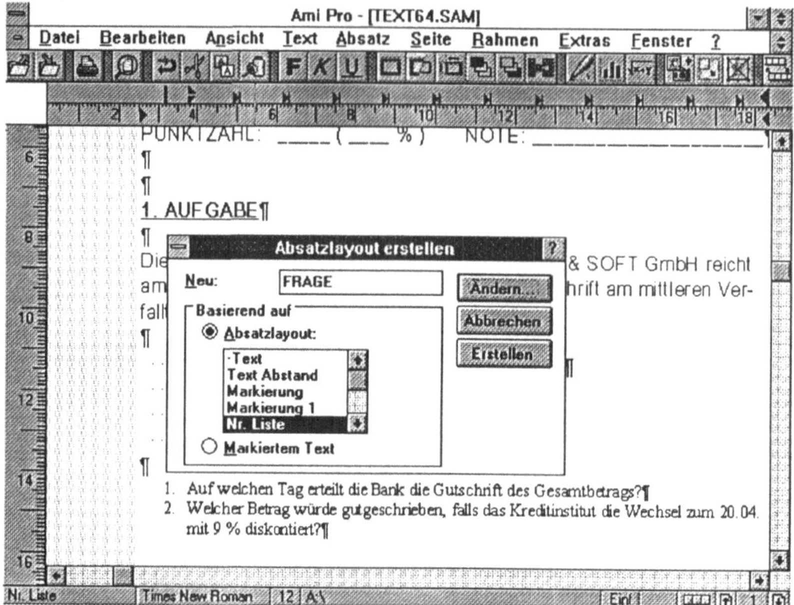

BILD 6-7: neues Absatzlayout erstellen

Im oberen Bereich können Tabulatoren gesetzt und gelöscht werden, die nach dem Markieren des Kontrollfelds »Tabulatoren des Absatzlayouts verwenden« diejenigen des Seitenlayouts überlagern. Bezüglich der Gültigkeit von Tabulatoren bei der Erstellung von Dokumenten gilt also folgende Hierarchie:

⇨ Tabulatoren in eingefügten Linealen,

⇨ Tabulatoren in Absatzlayouts,

⇨ Tabulatoren im Seitenlayout.

Die Einrückungen kann man über die Eingabefelder durch entsprechende Zahlen, aber auch direkt über die Tabulatorleiste festlegen.

Zur Verdeutlichung der Funktionsweise und Bedeutung der einzelnen Felder erhöhen Sie den Wert »Einrückung« - »Alle« auf

»2«. Sie erkennen, daß in der Tabulatorleiste der Strich mit den beiden Dreiecken neu positioniert wird. Die Auswirkungen auf den Text werden im mittleren Bereich der symbolisierten Beispielseite sichtbar. Nun erhöhen Sie kontinuierlich durch Anklicken des nach oben weisenden Pfeils den Wert für die Einrückung der »Erste«n Zeile. Behalten Sie dabei die gleichzeitigen Veränderungen in der Tabulatorleiste und auf der Beispielseite im Auge. Das obere Dreieck in der Tabulatorleiste bewegt sich ausgehend von der Postion »2« nach rechts; ebenfalls wird die in Magenta dargestellte Zeile des mittleren Absatzes eingerückt. Der Abstand der ersten Zeile eines Absatzes vom Textrand ergibt sich also aus der Summe der Werte unter »Alle« und »Erste«. Verfahren Sie ebenso mit dem Eingabefeld »Rest«. Jetzt wird das untere Dreieck nach rechts bewegt und die restlichen Zeilen des mittleren Absatzes der Beispielseite eingerückt.

Letztendlich sollen für das zu erstellende Absatzlayout folgende Werte gelten:

✧ Alle   0,00 cm

✧ Erste   0,00 cm

✧ Rest   3,00 cm.

Die weiteren Einstellungen entnehmen Sie dem Bild 6-8.

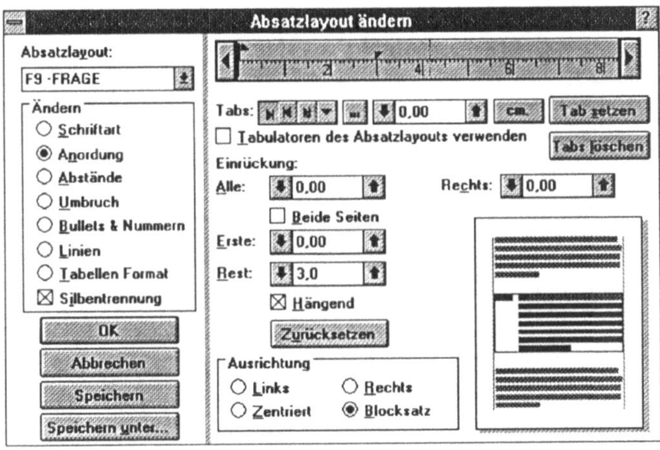

BILD 6-8: Anordnung eines Absatzlayouts festlegen

Das Ankreuzen des Kontrollfelds »Hängend« bewirkt ein Einrükken aller Zeilen eines Absatzes um den im Eingabefeld »Rest« festgelegten Wert. Dies gilt auch für den in der ersten Zeile eines Absatzes nach einem Tabulator folgenden Text.

Das Kontrollfeld »Beide Seiten« und das Eingabefeld »Rechts« haben folgende Funktion.

♢ Beide Seiten

   Der Text wird um den bei »Alle« eingegebenen Wert sowohl vom linken wie auch vom rechten Textrand eingerückt.

♢ Rechts

   Festlegen des Zeilenendes vom rechten Seitenrand.

Interessante Möglichkeiten werden dem Anwender durch Anklicken der Option »Bullets & Nummern« zur Auflistung/-zählung von Fakten geboten.

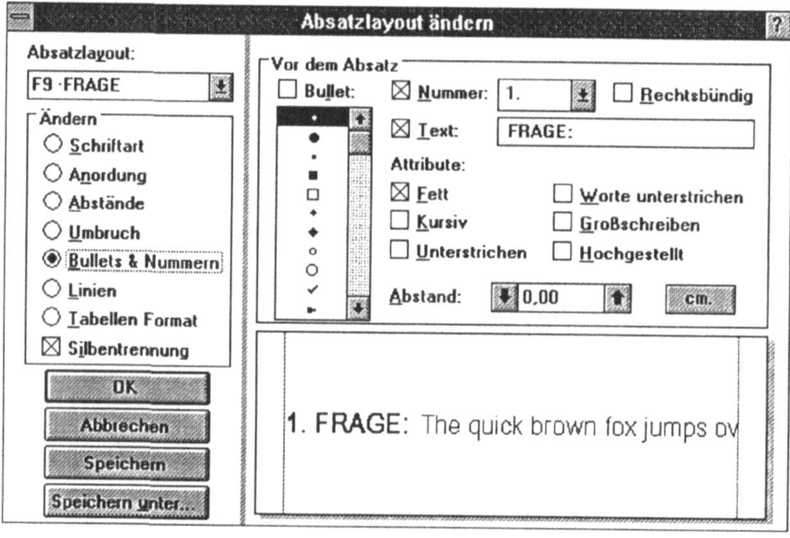

BILD 6-9: Bullets & Nummern vereinbaren

Soll vor dem Absatz ein Bullet stehen, markieren Sie das entsprechende Kontrollfeld, und treffen Sie anhand des Listenfeldes Ihre Auswahl.

HINWEIS: Bullets können auch an jeder beliebigen Stelle des Texts eingefügt werden: BEARBEITEN-»Variable einfügen«-»Bullet«.

Text und Nummern können einzeln und in Kombination vor der ersten Zeile eines Absatzes ausgegeben werden. An Nummern bietet das Listenfeld u.a. folgende Varianten an: **1.**, **A.**, **I.**, **a.,i.**. In dem Textfeld können 24 Zeichen eingegeben werden. Durch die Reihenfolge des Anklickens von »Text« und »Nummer« kann deren Anordnung bestimmt werden. Sollen führende Nummern rechtsbündig ausgerichtet werden, wählen Sie das entsprechende Kontrollfeld.

»Abstand« und »Anordnung«-»Erste« entsprechen immer einander; Einstellungen des einen Feldes wirken sich auch immer auf das andere aus. Der dort eingegebene Wert legt den Abstand zwischen Nummer, Bullet bzw. Text und der ersten Zeile fest.

Vervollständigen Sie Ihre Eingaben gemäß Bild 6-9.

Nach all diesen Festlegungen verlassen Sie bitte das Dialogfenster »Absatzlayout ändern« mit <OK>.

Um allen Textstellen, denen das Absatzlayout »Nr. Liste« zugeordnet ist, das neue Layout zuzuweisen, bedienen Sie sich des Befehls »Suchen & Ersetzen« aus dem Menü BEARBEITEN. Die Einstellungen nehmen Sie gemäß BILD 6-10 vor. Um Schreibfehlern vorzubeugen, geben Sie nicht die Namen der Absatzlayouts über die Tastatur ein, sondern Sie positionieren den Cursor jeweils in das entsprechende Eingabefeld und drücken die dem Absatzlayout entsprechende Funktionstaste F6 bzw. F9 . Abschließend wählen Sie <ERSETZE ALLE>.

Um die nach »Nummer« und »Text« folgende erste Zeile bündig zum Rest des Absatzes auszurichten, ist gemäß der Einstellung »Hängend« die Tabulatortaste zu drücken (BILD 6-11).

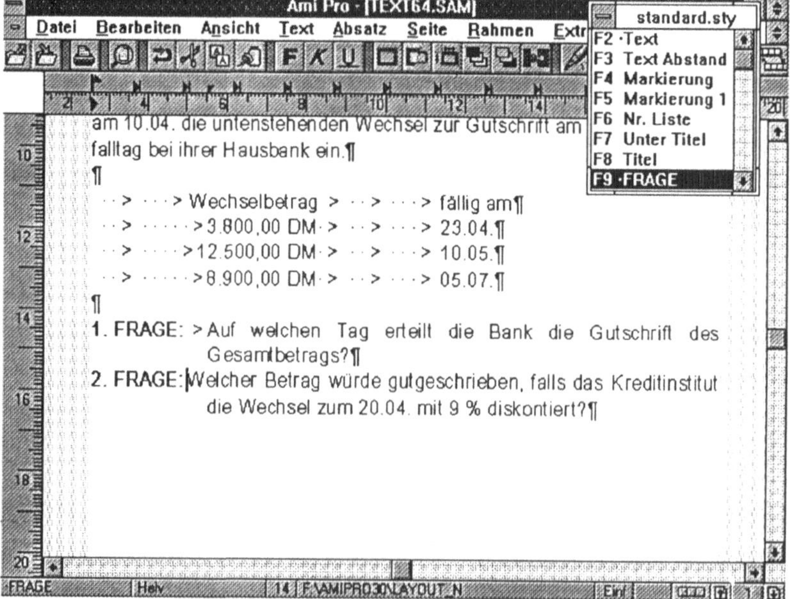

BILD 6-10: Absatzlayouts austauschen

BILD 6-11: Ausrichten einer »hängenden« Zeile

Wollen Sie markierten Text innerhalb eines Absatzes als Grundlage eines Absatzlayouts wählen, so müssen Sie ihn zuerst markie-

ren. Anschließend werden im Dialogfenster »Absatzlayout erstellen« aus dem Menü ABSATZ die notwendigen Eingaben vorgenommen.

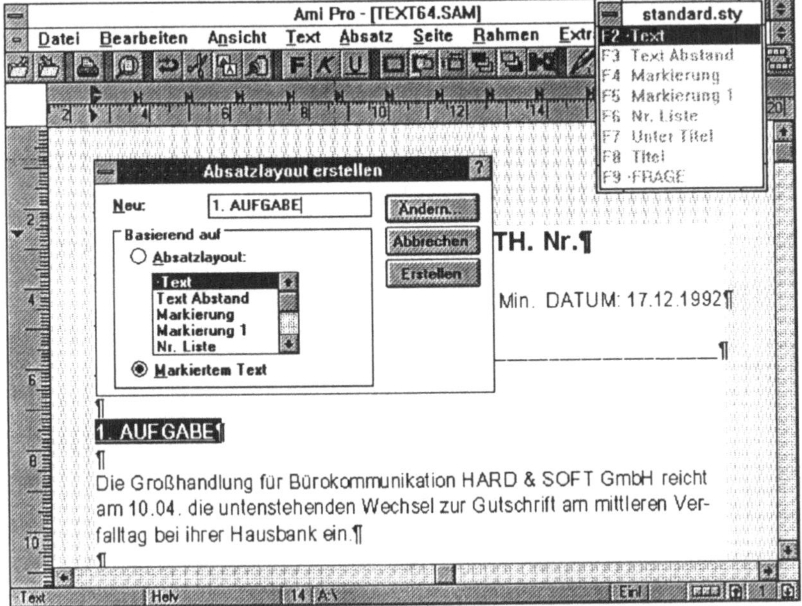

BILD 6-12: Absatzlayout basierend auf markiertem Text erstellen

Nach Aktivieren der Schaltfläche <ERSTELLEN> hat das neue Absatzlayout die speziellen Einstellungen des markierten Textes und die grundlegenden des dem Text zugrundeliegenden, allgemeinen Absatzlayouts übernommen.

In unserem Beispiel bedeutet dies, daß die Absatzlayouts »1. Aufgabe« und »Text« bis auf die speziell vorgenommenen Änderungen identisch sind:

- ⇨ Schriftgrad 14,
- ⇨ Unterstrichen,
- ⇨ Fett.

Auch hier ist über die »Suchen & Ersetzen«-Funktion der Textstelle das neue Absatzlayout zuzuordnen. Es ist jetzt aber zu beachten, daß der »Suchen«-Schalter gewählt wird, da nur in einem

Absatz das Layout »Text« durch »1. Aufgabe« ersetzt werden soll.

Anschließend speichern Sie Ihr Dokument unter »TEXT64.SAM« und »TEXT65.SAM".

6.3 Layoutverwaltung

Wählen Sie ABSATZ-»Layoutverwaltung«, um das dem Bild 6-13 entsprechende Dialogfenster auf Ihrem Bildschirm zu öffnen.

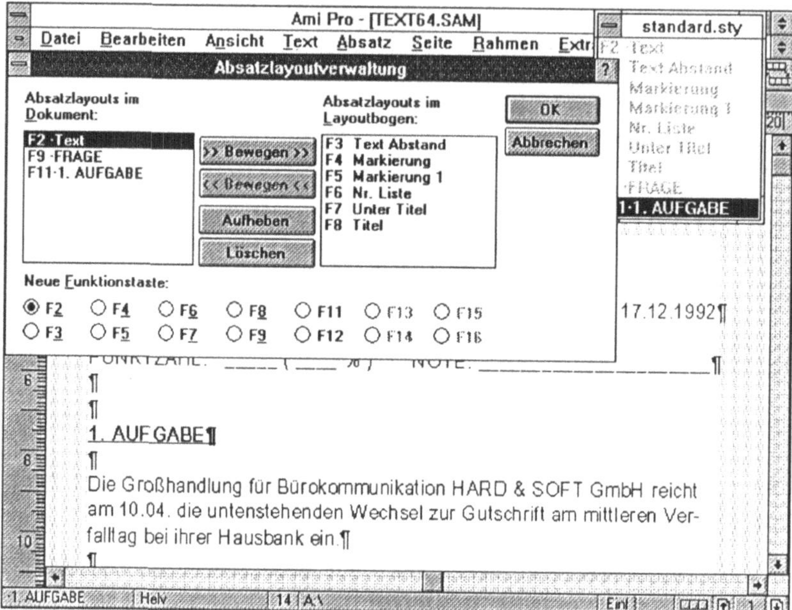

BILD 6-13: Layoutverwaltung

Außer den traditionellen Schaltflächen <OK> und <ABBRE-CHEN> können Sie vier Bereiche erkennen:

- ↪   zwei Listenfelder mit den jeweiligen Absatzlayouts,
- ↪   vier Schaltflächen zur Bearbeitung der beiden Listenfelder,
- ↪   Optionsschalter für die Zuordnung von Absatzlayouts zu Funktionstasten.

6.3.1 Absatzlayouts im Dokument

In diesem Listenfeld erscheinen diejenigen Absatzlayouts, die während der Erstellung des aktuellen Dokuments

↪ geändert (»F2 TEXT«) oder

↪ neu definiert (»F9 Frage« und »F11 1. Aufgabe«)

und nicht mit Hilfe entsprechender Befehle in den Layoutbogen integriert worden sind.

Solche im Dokument gespeicherten Layoutbogen erkennt man an dem führenden Punkt vor der Bezeichnung.

Außerdem werden in dieses Listenfeld alle Absatzlayouts des gültigen Layoutbogens aufgenommen, falls bei »Speichern unter« im Menü DATEI die Option »Format im Dokument speichern« gewählt wird.

Verlassen Sie zu diesem Zweck die Layoutverwaltung, und nehmen Sie für den aktuellen »TEXT65.SAM« eine die Formatierung einschließende Speicherung unter »TEXT66.SAM« vor. Nach einer solchen Speicherung können spätere Änderungen des Layoutbogens nicht zu einer Umformatierung des Dokuments führen, was ja sonst aufgrund der globalen Gültigkeit der Layoutbogen die Regel ist. Andererseits müssen Sie sich aber auch verdeutlichen, daß dies den Speicherbedarf eines jeden Dokuments auf dem Datenträger erhöht. So benötigt z.B. ein AMI PRO-Dokument ohne Inhalt 516 BYTE Speicherplatz, während es bei gleichzeitiger Aufnahme der Standardlayoutanweisungen 3.814 BYTE beansprucht: _DEFAULT.STY 3.748 BYTE.

6.3.2 Absatzlayouts im Layoutbogen

Wechseln Sie wieder zu dem Dokument »TEXT65.SAM«, und öffnen Sie die entsprechende »Absatzlayoutverwaltung«.

Hier werden alle diejenigen Absatzlayouts aufgeführt, die im aktuellen Layoutbogen enthalten sind und noch keine Veränderung erfahren haben. Diese Formatierungsvorschriften werden gesondert vom Dokument im Layoutbogen gespeichert.

Bitte verdeutlichen Sie sich noch einmal, daß vom Absatzlayout »F2 Text« in unserem Beispiel zwei Varianten existieren:

- ⇨ einmal das den eigenen Vorstellungen angepaßte, im Dokument gespeicherte und

- ⇨ zum anderen das unveränderte, als Teil des Layoutbogens global existierende. Das globale Absatzlayout »F2 Text« steht aber aufgrund der höheren Priorität des lokalen Absatzlayouts für das aktuelle Dokument nicht mehr zur Verfügung. Daher wird es auch in dem entsprechenden Listenfeld nicht aufgeführt.

6.3.3 Schaltflächen zur Verwaltung der Absatzlayouts

Je nachdem, in welchem Listenfeld ein Absatzlayout markiert ist, ist die erste bzw. zweite Schaltfläche aktiv oder abgeblendet. Mit der ersten >>BEWEGEN>>-Schaltfläche werden lokal gültige Absatzlayouts in den Layoutbogen übernommen und erhalten somit globalen Charakter. Dies würde für unseren Fall bedeuten, daß schon länger existierende Dokumente, denen das Absatzlayout »F2 Text« zugewiesen wurde, neu formatiert werden. Dies kann sehr unerwünscht sein.

Im Fall der beiden neu erstellten Absatzlayouts wären solche negativen Wirkungen nicht zu befürchten. Eine Aufnahme in den Layoutbogen wäre hier sinnvoll, um auch in Zukunft die entsprechenden Formatierungsvorschriften nutzen zu können. Markieren Sie also das Absatzlayout »F9 FRAGE« und >>Bewegen>> es in den Layoutbogen. Verfahren Sie ebenso mit »F11 1. Aufgabe«.

Eine Übernahme der Absatzlayouts aus dem Layoutbogen in das Dokument mit der zweiten <<BEWEGEN<<-Schaltfläche schützt das Dokument vor unbeabsichtigten Umformatierungen durch spätere Änderungen.

Werden die gesamten Formatierungsvorschriften eines Layoutbogens mit DATEI-»Speichern unter« - »Format im Dokument speichern« in das Dokument aufgenommen, so stehen die <<BEWEGEN>>-Schaltflächen nicht zur Verfügung; sie sind abgeblendet. Dies trifft für die »Absatzlayoutverwaltung« von »TEXT66.SAM« zu.

Die <AUFHEBEN>-Schaltfläche steht immer dann zur Verfügung, wenn ein geändertes Absatzlayout im linken Listenfeld markiert ist. Durch Aktivieren dieser Schaltfläche werden die Änderungen verworfen und der davon betroffene Text im Dokument erhält wieder die Formatierungen, die dem Absatzlayout des Layoutbogens entsprechen.

Mit <LÖSCHEN> können alle Absatzlayouts des Dokuments und diejenigen des Layoutbogens - bis auf »F2 Text« - gelöscht werden. Da das Herausnehmen von Absatzlayouts aus dem Layoutbogen auch andere Dokumente betrifft, erscheint die folgende Warnmeldung.

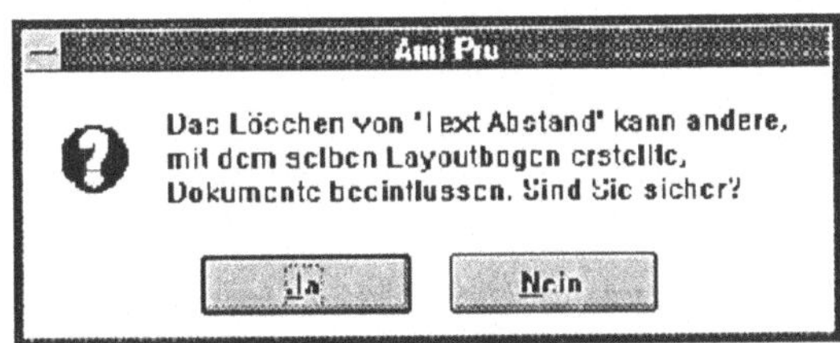

BILD 6-14: Löschen von Absatzlayouts aus dem Layoutbogen

Würden Sie z.B. das geänderte Absatzlayout »F2 Text« aus dem Listenfeld »Absatzlayouts im Dokument« löschen, würde AMI PRO automatisch das ursprüngliche im rechten Listenfeld wieder zur Verfügung stellen.

<LÖSCHEN> Sie ein neu erstelltes Absatzlayout, so werden den entsprechenden Textstellen des Dokuments die grundlegenden Formatierungsvorschriften des Absatzlayouts »Text« zugewiesen. Befindet sich der Cursor in solch einem Textbereich, wird der gelöschte Absatzlayoutname rot angezeigt. Dieses Absatzlayout steht also nicht mehr zur Verfügung. Es muß also entweder neu erstellt werden, oder Sie weisen den entsprechenden Textstellen alternative Absatzlayouts mit dem »Suchen & Ersetzen«-Befehl zu.

6.3.4 Neue Funktionstasten

Wollen Sie die Reihenfolge der Absatzlayouts in den entsprechenden Listenfeldern und damit auch die Funktionstasten ändern, so markieren Sie zuerst den Namen des entsprechenden Absatzlayouts und klicken anschließend den Optionsschalter für die gewünschte Funktionstaste. Sollte diese Funktionstaste schon anderweitig vergeben sein, wird sie dem entsprechenden Absatzlayout, das nun an das Ende des Listenfelds gesetzt wird, entzogen.

6.4 Anlegen neuer Layoutbogen mit Inhalt

Für kleinere Betriebe und Freiberufler kann es durchaus sinnvoll sein, einen Layoutbogen einschließlich Inhalt als Alternative zu vorgedrucktem Briefpapier zu entwickeln (siehe Musterseite 1, S. 179). Sie sollen exemplarisch im Rahmen der folgenden Übungen solch einen Briefbogen erstellen.

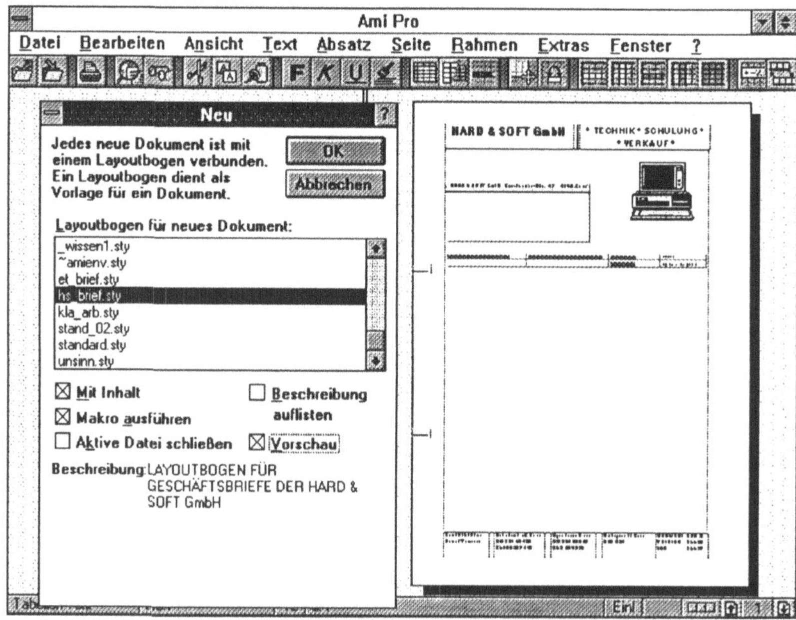

BILD 6-15: Layoutbogen für Geschäftsbriefe

HARD & SOFT GmbH

• TECHNIK • SCHULUNG •
• VERKAUF •

HARD & SOFT GmbH · Karl-Leisner-Str. 47 · 4190 Kleve

IHRE ZEICHEN, IHRE NACHRICHT VOM	UNSERE ZEICHEN, UNSERE NACHRICHT VOM	0 28 21 - 22 33 44	KLEVE
—		DURCHWAHL -	9. Januar 1993

—

Geschäftsführer	Volksbank eG Kleve	Sparkasse Kleve	Amtsgericht Kleve	VORWAHL	0 28 21
Ernst Tiemeyer	BLZ 324 604 22	BLZ 324 500 00	HRB 534	TELEFON	22 33 44
	Kto 100 287 278	Kto 3 562 831		FAX	22 33 45

Lösung der Aufgabe: Musterseite 1

Öffnen Sie eine neue Datei mit dem Standardlayout (Datei »_default.sty«), und speichern Sie dieses Dokument unter »TEXT67.SAM«. Anschließend benennen Sie den Layoutbogen in »Brief_HS.STY« um: ABSATZ-»Layoutbogen speichern unter«-DATEINAME: BRIEF_HS.

Nun rufen Sie die »Absatzlayoutverwaltung« auf und <LÖSCHEN> alle Absatzlayouts bis auf »F2 Text«. Bei jedem Löschvorgang erscheint eine Warnmeldung, die jedoch ignoriert werden kann. Mit <OK> verlassen Sie das Dialogfenster.

Nun wird das verbleibende Absatzlayout »Text« unseren Wünschen entsprechend mit ABSATZ-»Layout ändern« angepaßt:

- Silbentrennung,
- Schriftart: Helv 12, Normal,
- <OK>.

Auf diesem Absatzlayout aufbauend werden zwei weitere erstellt:

Erstes Absatzlayout

- ABSATZ-»Layout erstellen«,
- Neu:»**Bullet**« basierend auf »Text«,
- <ÄNDERN>,
- Anordnung: Alle, Erste und Rest jeweils 1,00 cm; Blocksatz,
- Bullets & Nummern: Bullet, Fett, Abstand 1,00 cm,
- <SPEICHERN>;

Zweites Absatzlayout

- Listenfeld »Absatzlayout« durch Anklicken des nach unten weisenden Pfeils öffnen,
- »Text« markieren,
- Anordnung: Erste und Rest jeweils 2,00 cm; Blocksatz,
- Bullets & Nummern: Text: POS. ,Nummer: 1, Attribute: Fett, Unterstrichen, Abstand 2,00 cm,
- <SPEICHERN UNTER>,
- Neuer Layoutname: »**POS_1**«,
- <OK>,
- <OK>.

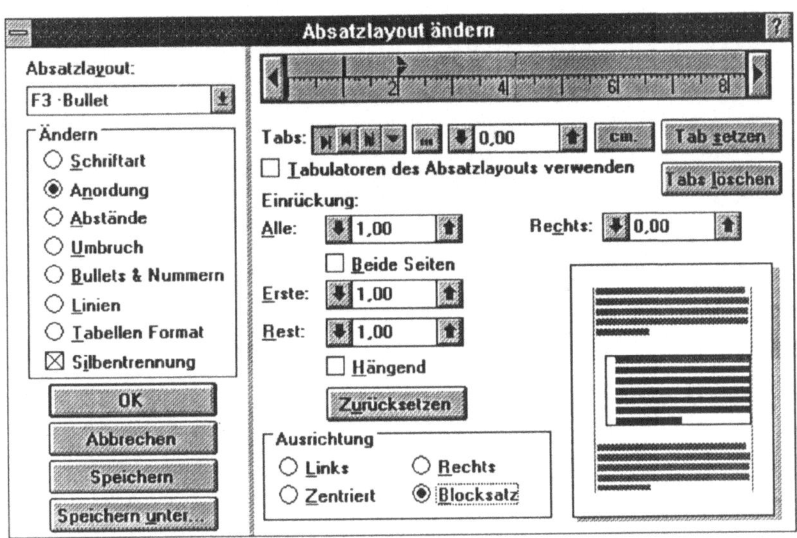

BILD 6-16: Absatzlayout ändern: Bullet

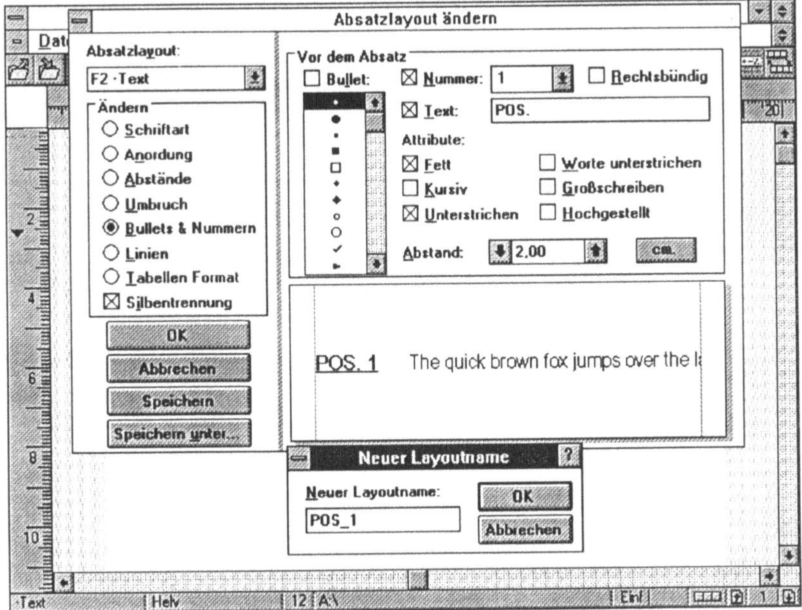

BILD 6-17: Absatzlayout ändern: POS_1

Im Dialogfenster »Seitenlayout ändern« vergewissern Sie sich, ob als Seitenformat »A4« und »Hochformat« ausgewählt sind. Anschließend müssen für die Ränder, Kopf- und Fußzeilen die nachfolgenden Werte festgelegt werden:

	RÄNDER	KOPFZEILEN	FUßZEILEN
OBEN	2,54 cm	1,10 cm	0,13 cm
UNTEN	3,36 cm	0,13 cm	1,10 cm
LINKS	2,00 cm	2,00 cm	2,00 cm
RECHTS	2,54 cm	2,54 cm	2,54 cm

Nun haben Sie sich die Arbeitsfläche geschaffen, die

- ➷ den Briefkopf,
- ➷ den Brieffuß,
- ➷ das Anschriftenfeld,
- ➷ die Bezugszeichenzeile,
- ➷ das Logo

aufnehmen soll.

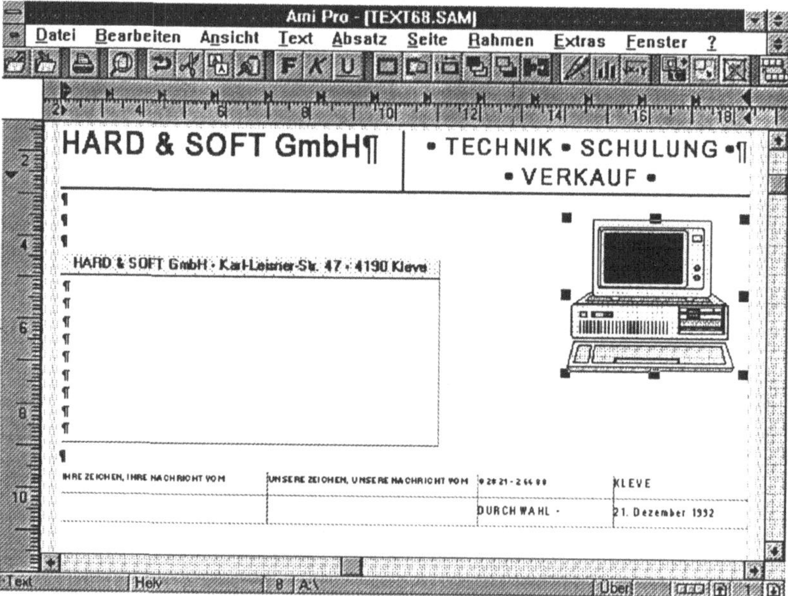

BILD 6-18: Briefkopf, Anschriftenfeld, Logo, Bezugszeichenzeile

Für den Briefkopf wird mit RAHMEN-»Rahmen erstellen« ein Textrahmen mit den Ausmaßen: BREITE 16,46 cm, HÖHE 1,50 cm, VON OBEN 1,40 cm, VON LINKS 2,00 cm erstellt. Anschließend werden die weiteren Spezifikationen im Dialogfenster »Rahmenlayout ändern« vorgenommen.

TYP	Kein Seitenumlauf, An dieser Positi-on, Undurchsichtig, Rechteckig.
LINIEN & SCHATTEN	Linien: Unten, Schatten: Keiner, Position: Nahe Außenseite.
SPALTEN & TABS	Spaltenanzahl: 2, Linie zwischen Spalten, Spaltenabstand 0,42 cm.

Nach dieser Vorarbeit können die Eintragungen in dem Textrahmen vorgenommen werden:

- ⇨ Doppelklicken Sie in die linke Rahmenspalte;

- ⇨ Erhöhen Sie Schriftgrad auf 20 (Statusleiste);

- ⇨ Wählen Sie das SmartIcon »Fett« an;

- ⇨ Texteingabe: HARD & SOFT GmbH;

- ⇨ SEITE-»Umbruch« - »Spaltenumbruch einfügen« - <OK>;

- ⇨ ⏎;

- ⇨ Schriftgrad 16 (Statusleiste);

- ⇨ BEARBEITEN-»Variable einfügen« - »Bullet«;

- ⇨ Bullet »○« auswählen und <OK>;

- ⇨ Eingabe: TECHNIK ○ SCHULUNG ○ ⏎ ○ VERKAUF ○;

- ⇨ Text im Rahmen markieren;

- ⇨ TEXT-»Ausrichtung« - »Zentriert«.

Vergleichen Sie bitte Ihr Ergebnis mit BILD 6-18.

Für das Adreßfeld benötigen Sie eine Tabelle mit einer Spalte und zwei Zeilen. Um dies zu erreichen, müssen Sie erst einmal den Cursor an die richtige Stelle positionieren:

- ⇨ ca. 2,00 cm von der linken Blattseite und

- ⇨ ca. 4,40 cm von der oberen Blattkante.

Durch mehrmaliges Klicken der mittleren Schaltfläche der Status-leiste können Sie diese umschalten zwischen Datenpfad, Da-tum/Zeit oder Position. Die letzte Einstellung ist für die Aufgaben-lösung hilfreich.

Nachdem Sie mehrere Leerzeilen unterhalb der Firmenbezeichnung eingefügt haben, erstellen Sie mit EXTRAS-»Tabelle« das Adreßfeld. Die von AMI PRO vorgegebenen Zeilen- und Spaltenmaße müssen jedoch noch den Fenstermaßen eines Briefumschlags angepaßt werden: 9,00 cm x 4,50 cm.

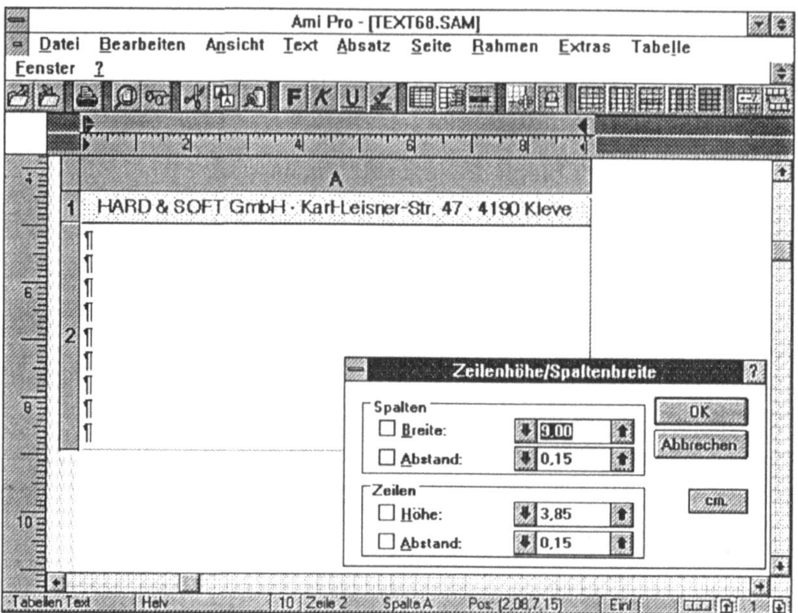

BILD 6-19: Adreßfeld

Nach Aufruf von TABELLE-»Layout ändern« schalten Sie die Automatik aus und geben für die Feldbreite einen Wert von 9,00 cm ein, für die Feldhöhe vereinbaren Sie einen Wert von 0,60 cm. Anschließend steuern Sie den Cursor in die Zelle A2 (= 1. Spalte/2. Zeile) und verändern für dieses Feld mit TABELLE-»Zeilen-/Spaltengröße« die Höhe auf 3,85 cm.

Beachten Sie bitte, daß von AMI PRO automatisch ein neues Absatzlayout »Tabellen Text« bereitgestellt wird. Hinsichtlich der Schriftart stimmt es mit dem Absatzlayout »Text« überein: HELV 12.

Da Sie für das Adreßfeld und die Bezugszeichenzeile die unterschiedlichsten Schriftgrade benötigen, sind einige Absatzlayouts neu zu erstellen.

Dies sollte Ihnen nach den bisherigen Übungen keine Schwierig-keiten mehr bereiten. Während Sie ABSATZ-»Layout erstellen« aufrufen, befindet sich der Cursor noch in der Tabelle. Dies ist notwendig, da das neue Absatzlayout »TAB_TEXT_6« auf »Tabellen Text« basiert. Nach entsprechender Markierung und Eingabe wechseln Sie mit <ÄNDERN> in das Dialogfenster »Absatzlayout ändern". Jetzt ist nur noch der Schriftgrad auf »6« zu setzen und das neue Absatzlayout »TAB_TEXT_6« zu <SPEICHERN>.

Oben links im Listenfeld »Absatzlayout« wird »TAB_TEXT_6« angezeigt. Sie setzen Schriftgrad auf »8« und definieren mit <SPEICHERN UNTER>-»TAB_TEXT_8« und folgendem <OK> ein neues Absatzlayout. Ebenso verfahren Sie mit »TAB_TEXT_9« und »TAB_TEXT_10".

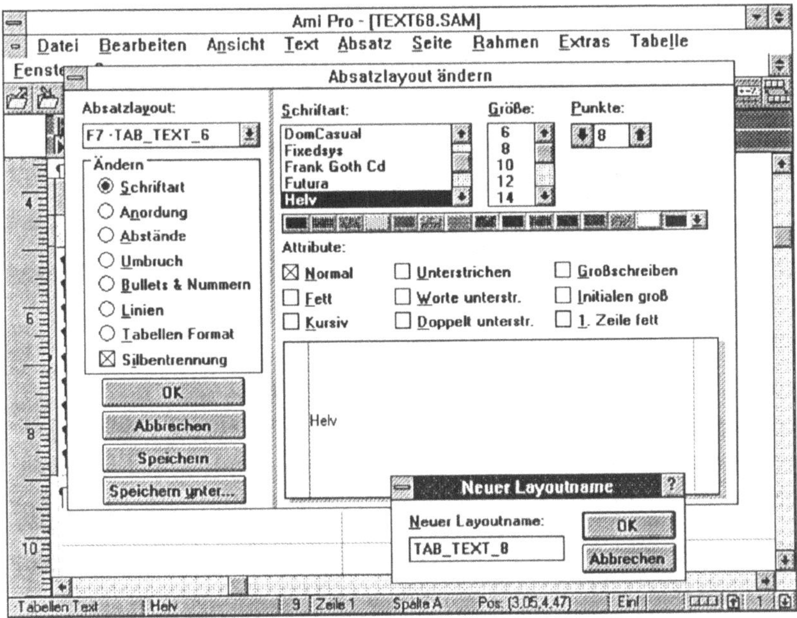

BILD 6-20: Tabellenlayout definieren

Nachdem Sie die Ausmaße des Adreßfeldes festgelegt haben und die benötigten Absatzlayouts vorliegen, setzen Sie den Cursor in das Feld A1 zwecks Eingabe des Absenders. Vorher ist jedoch noch »Tab_TEXT_9« als Absatzlayout mit Hilfe der Schaltfläche der entsprechenden Statusleiste auszuwählen. Als Absender tragen Sie z.B. ein:

```
HARD & SOFT GmbH * Karl-Leisner-Str. 47 * 4190 Kleve
```

Der Optik wegen können Sie diese Eingabe noch zentrieren. Einen schattierten Hintergrund und die Trennlinie legen Sie mit TABELLE-»Farben/Linien« und den Kontrollfeldern »Unten« sowie »Füllfarbe« fest.

Sie bewegen den Cursor nach A2 und wechseln zu »TAB_TEXT_10«. Anschließend müßten Sie mit ⏎ neun Leerzeilen festlegen können. Das Adreßfeld ist erstellt.

Zur Aufnahme des LOGOS ziehen Sie rechts neben dem Adreßfeld einen Rahmen. Dabei sind die folgenden Schritte durchzuführen:

⇨ RAHMEN-»Rahmen erstellen«-Manuell: Mauszeiger nimmt die Form eines Rechtecks an;

⇨ Mauszeiger in die linke obere Ecke des gedachten Bildrahmens positionieren;

⇨ linke Maustaste drücken und halten;

⇨ Rahmen durch Ziehen des Mauszeigers in die rechte untere Ecke des gedachten Rahmens öffnen;

⇨ Mauszeiger freigeben.

Erschrecken Sie nicht, falls sich der Adreßbereich nach unten verschiebt. Dies können Sie mit RAHMEN-»Layout ändern«-»Bildumlauf« rückgängig machen.

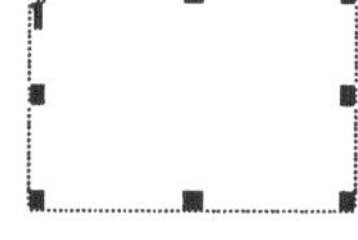 Der Rahmen muß zum Einfügen des LOGOS markiert sein. Dies erkennen Sie an den acht schwarzen Griffen. Sollte dies nicht der Fall sein, bewegen Sie den Mauszeiger auf den Rahmen, und klicken Sie einmal. Abschließend importieren Sie mit DATEI-»Bild importieren« - »Dateiart: AMI DRAW« die Datei »COMPUTER.SDW«.

Eventuell wollen Sie den Rahmen neu positionieren. Dies erreichen Sie, indem Sie

- den Mauszeiger in den noch nicht markierten Rahmen bewegen,

- die linke Maustaste drücken und halten,

- die Maus bewegen.

Die Rahmengröße können Sie ebenfalls mit der Maus verändern, indem Sie mit der Maus einen der schwarzen Griffe packen und bewegen:

- Mauszeiger auf schwarzen Griff bewegen, bis der Mauszeiger die Form verändert: Doppelpfeil;

- linke Maustaste drücken und halten;

- Maus bewegen.

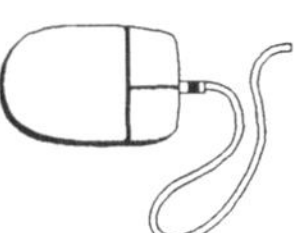

Nachdem der Bildrahmen Ihren Vorstellungen entspricht, bewegen Sie den Mauszeiger unterhalb des Rahmens und klicken einmal die linke Maustaste. Anschließend drücken Sie so häufig die ⏎-Taste, bis der Cursor sich zwei Zeilen unterhalb des Adreßfeldes befindet.

Auch für die Bezugszeichenzeile bietet sich wegen der exakten Ansteuerungsmöglichkeiten eine Tabelle mit vier Spalten und zwei Zeilen an: EXTRAS-»Tabelle«, Spalten »4«, Zeilen »2«.

Das weitere Vorgehen gestaltet sich wie folgt:

- TABELLE-»Layout ändern«,

- Automatisch (AUS),

- Breite 3.23 cm, Abstand 0,00 cm,

- <OK>,

- Spalte A + B markieren:
  - Mauszeiger nach A1,
  - linke Maustaste drücken und halten,
  - Maus nach B1 ziehen,
  - Maustaste freigeben.

- TABELLE-»Zeilen-/Spaltengröße«,

- Breite 4,90 cm, Abstand 0,00 cm,

- <OK>,

- A1 bis C1 markieren,

✦ TAB_TEXT_6 aus Statusleiste wählen,

✦ Cursor nach Zelle D1,

✦ TAB_TEXT_8 aus Statusleiste wählen,

✦ zweite Tabellenzeile markieren,

✦ TAB_TEXT_8 aus Statusleiste zuordnen.

Nach diesen Voreinstellungen können die feststehenden Inhalte der Bezugszeichenzeile eingegeben werden.

	Spalte A	Spalte B	Spalte C	Spalte D
Zeile 1	IHRE ZEICHEN, IHRE NACHRICHT VOM	UNSERE ZEICHEN, UNSERE NACHRICHT VOM	0 28 21 - 22 33 44	KLEVE
Zeile 2		DURCHWAHL -		

Abschließend bewegen Sie den Cursor in das Feld D2 und fügen eine Datumsvariable ein, die immer den Wert des aktuellen Systemdatums annimmt:

✦ Cursor ins Feld D2 steuern,

✦ BEARBEITEN-»Variable einfügen« - »Datum/Zeit«,

✦ Optionsschalter: Systemdatum (aktuell),

✦ Auswahl des gewünschten Formats,

✦ <OK>.

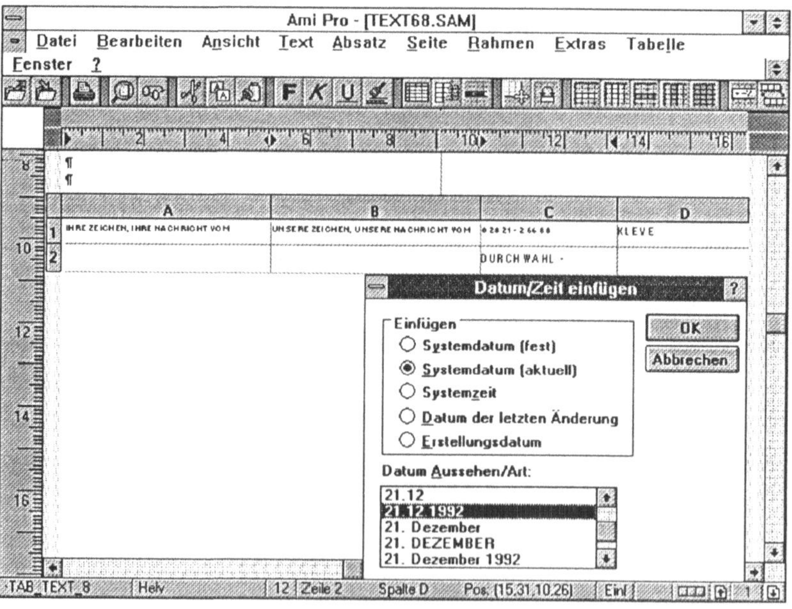

BILD 6-21: Systemdatum in Bezugszeichenzeile einfügen

Speichern Sie zwischen, und nehmen Sie einmal einen Probeausdruck vor.

Zur Vervollständigung des Briefes müssen Sie jetzt den Fuß entwickeln. Hierbei ist jedoch zu beachten, daß er bei einem mehrseitigen Brief immer erscheinen soll.

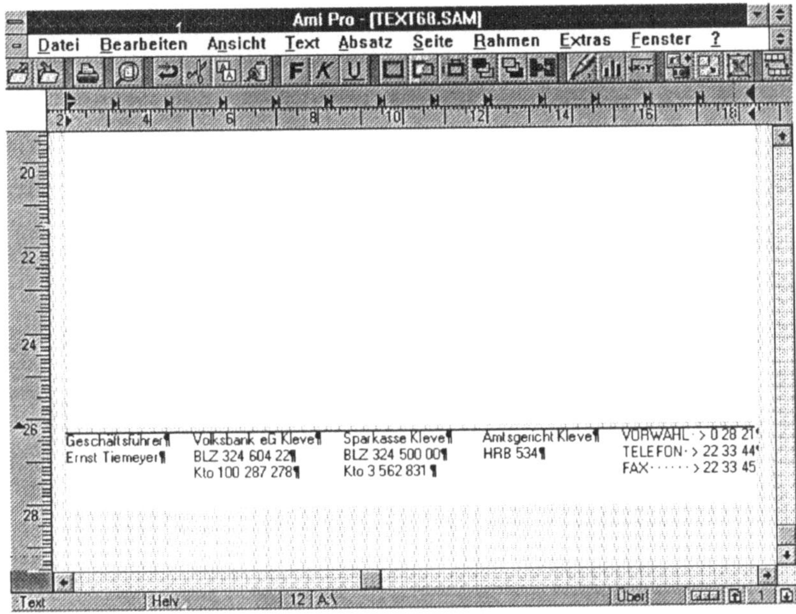

BILD 6-22: Brieffuß eines Layoutbogen

Nach Aufruf von RAHMEN-»Rahmen erstellen« bestimmen Sie die Ausmaße mit 16,46 cm x 1,56 cm, Von oben: 26,53 cm, Von links: 2,00 cm. Nach Aufruf des Befehls »Layout ändern« aus dem Menü RAHMEN können Sie dann die abschließenden Voreinstellungen tätigen.

- TYP	Kein Seitenumlauf, Auf allen Seiten, Undurchsichtig, Rechteckig.
- LINIEN & SCHATTEN	Linien: Oben, Schatten: Keiner.
- SPALTEN & TABS	Spaltenanzahl »5«.

Nun müssen Sie die fünf Spalten des Textrahmens wie folgt ausfüllen:

Geschäftsführer	Volksbank eG Kleve	Sparkasse Kleve	Amtsgericht Kleve	VORWAHL 0 28 21
Ernst Tiemeyer	BLZ 324 604 22	BLZ 324 500 00	HRB 534	TELEFON 22 33 44
	Kto 100 287 498	Kto 3 529 278		FAX 22 33 45

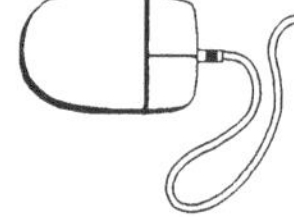

Zu diesem Zweck bewegen Sie den Mauszeiger auf die erste Textrahmenspalte und klicken die linke Maustaste. Der Cursor befindet sich nunmehr im Rahmen. Vor der Eingabe müssen Sie jetzt aber noch sicherstellen, daß HELV 9 als Schriftart zur Verfügung steht.

Hinsichtlich des Spaltenwechsels ist grundsätzlich folgende Reihenfolge der Arbeitsschritte einzuhalten:

- ⇨ letzte Textzeile eingeben (z.B. »Ernst Tiemeyer«),
- ⇨ SEITE-»Umbruch« - »Spaltenumbruch einfügen«,
- ⇨ <OK>,
- ⇨ ⏎.

⏎ darf also erst nach dem Spaltenumbruch gedrückt werden!

Nun können Sie die Eintragungen bis zum Handelsregistervermerk einschließlich des Spaltenumbruchs vornehmen.

Der Cursor steht am Anfang der fünften Spalte. Sie klicken oben in die Tabulatorleiste, markieren das Symbol für den rechtsbündigen Tabulator und positionieren ihn an den rechten Rand der fünften Spalte. Damit ist gewährleistet, daß die Telefonnummern stellengerecht angeordnet werden können. Bitte vervollständigen Sie den Brieffuß.

Abschließend positionieren Sie den Cursor in den Kopfbereich der zweiten Seite und tippen den Firmennamen, gefolgt von ⏎, ein. In der zweiten Zeile des Kopfbereichs soll die Seitennumerierung plaziert werden:

- ⇨ SEITE-»Seitennumerierung«,
- ⇨ Starten auf Seite »2«,
- ⇨ Starten mit Nummer »2«,

✩ Führender Text »SEITE -«,

✩ <OK>,

✩ Leerschritt,

✩ Bindestrich.

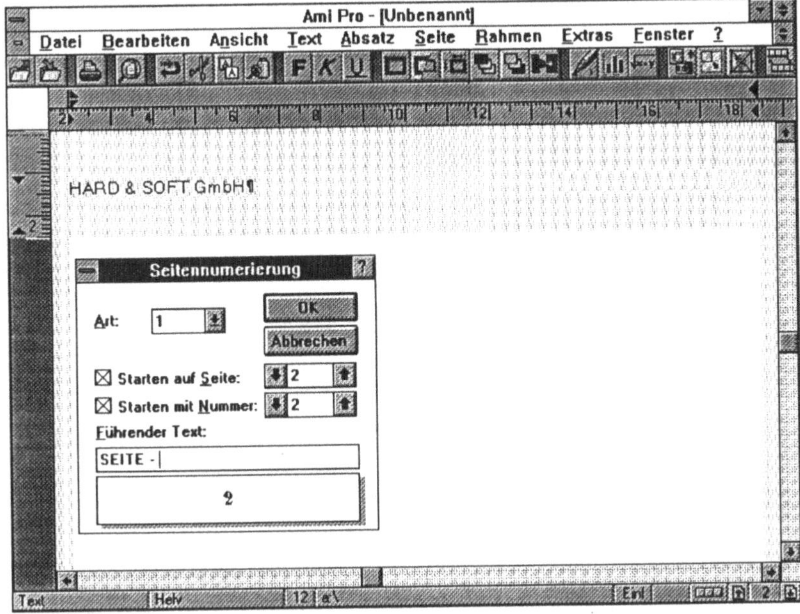

BILD 6-23: Einfügen einer laufenden Seitennumerierung

Abschließend speichern Sie das Dokument »TEXT67.SAM« und den Layoutrahmen:

✩ ABSATZ-»Layoutbogen speichern unter« - »Brief_HS«,

✩ Mit Inhalt,

✩ <OK>.

Zur Kontrolle, ob das gewünschte Ziel erreicht worden ist, öffnen Sie mit DATEI-»Neu«-Layoutbogen: »BRIEF_HS.STY« ein noch unbenanntes Dokument und nehmen einen Probeausdruck vor. Das Ergebnis dieser Übung müßte einem vorgedruckten Briefbogen entsprechen.

Sollte die vorherige Übung positiv abgeschlossen worden sein, füllen Sie das Adreßfeld und die Bezugszeichenzeile aus. Anschließend erstellen Sie einen zweiseitigen Text unter Hinzuzie-

hung aller verfügbaren Absatzlayouts. Auch dies lassen Sie ausdrucken. Im Kopf der zweiten Seite müßte der Firmenname und
die Seitennumerierung erscheinen; der Brieffuß müßte demjenigen
der ersten Seite entsprechen.

7 Tabellen für Spaltentext, Daten und Bilder

Die Tabellenfunktion von AMI PRO kann vielfältig und kreativ eingesetzt werden. In die Tabelle können neben Text und Zahlen auch Bilder, Grafiken, Gleichungen und Zeichnungen eingearbeitet werden. Auch können Tabellen als Grundlage zum Erstellen von Serienbriefen dienen.

Sind die zu lösenden Probleme mit den vier Grundrechenarten zu bewältigen, so sollten Sie auch bei Verfügbarkeit einer Tabellenkalkulation wie LOTUS 1-2-3 für Windows oder EXCEL dem Textverarbeitungsprogramm AMI PRO aufgrund der gestalterischen Elemente den Vorzug geben.

Auch kann man mit der Tabellenfunktion von AMI PRO Formulare erstellen, die vielfältig eingesetzt werden können.

AMI PRO unterscheidet grundsätzlich zwei Arten von Tabellen:

⇨ Rahmentabellen und

⇨ Seitentabellen.

Wie der Name schon sagt, müssen Sie bei den **Rahmentabellen** zuerst einen leeren Rahmen erstellen und aktivieren, um anschließend eine Tabelle einzufügen. Rahmentabellen umfassen maximal eine Seite, da ein Umbruch von Rahmen nicht möglich ist. Andererseits ist man bei Rahmentabellen etwas flexibler hinsichtlich der Positionierung auf einer Seite. Auch kann seitlich von der Rahmentabelle Text stehen.

Sollte die Tabelle umfangreicher sein, wird man auf **Seitentabellen** zurückgreifen. So erfolgt hier am Ende der Seite ein Umbruch. Dieser kann innerhalb einer mehrzeiligen Zelle erfolgen, aber auch nach einer Zelle. Bei entsprechender Einstellung ist es sogar möglich, daß der Tabellenkopf automatisch zu Beginn einer jeden neuen Seite angezeigt wird.

Lassen Sie uns erst das gestalterische Potential der Tabellenfunktion von AMI PRO erkunden und anschließend die Rechenfunktionen nutzen.

7.1 Gestaltungsmöglichkeiten

LEISTUNGSVERZEICHNIS:
Rational-Schachtsystem

Pos.	Menge	Bezeichnung	Einzelpreis DM	Gesamtpreis DM
		REVISIONSSCHACHT für die Abwassertechnik aus Fertigteilen:Schachtboden, Steigrohr, Teleskopabdeckung einschließlich verschließbarem Schachtdeckel und Dichtmanschette.		
1.		SCHACHTBODEN		
		Werkstoff Polyethylen PEM mit Gerinne und werkseitig eingelegten Lippendichtungen für Steigrohr und Anschlußleitungen, Zulassungsnummer PA-1-3590		
		Nennweiten:		
1.1	100	DN 150	20,50DM	2.050,00DM
1.2	200	DN 200	23,00DM	4.600,00DM
1.3	200	DN 250	25,00DM	5.000,00DM
2.		STEIGROHR		
		RATIONAL-KG-ROHR DN 400 nach DIN 19534, Werkstoff Polyvinylchlorid PVC-U		
		Längen:		
2.1	30	500 mm	60,00DM	1.800,00DM
2.2	600	1.000 mm	78,00DM	46.800,00DM
2.3	800	1.500 mm	90,00DM	72.000,00DM
2.4	0	2.000 mm		0,00DM
2.5	0	2.500 mm		0,00DM
2.6	0	3.000 mm		0,00DM
		SUMME/ÜBERTRAG		132.250,00DM

Nach dem Start von AMI PRO vergeben Sie für das noch unbenannte Dokument den Namen »TEXT71.SAM« und nehmen einige für das Arbeiten wichtige Voreinstellungen vor.

⇨ In der Statusleiste ist das Icon für die Symbolpalette anzuklicken und aus der sich öffnenden Liste »Tabellen« auszuwählen. Alternativ wählen Sie EXTRAS-»SmartIcons«, öffnen das in der Mitte oben positionierte Listenfeld und wählen anschließend »Tabellen«. Mit <OK> müssen Sie abschließend Ihre Auswahl bestätigen.

⇨ Ferner sollte die Statusleiste so eingestellt werden, daß die augenblickliche Cursorposition abgelesen werden kann.

⇨ Weiterhin sollten Sie die Kontrollfelder »Spaltenrichtleisten« und »Zeilen-/Spaltenköpfe« nach Eingabe der Befehlsfolge ANSICHT-»Bildschirm Optionen« markieren.

Die Symbolpalette enthält nun eine Anzahl von SmartIcons, die Ihnen bei der Arbeit den Weg über das entsprechende Menü verkürzen bzw. ersparen. Wie oben schon erläutert, kann die Bedeutung der einzelnen SmartIcons nach Ansteuerung und Klicken mit der rechten Maustaste erschlossen werden.

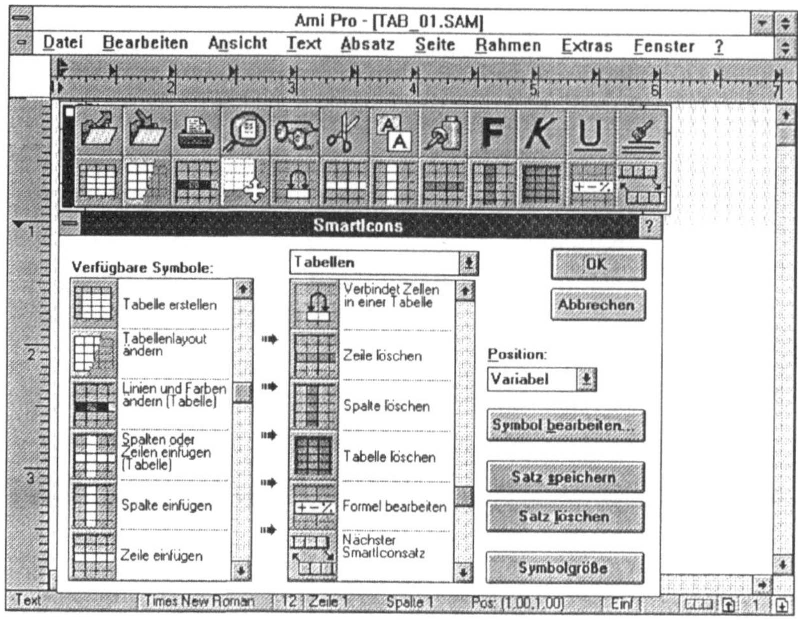

BILD 7-01: Bedeutung der Symbole

Die Tabellensymbole haben von links nach rechts gehend die folgende Bedeutung:

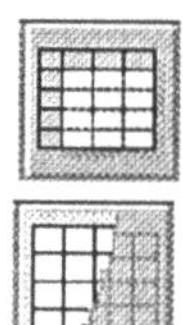

⇨ Es wird eine neue Tabelle erstellt. Der Bediener wird aufgefordert, die Zeilen-/Spaltenanzahl einzugeben.

⇨ Mit dem zweiten Symbol wird das Dialogfenster »Tabellenlayout ändern« geöffnet. Dieses Fenster wird auch nach den beiden untenstehenden Befehlsfolgen jeweils angezeigt:

- EXTRAS-»Tabelle«-<Layout...>;

- TABELLE-»Layout ändern ...«

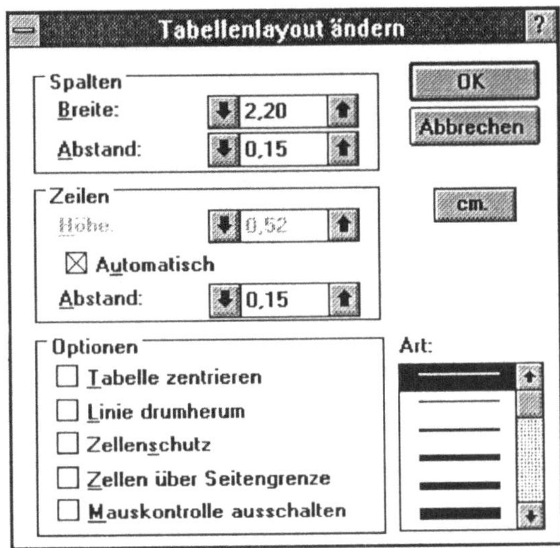

BILD 7-02: Tabellenlayout ändern

hier können Sie die Standardwerte für die Spaltenbreite und den Spaltenabstand bestimmen; ferner legen Sie hier die Standardhöhe und den -abstand der Zeilen fest. Sollten Sie das Kontrollfeld »Automatisch« aktiviert haben, besteht keine Möglichkeit zur manuellen Einstellung der Spaltenhöhe; die entsprechende Option ist abgeblendet. Beachten Sie bei den Einstellungen die vorgegebene Maßeinheit, und nehmen Sie eventuell´eine Änderung vor: Zoll, Zentimeter, Picas oder Punkt. Als weitere »Optionen« können Sie über Kontrollfelder auswählen:

- Tabelle zentrieren
  bewirkt, daß eine Seitentabelle mittig zwischen dem linken und rechten Rand positioniert wird.

- Linie drumherum
  sorgt für eine Umrahmung der Seitentabelle mit der markierten Linienart.

- Zellenschutz
  verhindert unerwünschtes Überschreiben oder Löschen von Zelleinträgen.

- Zellen über Seitengrenzen

ermöglicht, daß der Zellinhalt über mehrere Seiten ausgegeben wird. Diese Variante sollte »angekreuzt« werden, falls eine Zelle aus einer Vielzahl von Zeilen bestehen kann.

- Mauskontrolle ausschalten
  nimmt dem Nutzer die Möglichkeiten, die Breite der Spalten und die Höhe der Zeilen mit Hilfe der Maus festzulegen.

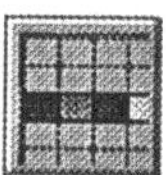 ⇨ Mit dem dritten Symbol können »Farbe & Linien« einer einzelnen Zelle oder einem Bereich markierter Zellen zugeordnet werden. Diese Funktion findet in der kommenden Übung verstärkte Anwendung.

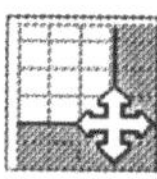 ⇨ Mit Hilfe des nächsten Symbols kann die Befehlsfolge TABELLE-»Zeilen-/Spaltengröße« ersetzt werden. Das sich öffnende Dialogfenster ist Teilausschnitt von »Tabellenlayout ändern«.

 ⇨ Das nebenstehende Symbol verbindet die markierten Zellen. Sollte sich in den Zellen schon Text befinden, so wird nur derjenige der oberen linken Ecke angezeigt. Die weiteren Texteinträge sind verborgen und werden erst wieder sichtbar, wenn über TABELLE-»Verbindung aufheben« der Schritt wieder rückgängig gemacht wird. Dieser Befehl wird häufig bei der Erstellung von Überschriften benötigt.

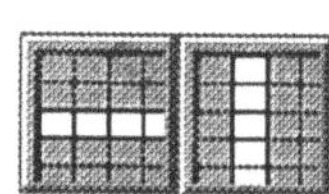 ⇨ Die nächsten beiden SmartIcons bewirken das Einfügen einer Zeile oder einer Spalte. Die Zeile wird unterhalb und die Spalte rechts der Cursorposition ergänzt. Spalten können nur hinzugefügt werden, falls noch ausreichend Platz zwischen Tabelle und Seitenrand vorhanden ist.

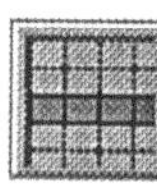 ⇨ Mit den darauffolgenden SmartIcons werden die markierten Zeilen bzw. Spalten nach Bestätigen einer Warnmeldung gelöscht.

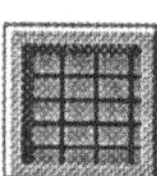 ⇨ Eventuell sollten Sie das darauffolgende SmartIcon aus der Palette entfernen, da nach einem unbeabsichtigten Anklicken Ihre gesamte Tabelle ohne eine weitere Warnung gelöscht wird. Mit BEARBEITEN-»Widerrufen«/Strg+Z wird der ursprüngliche Zustand wiederhergestellt.

Um ein SmartIcon aus der Symbolpalette zu entfernen, gehen Sie wie folgt vor:

- Wählen Sie EXTRAS-»SmartIcons«.

- Bewegen Sie den Mauszeiger auf das zu löschende Symbol in dem mittleren Listenfeld.

- Drücken Sie die linke/primäre Maustaste, und ziehen Sie das Symbol aus dem Listenfeld heraus.

➪ Mit dem vorletzten Icon der Symbolpalette wird ein Textfeld geöffnet, in dem Sie eine aus den vier Grundrechenarten bestehende Formel einschließlich des Prozentzeichens und des Summenbegriffs eingeben können. 

Nachdem Sie die entsprechenden Voreinstellungen getätigt haben und eine gewisse Vertrautheit hinsichtlich der Symbolpalette vorliegt, sollen Sie eine Tabelle mit 5 Spalten und 34 Zeilen durch Anklicken des entsprechenden Symbols und Eingabe der entsprechenden Werte erstellen. Im Falle von Unsicherheiten, denken Sie daran, erst immer die rechte Maustaste zu drücken.

Sie erkennen, daß die gesamte beschriftbare Seitenbreite ausgefüllt ist und ein neuer Menüpunkt TABELLE eingefügt wird.

Die Spalten der Tabelle werden durch die Buchstaben A bis E und die Zeilen durch die Zahlen 1 bis 34 gekennzeichnet. Jede Zelle läßt sich eindeutig durch eine Buchstaben-Zahl-Kombination identifizieren. Diese Zelladresse können Sie sich im mittleren Bereich der unteren Statusleiste anzeigen lassen, indem Sie durch Anklicken dieses Bereichs aus den drei Möglichkeiten

➪ Pfadnamen des aktuellen Dokuments,

➪ Datum und Uhrzeit,

➪ Aktuelle Position der Einfügemarke
»Ihre Wahl treffen.«

Da wir jedoch eine Tabelle mit 30 Zeilen und 7 Spalten benötigen, sind einige Korrekturen vorzunehmen. Positionieren Sie die Einfügemarke mit dem Cursor oder der Maus in die Zelle C6. Jede andere Zelle hätte ebenso als Ausgangsposition dienen können. Anschließend soll der Bereich C6..C9 markiert werden.

Dies geschieht wie folgt:

⇨ Einfügemarke über das Feld C6 positionieren, klicken und bei gedrückter Maustaste den Bereich bis einschließlich C9 markieren.

oder

⇨ Einfügemarke über das Feld C6 positionieren, klicken und Mauszeiger anschließend zu Zelle C9 bewegen; ⟨⇧⟩-Taste gedrückt halten und Maustaste nochmals klicken.

oder

⇨ Der Cursor befindet sich im Feld C6. Nun drücken Sie ⟨Strg⟩ + ⟨⇧⟩+3*⟨↓⟩.

Nun können Sie das SmartIcon »Zeilen löschen« anklicken bzw. die Tastenkombination ⟨Strg⟩+⟨-⟩ (aus dem numerischen Tastenblock) betätigen und nach der Sicherheitsabfrage den Löschvorgang beenden. Sie erkennen, daß die Zeilen neu durchnumeriert worden sind: aus den Zeilen 10 bis 34 sind die Zeilen 6 bis 30 geworden.

Untenstehend erhalten Sie einen Überblick zu der Cursorsteuerung in Tabellen und zum Markieren von Bereichen.

Tastenkombination	Aktion
⟨⇄⟩	Bewegt die Einfügemarke in die benachbarte rechte Zelle. Am Ende der Zeile angelangt, wird nach Betätigen der Taste die Marke in die nächste Zeile bewegt.
⟨⇧⟩+⟨⇄⟩	Entsprechend ⟨⇄⟩ in die andere Richtung; von links nach rechts und von der ersten Zelle einer Zeile in die letzte Zelle der vorhergehenden Zeile.

Tastenkombination	Aktion
Cursorsteuertasten [→], [←], [↑], [↓]	Die Einfügemarke wird innerhalb einer Zelle, von Zelle zu Zelle sowie zwischen Seitentabelle und Haupttext bewegt.
[Strg]+[↓]	Bewegung von Zelle zu Zelle in der Tabelle gemäß gewählter Pfeilrichtung.
[Pos1]	Der Cursor wird an den Anfang der jeweiligen Zeile in der Zelle bewegt; bei mehrzeiligen Zellen also an den Anfang der entsprechenden Zellenzeile.
[Pos1] [Pos1]	Der Cursor wird in die erste Spalte der aktuellen Zeile positioniert.
[Ende]	Entsprechend [Pos1] an das Ende der jeweiligen Zeile einer Zelle.
[Ende] [Ende]	Der Cursor wird in die letzte Spalte der aktuellen Zeile gesetzt.
[Strg]+[Pos1]	Der Cursor wird in die erste Zelle der Tabelle bewegt.
[Strg]+[Ende]	Nach Betätigen der Tastenkombination befindet sich der Cursor in der letzten Zelle der Tabelle.

Zum Markieren von Bereichen wählen Sie eine der obigen Tasten/Tastenkombinationen bei gedrückter [⇧]-Taste. Bei der Auswahl von Zellen mit der Maus klicken Sie die Ausgangszelle an und

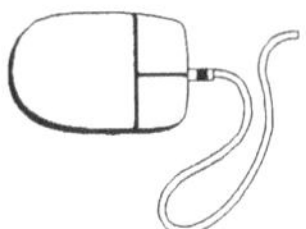

↪ ziehen den Mauszeiger bei gedrückter Maustaste bis in die Zielposition, oder

↪ Sie bewegen den Mauszeiger auf die gegenüberliegende Eckzelle und klicken bei gedrückter [⇧]-Taste die linke Maustaste.

Ferner können Sie mit der Maus ganze Zeilen und Spalten markieren, indem Sie den Tabellenrand entsprechend anklicken.

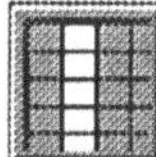

Als nächstes fügen Sie bitte die noch fehlenden zwei Spalten ein. Trotz des Aktivierens des entsprechenden SmartIcons werden Sie keine Änderungen feststellen, da die gesamte Seitenbreite schon ausgefüllt ist. Sie müssen also erst einmal Platz schaffen, indem die Seitenbreite vergrößert wird oder die bestehenden Spalten verkleinert werden.

In unserem Fall markieren Sie die Spalten A und B, rufen das SmartIcon Zeilen-/Spaltengröße auf und setzen die Spaltenbreite auf 2.20 cm, den Spaltenabstand belassen Sie bei 0.15 cm. Diesen Vorgang wiederholen Sie für die beiden letzten Spalten D/E. Anschließend wird die mittlere Spalte C auf 0,20 cm gesetzt.

Nun ist genügend Platz vorhanden, um zwei weitere Spalten einzufügen. Der Cursor befindet sich immer noch in der Spalte C. Nach zweimaligem Klicken des entsprechenden Symbols für Spalten-Einfügen werden rechts von der Spalte C die neuen Spalten D/E ausgewiesen. Die ehemaligen Spalten D/E sind in F/G umbenannt worden. Auch hier kann das Einfügen mit einer Tastenkombination erfolgen: (Strg)+(•) (numerischer Ziffernblock).

E soll entsprechend C auch eine Breite von 0,20 cm erhalten; die mittlere Spalte D soll so breit werden, daß die gesamte beschriftbare Seitenbreite ausgenutzt wird. Dies erreichen Sie, indem Sie

⇨   den Mauszeiger auf den Schnittpunkt zwischen der Spaltentrennlinie D/E und der Zeilentrennlinie 1/2 setzen. Die Pfeilform verändert sich bei entsprechender Positionierung in einen Vierfachpfeil. Jetzt müssen Sie die linke Maustaste drücken und bei gedrückter Maustaste die Spaltentrennlinie D/E soweit wie möglich nach rechts ziehen. Zum Vergrößern bzw. Verkleinern einer Spalte wird immer die rechte Spaltentrennlinie ausgewählt; bei der Zeilenhöhe die untere Linie.

⇨ TABELLE-»Zeilen-/Spaltengröße...« über Menü oder SmartIcon aufrufen und mit dem nach oben weisenden Pfeil den Wert für die Spaltenbreite maximieren, bis die Meldung erscheint: »Die Spaltenbreite kann nicht erhöht werden, da die Tabelle schon die Seitenbreite ausfüllt.«

Links in der Statusleiste erscheint das vorgeschlagene Absatzlayout »Tabellen Text«. Dieses Layout wollen Sie bitte verändern und unter einem neuen Namen speichern. Anschließend wird ein neuer Layoutbogen erstellt.

Rufen Sie auf ABSATZ-»Layout ändern«/⌑Strg⌑+⌑Y⌑. Zuerst markieren Sie Silbentrennung und wählen anschließend Schriftart HELV und Größe 10. Dann markieren Sie den Optionsschalter »TabellenFormat« und nehmen die Eintragungen wie unten ausgewiesen vor. Nach Betätigen von <Speichern unter ...> vergeben Sie als neuen Layoutnamen »TAB_HELV10_DM«. Sie bestätigen mit <OK>.

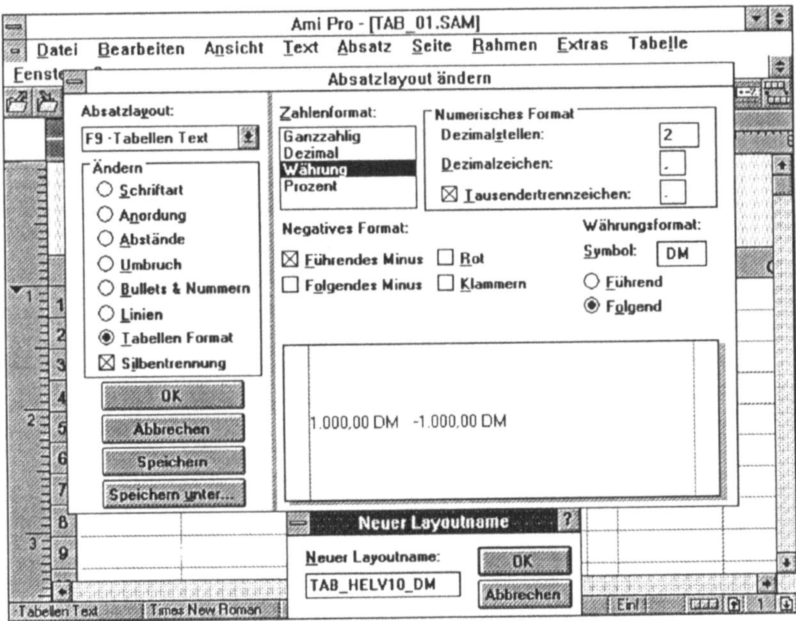

BILD 7-03: Absatzlayout für Tabelle definieren

Nun wählen Sie im Listenfeld Zahlenformat »Ganzzahlig« aus, klicken <Speichern unter...> und vergeben als Namen »TAB_HELV_10«. Sie beenden die Definition der beiden Absatzlayouts mit <OK><OK>.

Abschließend rufen Sie ABSATZ-»Layoutbogen speichern unter ...« auf und vergeben als Dateinamen »Mein_TAB.STY«.

Markieren Sie anschließend die Spalten A bis E und weisen ihnen über die Statusleiste das Absatzlayout »TAB_HELV_10« zu. Den beiden letzten Spalten wird das Absatzlayout »TAB_HELV10_DM« zugeordnet.

Jetzt bewegen Sie den Mauspfeil links von der ersten Zeile, bis er die Form eines nach rechts weisenden schwarzen Pfeils annimmt. Anschließend klicken Sie die primäre/linke Maustaste, so daß die erste Zeile markiert ist, und Sie können über das Menü TABELLE die »Zellen verbinden«. Dies ist für die Eingabe eines spaltenübergreifenden Texts notwendig.

Nun nehmen Sie die folgenden Eintragungen in den entsprechenden Zellen vor.

SPA ZEI	A	B	C	D	E	F	G
1	LEISTUNGSVERZEICHNIS: <RETURN> Rational-Schachtsystem						
3	Pos.	Menge		Bezeichnung		Einzelpreis <RETURN> DM	Gesamtpreis <RETURN> DM
5				REVISIONSSCHACHT <RETURN> für die Abwassertechnik aus Fertigteilen: Schachtboden, Steigrohr, Teleskopabdeckung einschließlich verschließbarem Schachtdeckel und Dichtmanschette.			
7	1.			SCHACHTBODEN			
9				Werkstoff Polyethylen PEM mit Gerinne und werkseitig eingelegten Lippendichtungen für Steigrohr und Anschlußleitungen, Zulassungsnummer PA-1-3590			
11				Nennweiten:			
13	1.1			DN 150			

14	1.2			DN 200			
15	1.3			DN 250			
17	2.			STEIGROHR			
19				Rational-KG-Rohr DN 400 nach DIN 19534, Werkstoff Polyvinylchlorid PVC-U			
21				Längen:			
23	2.1			500 mm			
24	2.2			1.000 mm			
25	2.3			1.500 mm			
26	2.4			2.000 mm			
27	2.5			2.500 mm			
28	2.6			3.000 mm			
30				SUMME/ÜBERTRAG			

Als nächstes soll die Tabelle gestalterisch aufbereitet werden. Dazu werden Sie das notwendige Dialogfenster mit der Befehlsfolge TABELLE-»Farben/Linien...« oder dem entsprechenden SmartIcon häufiger öffnen und ausfüllen.

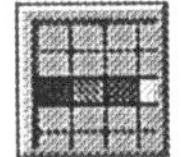

Nehmen Sie erst immer die Markierung entsprechend der untenstehenden Tabelle vor, rufen Sie daraufhin das Dialogfenster »Farbe & Linien« auf, und sorgen Sie für eine entsprechende Einstellung der Kontrollschalter.

zu markierender Bereich	Position/Füllfarbe/Linienart		
A1	Position: Umriß Füllfarbe: JA Linienart: fein		
A 3 .. B 3	Alle	-	fein
F 3 .. G 3	Alle	-	fein
C 3 .. E 3	Unten/Oben	-	fein
A 4 .. A28	Rechts	-	fein
F 4 .. F28	Rechts	-	fein
A 7	Unten	-	fein
A17	Unten	-	fein
B13 .. B15	Unten	-	fein
B23 .. B28	Unten	-	fein
F13 .. G15	Unten	-	fein
F23 .. G28	Unten	-	fein
G30	Umriß	-	doppelt

Schließlich müssen Sie noch einige Felder markieren, um die Möglichkeit zu haben,

➪ über die Statusleiste die Schriftgröße zu verändern,

➪ die Überschriften zu zentrieren,

➪ entsprechende Unterstreichungen vorzunehmen.

Als Vorlage für diese Arbeiten dient das abgebildete Formular.

Daraufhin speichern Sie das Dokument »TEXT71.SAM« und nehmen einen Ausdruck vor, um Ihre Arbeit zu begutachten.

Das erstellte Leistungsverzeichnis kann als

➪ Bestelliste Verwendung finden, wenn man die Einzelpreise hinzufügt.

➪ Leerformular bei Vertragsverhandlungen genutzt werden. Nach Eingabe der Mengen und Einzelpreise muß dann jeweils der Gesamtpreis und der Wert für SUMME/ÜBERTRAG ermittelt werden.

Um diese Möglichkeiten effektiv zu nutzen, sollen Sie zunächst das eben erstellte Dokument als Layoutbogen mit Inhalt unter dem Namen »TAB_01.STY« speichern: ABSATZ-"Layoutbogen speichern unter...".

7.2 Rechnen mit AMI PRO-Tabellen

Sie öffnen mit DATEI-»Neu...« ein Dokument und legen diesem den neu erstellten Layoutbogen »TAB_01.STY« zugrunde. Speichern Sie daraufhin sofort das Dokument unter »TEXT72.SAM«.

Jetzt setzen Sie den Cursor in das Feld G13 und rufen das Dialogfenster »Formel bearbeiten« mit TABELLE-»Formel bearbeiten...« oder dem entsprechenden SmartIcon auf. In das Textfeld Formel tippen Sie »B13 * F13« ein und schließen mit <OK> ab. In der Zelle wird als Ergebnis 0,00 DM ausgewiesen.

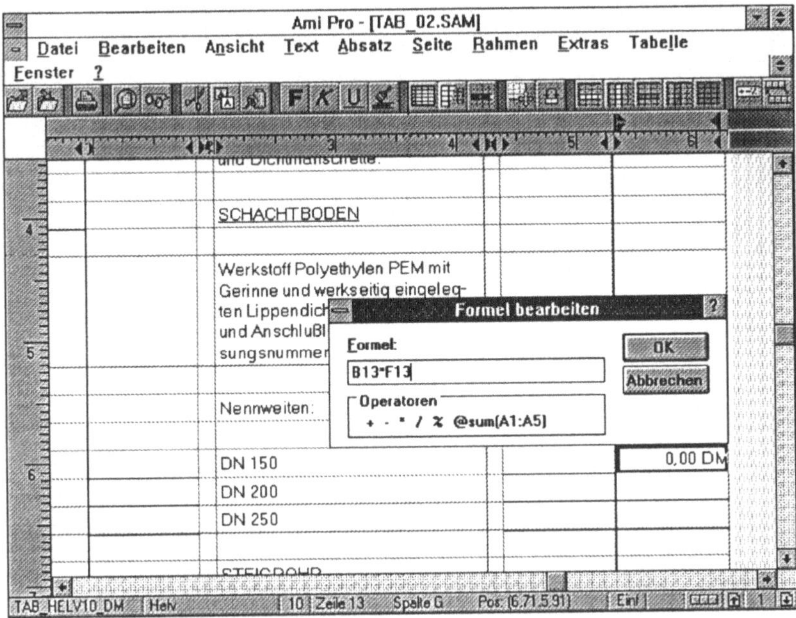

BILD 7-04: Formeleingabe

Der Cursor befindet sich in der Zelle G13, und Sie kopieren durch Anklicken des entsprechenden Symbols den Inhalt der Zelle in die Zwischenablage. Anschließend markieren Sie G14 und G15 und fügen den Inhalt der Zwischenablage ein. Auch hier bedienen Sie sich des entsprechenden SmartIcons. AMI PRO besitzt hier die identische Fähigkeit wie Tabellenkalkulationsprogramme, d.h., die Formel wird der neuen Zieladresse entsprechend angepaßt. Aus B13 * F13 wird z.B. B14 * F14. Diesen Einfügevorgang müssen Sie noch einmal für die Zellen G23 .. G28 wiederholen.

Abschließend muß noch die Summe der Spalte G in der Zelle G30 erscheinen. Zu diesem Zweck wird die Einfügemarke in diese Zelle gesetzt und mit TABELLE-»Schnell addieren«-»Spalte« die Aufgabe gelöst. Mit Hilfe des SmartIcons »Formel bearbeiten« können Sie sich die von AMI PRO eingefügte Formel »@sum(G4..G29)« ansehen.

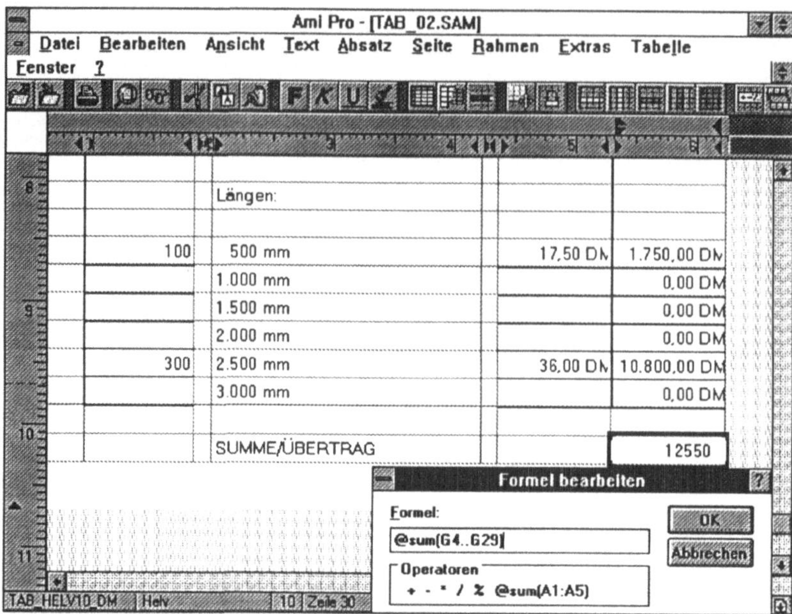

BILD 7-05: Verwenden der Summenformel

Das bisher Dargestellte kann z.B. von einem Architekten oder privaten Bauherrn wie folgt genutzt werden. Sie erstellen ein Ausgangsformular gemäß dem obigen Beispiel mit der Überschrift: »Ausschreibung Elektroarbeiten«. Die Mengen und Bezeichnungen werden von Ihnen spezifiziert. Dieses Formular speichern Sie als Dokument und Layoutbogen ab. Das Dokument schicken Sie z.B. an vier Handwerker mit der Bitte um Ergänzung.

Zur Auswertung der eintreffenden Angebote erstellen Sie eine neue Tabelle auf der Grundlage des gespeicherten Layoutbogens und ergänzt um die entsprechenden Formeln. Auch diese Tabelle speichern Sie als Dokument und Layoutbogen. Dieser um die Formeln ergänzte zweite Layoutbogen dient dann als Grundlage zur Auswertung, indem Sie für jeden Handwerker ein eigenes Dokument öffnen, in das die Einzelpreise eingegeben werden. Die Berechnungen erfolgen automatisch.

Anstelle von vier Dokumenten könnte man auch nur ein Dokument mit vierfacher Auflistung der Spalten Einzelpreis/Gesamtpreis erstellen. Dies setzt jedoch eine Änderung des Seitenlayouts voraus: Querformat oder DIN A3.

Als nächstes soll zur Übung und Vertiefung die folgende Tabelle erzeugt werden.

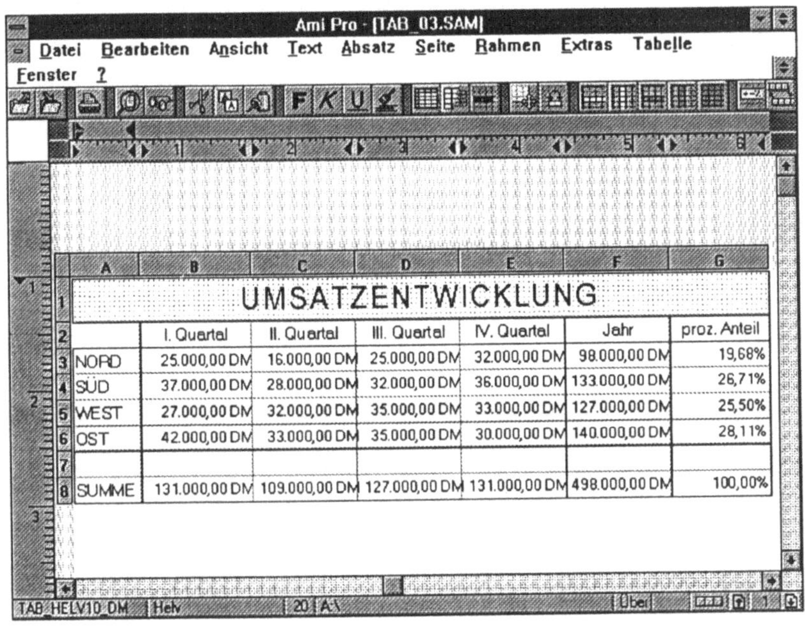

UMSATZENTWICKLUNG

	I. Quartal	II. Quartal	III. Quartal	IV. Quartal	Jahr	proz. Anteil
NORD	25.000,00 DM	16.000,00 DM	25.000,00 DM	32.000,00 DM	98.000,00 DM	19,68%
SÜD	37.000,00 DM	28.000,00 DM	32.000,00 DM	36.000,00 DM	133.000,00 DM	26,71%
WEST	27.000,00 DM	32.000,00 DM	35.000,00 DM	33.000,00 DM	127.000,00 DM	25,50%
OST	42.000,00 DM	33.000,00 DM	35.000,00 DM	30.000,00 DM	140.000,00 DM	28,11%
SUMME	131.000,00 DM	109.000,00 DM	127.000,00 DM	131.000,00 DM	498.000,00 DM	100,00%

BILD 7-06: relative und absolute Adressierung

Mit DATEI-»Neu« öffnen Sie ein Dokument und legen diesem den Layoutbogen »TAB_01.STY« ohne Inhalt zugrunde. Auch hier vergeben Sie sofort »TEXT73.SAM« als Dateinamen. 

Wie Sie dem Bild entnehmen können, benötigen Sie sieben Spalten und acht Zeilen. Markieren Sie die gesamte Tabelle und ordnen ihr das Absatzlayout »TAB_HELV10_DM« zu. Anschließend markieren Sie die letzte Spalte und rufen ABSATZ-»Layout ändern« auf. Klicken Sie den Optionsschalter »TabellenFormat« und wählen Sie als Zahlenformat »Prozent«. Diese Veränderung speichern Sie unter »TAB_HELV10_%« und bestätigen mit zweimaligem <OK>.

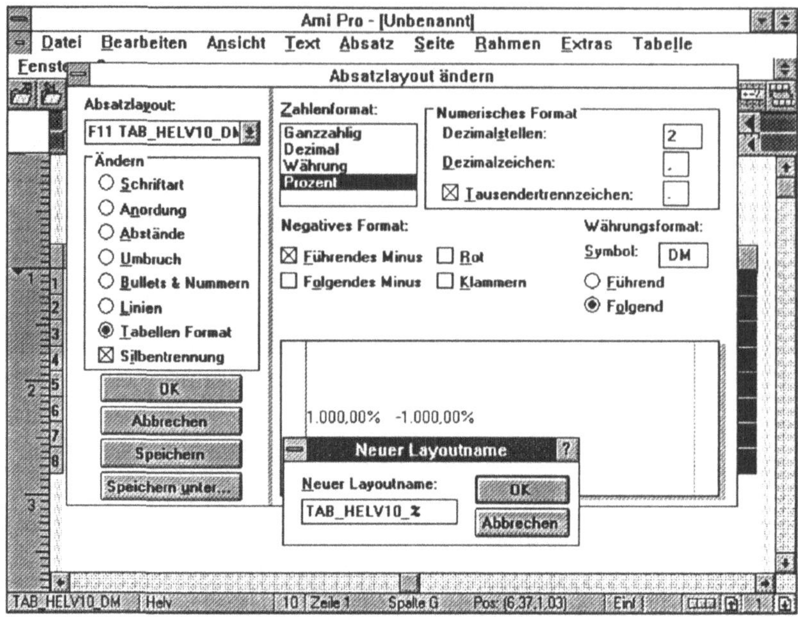

BILD 7-07: Definieren eines neuen Tabellen Formats

Über ABSATZ-»Layoutverwaltung«->>Bewegen>> wird der Layoutbogen ergänzt, damit dieses neue Tabellen-Format auch anderen Dokumenten zur Verfügung steht.

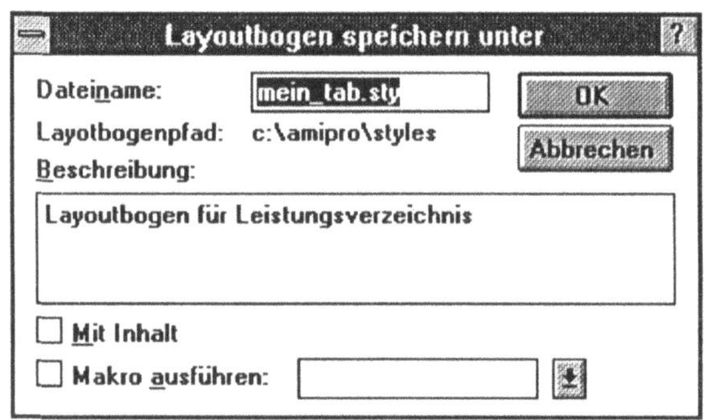

BILD 7-08: Speichern des Layoutbogens

Nun verbinden Sie die Zellen der ersten Zeile und vervollständigen Ihre Tabelle gemäß dem untenstehenden Muster:

	A	B	C	D	E	F	G
1	UMSATZENTWICKLUNG						
2		Quartal	II. Quartal	III. Quartal	IV. Quartal	Jahr	proz. Anteil
3	NORD	25000	16000	25000	32000		
4	SÜD	37000	28000	32000	36000		
5	WEST	27000	32000	35000	33000		
6	OST	42000	33000	35000	30000		
7							
8	SUMME						

Aufgrund des gewählten Absatzlayouts müßten die Zahlen als DM-Werte mit zwei Nachkommastellen angezeigt werden. Nach der Markierung der ersten und zweiten Zeile wählen Sie TEXT-»Ausrichtung«-»Zentriert«. Linien und Füllfarben müßten Sie nach den obigen Übungen jetzt selbständig zuordnen können.

Nachdem Sie den Cursor ins Feld B8 positioniert haben, wählen Sie das »Formel bearbeiten«-Symbol oder TABELLE-»Formel bearbeiten« und füllen das Textfeld gemäß dem untenstehenden Muster aus. Das Zeichen »@« erhalten Sie, indem Sie bei gedrückter ALT-Taste über den Ziffernblock die Zahl »64« verwenden. Alternativ zu der verwendeten Formel hätte man natürlich auch »B3 + B4 + B5 + B6« verwenden können.

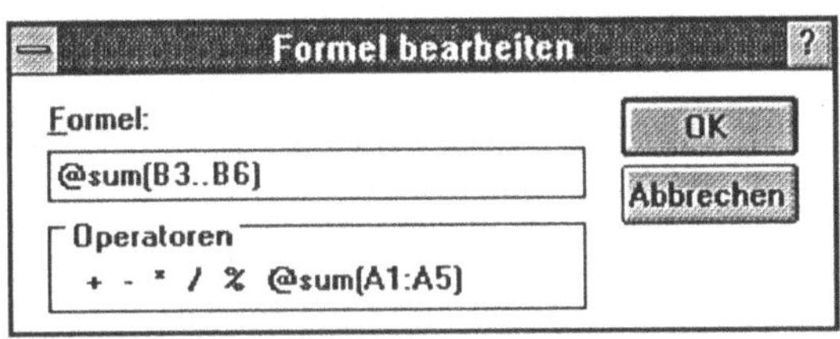

BILD 7-09: Spalte addieren

Vergewissern Sie sich, daß nach Eingabe der Formel das richtige Ergebnis ausgegeben wird und sich der Cursor noch in Zelle B8 befindet, denn Sie werden mit Hilfe des entsprechenden SmartIcons die sich hinter der Zahl »versteckte« Formel in den Zwischenspeicher kopieren. Nun müssen Sie den Bereich C8 .. G8 markieren und die sich im Zischenspeicher befindende Formel einfügen. Wie oben schon gesehen, nimmt AMI PRO die entsprechende Anpassung der Formeln vor und gibt die korrekten Spaltensummen aus. Entsprechend verfahren Sie für die Jahressummen je Gebiet:

⇨ Cursor ins Feld F3 setzen.

⇨ TABELLE-»Schnell addieren«-»Zeile«.

⇨ Formel in Zwischenspeicher kopieren.

⇨ F4 .. F6 markieren.

⇨ Formel aus Zwischenspeicher einfügen.

Vergegenwärtigen Sie sich noch einmal, daß AMI PRO die richtigen Jahresergebnisse ermittelt, weil z.B. aus »@sum(B3 .. E3)« in Zelle F3 nach dem Kopieren in Zelle F4 die Formel »@sum(B4 .. E4)« wird. Diese Anpassung ist nur möglich aufgrund der relativen Adressierung. Wird also die Formel eine Zeile nach unten geschoben, so erhöht sich auch die Zeilennummer bei jeder in der Formel genannten Zelle. Entsprechend erfolgt auch eine Anpassung bei den Spalten.

Bei der Ermittlung der prozentualen Anteile der Absatzgebiete am Gesamtumsatz müssen die vier Formeln wie folgt lauten:

Formel in Zelle	Formel	
	konkret	allgemein
G3	$\dfrac{98.000,00 \text{ DM} * 100}{498.000,00 \text{ DM}}$	F3 * 100 / F8
G4	$\dfrac{133.000,00 \text{ DM} * 100}{498.000,00 \text{ DM}}$	F4 * 100 / F8
G5	$\dfrac{127.000,00 \text{ DM} * 100}{498.00,00 \text{ DM}}$	F5 * 100 / F8
G6	$\dfrac{140.000,00 \text{ DM} * 100}{498.000,00 \text{ DM}}$	F6 * 100 / F8

Würde man die Formel aus G3 nach G4 .. G6 kopieren, so würde der Zähler korrekt angepaßt werden. Gleichzeitig würde aber auch der Nenner in F9, F10, F11 umgewandelt. Dies ist aber nicht erwünscht, da die Bezugsbasis für alle vier Berechnungen in Zelle F8 steht. Die Bezugsbasis für die Berechnungen liegt also absolut fest. Dies kann man AMI PRO mitteilen, indem man das $-Zeichen vor den Zellkoordinaten einfügt. Die in G3 einzugebende Formel lautet mithin »(F3 * 100)/$F$8« oder »(F3 * 100)/F$8«. Beim Kopieren werden die mit dem Dollarzeichen versehenen

Spalten bzw. Zeilen nicht angepaßt. Man spricht in diesem Fall auch von einer absoluten Adressierung. Das $-Zeichen vor dem »F« kann entfallen, weil die Ursprungsformel immer nur in dieselbe Spalte kopiert wird; d.h., eine Anpassung bezüglich der Spalte wird nicht vorgenommen.

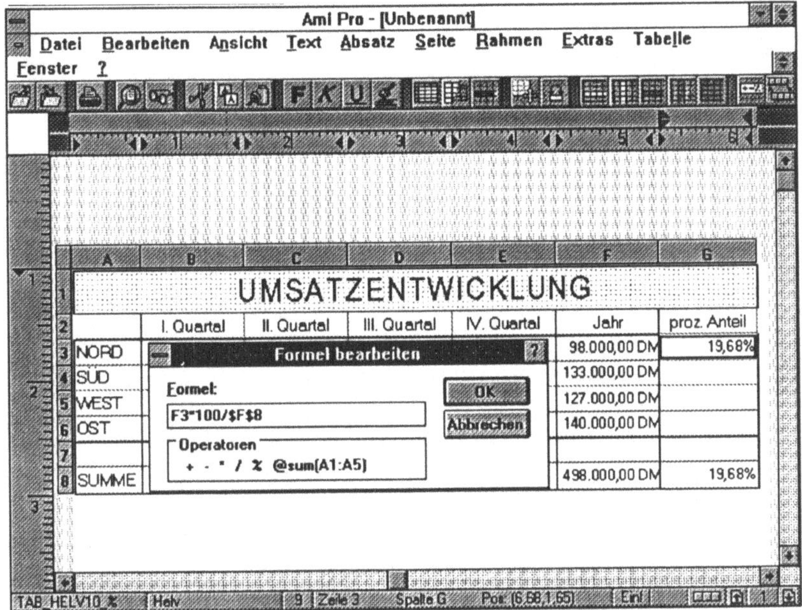

	A	B	C	D	E	F	G
1							
2		I. Quartal	II. Quartal	III. Quartal	IV. Quartal	Jahr	proz. Anteil
3	NORD					98.000,00 DM	19,68%
4	SÜD					133.000,00 DM	
5	WEST					127.000,00 DM	
6	OST					140.000,00 DM	
7							
8	SUMME					498.000,00 DM	19,68%

BILD 7-10: Formel mit absoluter Adressierung

Abschließend sollten Sie alle Zellen, in denen sich Formeln befinden, markieren und ein versehentliches Überschreiben mit TABELLE-»Zellen schützen« unmöglich machen.

7.3 Grafiken und Bilder in Tabellen

In diesem Kapitel sollen auch die Möglichkeiten von AMI PRO angedeutet werden, in Tabellen Grafiken und Bilder zu integrieren. Zu diesem Zweck laden Sie »TEXT73.SAM« und weisen dem Dokument anschließend sofort mit DATEI-»Speichern unter...« den Namen »TEXT74.SAM« zu.

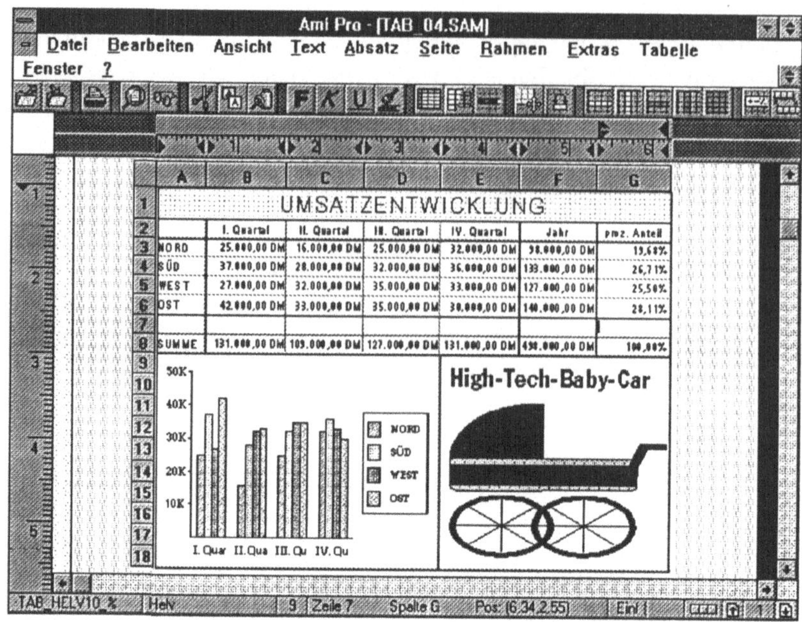

BILD 7-11: Charts und Bilder in Tabellen

Wie Sie der obigen Hardcopy entnehmen können, muß die Tabelle um zehn Zeilen erweitert werden. Dann markieren Sie den Bereich A9..D18, verbinden diese Zellen und sorgen für eine Umrahmung dieses Bereichs. Anschließend verfahren Sie ebenso für den Bereich E9..G18.

Nun markieren Sie den Datenbereich A2..E6 und kopieren ihn in den Zwischenspeicher. Der Cursor wird in die Zelle A9 gesetzt und mit EXTRAS-»Präsentationsgrafik« das unten abgebildete Fenster geöffnet.

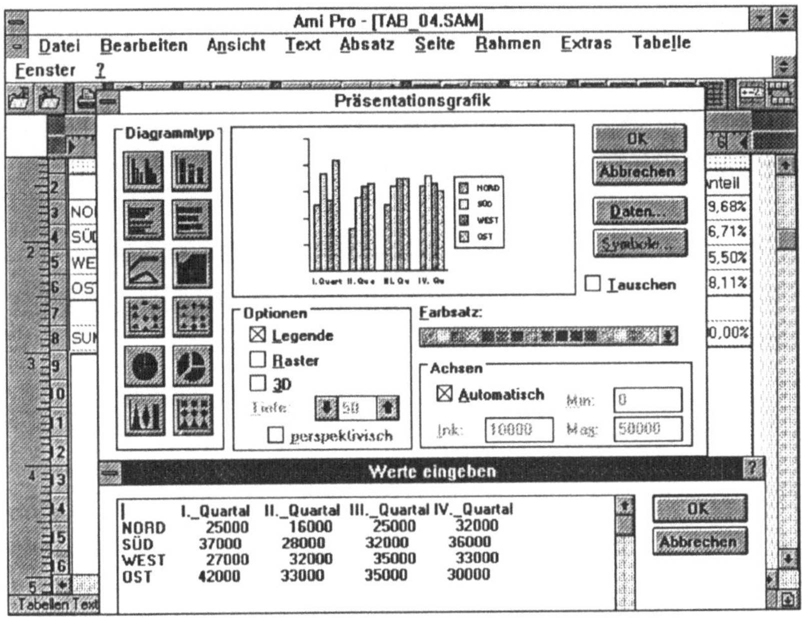

BILD 7-12: Erstellen einer Präsentationsgrafik

Klicken Sie auf <DATEN>, werden die der Grafik zugrundeliegenden Werte angezeigt und zur Bearbeitung bereitgestellt. In der ersten Zeile ist jeweils der Freiraum zwischen der römischen Ziffer und dem Wort Quartal durch einen Unterstrich zu ersetzen. Mit <OK> schließen Sie das Dialogfenster.

Sie erkennen, daß die Spaltenüberschriften auf der X-Achse stehen und die Zeilenbezeichnungen als Legende eingefügt werden können. Mit dem Kontrollfeld »Tauschen« kann dies auch umgekehrt werden. Mit <OK> fügen Sie die Grafik in die Tabelle ein.

Anschließend wird der Cursor nach E9 bewegt und mit DATEI-»Bild importieren...« der Einfügevorgang eingeleitet. Sie markieren als Dateiart »AmiZeichnung«, die im Unterverzeichnis C:\amipro\docs beim Installationsvorgang abgelegt worden sind. Unser Produkt ist unter der Bezeichnung »STROLLER.SDW« gespeichert. Mit <OK> beenden Sie den Einfügevorgang. Nun können Sie sich durch Doppelklick auf dieses Bild die Zeichentools zur Bearbeitung bereitstellen lassen. Sie Klicken auf das

Symbol für Schrift, gehen wieder in die Grafik-Zelle und nehmen die Beschriftung vor.

Nach dem Speichern der erweiterten Tabelle drucken Sie Ihr Arbeitsergebnis aus.

7.4 Einfügen von Tabellen aus Kalkulationsprogrammen

Die Zusammenarbeit zwischen AMI PRO und einem Tabellenkalkulationsprogramm kann darin begründet sein, daß

⇨ Tabellen schon mit einem Tabellenkalkulationsprogramm wie Lotus 1-2-3 für Windows oder EXCEL erstellt worden sind. In solch einem Fall wäre es unökonomisch, diese Daten noch einmal neu zu erfassen, um sie z.B. in einem Bericht zu integrieren. Außerdem könnten sich bei einer Neueingabe Übertragungsfehler einschleichen.

⇨ die Tabellenfunktion von AMI PRO nicht oder nur mit Schwierigkeiten zur Lösung der anstehenden Problematik genutzt werden kann. Hier ist der Ersteller eines Berichts/einer Vorlage auf die Funktionsvielfalt des Spezialprogramms angewiesen.

 Grundsätzlich lassen sich drei Varianten des Verbindungsaufbaus zwischen AMI PRO und einem Tabellenkalkulationsprogramm unterscheiden:

⇨ der einfache Austausch über die Zwischenablage/das Clipboard;

⇨ der Dynamische Datenaustausch/Dynamic Data Exchange (DDE);

⇨ das Verbinden und Einbetten von Objekten/Object Linking and Embedding/OLE.

Der einfache Datenaustausch über die Zwischenablage kann zwischen allen Windows-Applikationen erfolgen. Hier wird ein gemeinsamer Speicherbereich zur Verfügung gestellt, auf den die Windows-Programme schreibend und lesend zugreifen können. Dieser Speicherbereich kann jedoch immer nur einen Datenblock fassen, d.h., daß durch das Kopieren in den Zwischenspeicher die vorher dort gespeicherte Information unwiderruflich verlorengeht. Auch wird im Gegensatz zu den beiden anderen Varianten keine bleibende Verbindung zwischen dem Quell- und dem Zielprogramm aufgebaut. Änderungen der Ursprungsdatei haben somit keine Auswirkungen auf das Ziel.

Mit DDE kann eine automatische und dauerhafte Verbindung zwischen dem Quellprogramm/Server und dem Zielprogramm/Client aufgebaut werden. In solch einem Fall sind beide Programme aktiv. AMI PRO bietet aber auch die Möglichkeit, diese Verbindung zeitweise bzw. dauerhaft zu unterbrechen. Der Server bleibt also passiv.

OLE ist die am weitesten fortgeschrittene Technik des Datenaustauschs zwischen Windows-Programmen und wird bisher nur von wenigen Software-Produkten beherrscht. Während EXCEL 4.0 dazu in der Lage ist, kann die aus dem gleichen Hause stammende Kalkulationssoftware Lotus 1-2-3/W diese Technik derzeit nicht unterstützen. Im Falle von OLE wird die Tabelle als Objekt in AMI PRO eingebunden. AMI PRO selbst braucht das Datenformat der Server-Datei nicht zu kennen. Auch wird beim Start einer AMI PRO-Datei mit einem eingebundenen Objekt nicht automatisch das die Ursprungsdatei erzeugende Programm aktiviert. Dies geschieht erst dann, wenn das Objekt mit einem Doppelklick zur Bearbeitung aufgerufen wird.

Die Bearbeitung des folgenden Kapitels setzt voraus, daß Sie entweder EXCEL oder/und Lotus 1-2-3/W auf Ihrem Rechner installiert haben.

7.4.1 Übernahme aus EXCEL

EXCEL ist aus dem Hause des Windows-Herstellers und daher schon lange am Markt verfügbar. Dies hat, wie sich bei den folgenden Beispielen zeigen wird, eine gewisse Ausgereiftheit zur Folge. Die Kommunikation zwischen AMI PRO und EXCEL verläuft problemlos.

Starten Sie AMI PRO, und öffnen Sie ein neues Dokument, dem Sie sofort den Namen TEXT75.SAM geben. Über das Systemmenüfeld wechseln Sie in den Programm-Manager und starten EXCEL.

⇨ Strg + Esc ,

⇨ TASK-Liste: Programm-Manager, da EXCEL noch geschlossen,

⇨ EXCEL starten.

Nun haben Sie beide Programme geöffnet, zwischen denen ein Datenaustausch stattfinden soll.

Einfacher Datenaustausch über die Zwischenablage

Laden Sie die sich auf der beiliegenden Diskette befindende Datei PROV_DDE.XLS. Anschließend markieren Sie den Bereich A1..F13 und führen die Aktion BEARBEITEN-»Kopieren« aus; der markierte Bereich befindet sich in der Zwischenablage.

Microsoft Excel - PROV_DDE.XLS

Datei Bearbeiten Formel Format Daten Optionen Makro Fenster ?

E8   =WENN(B8>=$D$4;B8*$B$4;0)

	A	B	C	D	E	F
1	PROVISIONSABRECHNUNG					
2						
3	Grundgehalt	2.500,00 DM				
4	Sondervergütung	2,00%	ab	100.000,00 DM	Umsatz	
5						
6	Name	Umsatz	Provision	Provision	Sondervergütung	Gehalt
7			in %	in DM		
8	Meier, Gerd	80.000,00 DM	4,50%	3.600,00 DM	0,00 DM	6.100,00 DM
9	Jansen, Susanne	120.000,00 DM	5,00%	6.000,00 DM	2.400,00 DM	10.900,00 DM
10	Müller, Rainer	85.000,00 DM	4,75%	4.037,50 DM	0,00 DM	6.537,50 DM
11	Schmitz, Franz	110.000,00 DM	5,00%	5.500,00 DM	2.200,00 DM	10.200,00 DM
12						
13	SUMME	395.000,00 DM		19.137,50 DM	4.600,00 DM	33.737,50 DM
14						
15						
16						
17						
18						
19						
20						

Zielbereich markieren, EINGABETASTE drücken o. Einfugen wählen   NUM

BILD 7-13: EXCEL-Tabelle mit WENN-DANN-Bedingung

Über das Systemmenüfeld wechseln Sie wieder zu AMI PRO und positionieren den Cursor an die Stelle, an der der Inhalt der Zwischenablage eingefügt werden soll:

⇨ Alt +<LEER>, dann »Wechseln zu« bzw. Strg + Esc ,

⇨ TASK-Liste: AmiPro[TEXT75.SAM],

⇨ Cursor positionieren.

Nach der Befehlsfolge BEARBEITEN-»Einfügen« bzw. dem entsprechenden SmartIcon wird die Tabelle eingefügt. AMI PRO übernimmt das Layout und die Formatierungen fast deckungsgleich. Lediglich die Überschrift müßte noch durch die TABELLE-»Zellen verbinden«-Operation angepaßt werden. Nehmen Sie eine Zwischenspeicherung vor.

PROVISIONSABRECHNUNG					
Grundgehalt	2.500,00 DM				
Sondervergütung	2,00%	ab	100.000,00 DM	Umsatz	
Name	Umsatz	Provision in %	Provision in DM	Sondervergütung	Gehalt
Meier, Gerd	80.000,00 DM	4,50%	3.600,00 DM	0,00 DM	6.100,00 DM
Jansen, Susanne	120.000,00 DM	5,00%	6.000,00 DM	2.400,00 DM	10.900,00 DM
Müller, Rainer	85.000,00 DM	4,75%	4.037,50 DM	0,00 DM	6.537,50 DM
Schmitz, Franz	110.000,00 DM	5,00%	5.500,00 DM	2.200,00 DM	10.200,00 DM
SUMME	395.000,00 DM		19.137,50 DM	4.600,00 DM	33.737,50 DM

BILD 7-14: Kopierte Tabelle aus Zwischenablage

Bitte beachten Sie aber, daß Sie zwar Änderungen in der neuen Tabelle vornehmen können, diese sich jedoch immer nur auf die aktuelle Zelle beziehen. Ändern Sie z.B. in der Zelle B3 das Grundgehalt, so bleibt das ohne Folgewirkungen, da die Formeln nicht kopiert wurden, sondern lediglich die Ergebnisse.

Realisieren einer DDE-Verknüpfung

Sie positionieren nun die Einfügemarke unterhalb der eingefügten Tabelle im Dokument TEXT75.SAM und rufen die Befehlsfolge BEARBEITEN-»Verknüpfung einfügen« auf. Auf den ersten

Blick ist die Tabelle völlig identisch mit der darüberstehenden. Der Unterschied wird erst sichtbar, wenn Sie Änderungen in der Ursprungsdatei vornehmen.

Mit [Strg]+[Esc] gelangen Sie in die Task-Liste und aktivieren von dort Microsoft-EXCEL-PROV_DDE.XLS. Verändern Sie das Gehalt auf 3.000,00 DM, und merken Sie sich die neue um 2.000,00 DM erhöhte Gehaltssumme. Wechseln Sie wieder in das AMI PRO-Dokument, und vergleichen Sie die beiden Tabellen. Die Anpassung ist nur in der zweiten Tabelle vorgenommen worden.

Ami Pro - [AMI_EX_1.SAM]

Datei   Bearbeiten   Ansicht   Text   Absatz   Seite   Rahmen   Extras   Fenster   ?

SUMME	395.000,00 DM		19.137,50 DM	4.600,00 DM	33.737,50 DM
PROVISIONSABRECHNUNG					
Grundgehalt	3.000,00 DM				
Sondervergütung	2,00%	ab	100.000,00 DM Umsatz		

Name	Umsatz	Provision in %	Provision in DM	Sondervergütung	Gehalt
Meier, Gerd	80.000,00 DM	4,50%	3.600,00 DM	0,00 DM	6.600,00 DM
Jansen, Susanne	120.000,00 DM	5,00%	6.000,00 DM	2.400,00 DM	11.400,00 DM
Müller, Rainer	85.000,00 DM	4,75%	4.037,50 DM	0,00 DM	7.037,50 DM
Schmitz, Franz	110.000,00 DM	5,00%	5.500,00 DM	2.200,00 DM	10.700,00 DM
SUMME	395.000,00 DM		19.137,50 DM	4.600,00 DM	35.737,50 DM

Text   Times New Roman   12   A:\   Einf   1

BILD 7-15: Tabelle mit DDE-Verknüpfung

Nun schließen Sie nach dem Speichern aller geöffneten Dokumente sowohl AMI PRO wie auch EXCEL, da in den folgenden Schritten gezeigt werden soll, wie die Client-Server-Verbindung im Falle einer DDE-Kopplung funktioniert.

Öffnen Sie EXCEL neu und laden Sie PROV_DDE.XLS. Aufgrund einer Vereinbarung soll die prozentuale Sondervergütung allen Mitarbeitern schon ab 80.000,00 DM zustehen. Nehmen Sie die entsprechende Änderung vor, speichern Sie die Datei und schließen EXCEL.

Im nächsten Schritt starten Sie wieder AMI PRO und laden die Datei TEXT75.SAM. Sie werden jetzt gefragt, ob Sie die »DDE-Verknüpfung aktualisieren« wollen. Sie bejahen die Frage. Anschließend macht das System Sie darauf aufmerksam, daß EXCEL noch nicht aktiv ist, d.h., die Aktualisierung setzt voraus, daß Ursprungs- und Zieldatei mit den entsprechenden Programmen aktiv sein müssen.

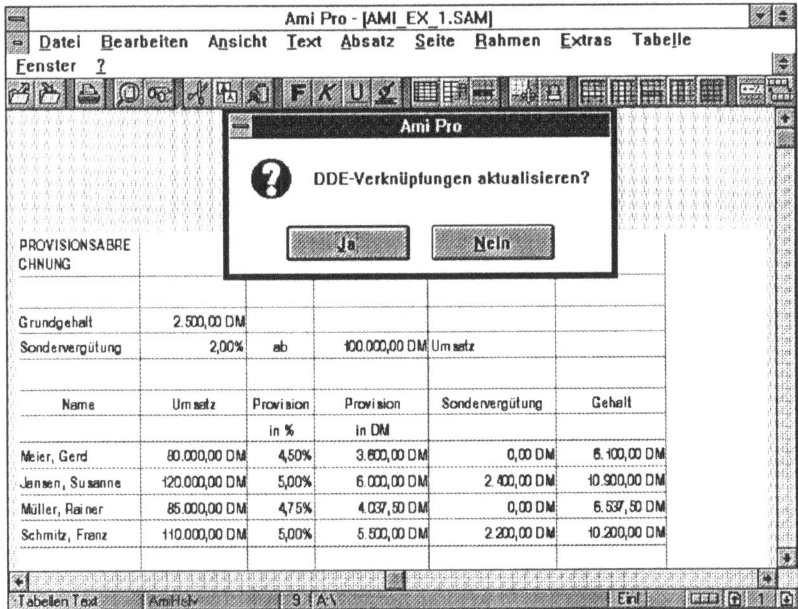

BILD 7-16: DDE-Verknüpfung aktualisieren

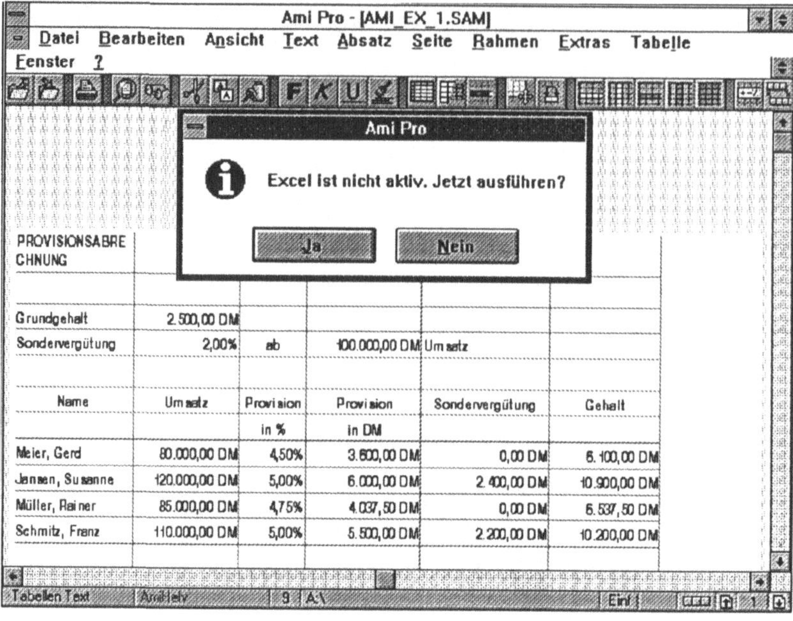

BILD 7-17: EXCEL starten

Nachdem Sie also die beiden Fragen der Dialogboxen positiv beantwortet haben, wird auch in der Client-Datei die Berechnung neu durchgeführt.

Tabellenübernahme mit OLE-Verknüpfung

Je nachdem, ob neue oder vorhandene Daten bearbeitet werden sollen, kann die Vorgehensweise unterschiedlich sein. Benutzen Sie als erstes die schon bekannte Datei »PROV_DDE.XLS«.

Gehen Sie in folgenden Schritten vor:

⇨ AMI PRO starten und leeres Dokument zur Verfügung stellen;

⇨ Dokument als »TEXT76.SAM speichern;

⇨ Strg+Esc, TASK-Liste: EXCEL bzw. Programm-Manager und anschließend EXCEL starten;

⇨ EXCEL-Datei »PROV_DDE.XLS« öffnen und den Bereich A1..F13 markieren;

⇨ markierten Bereich in Zwischenablage kopieren;

⇨ mit Strg+Esc die TASK-Liste aufrufen;

↦ AMI PRO auswählen;

↦ manuell oder über Menü einen Rahmen zur Verfügung stellen, der die Tabelle fassen kann;

↦ der Rahmen muß markiert sein (schwarze Griffe);

↦ BEARBEITEN-»Verknüpfung einfügen«.

Es erscheint eine Tabelle, die vollständig identisch ist mit derjenigen in EXCEL. Blenden Sie z.B. in EXCEL die Zeilen-/Spaltenmarkierungen ab, so wird dies sofort von dem in AMI PRO eingebetteten Objekt übernommen.

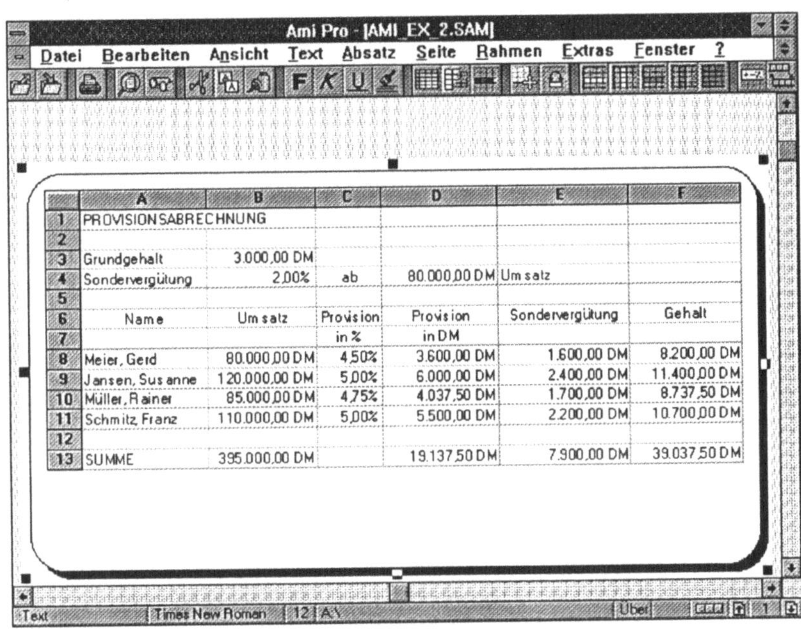

	A	B	C	D	E	F
1	PROVISIONSABRECHNUNG					
2						
3	Grundgehalt	3.000,00 DM				
4	Sondervergütung	2,00%	ab	80.000,00 DM	Umsatz	
5						
6	Name	Umsatz	Provision in %	Provision in DM	Sondervergütung	Gehalt
7						
8	Meier, Gerd	80.000,00 DM	4,50%	3.600,00 DM	1.600,00 DM	8.200,00 DM
9	Jansen, Susanne	120.000,00 DM	5,00%	6.000,00 DM	2.400,00 DM	11.400,00 DM
10	Müller, Rainer	85.000,00 DM	4,75%	4.037,50 DM	1.700,00 DM	8.737,50 DM
11	Schmitz, Franz	110.000,00 DM	5,00%	5.500,00 DM	2.200,00 DM	10.700,00 DM
12						
13	SUMME	395.000,00 DM		19.137,50 DM	7.900,00 DM	39.037,50 DM

BILD 7-18: OLE-Verknüpfung zu EXCEL

Das Neue an dieser Verknüpfung erfahren Sie, indem Sie den die Tabelle fassenden Rahmen aktivieren und anschließend zweimal klicken. Sie gelangen sofort nach EXCEL, und die Server-Datei steht für eine Bearbeitung zur Verfügung.

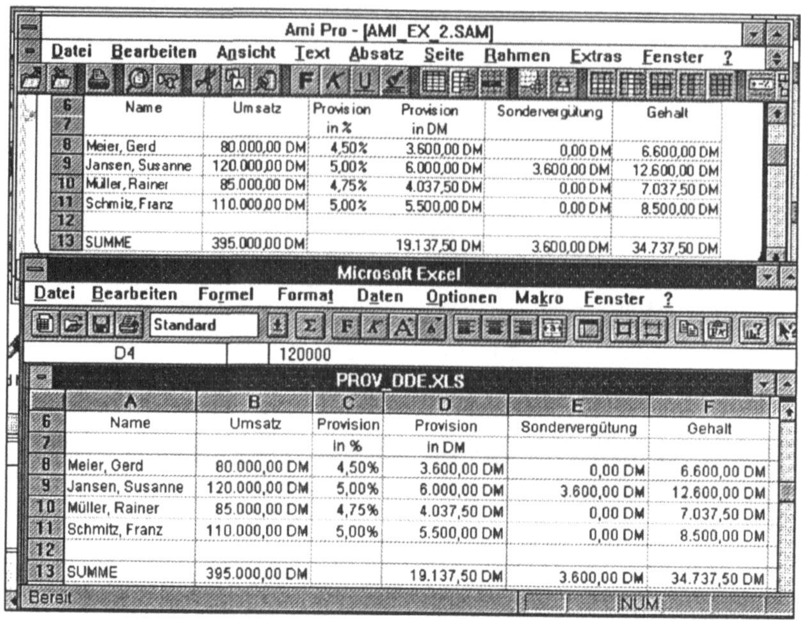

BILD 7-19: Client-Server-Verbindung

7.4.2 Übernahme aus LOTUS 1-2-3/W

Die Übernahme von Daten aus 1-2-3/W in AMI PRO läßt sich nicht so komfortabel und umfassend bewerkstelligen wie mit EXCEL, da

⇨ einerseits eine OLE-Verknüpfung nicht möglich ist und

⇨ andererseits die Zeilen- und Spaltenanzahl eine stärkere Berücksichtigung finden müssen.

Einfacher Datenaustausch über die Zwischenablage

Auf der beigefügten Diskette befindet sich die Lotus-Datei »PROV_DDE.WK3«. Sie entspricht inhaltlich der oben verwendeten EXCEL-Datei.

Die Vorgehensweise des Markierens-Kopierens-Einfügens entspricht auch in den Grundlagen der oben beschriebenen, so daß hier eine stichpunktartige Auflistung genügen soll.

⇨ Starten von 1-2-3/W;

⇨ Laden von PROV_DDE.WK3;

⇨ Markieren und Kopieren des Bereichs A1..F13;

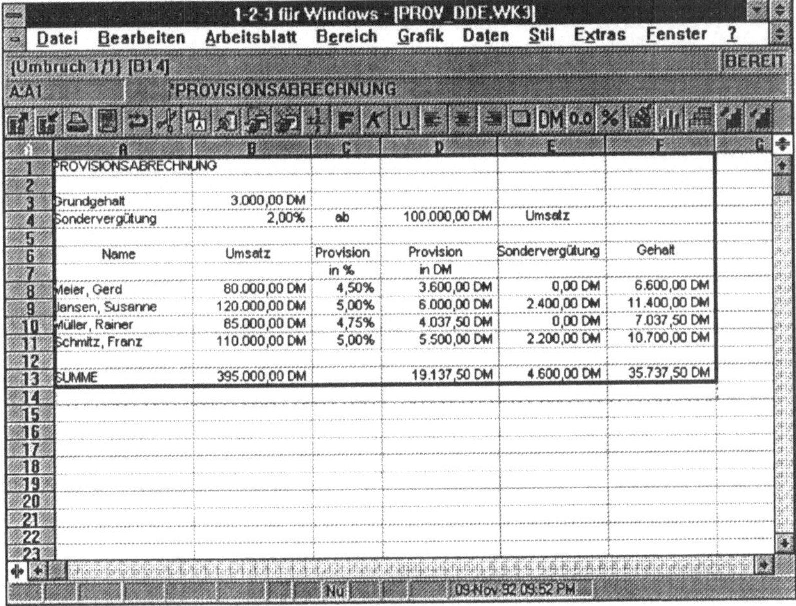

BILD 7-20: Lotus 1-2-3/W-Tabelle

⇨ ⌷Strg⌷ + ⌷Esc⌷, TASK-Liste, Programm-Manager und AMI PRO;

⇨ Speichern des aktuellen Dokuments: »TEXT77.SAM«;

⇨ Erstellen einer Tabelle mit sechs Spalten und dreizehn Zeilen;

⇨ BEARBEITEN-»Einfügen« wählen bzw. das entsprechende SmartIcon anklicken.

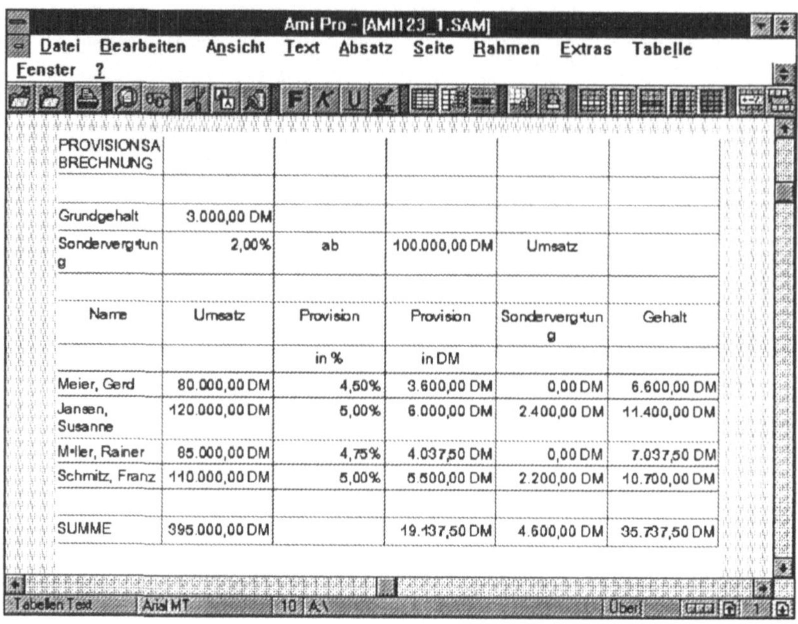

PROVISIONSABRECHNUNG					
Grundgehalt	3.000,00 DM				
Sondervergütung	2,00%	ab	100.000,00 DM	Umsatz	
Name	Umsatz	Provision	Provision	Sondervergütung	Gehalt
		in %	in DM		
Meier, Gerd	80.000,00 DM	4,50%	3.600,00 DM	0,00 DM	6.600,00 DM
Jansen, Susanne	120.000,00 DM	5,00%	6.000,00 DM	2.400,00 DM	11.400,00 DM
Müller, Rainer	85.000,00 DM	4,75%	4.037,50 DM	0,00 DM	7.037,50 DM
Schmitz, Franz	110.000,00 DM	5,00%	5.500,00 DM	2.200,00 DM	10.700,00 DM
SUMME	395.000,00 DM		19.137,50 DM	4.600,00 DM	35.737,50 DM

BILD 7-21: Aus Zwischenablage kopierte Lotus-Tabelle

Sie erkennen sofort, daß hier stärkere Nachbereitungen notwendig sind:

- ⇨ Anpassen der Spaltenbreiten;

- ⇨ Eingabe der Umlaute: Sondervergütung, Müller.

Verzichtet man auf die vorherige Festlegung der Spalten, so kann es passieren, daß nur ein Teil der importierten Tabelle sichtbar ist; der Rest befindet sich im Randbereich und muß erst durch Verkleinerung der sichtbaren Spalten aufgedeckt werden.

Realisieren einer DDE-Verknüpfung

Das Einfügen aus der Zwischenablage in ein AMI PRO-Dokument kann entweder in eine Tabelle oder einen Rahmen erfolgen. Da bei der Verwendung einer Tabelle dieselben Kritikpunkte wie bei einer einfachen Clipboard-Verbindung vorgebracht werden können, soll hier ein Rahmen genutzt werden.

Die Vorgehensweise entspricht also derjenigen einer OLE-Verknüpfung zwischen EXCEL und AMI PRO. Es soll weiterhin das Dokument TEXT77.SAM genutzt werden.

Gehen Sie in folgenden Schritten vor:

↪ [Strg] + [Esc], TASK-Liste: 1-2-3/W bzw. Programm-Manager und anschließend 1-2-3/W starten;

↪ Lotus-Datei »PROV_DDE.WK3« öffnen und den Bereich A1..F13 markieren;

↪ markierten Bereich in Zwischenablage kopieren;

↪ mit [Strg] -[Esc] die TASK-Liste aufrufen;

↪ AMI PRO auswählen;

↪ manuell oder über Menü einen Rahmen zur Verfügung stellen, der die Tabelle fassen kann;

↪ der Rahmen muß markiert sein (schwarze Griffe);

↪ BEARBEITEN-»Verknüpfung einfügen«.

Es erscheint eine Tabelle, die vollständig identisch ist mit derjenigen in Lotus 1-2-3/W.

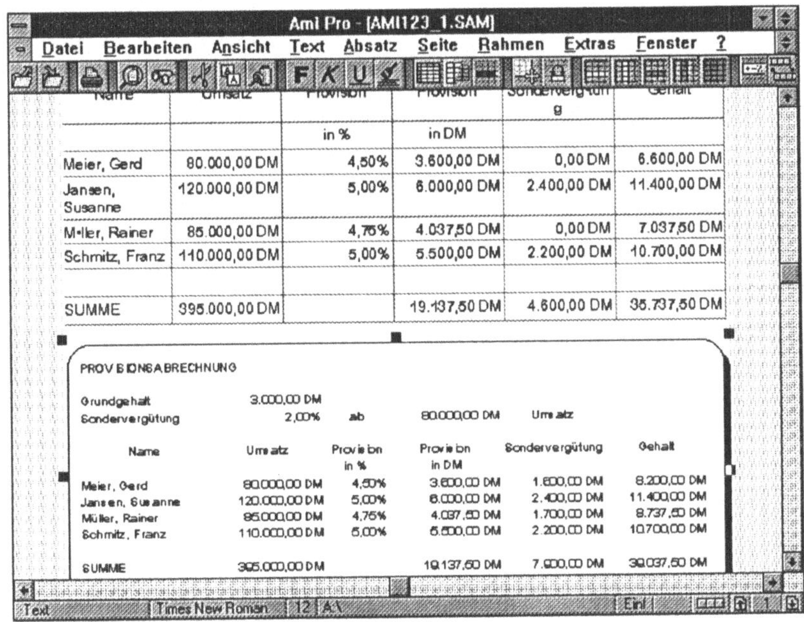

BILD 7-22: Tabelle mit DDE-Verknüpfung zu Lotus 1-2-3/W

Obwohl der Rahmen optisch einem EXCEL-OLE-Objekt entspricht, handelt es sich hier lediglich um eine DDE-Verknüpfung.
Durch Doppelklick auf die Tabelle erhalten Sie nur die Möglichkeit, die Tabelle im Rahmen anders zu positionieren.

8 Serienbriefschreibung

Ein besonderer Vorteil der Nutzung eines PC für die Textverarbeitung ist auch dann gegeben, wenn Texte gleichen Inhalts für mehrere Adressaten gleichzeitig erzeugt werden müssen - sog. Serienbriefe. In diesem Fall kann ein gleicher Grundtext verwendet werden, wobei lediglich die Anschriften sowie unter Umständen noch weitere Einfügepositionen (zum Beispiel Anreden, Zahlenangaben) variabel sind und so dem Schreiben einen persönlichen Charakter verleihen. Typische Anwendungsfälle der betrieblichen Praxis sind:

- ⮡ Einladungsschreiben zu Seminaren, Präsentationen, Feierlichkeiten, etc.,

- ⮡ Mitteilungen informativer Art wie Stellenausschreibungen, Betriebsvereinbarungen, Änderungen von Telefon-/Fax-Nummern und Bankverbindungen,

- ⮡ Akquisitionsschreiben sowie

- ⮡ Anfragen an potentielle Lieferanten.

Für den schulischen Bereich kann die Serienbrieffunktion u.a. zur Zeugniserstellung durch Kombination einer Schülerdatei mit einem entsprechenden Zeugnisformular Verwendung finden.

8.1 Vorgehensweise für das Erzeugen eines Serienbriefes

Um einen Serienbrief mit einem Textprogramm erstellen zu können, müssen Sie einerseits einen **Grund- bzw. Standardtext** formulieren und erfassen und diesen mit einer entsprechenden **Datendatei** mischen.

Zuerst muß eine entsprechende Datendatei vorliegen, damit in dem Grundtext die entsprechenden Platzhalter/Variablen eingefügt werden können. Eine Datendatei besteht aus Datensätzen, die sich wiederum aus Feldern zusammensetzen. Die Datendatei kann mit AMI PRO als AMI PRO-Dokument oder als AMI PRO-Tabelle erstellt werden; interessanter für viele Anwender dürfte jedoch die Weiterverabeitung von Daten aus

⮩   Datenbanken wie dBase oder Paradox sowie

⮩   Tabellenkalkulationsprogrammen wie Lotus 1-2-3 oder Excel

sein.

Nachdem die Datendatei zur Verfügung steht, wird der Grundtext erstellt. In diesem Text sind für die variablen Daten die entsprechenden Feldnamen einzufügen.

Liegen sowohl Datendatei wie Grundtext vor, kann über einen bestimmten Befehl die Merging-Funktion ausgelöst werden. Auf diese Weise lassen sich in kurzer Zeit die verschiedenen Briefe ausdrucken, die nun auf den Einzelfall Bezug nehmen.

Die Realisierung der Serienbriefschreibung zeigt im Überblick die folgende Abbildung:

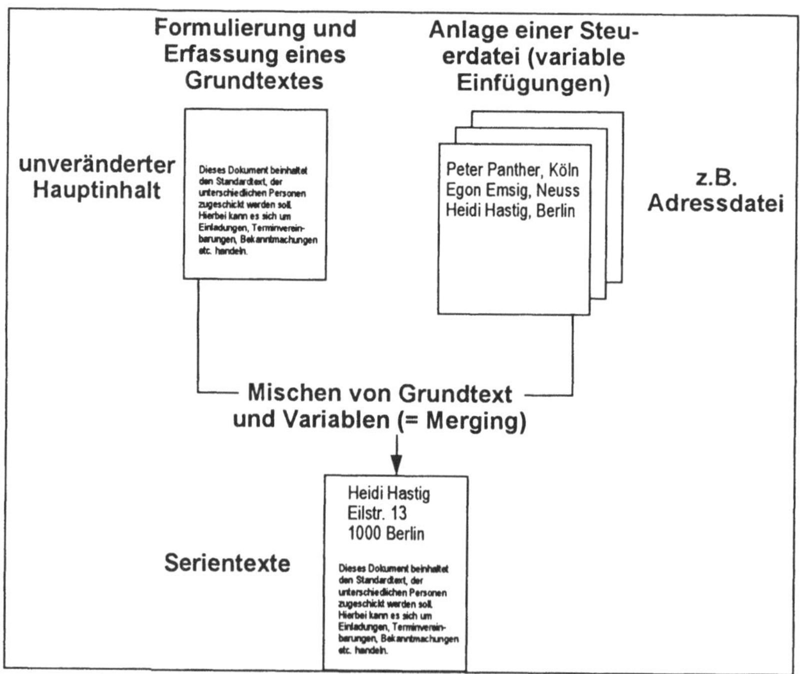

Realisierung der Serienbriefschreibung

AMI PRO 3.0 bietet einen hohen Komfort hinsichtlich der Erstellung von Serienbriefen. Nach Aufrufen des Menüs DATEI und Auslösen des Befehls »Mischen...« werden Sie höflich über den in drei Schritten einzuschlagenden Weg zur Serienbrieferstellung informiert.

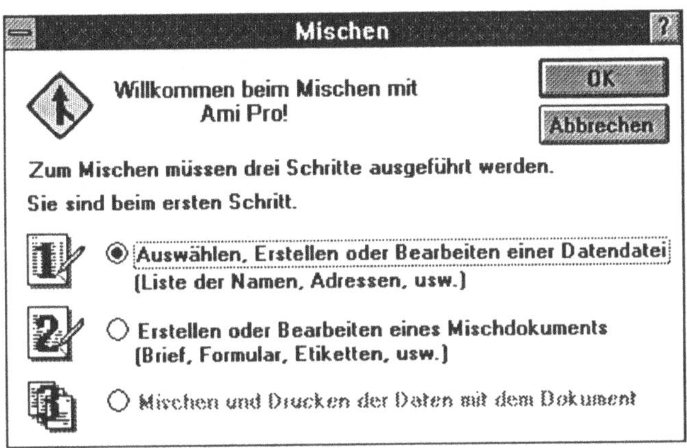

BILD 8-01: Schritte zur Serienbrieferstellung

8.2 Anlegen einer Datendatei als AMI PRO-Dokument

Durch Anklicken der Schaltfläche <OK> bestätigen Sie die vorgegebene Auswahl des Optionsschalters »Auswählen, Erstellen oder Bearbeiten einer Datendatei«.

Es erscheint ein Dialogfenster mit den Wahlmöglichkeiten

↪ eine bestehende Datendatei unverändert aufzurufen: <OK>,

↪ eine bestehende Datendatei zur Überarbeitung aufzurufen: <BEARBEITEN>,

↪ eine neue Datendatei anzulegen: <NEU>.

Sie wählen die Schaltfläche <NEU>, um die Struktur Ihrer Datendatei festzuschreiben und anschließend die Daten einzugeben. Dabei wollen Sie bitte das untenstehende Beispiel als Vorlage wählen.

Beispiel:

In einem Schulungsinstitut besteht die Aufgabe des Sekretariats darin, den für das Seminar »Wie bekomme ich den PC in den Griff?« angemeldeten Teilnehmern per Serienbrief eine Anmeldebestätigung zukommen zu lassen. Grundlage soll der untenstehende Standardtext sein.

```
                    Computer-Schulungsservice


~Geschlecht~
~Vorname~ ~Name~
~Strasse~

~PLZ~ ~Ort~



                                          - aktuelles Datum -
Seminar in Frankfurt


Sehr geehrt- Anrede - ~Name~

vielen Dank für die Anmeldung zum Seminar »Wie bekomme ich
den PC in den Griff?«. Das Seminar wird wie geplant am

              20.11.92 und 21.11.92


in Frankfurt stattfinden.

Mit freundlichen Grüßen
```

In diesen Grundtext müssen also wiederholt die individuellen Angaben zu den Variablen/Feldern:

```
- Geschlecht~Vorname~Name~Strasse~PLZ~Ort
```

eingefügt werden; außerdem erscheint in jedem Brief das aktuelle Datum der Brieferstellung. Als Teilnehmer, die in unserer Datendatei erfaßt werden, haben sich gemeldet.

- Herr	~Karl	~Käfer	~Billrothstr. 4	~6000	~Frankfurt 8
- Frau	~Silke	~Tembrink	~Konrad-Adenauer-Allee 290	~5000	~Köln
- Herr	~Willy	~Kohler	~Birkenweg 3	~2000	~Hamburg
- Herr	~Fritz	~Muliar	~Friedrich-Ebert-Str. 278	~4220	~Dinslaken
- Frau	~Uschi	~Schulz	~Am Rheinufer 88	~6700	~Ludwigshafen.

Für das Geschlecht werden wir aus arbeitsökonomischen Gründen nicht Herr und Frau eintippen, da ja eine Datei i.d.R. umfangreicher ist als die obige. Vielmehr entscheiden wir uns gemäß der Reihenfolge der biblischen Schöpfungsgeschichte für die »1« = Herr und die »2« = Frau.

Ferner vermissen Sie zu Recht in der obigen Datensatzbeschreibung das aktuelle Datum und die Anrede. Diese beiden Angaben werden jedoch nicht in der Datendatei erfaßt, sondern als spezielle Felder eingefügt.

Auf dem Bildschirm ist augenblicklich das Dialogfenster »Datendatei erstellen« sichtbar, so daß Sie die entsprechenden Felder-/Variablenbezeichnung festlegen können.

Der Cursor befindet sich im Textfeld »Feldname«, so daß Sie jetzt die Variablenbezeichnung eintippen können. Nach jedem Feldnamen drücken Sie entweder die ⏎-Taste oder aktivieren <HINZUFÜGEN>.

Die Bezeichnungen können sich aus Buchstaben und Ziffern zusammensetzen, wobei jedoch ein Buchstabe führend sein muß. Für unsere Übungszwecke geben wir jetzt in der angegebenen Reihenfolge die folgenden Bezeichner ein:

GESCHLECHT, NAME, VORNAME, HOBBY, STRASSE, POSTLEITZAHL, ORT.

Sie erkennen, daß wir die Variable 'Hobby' nicht benötigen und uns die Eingabe in der Reihenfolge 'Vorname', 'Name' leichter fallen würde. Außerdem wollen wir 'Postleitzahl' durch 'PLZ' ersetzen.

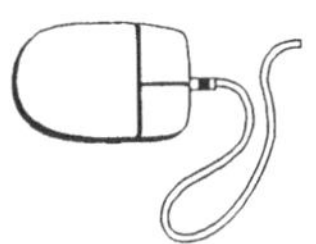

Sie kennzeichnen also mittels des Mauszeigers die Feldbezeichnung 'Hobby' und klicken dann die Schaltfläche <LÖSCHEN> an bzw. wählen die Tastenkombination ⟨Alt⟩ +⟨L⟩. Die nicht benötigte Variable wird aus dem Listenfeld gelöscht.

Anschließend dieselbe Prozedur mit dem Feld 'Postleitzahl'. Nun klicken Sie das Textfeld 'Feldname' an, tragen 'PLZ' ein und aktivieren <HINZUFÜGEN>.

Zwecks Änderung der Reihenfolge der Datenfelder markieren Sie die Variable 'Name' und klicken auf den nach unten weisenden Navigationspfeil. Analog verfahren Sie mit 'PLZ': Markieren und den nach oben weisenden Navigationspfeil benutzen. Nun müßte Ihr Dialogfenster wie folgt aussehen:

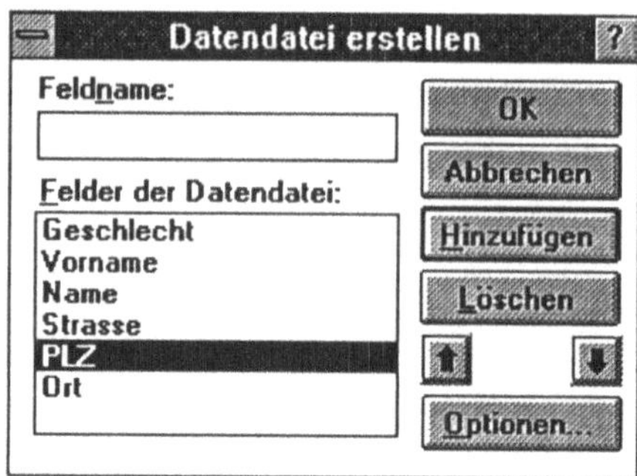

BILD 8-02: Reihenfolge der Feldnamen ändern

Die Schaltfläche Optionen wird lediglich benötigt zur Änderung der Feld- und Datensatzbegrenzer. Dies ist nur dann notwendig, wenn in Ihrer Datendatei die folgenden beiden Zeichen benötigt werden: | und ~. Klicken Sie <OPTIONEN...>, betrachten Sie die Wahlmöglichkeiten des entsprechenden Optionsfensters, und verlassen Sie es mit <ABBRECHEN>.

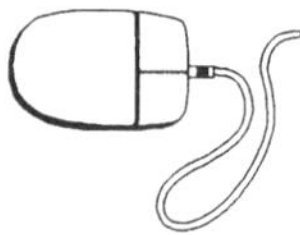

Sie bestätigen Ihre bisherige Arbeit durch Anklicken von <OK> und werden nun zum Ausfüllen elektronischer Karteikarten aufgefordert. Diese Karteikarten dienen der komfortablen Eingabe in die sich unter dem Eingabeformular befindende Liste. Den Inhalt dieser Liste können Sie sich ansehen, wenn Sie den Mauszeiger in die Kopfzeile des Eingabeformulars bewegen, die linke Maustaste drücken und mit gedrückter Maustaste das Fenster nach unten ziehen.

Diese Liste enthält in der ersten Zeile die Feld- und Datensatzbegrenzer, in der zweiten Zeile werden dann die Feldnamen, getrennt durch die Feldbegrenzer und abgeschlossen durch den Datensatzbegrenzer, aufgeführt. Positionieren Sie nun wieder die Eingabemaske, um die obigen fünf Datensätze übernehmen zu können. Jeden Datensatz schließen Sie mit der ⏎-Taste oder durch Betätigen der <HINZUFÜGEN>-Schaltfläche ab. Maximal könnten gleichzeitig zehn Datensatzfelder angezeigt werden. Sollte diese Zahl überschritten werden, würde zusätzlich ein nach unten weisender Pfeil zum Blättern vom System zur Verfügung gestellt.

Nach Eingabe der fünf Datensätze würden Sie auf den symbolisierten Karteireitern die Kennziffern für das Geschlecht sehen. Da diese Angabe i.d.R. von geringer Aussagekraft ist, wählen Sie die Sortierschaltfläche. In dem sich darbietenden Dialogfenster öffnen Sie das Listenfeld »Sortiert nach ...« durch Anklicken des nach unten weisenden Pfeils, markieren 'Name' als Sortierkriterium in aufsteigender Reihenfolge und verlassen mit <OK> dieses Untermenü. Nach einer kurzen Bearbeitunsphase sehen Sie die Änderungen auf Ihrem Bildschirm: die Karteikarten sind nach dem neuen Sortierkriterium geordnet worden.

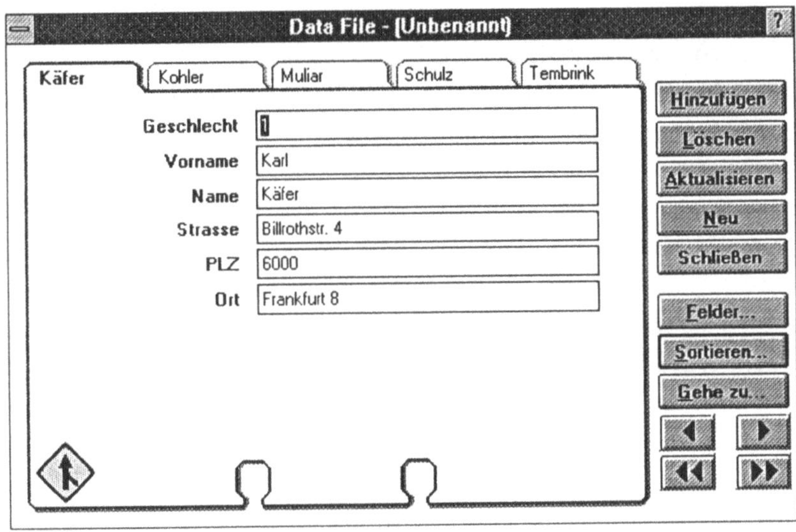

BILD 8-03: nach dem Feld »Name« sortierte Karteikarten

Sie können sich die Informationen satzweise durch die einfachen nach links und rechts weisenden Pfeile anzeigen lassen; bei Auswahl der Doppelpfeile können Sie direkt an den Dateianfang oder das -ende gelangen. Dieser Schnelldurchlauf läßt sich aber jederzeit durch nochmaliges Anklicken des Feldes abbrechen.

Erhalten Sie die Information, daß Frau Schulz in den Ehestand getreten ist und nun den Doppelnamen Schulz-Osterloh führt, können Sie den Datensatz aktualisieren, indem Sie den Datensatz zum Editieren aufrufen:

  ⇨ Entweder öffnen Sie über die <GEHE ZU ...>-Schaltfläche ein Dialogfenster und geben als Suchkriterium 'Name = Schulz' ein,

  ⇨ oder, falls sichtbar, klicken Sie direkt den entsprechenden Karteireiter 'Schulz' an.

Nach Ändern des Namens klicken Sie auf <AKTUALISIEREN>.

Anschließend ist zu berücksichtigen, daß Herr Kohler aufgrund eines Autounfalls an unserem Seminar nicht teilnehmen kann. Sie rufen den entsprechenden Datensatz nach einem der obigen Verfahren auf und entfernen ihn durch Klicken der Schaltfläche <LÖSCHEN>.

Als nächstes erweitern Sie die Datei, indem Sie durch Aktivieren der Schaltfläche <NEU> eine leere Bildschirmmaske aufrufen und den untenstehenden Datensatz ergänzen.

```
- 1    ~Peter      ~Robl ~Königsallee 111  ~4000 ~Düsseldorf.
```

Nun <SCHLIESSEN> Sie das Dialogfenster »DATA FILE« und werden von AMI PRO aufgefordert, einen entsprechenden Dateinamen zu vergeben. Sie wählen ein entsprechendes Laufwerk und Unterverzeichnis aus, vergeben den Dateinamen 'TEXT81.SAM' und bestätigen Ihr Vorgehen.

8.3 Erstellen des Grundtexts

Auf dem Bildschirm befindet sich wieder das Dialogfenster mit dem Drei-Schritte-Vorgehen. Die Markierung des zweiten Optionsschalters bestätigen Sie mit <OK>. Die Frage, ob Sie das aktive, noch unbenannte Dokument als Mischdokument verwenden wollen, bejahen Sie.

Sollten Sie nach dem Erstellen der Datendatei Ihre Arbeit beendet haben, ist in folgenden Schritten vorzugehen:

  ☞ Aktivieren Sie DATEI-»Mischen«.

  ☞ Bestätigen Sie den vorgeschlagenen ersten Optionsschalter .

  ☞ Markieren Sie 'TEXT81.SAM', indem Sie die Dateienliste nach entsprechender Auswahl von Laufwerk und Unterverzeichnis geöffnet haben. Schließen Sie Ihr Vorgehen mit <OK> ab.

  ☞ Punkt 2 des »Willkommen beim Mischen mit AMI PRO«-Fensters wird von Ihnen akzeptiert.

  ☞ Zu guter Letzt bejahen Sie die Frage nach dem Mischdokument mit <Neu>.

Nun können Sie die Arbeit fortsetzen, als hätten Sie AMI PRO nicht verlassen.

In dem oberen rechten Bildschirmbereich erscheint das untenstehende Fenster

BILD 8-04: Bereitstellen der Mischenfelder

Nun tippen Sie in die erste Zeile Ihres Briefes 'Computer Schulungsservice' ein und drücken die -Taste. Anschließend setzen Sie die Einfügemarke wieder in die erste Zeile und klicken das entsprechende Icon zum Zentrieren an.

Mit der Pfeiltaste gehen Sie wieder in die zweite Zeile und erstellen durch mehrmaliges Drücken der -Taste vier Leerzeilen.

Das Adreßfeld beginnt mit der Anrede 'Herrn' oder 'Frau' in Abhängigkeit von der gewählten Ziffer im Feld GESCHLECHT. Dies können Sie mit AMI PRO wie folgt realisieren.

Nachdem Sie BEARBEITEN-»Felder«-»Einfügen...« ausgewählt haben, erscheint ein Dialogfenster, das nach der Bearbeitung wie folgt aussieht.

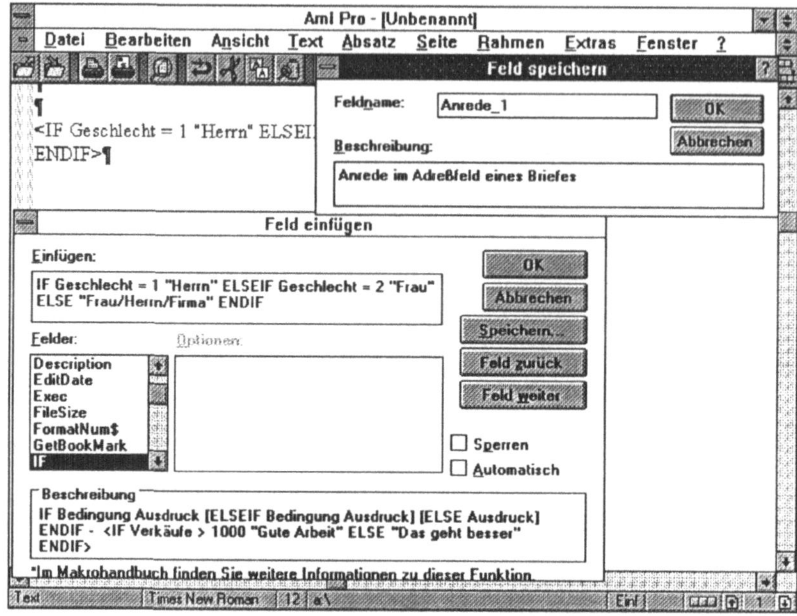

BILD 8-05: Einfügen von Feldern

In dem Listenfeld »Felder« bewegen Sie den Markierungsbalken auf den Befehl »IF«. Dieser erscheint sofort in dem Textfeld »Einfügen«; außerdem erhalten Sie eine Kurz- »beschreibung« zu dem Befehl, aus der Bedeutung und Syntax hervorgehen.

Nun ergänzen Sie das Textfeld, so daß sich der folgende Eintrag ergibt:

```
- IF Geschlecht = 1 "Herrn" ELSEIF Geschlecht = 2
  "Frau" ELSE "Frau/Herrn/Firma" ENDIF
```

Da wir diese Anrede noch häufiger verwenden werden, speichern wir sie als »Anrede_1«. Sie bestätigen mit <OK> und in dem Grundtext erscheint die Meldung

```
- "Frau/Herrn/Firma".
```

Übergibt also die Datendatei beim Mischen an die Variable »Geschlecht« in der Bedingung des Grundtextes eine »1«, so wird sie durch die Anrede »Herrn« ersetzt, im Fall von »2« durch »Frau«.

Nun gehen Sie für die weiteren Eintragungen des Adreßfeldes - Vorname, Name, Strasse, PLZ, Ort - wie folgt vor:

↪ Positionieren des Cursors im Grundtext.

↪ Markieren des entsprechenden Feldnamens im Listenfeld des Dialogfensters »Mischenfeld einfügen«.

↪ Aktivieren der Schaltfläche <EINFÜGEN>.

Anschließend fügen Sie zwei Leerzeilen ein und öffnen das Dialogfenster »Datum/Zeit einfügen« durch die Befehlsfolge BEAR-BEITEN-»Variable einfügen«-»Datum/Zeit ...«. Sie markieren die Optionsschaltfläche »Systemdatum (aktuell)«, wählen aus dem Listenfeld das Ihnen genehm scheinende Datumsformat aus und bestätigen mit <OK>. Das Systemdatum Ihres Rechners erscheint im Grundtext.

Sie nehmen eine Zeilenschaltung vor und positionieren anschliessend wieder den Cursor auf das Systemdatum. Durch die Befehle TEXT-»Ausrichtung«-»Rechts« wird das Datum rechtsbündig ausgerichtet.

Mit Hilfe der Cursorsteuerung gehen Sie wieder in die nächste Zeile, betätigen zweimal die ⏎-Taste und schreiben »Sehr geehrt«. In Abhängigkeit vom Geschlecht muß nun erscheinen:

```
- Sehr geehrte Frau bzw.
- Sehr geehrter Herr.
```

Sie bedienen sich wieder derselben Vorgehensweise wie oben bei der Anrede im Adreßfeld. Der Eintrag im Textfeld des Dialogfensters »Feld einfügen« lautet:

```
- IF Geschlecht = 1 "er Herr" ELSEIF Geschlecht = 2
  "e Frau" ELSE "e Damen und Herren" ENDIF.
```

Auch hier nehmen Sie wieder eine Speicherung unter »Anrede_2« für eine spätere Wiederverwendung vor. Mit <OK> schließen Sie die Fenster.

Fügen Sie jetzt nach einem Leerschritt die Variable »Name« in das Dokument ein, und ergänzen Sie den Text nach dem obigen Muster.

Sollten Sie den Anweisungen korrekt gefolgt sein, müßten Sie nach Eingabe von ANSICHT-»Felder anzeigen« den folgenden Grundtext sehen.

TEXT82.SAM

COMPUTER SCHULUNGSSEVICE

<IF Geschlecht = 1 "Herrn" ELSEIF Geschlecht = 2 "Frau" ELSE "Frau/Herrn/Firma"
ENDIF>
<MergeField VORNAME> <MergeField NAME>
<MergeField STRASSE>

<MergeField PLZ> <MergeField ORT>

                                       25.10.92

Seminar in Frankfurt

Sehr geehrt<IF Geschlecht = 1 "er Herr" ELSEIF Geschlecht = 2 "e Frau" ELSE "e Damen
und Herren" ENDIF> <MergeField NAME>,

vielen Dank für die Anmeldung zum Seminar "Wie bekomme ich den PC in den Griff?". Das
Seminar wird wie geplant am

      20.11.92 und 21.11.92

in Frankfurt stattfinden.

Mit freundlichen Grüßen

Mit »Fortfahren« aus dem Dialogfenster »Mischenfeld einfügen« können Sie nun den letzten Schritt in Angriff nehmen.

8.4 Grundtext und Daten mischen

Nachdem Sie die Datendatei und den Grundtext unter Einfügung der entsprechenden Feldnamen erstellt haben, können Sie nun mit

dem »Mischen« beginnen. AMI PRO bietet Ihnen drei Möglichkeiten:

⇨ Mischen & Drucken

⇨ Mischen, Anzeigen & Drucken

⇨ Mischen & Speichern unter.

8.4.1 Mischen ohne Bedingungen

Wir entscheiden uns für die zweite Option. Der erste Serienbrief
erscheint gleichzeitig mit der folgenden Dialogbox auf dem Bildschirm. Die jeweils angezeigten Serienbriefe können jetzt noch in
begrenztem Maße vor dem Ausdruck bearbeitet werden.

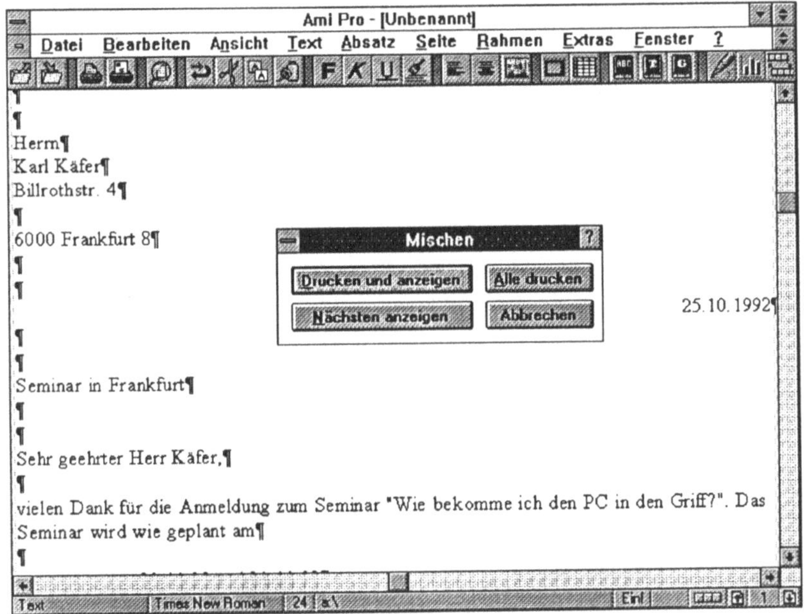

BILD 8-06: Drucken und/oder Anzeigen von Serienbriefen

Die Optionen haben folgende Bedeutung:

⇨ <DRUCKEN UND ANZEIGEN>
   Der gezeigte Brief wird ausgedruckt und der nächste angezeigt.

⇨ <NÄCHSTEN ANZEIGEN>
   Der Brief wird nicht ausgegeben, aber der nächste angezeigt.

    ↪ <ALLE DRUCKEN>

Man ist sich sicher, daß die Briefe in Ordnung sind und alle verbleibenden ausgedruckt werden können. Diese Option ist z.B. möglich, nachdem man die ersten Briefe kontrolliert hat.

    ↪ <ABBRECHEN>

Stellt man einen Fehler fest, beendet man den Mischprozeß.

In der obigen Variante hatten wir die Möglichkeit,

    ↪ jeden Brief vor dem Drucken zu kontrollieren,

    ↪ die Briefe manuell zu bearbeiten,

    ↪ manuell eine Selektion bei den Ausdrucken vorzunehmen.

Soll auf diese Möglichkeiten verzichtet werden, entscheidet man sich für »Mischen & Drucken«. Jeder Brief wird direkt zum Drukker gesandt und beginnt je auf einer neuen Briefseite.

Man kann auch die Serienbriefe in eine eigene Datei speichern und erst später weiterbearbeiten. Sie müssen dann in dem Textfeld einen Dateinamen, eventuell ergänzt um das Laufwerk und Unterverzeichnis, eingeben. Das Dokument wird im AMI PRO-Format gespeichert.

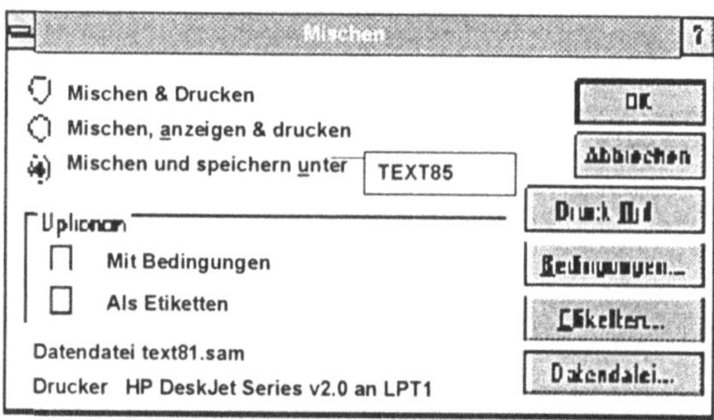

BILD 8-07: Speichern der Serienbriefe in einer Datei

Möchte man alle Varianten einmal durchspielen, so muß man sich immer wieder in die jeweilige Ausgangssituation bringen. Erste Voraussetzung ist der geöffnete Grundtext. Sollte er sich z.B. nach einem Neustart des Programms nicht auf der Arbeitsfläche befinden, so können Sie sich des ganz normalen DATEI-»Öffnen«-Befehls oder des entsprechenden SmartIcons bedienen.

Anschließend wählen Sie DATEI-»Mischen« und bestätigen die 3. Option des »Willkommen-Fensters«.

8.4.2 Mischen mit Bedingungen

In der Regel werden nur bestimmte Datensätze mit dem Grundtext gemischt, da der Adressatenkreis nach bestimmten Kriterien sortiert wird:

↳ Es werden nur diejenigen Leute gemahnt, deren Rechnungen am Fälligkeitstag noch nicht beglichen worden sind.

↳ Zur Neuvorstellung eines Produkts werden nur Kunden, deren Umsatz eine Mindestgröße überschreitet, eingeladen.

↳ Nur in einem bestimmten Postleitzahlbereich wird eine Sonderaktion durchgeführt, weil man das Absatzgebiet ausweiten möchte.

Gemäß der obigen Erläuterung stellen Sie die Ausgangssituation zum Mischen her und wählen <BEDINGUNGEN...>. Wir haben in unserer Beispieldatei die Postleitzahlen 4000, 4200, 5000, 6000 und 6700 vergeben. Zur Demonstration sollen jetzt alle Personen angeschrieben werden, deren Postleitzahl größer als 4000 und kleiner als 6000 ist. Dies erreichen wir durch eine Ergänzung des Dialogfensters gemäß Bild 8-08.

Lediglich die Eintragungen im Textfeld »Wert« erfolgen manuell. Ansonsten klicken wir die Kontrollfelder und Optionsschalter an, positionieren die Einfügemarke in den Eingabebereich für die Feldnamen und Operatoren und wählen jeweils aus dem Listenfeld den Feldnamen und Operator aus.

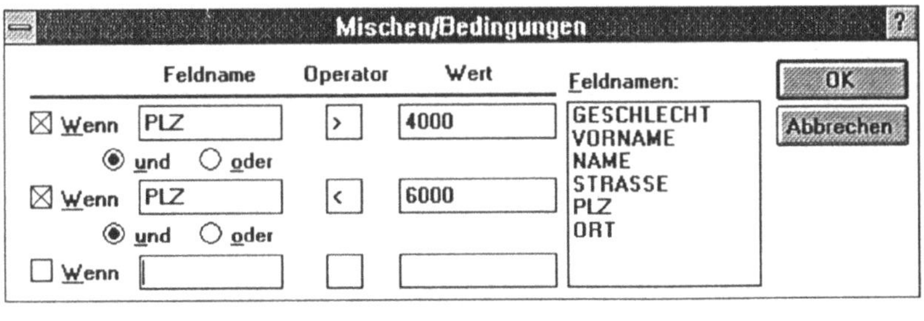

BILD 8-08: UND-Bedingung vereinbaren

Nachdem Sie die Bedingungen festgelegt und bestätigt haben, können Sie den Ausdruck der Briefe mit den Postleitzahlen 4200 und 5000 veranlassen.

Sollen lediglich die Personen unserer Datei mit den PLZ 4000, 6000 und 6700 angeschrieben werden, könnte dies wie folgt vereinbart werden.

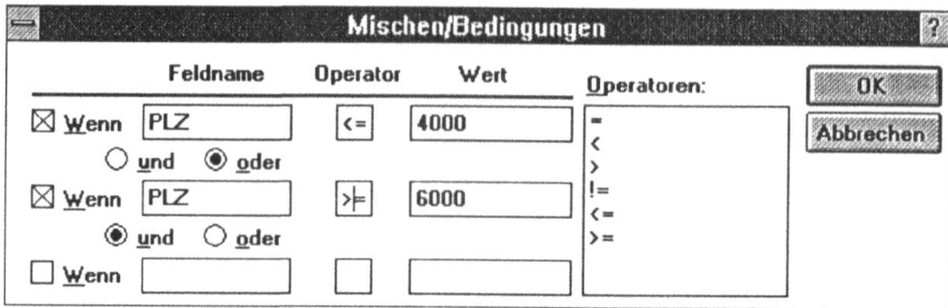

BILD 8-09: ODER-Bedingung vereinbaren

8.5 Übernahme der Datensätze aus dBASE und verstärkte Nutzung von Feldern

Häufig liegen Datensätze schon in einem anderen Programm vor. Hier wäre es wenig sinnvoll, sie neu zu erfassen. AMI PRO bietet vielmehr die Möglichkeit, direkt oder über eine Beschreibungsdatei auf diese Daten zuzugreifen.

Da die Dateiverwaltung noch häufig in dBase abgewickelt wird bzw. im Falle der Verwendung von anderen Programmen, diese eine Speicherung im dBase-Format zulassen, soll im folgenden Beispiel die Datei ADRESSEN.DBF beim Mischen aufgerufen werden.

Inhalt der dBase-Datei:

GESCHLECHT	VORNAME	NAME	STRASSE	PLZ	ORT	SEMI_BEZEI	SEMI_TERMI	SEMI_ORT
1	Axel	Holzer	Lindenstr. 7	5000	Köln 41	PC für Manager	12.12.1992	Gießen
2	Tina	Tourner	Rockallee 20	4220	Dinslaken	PC-Einsatz im Sekretariat	22.12.1992	Frankfurt 2
1	Theodor	Häsel	Alexanderstr. 3	4990	Lübbecke 1	PC-Einsatz im Mittelstand	20.12.1992	Wetzlar

Bevor das eigentliche Mischdokument erstellt wird, müssen drei Dokumente erfaßt werden, da sie nachher in Abhängigkeit von dem Tagungsort in das Mischdokument eingebunden werden.

FRANKFUR.SAM

```
Sofern Sie mit dem Auto anreisen, erreichen Sie das Hotel
Mövenberger direkt über die Autobahnausfahrt Flughafen - danach
finden Sie eine entsprechende Ausschilderung.

Bei Anreise mit dem Flugzeug können Sie den kostenlosen Transfer
vom Flughafen zum Hotel nutzen. Auf Wunsch lassen wir gern ein
Zimmer für Sie reservieren.
```

GIEßEN.SAM

```
Als Anlage erhalten Sie einen Prospekt zum Seminarhotel. Diesem
können Sie sinnvolle Anfahrtsmöglichkeiten entnehmen. Bitte nehmen
Sie die Zimmerreservierung - falls erwünscht - selbst beim Hotel
vor.
```

WETZLAR.SAM

```
Als Anlage erhalten Sie einen Prospekt zum Seminarhotel. Diesem
können Sie sinnvolle Anfahrtsmöglichkeiten entnehmen. Auf Wunsch
lassen wir gern ein Zimmer für Sie reservieren.
```

Bitte gehen Sie wie folgt vor, um aus der dBase-Datei und dem noch zu erstellenden Mischdokument ein dem Muster entsprechendes Schreiben zu erstellen:

- ✧ Starten Sie AMI PRO neu, oder öffnen Sie ein neues Dokumentenfenster mit DATEI-»Neu«.

- ✧ Wählen Sie DATEI-»Mischen«.

- ✧ Sie bestätigen mit <OK> Punkt 1 des »Willkommen«-Fensters.

- ✧ Anschließend wird im Dialogfenster dBASE als Ursprungsprogramm für die Datei ADRESSEN.DBF festgelegt. <OK>

TEXT83.SAM

COMPUTER SCHULUNGSSEVICE

<IF Geschlecht = 1 "Herrn" ELSEIF Geschlecht = 2 "Frau" ELSE "Frau/Herrn/Firma"
ENDIF>
<MergeField VORNAME> <MergeField NAME>
<MergeField STRASSE>

<MergeField PLZ> <MergeField ORT>

                                                                        05.01.93

Seminar in <MergeField SEMI_ORT>

Sehr geehrt<IF Geschlecht = 1 "er Herr" ELSEIF Geschlecht = 2 "e Frau" ELSE "e Damen
und Herren" ENDIF> <MergeField NAME>,

vielen Dank für die Anmeldung zum Seminar "<MergeField SEMI_BEZEI>". Das Seminar
wird wie geplant am

<MID$(Semi_TERMI,4,3)><Left$(Semi_TERMI,2)><Right$(Semi_TERMI,5)>

in

<MergeField SEMI_ORT>

stattfinden.

<IF Semi_Ort = "Gießen" INCLUDE "A:\GIEßEN.SAM" ELSEIF Semi_ORT= "Frankfurt"
INCLUDE "A:\FRANKFUR.SAM" ELSEIF Semi_ORT="Wetzlar" INCLUDE
"A:\WETZLAR.SAM" ELSE "Wegbeschreibung" ENDIF>

Wir wünschen Ihnen eine gute Anreise und einen angenehmen Seminarverlauf.

Mit freundlichen Grüßen

COMPUTER SCHULUNGSSERVICE

Frau
Tina Tourner
Rockallee 20

4220 Dinslaken

05.01.93

Seminar in Frankfurt

Sehr geehrte Frau Tourner,

vielen Dank für die Anmeldung zum Seminar »PC-Einsatz im Sekretariat«.
Das Seminar wird wie geplant am

26.02.1993

in

Frankfurt

stattfinden.

Sofern Sie mit dem Auto anreisen, erreichen Sie das Hotel Mövenberger
direkt über die Autobahnausfahrt Flughafen - danach finden Sie eine
entsprechende Ausschilderung.

Bei Anreise mit dem Flugzeug können Sie den kostenlosen Transfer vom
Flughafen zum Hotel nutzen. Auf Wunsch lassen wir gern ein Zimmer für Sie
reservieren.

Wir wünschen Ihnen eine gute Anreise und einen angenehmen
Seminarverlauf.

Mit freundlichen Grüßen

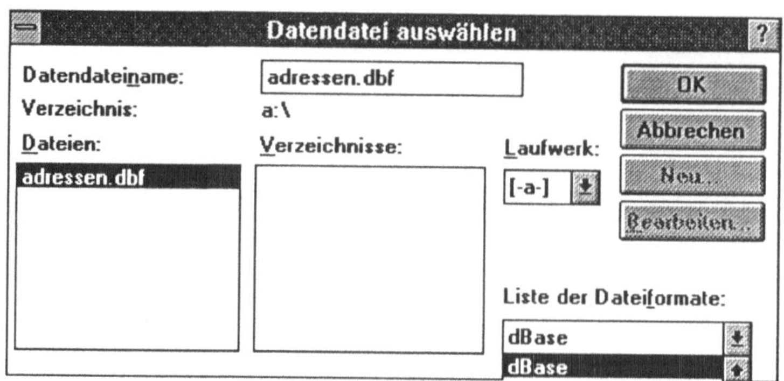

BILD 8-10: dBASE-Datendatei auswählen

⇨ Akzeptieren von Punkt 2 des »Willkommen-Fensters«.

⇨ Bejahen der Frage, ob das aktive Dokument als Mischdokument Verwendung finden soll.

⇨ Es erscheint das Auswahlfenster »Mischfeld einfügen«.

⇨ Firmenname des Briefkopfs schreiben.

⇨ Bei der Anrede im Adreßfeld und nachher zu Beginn des Brieftextes können Sie auf die von Ihnen vereinbarten Felder zurückgreifen. Mit BEARBEITEN-»Felder«-»Einfügen...« wird das »Feld einfügen«-Fenster geöffnet. Hier wählen Sie jetzt »Anrede_1« als einzubindendes Feld aus.

⇨ Die weiteren Eintragungen zum Adreßfeld und Datum entsprechen der auch schon im ersten Mischdokument eingeschlagenen Vorgehensweise.

⇨ Entsprechend dem vorletzten Punkt fügen wir jetzt nach »Sehr geehrt« das Feld »Anrede_2« ein.

⇨ Während die Übernahme von »Semi_Bezei« im ersten Absatz Ihnen keine Schwierigkeiten bereiten dürfte, gestaltet sich die Übernahme des Seminartermins aus der dBase-Datei zu einem kleinen Problem, da der dBase-Filter von AMI PRO nicht die deutsche Schreibweise des Datums berücksichtigt. Anhand der untenstehenden beiden Bildschirmmasken können Sie die Problemlösung erkennen. Mit Hilfe der String-Funktionen MID$, LEFT$ und RIGHT$ lösen Sie jeweils bestimmte Bereiche aus dem Datum heraus und ordnen sie anschließend neu an.

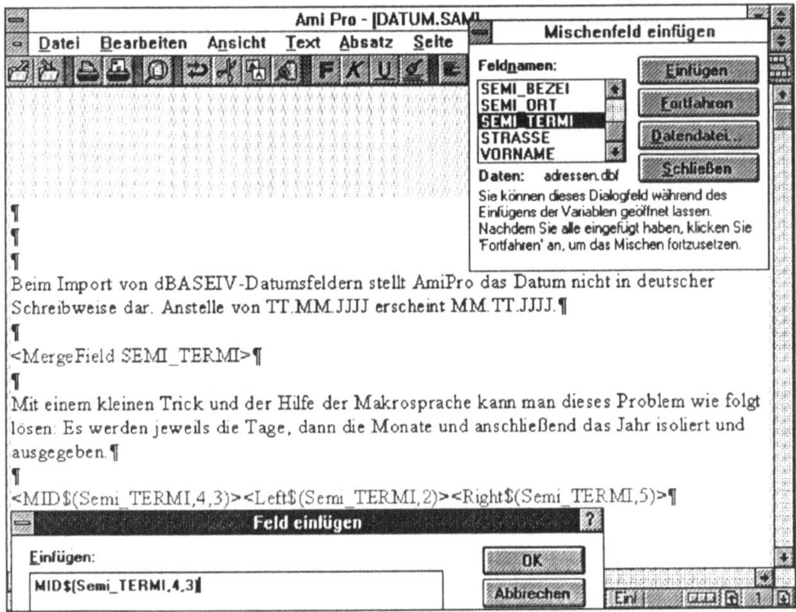

BILD 8-11: Konvertieren eines Datums: Felder vereinbaren

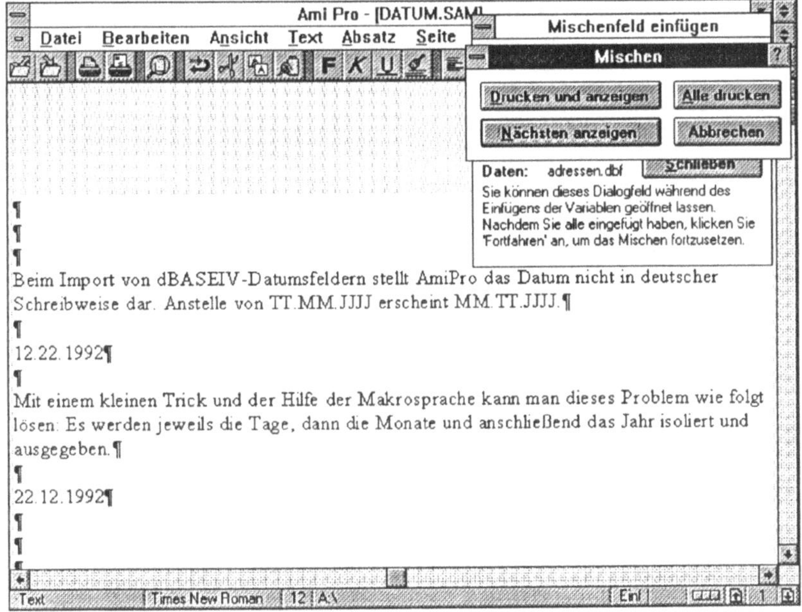

BILD 8-12: Konvertieren eines Datums: Mischen

✧ In dem folgenden Absatz wird die Mächtigkeit des Programms in seiner Vielfältigkeit demonstriert. Es wird auf ein Datenfeld der dBase-Datei zugegriffen, und in Abhängigkeit von dem übergebenen Wert wird eine weitere AMI PRO-Datei beim Mischen eingefügt. Das der Hardcopy bzw. dem Musterbrief zu entnehmende Feld wird über das Dialogfenster »Feld einfügen« editiert.

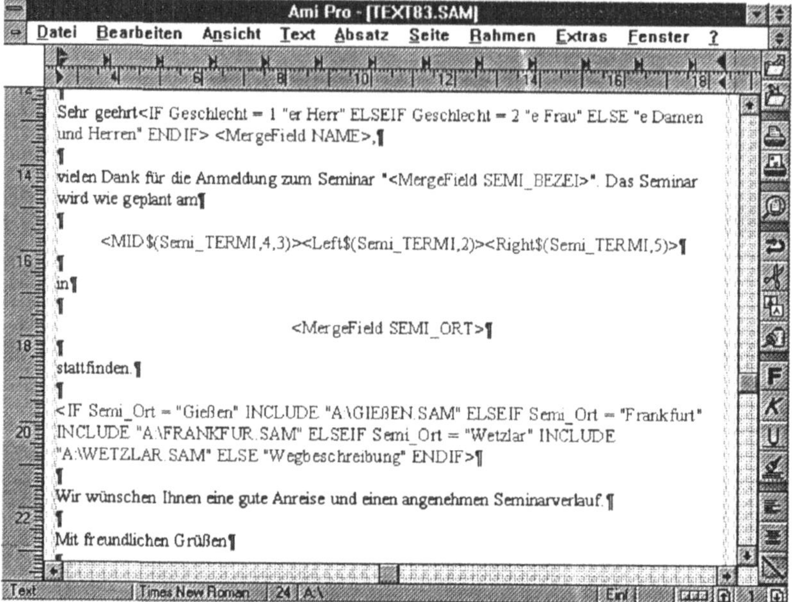

BILD 8-13: Bedingung zum Einfügen externer Dateien in den Serienbrief

✧ Nach Vervollständigung speichern Sie das Mischdokument unter TEXT83.SAM und können das Mischen, wie weiter oben schon beschrieben, durchführen.

8.6 Das Erstellen von Etiketten

Als nächstes sollen entsprechende Etiketten für die Briefkuverts erstellt werden. Dies erfolgt analog der Erstellung des Briefkopfs mit dem Adreßfeld im letzten Mischdokument. Dieser Teil bedarf keiner weiteren Erläuterung.

✧ Nach der Befehlsfolge DATEI-»Neu« müssen Sie sich für ein Seitenlayout entscheiden. Ihre Wahl fällt auf »_etikett.sty«.

✧ Es wird ein Makro ausgeführt, und Sie erhalten die Möglich-keit, aus einer Liste ein entsprechendes Etikett auszuwählen. Es sind die Bestell-Nummern und Größen der ZWECK-FORM-Computer-Etiketten angegeben.

✧ Da aber nur ein Teil der Etiketten aufgelistet ist und auch noch andere Anbieter mit abweichenden Maßen vorhanden sind, wird man häufig individuelle Anpassungen vornehmen müssen.

✧ Nehmen Sie an, daß Sie zweibahnige Endlosetiketten mit folgenden, in mm angegebenen Maßen verwenden.

zur Beschriftung	Abstände	
Breite × Höhe	nebeneinander	untereinander
101,6 × 48,4	2,54	2,4

✧ Über SEITE-»Layout ändern«-»Seiten Format« hat man die Möglichkeit, die Anpassungen vorzunehmen. Skizzenhaft sei das Problem wie folgt verdeutlicht.

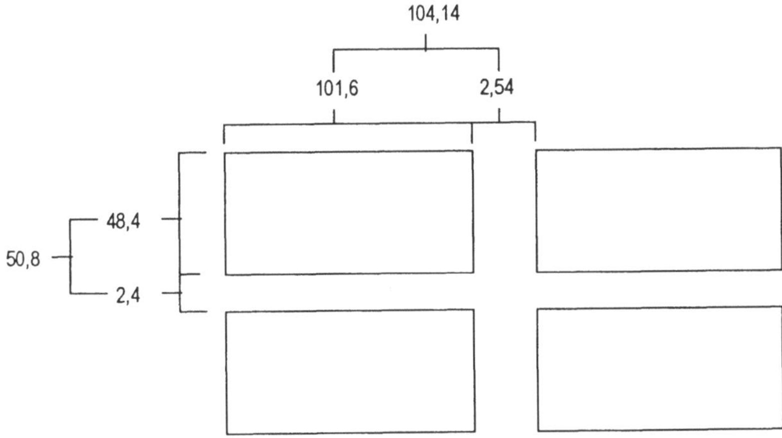

Als Seitenformat geben Sie 104,14 mm (B) x 50,8 mm (H) an. Die Ränder oben und links werden auf Null gesetzt, während der rechte Rand dem horizontalen Abstand zwischen zwei Etiketten entspricht (2,54 mm) und der untere dem vertikalen.

✧ Nun ergänzen Sie das Etikett wie unten abgebildet nach den erlernten Methoden. Das Etikett speichern Sie unter

TEXT84.SAM. Als Datendatei muß dem Etikett dieselbe Datendatei zugrunde liegen wie dem Brief: ADRESSEN.DBF.

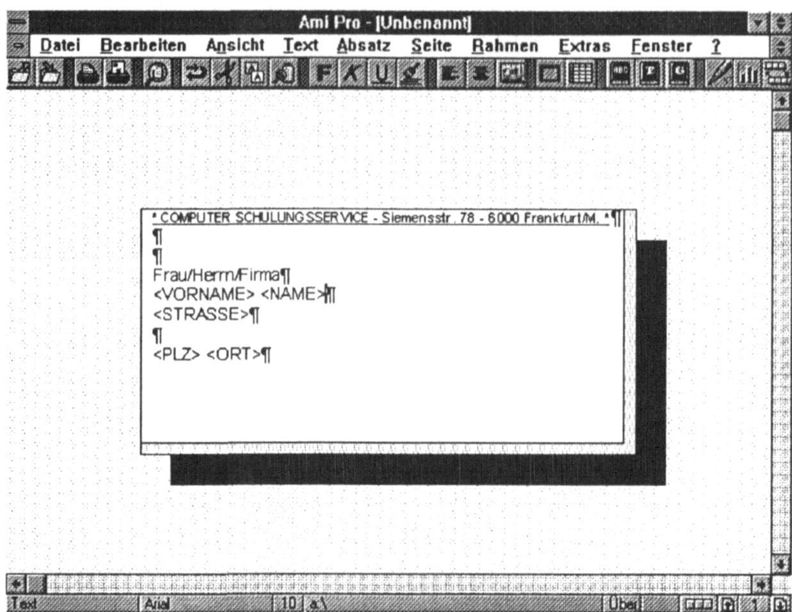

BILD 8-14: Feldnamen in Etikett einfügen

➪ Abschließend werden die letzten Spezifikationen für den Ausdruck mit der Befehlsfolge DATEI-»Mischen«-<Etiketten> eingeleitet. Während die Anzahl der Etiketten in der Breite und Höhe einerseits und die Anzahl pro Etikett andererseits noch eindeutig zu bestimmen sind, können sich bei der Festlegung der Ränder Probleme auftun, da Tintenstrahl- und Laserdrucker einen bestimmten nicht druckbaren Bereich haben, der bei der Angabe der Abstände Berücksichtigung finden muß. Auch hier gilt, wie so oft: »Probieren geht über Studieren!«

Ausgedruckt werden die Etiketten ein Erscheinungsbild liefern, wie Sie es nebenstehender Abbildung entnehmen können.

```
* COMPUTER SCHULUNGSSEVICE - Siemensstr. 78 - 6000 Frankfurt/M.*

Herrn
Axel Holzer
Lindenstr. 7

5000 Köln 41
```

```
* COMPUTER SCHULUNGSSEVICE - Siemensstr. 78 - 6000 Frankfurt/M.*

Herrn
Axel Holzer
Lindenstr. 7

5000 Köln 41
```

```
* COMPUTER SCHULUNGSSEVICE - Siemensstr. 78 - 6000 Frankfurt/M.*

Herrn
Axel Holzer
Lindenstr. 7

5000 Köln 41
```

```
* COMPUTER SCHULUNGSSEVICE - Siemensstr. 78 - 6000 Frankfurt/M.*

Frau
Tina Tourner
Rockallee 20

4220 Dinslaken
```

```
* COMPUTER SCHULUNGSSEVICE - Siemensstr. 78 - 6000 Frankfurt/M.*

Frau
Tina Tourner
Rockallee 20

4220 Dinslaken
```

```
* COMPUTER SCHULUNGSSEVICE - Siemensstr. 78 - 6000 Frankfurt/M.*

Frau
Tina Tourner
Rockallee 20

4220 Dinslaken
```

```
* COMPUTER SCHULUNGSSEVICE - Siemensstr. 78 - 6000 Frankfurt/M.*

Herrn
Theodor Häsel
Alexanderstr. 3

4990 Lübbecke 1
```

```
* COMPUTER SCHULUNGSSEVICE - Siemensstr. 78 - 6000 Frankfurt/M.*

Herrn
Theodor Häsel
Alexanderstr. 3

4990 Lübbecke 1
```

```
* COMPUTER SCHULUNGSSEVICE - Siemensstr. 78 - 6000 Frankfurt/M.*

Herrn
Theodor Häsel
Alexanderstr. 3

4990 Lübbecke 1
```

9 Textbausteinverarbeitung

Ein Großteil der in der Praxis anfallenden **Texte wiederholt sich ständig insgesamt oder in Abschnitten.** In solchen Fällen hat die Nutzung von AMI PRO einen weiteren Vorteil. So können Sie sich das Erstellen von Texten dieser Art vereinfachen, indem Sie

- **ganze Mustertexte** als Datei abspeichern und im Bedarfsfall einfach aktivieren bzw.

- **einzelne Textabschnitte** einmal im voraus formulieren und **als Textbausteine/Glossartexte** anlegen, die dann mit einem einfachen Tastendruck in ein neu zu erstellendes Dokument eingefügt werden können.

Der zweite Fall soll in diesem Kapitel näher vorgestellt werden.

Typische Beispiele, in denen sich Texte fast ausschließlich aus Bausteinen zusammensetzen können, sind: Vertragstexte, Anfragen, Angebots- oder Personaltexte. Sind diese Bausteine gezielt archiviert, kann auf die bereits erstellten Textteile einfach zugegriffen und so ein individueller Text schnell und fehlerfrei erstellt werden.

Neben der Organisation von Abschnittstexten bietet sich die Nutzung von Textbausteinen darüber hinaus auch dann an, wenn nur ein kleiner Teil des gesamten Dokumentes aus sich wiederholenden Elementen besteht. Typische Fälle dafür sind:

- die Verwendung von typischen Brieffloskeln (Anreden, Gruß-formeln);

- die Speicherung und der Zugriff auf häufig verwendete Adres-sen;

- der Abruf urheberrechtlicher Hinweise (z. B. »Copyright by CC«);

- die Verwendung regelmäßig sich wiederholender, umfangreicher Verteilerlisten;

- das Einfügen des Firmennamens.

9.1 Vorüberlegungen und Organisation

Voraussetzung für eine gezielte Einführung und einen reibungslosen Einsatz der Bausteinverarbeitung in der Praxis ist eine Analyse des anfallenden Schriftgutes. Dabei gilt es zu prüfen, welche Textbestandteile häufig wieder vorkommen. Solche Phrasen, Floskeln und Textroutinen können als Textbaustein/Glossareintrag mit einem Kürzel gespeichert werden. Müssen Sie dann ein Standard-Schriftstück - beispielsweise ein Angebot oder ein Einladungsschreiben - erstellen, müssen Sie nur die Kürzel aus dem Bausteinverzeichnis eingeben bzw. auswählen und können so schnell dieses Schriftstück erzeugen.

Wichtig für einen schnellen Zugriff auf Bausteine ist jedoch eine systematische Archivierung. Wie die Ablage erfolgt, dies hängt weitgehend vom Anwendungsgebiet ab. Ergebnis der Schriftgut-Analyse ist nämlich häufig, daß es einen Großteil an Bausteinen gibt, die in einer Vielzahl von Dokumenten verwendet werden können. Demgegenüber gibt es aber auch Bausteine, die nur für bestimmte Sachgebiete Bedeutung besitzen.

Daraus sollte folgende Konsequenz gezogen werden:

- ⇨ Bausteine, die in allen Arten von Texten vorkommen können, sollten allgemein schnell zugänglich sein. Beispiele hierfür sind Firmenname, Firmenadresse, Anreden etc. (hier: TEXT91.SAM).

- ⇨ Bausteine, die exakt einem bestimmten Fachgebiet/Thema zuzurechnen sind, sollten zu einer gesonderten Datei zusammengefaßt werden. Auf diese Weise kann die Übersicht über die angelegten Bausteine sichergestellt werden.

Textbausteindateien werden in AMI PRO als Glossardateien bezeichnet. Es können mehrere dieser Dateien angelegt werden und gemeinsam zur Erstellung eines Textes herangezogen werden. Dabei ist jedoch immer nur eine Glossardatei aktiv. In diesem Kapitel werden Sie mit folgenden Textbaustein-/Glossardateien arbeiten:

✧ TEXT91.SAM enthält Texte mit allgemeinem Charakter;

✧ TEXT92.SAM wird vorrangig von der Personalabteilung eingesetzt;

✧ TEXT93.SAM wird in unserer Debitorenbuchhaltung benötigt.

9.2 Brieferstellung durch Aufruf von Textbausteinen

Auf der beiliegenden Diskette sind Textbausteine in einer allgemeinen und einer speziellen Glossardatei erfaßt und können gezielt für das Zusammenstellen eines individuell abgestimmten Textes genutzt werden.

Hard & Soft GmbH

<u>* HARD & SOFT GmbH - Konrad-Zuse-Str. 106 - 4220 Dinslaken</u>

Frau
Eva Müller
Stahlstraße 222

4100 Duisburg 18

IHRE ZEICHEN, IHRE NACHRICHT VOM	UNSERE ZEICHEN, UNSERE NACHRICHT VOM	0 20 64-69 59 0	Dinslaken
16.10.92	Sch/Sk	Durchwahl: 255	05.01.1993

Ihre Bewerbung vom 16.12.92

Sehr geehrte Frau Müller,

Ihre Bewerbung als Sekretärin haben wir mit großem Interesse gelesen und würden uns freuen, Sie in unserem Hause zu einem Vorstellungsgespräch begrüßen zu dürfen.

Da sich Herr Scholz momentan auf Geschäftsreise befindet, schlagen wir Montag, den 11.01., als Termin vor.

Würden Sie diesen Termin, falls es Ihnen genehm ist, bitte unter der obigen Durchwahl bei Frau Schmitz bestätigen.

Mit freundlichen Grüßen

HARD & SOFT GmbH

ppa.

Scholz

Nach dem Start von AMI PRO steht Ihnen ein geöffnetes, noch unbenanntes Dokument zur Bearbeitung zur Verfügung. Als erstes sollten Sie dieses Dokument unter dem Namen TEXT94.SAM abspeichern. Nun können Sie mit dem Cursor die jeweilige Stelle ansteuern, an der der Textbaustein eingefügt werden soll.

Durch die Eingabe der Befehlsfolge BEARBEITEN-»Variable einfügen«-»Glossareintrag« und das Betätigen der Schaltfläche <GLOSSARDATEI> gelangen Sie in das abgebildete Dialogfenster und können nun in dem Listenfeld die Datei TEXT91.SAM auswählen.

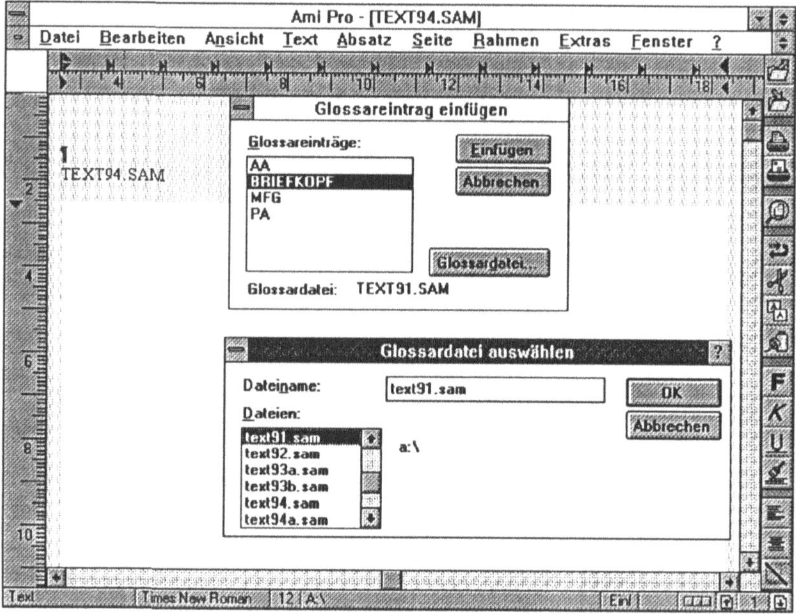

BILD 9-01: Glossardatei auswählen

In dem Listenfeld »Glossareinträge« erscheinen die Kürzel der Texbausteine der eben geöffneten Datei. Sie markieren »BRIEF-KOPF« und fügen mit der Schaltfläche <EINFÜGEN> den Text ein.

Sie erkennen, daß Textbausteine formatiert sein können. Unterschiedliche Schriftgrade, Hervorhebungen durch Fett- und Kursivschrift sowie Unterstreichungen sind möglich. Ausrichtungen des Textes können jedoch nicht importiert werden. So müssen Sie noch den Firmennamen im Briefkopf zentrieren. Ferner können Glossareinträge Felder enthalten; in unserem Beispiel wird das Systemdatum unterhalb des Geschäftssitzes ausgegeben.

Tabellen, Charts und Grafiken können nicht Bestandteil von Glossareinträgen sein.

Außerdem sind noch das Anschriftenfeld und die Bezugszeichenzeile dem Muster entsprechend zu ergänzen. Steuern Sie jeweils die entsprechenden Positionen mit den Cursorsteuerungstasten an, und schließen Sie keinesfalls Ihre Eingaben mit der ⏎-Taste ab, weil sonst unerwünschte Leerzeilen eingefügt werden. 

Die nun folgende Betreff-Zeile ist unter dem Glossarkürzel »BEWERB« in der Glossardatei TEXT92.SAM gespeichert. Nachdem Sie den Cursor an das Ende des Textes bewegt haben, rufen Sie das Dialogfenster »Glossareintrag einfügen« mit der Tastenkombination ⒮ⓉⓇⒼ+Ⓞ auf. Da die geöffnete Glossardatei nicht den entsprechenden Baustein enthält, muß mit der Schaltfläche <GLOSSARDATEI> ein Wechsel zu TEXT92.SAM vorgenommen werden. Im Dialogfenster »Glossareintrag einfügen« werden die nun verfügbaren Glossareinträge angezeigt. Diese Schritte werden wiederholt, bis der Brief fertiggestellt ist.

Der Brief setzt sich also aus den untenstehenden Elementen zusammen.

GLOSSARKÜRZEL	GLOSSARDATEI	VARIABLE
BRIEFKOPF	TEXT91.SAM	Frau Eva Müller Stahlstraße 222 4100 Duisburg 18 IN: 16.12.92 UZ: Sch/SK DW: 255

GLOSSARKÜRZEL	GLOSSARDATEI	VARIABLE
BEWERB	TEXT92.SAM	16.12.92
PA	TEXT91.SAM	e Frau Müller
BEWERB+	TEXT92.SAM	Sekretärin
EINLAD2	TEXT92.SAM	Scholz Montag, 11.01.
RÜCKSPRACHE	TEXT92.SAM	
MfgSch	TEXT92.SAM	

Manche der obigen Textbausteine enthalten einen Unterstrich (_) als Platzhalter. Diese Markierungen können mit Hilfe der Maus oder der Cursorsteuerungstasten ausgewählt werden, um dann anschließend durch den entsprechenden Text ersetzt zu werden.

Hier besteht aber die Möglichkeit des Übersehens entsprechender, noch zu ergänzender Textstellen. Es bietet sich daher an, den Cursor mit [Strg]+[Pos1] an den Anfang des Schriftstücks zu positionieren und das untenstehende Dialogfenster mit BEARBEITEN-»Suchen & Ersetzen...« /[Strg]+[E] aufzurufen. In dem Textfeld »Suche nach:« tragen wir »_« ein und lassen das System <SUCHEN>. Erscheint die Meldung »Gefunden«, betätigen Sie <ABBRECHEN> und nehmen die Einfügung vor. Dies wiederholen Sie, bis kein weiterer Unterstrich gefunden wird. Anschließend speichern Sie den Text.

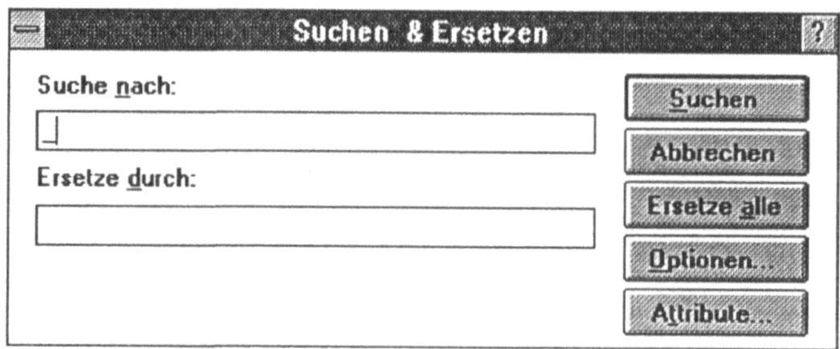

BILD 9-02: Einfügestellen suchen

Prinzipiell besteht noch eine zweite Möglichkeit, Text aus einer geöffneten Baustein-/Glossardatei einzufügen. Nach Eingabe des Bausteinnamens im Text (z.B. BEWERB) und Betätigen der Tastenkombination [Strg]+[O] erscheint ebenfalls der gewünschte Baustein unmittelbar im Schriftstück auf dem Bildschirm an der gewünschten Stelle. Gleichzeitig wird das zuvor geschriebene Glossarkürzel gelöscht.

Die Wahl der Befehlsfolge BEARBEITEN-»Variable einfügen«-»Glossareintrag« und die Auswahl aus dem Listenfeld »Glossareinträge« ist insbesondere dann vorteilhaft, wenn viele Bausteine vorhanden sind, die man sich nicht alle merken kann. Das direkte Schreiben des Glossarkürzels und das Betätigen der Bausteintastenkombination [Strg]+[O] ist demgegenüber nur dann schneller, wenn Sie die Namen der Textbausteine auswendig wissen und das Glossarkürzel extrem kurz ist: z.B. MFG.

Zum Einfügen von Textbausteinen/Glossartexten in ein Schriftstück bedient man sich der untenstehenden Befehle/Tastenkombinationen.

Befehl/Schaltfläche	Bedeutung
[Strg]+[O] bzw. BEARBEITEN-»Variable einfügen«-»Glossareintrag...«	»Glossareintrag einfügen« öffnen
<GLOSSARDATEI>	»Glossardatei auswählen« öffnen TEXT91.SAM bzw. TEXT92.SAM auswählen
<OK>	»Glossardatei auswählen« schließen, »Glossareinträge« anzeigen Glossarkürzel markieren
<EINFÜGEN>	»Glossareintrag einfügen« schließen, Glossartext erscheint im Schriftstück°

9.3 Erstellen einer Glossardatei

Textbausteine werden für sich wiederholende Textabschnitte gebildet. Je nachdem, ob im Anwendungsfall noch eine individuelle Einfügung vorgenommen werden soll oder nicht, lassen sich zwei grundsätzliche **Arten von Textbausteinen** unterscheiden:

⇨ **Textbausteine mit Variablen (BEWERB, EINLAD2).**
In diesen Bausteinen können gezielte Einfügungen vorgenommen werden. Diese Einfügestellen müssen besonders gekennzeichnet werden; z. B. durch den Unterstrich oder andere Sonderzeichen. An dieser Stelle kann dann etwa ein Name oder ein bestimmter Zeitpunkt gezielt eingesetzt werden. Die Einfügungen - auch Variable genannt - ermöglichen es somit, auf spezielle Gegebenheiten bezogene Ergänzungen vorzunehmen. Auf diese Weise kann z.B. einem Bausteinbrief »Individualität« verliehen werden.
Vielfach wird auch das Sternchen als Platzhalter eingesetzt. Hierbei ist jedoch zu beachten, daß es dann bei Einsatz der Suchfunktion in spitze Klammern gesetzt werden muß; andernfalls wird es als Joker interpretiert.

⇨ **Textbausteine ohne Variablen (RÜCKSPRACHE, MfgSch)**
In vielen Fällen sind keine individuellen Einfügungen notwendig. Dadurch kann natürlich erheblicher Erfassungsaufwand eingespart werden.

Eine Glossardatei wird in AMI PRO wie folgt erstellt:

⇨ Wählen Sie aus dem Menü DATEI den Befehl »Neu«, und weisen Sie diesem neuen Dokument den Namen TEXT93.SAM zu.

⇨ AMI PRO verlangt in der ersten Zeile einer Glossardatei die Vereinbarung eines Feld- und Eintragsbegrenzungszeichens. Deshalb geben Sie in die erste Zeile des Dokuments zwei von Ihnen selten verwendete Sonderzeichen als Feld- (~) und Eintragsbegrenzungszeichen (|) ein. Diese Sonderzeichen erhalten Sie, indem Sie bei gedrückter ALT-Taste über den Ziffernblock »126« bzw. »124« eintippen.

Auszug aus dem Texthandbuch
Personal

GLOSSARKÜRZEL	GLOSSARTEXT
ABSAGE	Wir bedauern jedoch, Ihnen mitteilen zu müssen, daß wir aus der Vielzahl der eingegangenen Bewerbungen bereits eine Entscheidung gefällt haben. Für Ihr weiteres berufliches Fortkommen wünschen wir Ihnen alles Gute.
BEWERB	Ihre Bewerbung vom_
BEWERB+	Ihre Bewerbung als _ haben wir mit großem Interesse gelesen und würden uns freuen, Sie in unserem Hause zu einem Vorstellungsgespräch begrüßen zu dürfen.
BEWERB-	wir bedanken uns für Ihr Schreiben vom -, in dem Sie sich für die in der _ ausgeschriebenen Stelle als _ bewerben.
EINLAD1	Wir würden Sie gern näher kennenlernen und laden Sie deshalb zu einem Vorstellungsgespräch am _ in unserem Haus ein.
EINLAD2	Da sich Herr _ momentan auf Geschäftsreise befindet, schlagen wir _, den _, als Termin vor.
MfgSch	Mit freundlichen Grüßen HARD & SOFT GmbH ppa. Scholz
RÜCKSPRACHE	Würden Sie diesen Termin, falls er Ihnen genehm ist, bitte unter der obigen Durchwahl bei Frau Schmitz bestätigen.

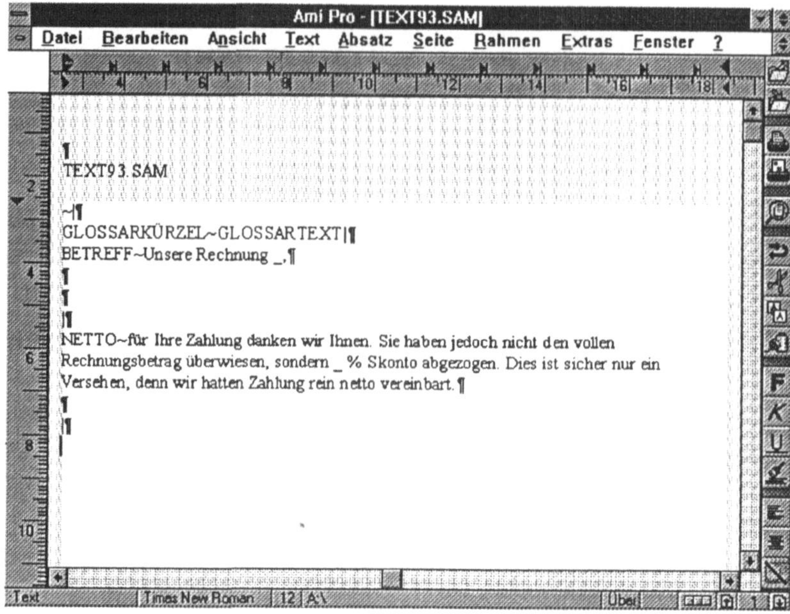

BILD 9-03: Erstellen einer Glossardatei

⇨ Die zweite Zeile enthält:

- allgemein:

<Feldname><Feldbegrenzer><Feldname für

Glossartext><Eintragsbegrenzungszeichen>⏎

- speziell: Glossarkürzel~Glossartext|

Die Wahl der Worte ist Ihnen freigestellt; entscheidend ist die Verwendung der in der ersten Zeile vereinbarten Trennzeichen. So könnte die zweite Zeile auch wie folgt aussehen: »Liesel~Hans|«.

⇨ Erst ab der dritten Zeile beginnt die eigentlich nutzbare Textbaustein-/Glossardatei.   Geben   Sie   die   Textbausteine »BETREFF« und »NETTO« so ein, wie Sie es der obigen Bildschirmhardcopy entnehmen können.

Beachten Sie, daß der Text für den Glossareintrag unmittelbar nach dem Feldbegrenzer beginnt; ferner berücksichtigen Sie, daß nach der Betreff-Zeile eines Briefes zwei Leerzeilen notwendig werden.

Speichern Sie nach der Eingabe dieser beiden Glossartexte die
Datei TEXT93.SAM, und schließen Sie das Dokument, um
anschließend eine weitere Variante der Textbausteinerfassung
kennenzulernen.

Auszug aus dem Texthandbuch
Personal

GLOSSARKÜRZEL	GLOSSARTEXT
BETREFF	Unsere Rechnung _,
EINVERSTANDEN	Wir wollen in diesem Fall nicht darauf bestehen, daß Sie den Differenzbetrag nachzahlen. Bitte veranlassen Sie aber Ihre Buchhaltung, unsere Rechnungen künftig vereinbarungsgemäß zu begleichen.
MfgTr	Mit freundlichen Grüßen HARD & SOFT GmbH ppa. Treiber
NETTO	für Ihre Zahlung danken wir Ihnen. Sie haben jedoch nicht den vollen Rechnungsbetrag überwiesen, sondern _% Skonto abgezogen. Dies ist sicher nur ein Versehen, denn wir hatten Zahlung rein netto vereinbart.
RestÜ	Bitte überweisen Sie noch die restlichen _DM in den nächsten Tagen, damit Ihr Konto ausgeglichen ist.

⋄ Öffnen Sie mit DATEI-»Neu« ein Arbeitsfenster, und geben
   Sie ansschließend die den Glossarkürzeln »RestÜ« und
   »MfgTr«,entsprechenden Glossartexte ein. KEINE EINGABE
   DER GLOSSARKÜRZEL an dieser Stelle!

⋄ Nun markieren Sie den ersten Glossartext »Bitte überweisen
   ... ausgeglichen ist.« einschließlich der Leerzeile und rufen das

Dialogfenster »Text in Glossar einfügen« auf: BEARBEITEN-
»Text markieren«-»Glossar...«.

➪ Achten Sie darauf, daß im Dialogfenster »Text in Glossar einfügen« im Informationsfeld Glossardatei »TEXT93.SAM« als
geöffnete Glossardatei angegeben wird. Sollte dies nicht der
Fall sein, klicken Sie die Schaltfläche <Glossardatei> und
nehmen die entsprechende Auswahl vor und bestätigen mit
<OK>.

➪ Nun können Sie das Glossarkürzel »RestÜ« vergeben.

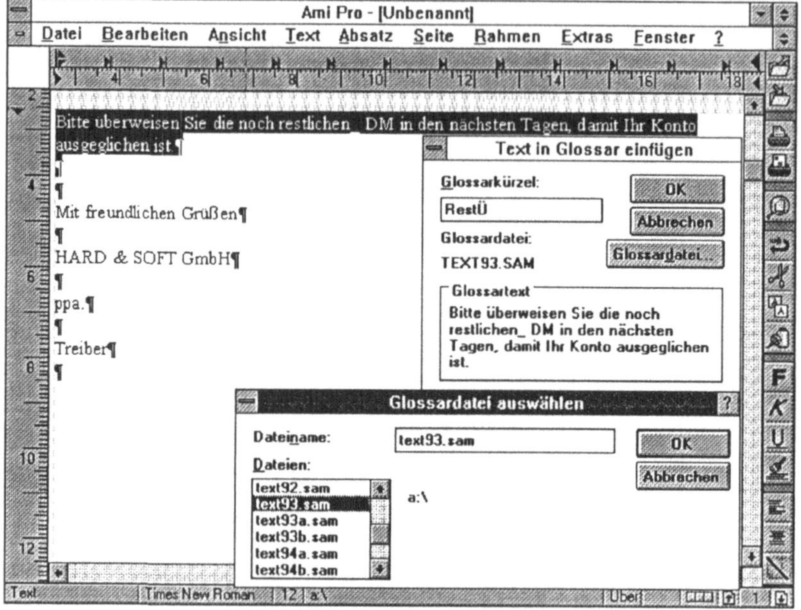

BILD 9-04: Textbaustein in Datei aufnehmen

➪ Für den weiteren Glossartext »MfgTr« wiederholen Sie bitte
die vorherigen Schritte entsprechend.

➪ Laden Sie TEXT93.SAM neu, und kontrollieren Sie, ob die
Glossardatei entsprechend ergänzt worden ist. Sollte dies der
Fall sein, können Sie alle geöffneten Dokumentenfenster
schließen. Eine Speicherung des Dokumentenfensters, das uns
zur Erfassung der letzten beiden Textbausteine diente, ist nicht
notwendig.

Dieses zuletzt erläuterte Verfahren bietet sich dann an, wenn man bereits einen Text erstellt hat und glaubt, Teile davon für ähnliche Schriftstücke wiederverwerten zu können.

ÜBUNG:

In dem folgenden Beispiel sollen Sie den untenstehenden Brief schreiben. Sie werden dabei

✧ mit mehreren Glossardateien arbeiten;

✧ eine Glossardatei um einen Glossartext erweitern;

✧ die Suchfunktion einsetzen.

Hard & Soft GmbH

* HARD & SOFT GmbH - Konrad-Zuse-Str. 106 - 4220 Dinslaken

Herrn
Manfred Kreuzer
Hüttenstr. 12

4000 Düsseldorf

IHRE ZEICHEN, IHRE NACHRICHT VOM	UNSERE ZEICHEN, UNSERE NACHRICHT VOM	0 20 64-69 59 0	Dinslaken
MK 13.10.92	TR/SK	Durchwahl: 123	05.01.1993

Unsere Rechnung 3364,

Sehr geehrter Herr Kreuzer,

für Ihre Zahlung danken wir Ihnen. Sie haben jedoch nicht den vollen Rechnungsbetrag überwiesen, sondern 3% Skonto abgezogen. Dies ist sicher nur ein Versehen, denn wir hatten Zahlung rein netto vereinbart.

Wir wollen in diesem Fall nicht darauf bestehen, daß Sie den Differenzbetrag nachzahlen. Bitte veranlassen Sie aber Ihre Buchhaltung, unsere Rechnungen künftig vereinbarungsgemäß zu begleichen.

Mit freundlichen Grüßen

HARD & SOFT GmbH

ppa.

Scholz

Entsprechend den unten aufgeführten Schritten lösen Sie die Aufgabe:

⇨ Sie müssen ein neues Dokumentenfenster geöffnet haben. Dies erhalten Sie automatisch nach dem Neustart von AMI PRO oder durch Wahl des Befehls »Neu« aus dem Menü DATEI.

⇨ Vergeben Sie sofort den Namen TEXT95.SAM.

⇨ Mit [Strg]+[O] öffnen Sie das Dialogfenster »Glossareintrag einfügen«. Finden Sie dort nicht das gewünschte Glossarkürzel »BRIEFKOPF«, drücken Sie <GLOSSARDATEI> und suchen im Listenfeld die Textbausteindatei TEXT91.SAM und laden sie.

⇨ Das Glossarkürzel »BRIEFKOPF« wird markiert und mit [↵] aktiviert.

⇨ Die vorherigen beiden Schritte werden wiederholt für die Glossareinträge »BETREFF«, »PA«, »NETTO«.

⇨ Anschließend erfassen Sie den Absatz: »Wir wollen ... zu begleichen.« einschließlich einer Zeilenschaltung und markieren ihn.

⇨ Mit Hilfe der Befehlsfolge BEARBEITEN-»Text markieren«-»Glossar...« wird das Dialogfenster »Text in Glossar einfügen« angezeigt. Normalerweise müßte die richtige Glossardatei TEXT93.SAM aktiv sein, so daß als Glossarkürzel »EINVERSTANDEN« vergeben werden kann.

⇨ Abschließend schreiben Sie das Glossarkürzel/den Textbausteinnamen »MfgTr« und bestätigen diese Eingabe mit [Strg]+[O]. Die Grußformel wird eingefügt.

⇨ Speichern Sie Ihr Ergebnis durch Klicken des entsprechenden SmartIcons.

⇨ Nun sind noch

   - der Firmenname zu zentrieren,

   - das Adreßfeld und die Bezugszeichenzeile zu ergänzen,

   - die Variablen einzusetzen.

Untenstehend ist noch einmal der Schreibauftrag für den Brief aufgeführt.

GLOSSARKÜRZEL	GLOSSARDATEI	VARIABLE
BRIEFKOPF	TEXT91.SAM	Herrn Manfred Kreuzer Hüttenstraße 12 4000 Düsseldorf IZ: MK, IN: 13.10.92 UZ: Tr/Sk DW: 123
BETREFF	TEXT93.SAM	3364
PA	TEXT91.SAM	er Herr Kreuzer
NETTO	TEXT93.SAM	3
EINVERSTANDEN (wird von Ihnen erstellt)	TEXT93.SAM	
MfgTr	TEXT93.SAM	

9.4 Textbausteinverwaltung

Sie können sich jederzeit einen Überblick zu der Glossardatei verschaffen, indem Sie diese ausdrucken und anschließend studieren. Dieser Ausdruck ist aber aufgrund seines Äußeren und wegen der chronologischen und teilweise nicht sachlogischen Erfassung der Textbausteine wenig übersichtlich.

Es bietet sich an, für die Textbausteindateien ein Handbuch zu erstellen. Jede Textbausteindatei ist dann ein Kapitel bzw. Unterkapitel dieses Handbuchs.

Für die von Ihnen zuletzt erstellte Glossardatei TEXT93.SAM soll dies exemplarisch anhand des obigen Musters erläutert werden.

Öffnen Sie ein neues Dokumentenfenster, schreiben Sie »Auszug aus dem Texthandbuch ⏎ RECHNUNGSWESEN ⏎ ⏎«, und formatieren Sie die Überschrift.

Durch Aktivieren der Textbausteindatei mit [Strg]+[O] und <GLOSSARDATEI> erhalten Sie einen Überblick über die Anzahl der Textbausteine, indem Sie die Glossareinträge zählen. Nun können Sie das Fenster wieder verlassen.

Nun klicken Sie das Tabellensymbol an und legen für die Größe der Tabelle

↪ zwei Spalten für die Glossarkürzel und -texte sowie

↪ sechs Zeilen für die Überschrift und die fünf Einträge

fest. Die erste Spalte wird verkleinert und die zweite dementsprechend erweitert.

Sie schreiben nun in A1 »Glossarkürzel« und in B1 »Glossartext«. Positionieren Sie anschließend den Cursor nach B2, und greifen Sie mit [Strg]+[O] auf die Glossareinträge zu. Diese werden beginnend mit »BETREFF« sortiert aufgeführt. Entsprechend dieser Reihenfolge werden die Glossartexte in die Felder der zweiten Spalte übernommen. Nach jeder Übernahme sollten Sie dann das entsprechende Glossarkürzel in das links danebenliegende Feld eintragen.

Abschließend können Sie aus dem Menü TABELLE den Befehl »Farben/Linien...« wählen und ihr noch das entsprechende Outfit verpassen.

Auf zwei Punkte ist in diesem Zusammenhang hinzuweisen:

↪ Sind in einem Glossartext Tabulatoren verwandt worden, kann die Übernahme so nicht erfolgen. Jeder Tabulatorsprung bedeutet ein neues Feld.

↪ Vergeben Sie als Glossarkürzel Zahlen, so ist zu beachten, daß alle Zahlen eine identische Stellenanzahl besitzen, da sonst keine logische Reihenfolge bei den Glossareinträgen erfolgt.

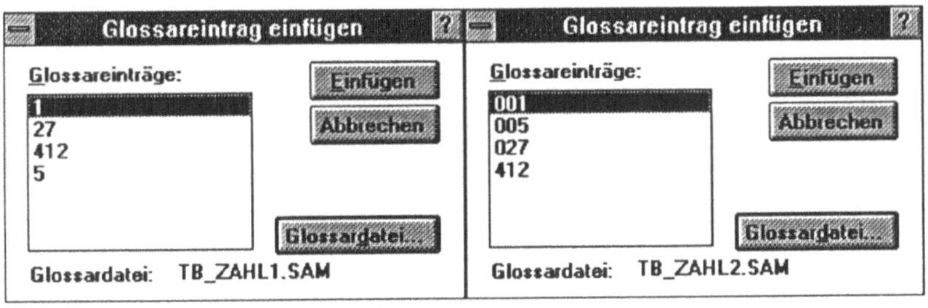

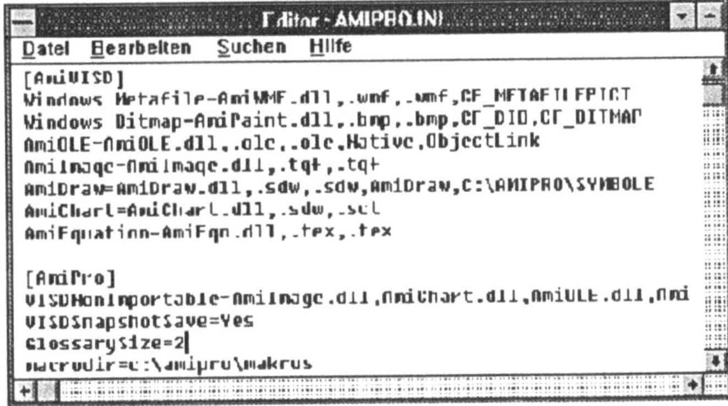

BILD 9-05/9-06: Zahlen als Textbausteinkürzel

❖ Vergeben Sie keine Glossarkürzel mit Unterstrich, da dann der Schnellaufruf mit ⌊Strg⌋+⌊O⌋ nur nach Markierung des gesamten Codes möglich ist: nicht Rest_Ü, sondern RestÜ.

Wollen Sie einen Textbaustein löschen oder ihm einen anderen Namen zuweisen, so ist dies nur direkt in der Glossardatei möglich. Auch Änderungen bei Glossartexten können nur direkt vorgenommen werden, da ein Überschreiben unter demselben Kürzel nicht zulässig ist.

Sollten Ihre Glossartexte aufgrund ihrer Größe vom System nicht akzeptiert werden, so können Sie den zur Verfügung stehenden Speicherraum wie folgt verändern:

❖ Aufruf des DATEIMANAGERS,

❖ Doppelklick auf die Datei AMIPRO.INI, die sich normalerweise auf Laufwerk C: im Verzeichnis WINDOWS befindet,

❖ Erhöhung des Eintrages nach GlossarySize von 2 auf z.B. 4.

BILD 9-07: Speicherkapazität für Textbausteine erhöhen

10 Arbeiten mit Feldern und Formularen

An bestimmten Stellen eines Dokuments sollen häufig gezielt Einfügungen vorgenommen werden oder ganz bestimmte Aktionen erfolgen (z. B. Formatierungen). Nehmen Sie folgende Beispiele:

- ✧ Sie wollen in einem Brief jeweils das aktuelle Erstellungsdatum an einer bestimmten Stelle angeben.

- ✧ In einem Bericht, der erst nach mehreren Überarbeitungsdurchgängen seine endgültige Form erlangt, sollen am Ende bestimmte Dokumenteninformationen eingefügt werden.

- ✧ Sie müssen in bestimmten zeitlichen Abständen (z. B. wöchentlich oder monatlich) einen Bericht erstellen, der Daten enthält, die sich in jedem Bericht ändern. Der Grundtext bleibt allerdings immer gleich. Die Einfügung der variablen Daten sowie die Formatierung des Dokumentes möchten Sie weitgehend automatisieren.

- ✧ In einer Dokumentation, die aus einer Vielzahl von eingefügten Abbildungen (Grafiken, Illustrationen) besteht, sollen die Abbildungen der Reihenfolge nach automatisch numeriert und mit einer dazugehörigen Beschriftung versehen werden.

In diesen und ähnlichen Fällen ist das Arbeiten mit Feldern eine wesentliche Hilfe. Damit können Sie Ihre Dokumentenerstellung dann recht einfach automatisieren und so eine schnelle, saubere Lösung sicherstellen. Lesen Sie deshalb dieses Kapitel des Buches, wenn Sie über die Anwendung von Feldern mehr wissen wollen.

10.1 Was sind Felder?

Felder sind **Steuerbefehle**, mit denen Sie das Programm AMI PRO anweisen, bestimmte Aktionen auszuführen bzw. Daten an einer bestimmten Stelle in Ihrem Dokument einzufügen. Dies können zunächst einmal Variable verschiedener Art sein; beispielsweise das aktuelle Datum, eine Dokumenten-Information oder bestimmte Dateien und Grafiken.

Neben der Art der Einfügung können Sie mit einem Feld darüber hinaus auch die Position eines Bereichs gezielt festlegen; etwa eines eingefügten Diagramms oder eines Rahmens. So stellen Sie sicher, daß ein bestimmtes Dokument immer in gleicher Weise formatiert wird.

Mit Feldern lassen sich des weiteren **Makrofunktionen** ausführen. Auf diese Weise ist es möglich, mehrere Aktionen an einer bestimmten Stelle in einem Dokument hintereinander automatisiert auszuführen. Dabei ist auch der Aufruf einer Dialogbox möglich, mit der ein dialoggesteuerter Ablauf einer Dokumentenerstellung aufgebaut werden kann.

Felder können schließlich **dynamisch** verwaltet werden. Wenn Sie beispielsweise Informationen ändern, auf die ein Feld Bezug nimmt, haben Sie die Möglichkeit, auch die Ergebnisse für ein ausgewähltes Feld oder alternativ für alle eingefügten Felder eines Dokuments automatisch zu aktualisieren.

10.1.1 Feld-Varianten

In AMI PRO stehen 42 vordefinierte Feldtypen zur Verfügung. Jedes Feld wird durch einen Namen gekennzeichnet, unter dem es zur Ausführung gebracht wird.

Die Felder unterscheiden sich im wesentlichen dadurch, woher sie die Informationen für die Einfügung in das Dokument nehmen. Danach lassen sich folgende Feld-Varianten abgrenzen:

a) Systemdaten-Felder

Sollen das aktuelle Datum bzw. die Uhrzeit oder das Erstellungsdatum als Feld in ein Dokument eingefügt werden, so entnimmt das Programm diese Informationen automatisch aus den jeweiligen Systemeinstellungen. Beispiele sind folgende Felder:

Feldname	Bedeutung
CreateDate	fügt das Datum oder die Uhrzeit ein, das der Dokumentenerstellung zugrundeliegt.

Feldname	Bedeutung
Now()	gibt das aktuelle Datum bzw. die aktuelle Uhrzeit an das System zurück.

b) Felder mit Dokumenteninformationen

In AMI PRO können im Rahmen der Speicherung verschiedene Dokumenteninformationen verwaltet werden. Beispiele hierfür sind eine Dokumentenbeschreibung (siehe hierzu auch ausführlicher Kapitel 14) oder das Datum der letzten Speicherung. Durch das Einfügen eines entsprechenden Feldes können die aktuellen Dokumentenbeschreibungen gezielt in ein Dokument übernommen werden.

Beispiele sind folgende Felder:

Feldname	Bedeutung
Description	übernimmt die Dokumentenbeschreibung.
EditDate	fügt das Datum der letzten Speicherung ein.
FileSize	weist die Größe des Dokuments aus (in KByte).
NumEdits	gibt an, wie oft ein Dokument gespeichert wurde.

c) Makro-Felder

Hier handelt es sich um Felder, die bestimmte Aktionen auslösen. Beispiele sind:

Feldname	Bedeutung
Call	führt ein Makro aus.
Query$	ermöglicht den Aufruf einer Dialogbox, in der der Benutzer zur Eingabe eines Textes aufgefordert wird.

d) Felder für logische und arithmetische Operationen

Hier können mathematische Formeln erstellt werden, die zu bestimmten Berechnungen im Text führen. Dazu dienen beispielsweise folgende Felder:

Feldname	Bedeutung
Decide	ermöglicht eine Ja/Nein-Abfrage.
Seq	ermöglicht eine benutzerdefinierbare Numerierung; etwa für Abbildungen oder Tabellen.
Set	weist einer Globalvariablen einen Ausdruck zu.

In den Feldern können die üblichen mathematischen Operatoren (+,-,*,/) verwendet werden. Auf diese Weise läßt sich der Wert von mehreren Ausdrücken berechnen.

e) Mischenfelder

Hierzu zählen etwa Felder, mit denen die Erstellung von Serienbriefen oder ein Datenaustausch zwischen verschiedenen Dateien gesteuert wird. Felder dieser Art wurden bereits in vorhergehenden Kapiteln genutzt, ohne daß dies ausdrücklich herausgestellt wurde.

Beispiele sind:

Feldname	Bedeutung
Include	fügt eine Datei ein.
MergeField	fügt den Inhalt eines Mischfeldes beim Mischvorgang ein.

10.1.2 Aufbau von Feldern

Felder, die Sie in ein Dokument einfügen, bestehen grundsätzlich aus zwei Komponenten: einer Anweisung sowie den dadurch bewirkten Ergebnissen.

Feld-Anweisungen dienen dazu, dem Programm mitzuteilen, daß es eine bestimmte Aktion ausführen soll; beispielsweise ein Makro aufzurufen oder eine Information an einer bestimmten Stelle im Dokument einzufügen. Eine Feld-Anweisung besteht grundsätzlich aus einem oder mehreren Ausdrücken. In diesen Ausdrücken befinden sich der sog. Feldname (wie beispielsweise INCLUDE) sowie ergänzende Hinweise wie Variable, Nummern, zitierter Text und anderes.

Die **Ergebnisse** von Feld-Anweisungen können wiederum unterschiedlicher Art sein:

✧ Es können einmal die Informationen sein, die im Text an der Stelle des Feldes angezeigt werden.

✧ Zum anderen kann das die Aktion sein, die an dieser Stelle ausgeführt werden soll. In diesem Fall ist das Ergebnis zunächst nicht im Dokument sichtbar.

✧ Schließlich kann es noch vorkommen, daß einige Feldergebnisse lediglich Nummern wiedergeben, die beispielsweise noch formatiert werden müssen (etwa Zeit-/Datumsfelder).

10.2 Felder in Dokumente einfügen

Im folgenden können Sie anhand ausgewählter Beispiele das Einfügen von Feldern in ein Dokument kennenlernen. Außerdem ist dabei jeweils von Interesse, inwiefern zu einem späteren Zeitpunkt noch Aktualisierungen bei bestimmten Feldern möglich sind.

10.2.1 Vordefinierte Felder als Variable einfügen

Ausgangspunkt soll die folgende Aufgabe sein:

Aufgabe: Datumsfeld in ein Dokument einfügen

Öffnen Sie die Datei »Text40.SAM«. Fügen Sie in dieses Dokument am Ende ein Feld ein, das das Datum erzeugt, an dem das Dokument letztmalig in geänderter Form gespeichert wurde. Speichern Sie dieses Dokument dann unter dem Dateinamen »Text100.SAM«.

Zur Lösung der Aufgabe müssen Sie zunächst das Dokument »Text40.SAM« laden, indem Sie das Menü DATEI aktivieren und dann den Befehl »Öffnen« wählen. Steuern Sie anschließend die Einfügemarke auf die Stelle, an der das Speicherdatum stehen soll; im Beispielfall an das Textende.

Aktivieren Sie danach das Menü BEARBEITEN, und wählen Sie den Befehl »Felder«. Wenn Sie danach die Option »Einfügen« wählen, ergibt sich die folgende Dialogbox:

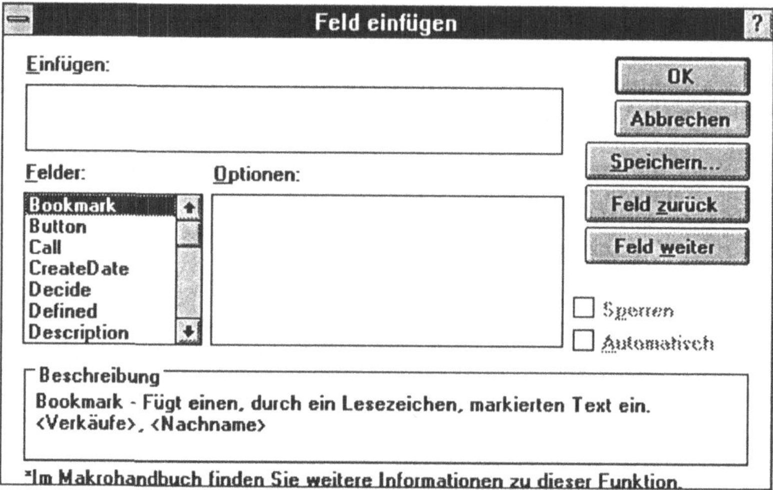

Bild 10-1: Dialogbox »Feld einfügen«

Die verschiedenen Bereiche dieser Dialogbox haben folgende Bedeutung:

Bereiche	Bedeutung
Einfügen	In diesem Textfeld wird das ausgewählte Feld (Feldname/Ausdruck) angegeben.
Felder	In diesem Verzeichnis sind alle verfügbaren Feldarten mit ihrer Bezeichnung in alphabetischer Reihenfolge enthalten.

Bereiche	Bedeutung
Optionen	Für bestimmte Felder können Optionen zur Auswahl stehen, mit denen festgelegt werden kann, wie eine Funktion ausgeführt werden soll. Beispiel: Formatierung der Datumsanzeige.
Beschreibung	Hier wird die aktuell markierte Feldfunktion in ihrer Syntax angezeigt sowie in Kurzform die Art der Anwendung beschrieben.

Markieren Sie im Beispielfall im Verzeichnisfeld »Felder« die Feldart »EditDate«. Nun erscheinen mögliche Datumsformate im Verzeichnisfeld »Optionen«. Treffen Sie auch hier Ihre Auswahl. Die Dialogbox kann nun beispielsweise folgendes Aussehen haben:

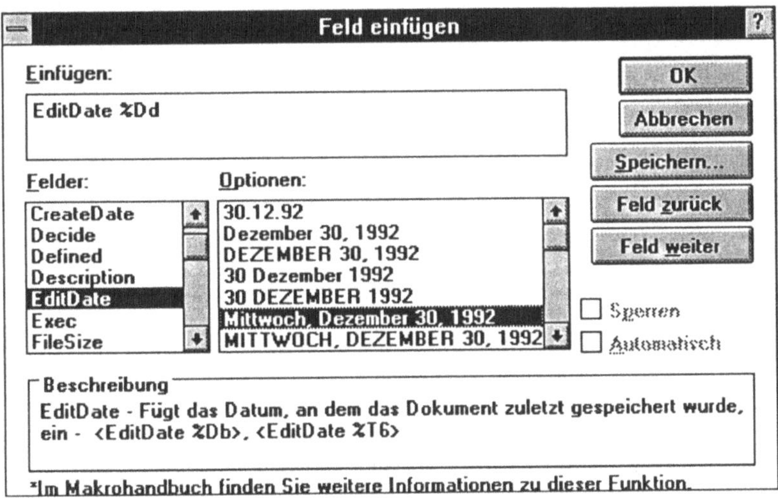

Bild 10-2: Ausgefüllte Dialogbox »Feld einfügen«

Wenn Sie jetzt die Schaltfläche <OK> klicken, wird dieses Feld im aktuellen Dokument an der Position der Einfügemarke hineingesetzt. Danach erfolgt vom Programm direkt eine Auswertung der feldspezifischen Anweisungen und daraufhin eine Ergebnisanzeige an der Feldposition. Im Beispielfall dürfte jetzt nicht das aktuelle Datum, sondern das Datum der letzten Speicherung erscheinen.

Die Art der Anzeige im Dokument hängt im Einzelfall allerdings davon ab, ob im Menü ANSICHT die Option eingeschaltet ist oder nicht:

a) Es erscheint das Feldergebnis (also das Datum), wenn die Option »Felder anzeigen« im Menü ANSICHT gilt.

b) Soll statt des Ergebnisses der Steuercode des Feldes angezeigt werden, muß über die Wahl des Befehls ANSICHT die Option »Felder anzeigen« aktiviert werden. Testen Sie dies einmal. Jetzt sehen Sie, daß statt des Datums der Feldcode erscheint.

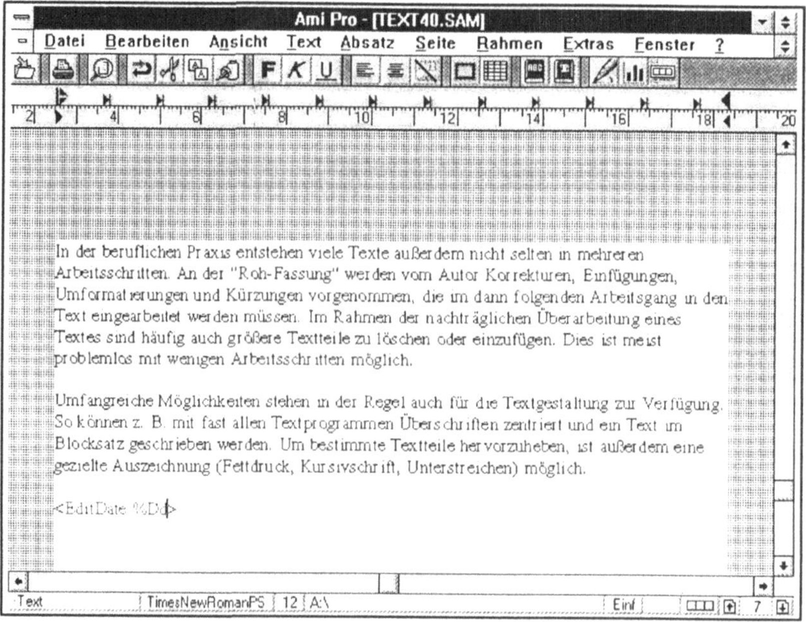

Bild 10-3: Anzeige der Feldfunktionen (Feldanweisung)

Der Test macht auch den grundsätzlichen Aufbau von Feldern deutlich: Als Abgrenzung zum eigentlichen Text werden spitze Klammern verwendet, die den Anfang und das Ende eines Feldes kennzeichnen. Anschließend folgen weitere Parameter; im Beispielfall Formatangaben: mit %Dd wird ein spezielles Datumsformat erzeugt. Es gibt eine Vielzahl spezieller Codes für Datums-, Zeit- und Zahlenformate. Wenn Sie darüber genauer Bescheid wissen wollen, schlagen Sie bitte im AMI PRO-Referenzhandbuch nach, oder informieren Sie sich über die Hilfefunktion.

Denken Sie außerdem daran, daß jeder selbst definierte Text, der in ein Feld aufgenommen wird, in Anführungszeichen gesetzt werden muß.

Im Regelfall werden Sie die Anzeige so einstellen, daß die Feldergebnisse ausgewiesen werden. Schalten Sie deshalb die Anzeige der Feldfunktionen wieder aus. Für die Bearbeitung von Feldern kann es jedoch zweckmäßig sein, sich den Feldcode anzeigen zu lassen.

Beachten Sie noch folgende **Hinweise** zum Einfügen von vordefinierten Feldern:

- ⇨ Im nach der Befehlswahl angezeigten Textfeld »Einfügen« können Sie auch direkt eine Eintragung vornehmen, indem Sie hier den gewünschten Feldnamen oder Ausdruck erfassen.

- ⇨ Wollen Sie im Textfeld »Einfügen« zusätzliche Ausdrücke angeben, müssen Sie die Einfügemarke zunächst hinter dem Feld plazieren.

- ⇨ Alternativ hätten Sie das Anwendungsbeispiel auch durch Wahl des Menüs BEARBEITEN und des darin vorhandenen Befehls »Variable einfügen« lösen können. Nach Wahl des danach angezeigten Befehls »Datum/Zeit« ergibt sich die folgende Bildschirmanzeige:

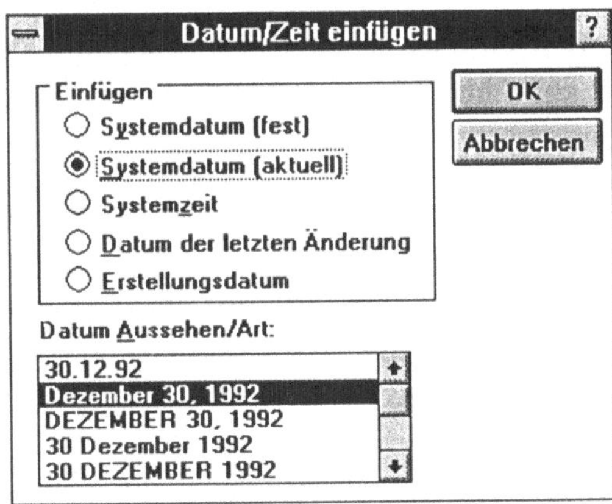

Bild 10-4: Datum/Zeit als Variable einfügen

✦   Wenn Sie jetzt die Option »Datum der letzten Änderung«
    aktivieren, müßte sich im Prinzip das gleiche Ergebnis einstel-
    len wie zuvor. Probieren Sie dies ruhig am Beispieltext aus.

10.2.2 Felder aktualisieren

Die als Variable eingefügten Felder lassen sich zu einem späteren
Zeitpunkt aktualisieren, wenn dies gewünscht ist. Wird beispielsweise ein Dokument erst zu einem späteren Zeitpunkt ausgedruckt, kann mit einer Feldaktualisierung bewirkt werden, daß
geprüft wird, ob sich die Bedingungen geändert haben, die zu dem
aktuellen Feldergebnis geführt haben. So kann beispielsweise
sofort das neue Datum ausgewiesen werden.

Aufgabe: Feldaktualisierung bewirken

Lassen Sie die als »Text100.SAM« gespeicherte Datei geöffnet,
und führen Sie dann die Aktualisierungsfunktion aus!

Vorgenommen wird eine Feldaktualisierung im Dokument, indem
Sie das Menü BEARBEITEN und dann den Befehl »Felder«
aktivieren. Für die Aktualisierung stehen dann zwei Varianten zur
Auswahl:

✦   Aktualisieren: Bei Wahl dieser Option wird ein bestimmtes
    Feld im Dokument aktualisiert. Zur Aktualisierung ist die Ein-
    fügemarke im betreffenden Feld zu plazieren.

✦   Alle aktualisieren: In diesem Fall werden alle Felder im Do-
    kument aktualisiert, deren Daten sich geändert haben. Die Ein-
    fügemarke kann hierbei an einer beliebigen Stelle im Doku-
    ment stehen.

Wählen Sie im Beispielfall die Variante »Alle aktualisieren«.
Nach der Befehlsauslösung müßte im Dokument statt des Spei-
cherdatums von »Text40.SAM« nun das heutige Datum, also das
Speicherdatum von »Text100.SAM« angezeigt werden.

Hinweise:

✦   Felder können nicht nur in den Haupttext eingefügt werden.
    Einfügungen sind auch möglich in einen Textrahmen, in einer
    Tabellenzelle sowie einer Kopf- oder Fußzeile.

↪ Sie haben auch die Möglichkeit, eigene Felder zu erstellen und zu speichern. Diese können dann später jederzeit in das aktuelle oder in andere Dokumente eingefügt werden.

10.2.3 Feld mit Eingabeaufforderung einfügen

Die Feldart »Query$« ermöglicht den Aufbau einer Dialogbox zwecks Abfrage einer Eingabe. Nach Vornahme der Eingabe wird der eingegebene Text als Feldergebnis in das Dokument eingefügt. Interessant ist diese Option zur Ablaufautomatisierung bzw. zum Ausfüllen von Formularen.

Aufgabe: Felder mit Eingabeaufforderung erzeugen

Richten Sie eine neue Datei ein, schreiben Sie Ihren Absender, und erstellen Sie dann der Reihe nach zwei Eingabefelder, mit denen die Eingabe der Empfängeradresse sowie die Betreffinformation für einen Brief abgefragt werden.

Nach dem Schreiben der Absenderangabe müssen Sie zunächst die Position im Dokument ansteuern, an der die Empfängeradresse eingefügt werden soll. Für das Erzeugen eines Eingabefeldes ist dann folgendes Vorgehen notwendig:

Reihenfolge der Bearbeitung	Tastenfolge/Eingaben
1. Menü BEARBEITEN aufrufen	[Alt]+[B]
2. Befehl "Felder" wählen	[F]
3. Option "Einfügen" wählen	[E]
4. Feldart "Query$" eingeben oder auswählen	
5. Eingabeaufforderung nach "Query$" in Anführungszeichen einfügen	("Geben Sie den Empfänger ein!")
6. Befehl ausführen	[↵]

Nach Durchführung des Befehls erscheint die folgende Dialogbox:

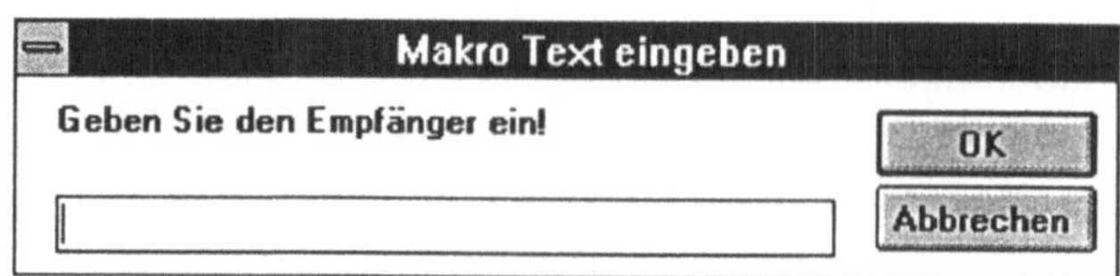

Bild 10-5: Dialogbox zur Eingabe

Geben Sie jetzt einen beliebigen Namen ein; beispielsweise »Herr Testmann«. Nach Durchführung mit ⏎ wird dieser Name in das aktuelle Dokument gesetzt.

Führen Sie nach Ansteuerung der Position im Text auch die Feldeinfügung in ähnlicher Form für den Betreff durch. Die Angabe im Feld »Einfügen« muß dann folgendes Aussehen haben:

Query$(»Geben Sie bitte den Betreff ein!«)

Nach der Befehlsausführung erscheint wieder ein Dialogfeld, das Sie beispielhaft ausfüllen müssen.

Danach sollten Sie noch einmal die Aktualisierungsfunktion für diese Feldart testen. Wählen Sie dabei nach Wahl des Menüs BEARBEITEN und des Befehl »Felder« die Variante »Alle aktualisieren«. Nun sehen Sie, daß ein automatisierter Ablauf erfolgt und sehr schnell eine Aktualisierung mehrerer Felder eines Dokumentes erfolgen kann.

Mit der Aktualisierungsfunktion für Felder kann nun immer wieder eine Neueingabe erfolgen, wenn ein neuer Brief erstellt werden soll. Es erfolgt dann die Anzeige der Dialogbox mit der gezielten Aufforderung zur Eingabe. Gleichzeitig wird dann auch der eingegebene Text immer an der gewünschten Position gesetzt.

10.2.4 Eigene Felder definieren

AMI PRO bietet Ihnen auch die Möglichkeit, nicht nur vordefinierte Felder zu nutzen, sondern auch eigene Felder zu erstellen. Diese können dann unter einem eigenen Namen und mit einer ergänzenden Beschreibung gespeichert werden.

Zur Speicherung ist folgendes Vorgehen notwendig:

Reihenfolge der Bearbeitung	Tastenfolge/Mausaktionen
1. Menü BEARBEITEN aktivieren	Alt + B
2. Befehl »Felder« wählen	F
3. Option »Einfügen« wählen	E
4. Feldanweisungen im Feld »Einfügen« angeben	....
5. Schaltfläche <Speichern> wählen	Alt + S
6. Feldnamen eingeben	Test
7. Unter Umständen Eingabe im Feld »Beschreibung«	...
8. Befehl ausführen	<OK> klicken

Hinweis: Nach Durchführung des 5. Teilschrittes müßte sich das folgende Dialogfenster ergeben:

Bild 10-6: Definition eigener Felder

Nach Eingabe des Feldnamens und der sich anschließenden Befehlsausführung wird die Speicherung vorgenommen. Sofern Sie nun später aus dem Menü BARBEITEN die Befehlsfolge »Felder«-»Einfügen« wählen, wird im Listenfeld »Felder« auch der Name des neuen Feldes angezeigt.

10.3 Organisation der Arbeit mit Formularen

Feldfunktionen sind auch für das Ausfüllen von Formularen von Interesse.

Grundsätzlich stehen mehrere Varianten zur Wahl:

a) Gesamtes Formular zunächst mit Feldnamen erfassen; später gezielte Eintragungen vornehmen (u. a. mit Feld QUERY$)

b) Vorlage erfassen, in der die Einfügepositionen durch ein Sonderzeichen markiert sind (z. B. Sternchen). Das Dokument oder die Vorlage kann dann entsprechend aufgerufen und ausgefüllt werden.

Um die Ansteuerung der Positionen zu beschleunigen,

↪ ist jeweils der Befehl »Suchen & Ersetzen« aus dem Menü BEARBEITEN zu wählen und dann das Suchzeichen »Stern« einzugeben.

↪ bietet es sich an, diese Befehlsfolge als Makro aufzuzeichnen und dann mit einer Tastenkombination zu belegen.

Ein **Anwendungsbeispiel**: Im folgenden soll einmal beispielhaft gezeigt werden, wie bestimmte Formulare automatisch ausgefüllt werden können. Aufgabe sei es annahmegemäß, Verträge zu erstellen, in die an verschiedenen Stellen immer wieder der Name des Vertragspartners einzusetzen ist.

Gehen Sie zur Lösung der Anwendung in folgender Weise vor:

Erfassen Sie zunächst den grundlegenden Vertragstext, und plazieren Sie die Einfügemarke dann an den Anfang des Textes. Erzeugen Sie nun die entsprechende Feldmarke in folgender Weise:

↪ Aktivieren Sie das Menü BEARBEITEN, und wählen Sie hier den Befehl »Felder«.

↪ Wählen Sie die Option »Einfügen«.

↪ Im angezeigten Dialogfenster »Feld einfügen« müssen Sie zunächst das Feld SET im Listenfeld »Felder« auswählen.

↪ Plazieren Sie danach im Feld »Einfügen« des Dialogfensters die Einfügemarke nach dem Wort SET, und drücken Sie die <Leertaste>. Nehmen Sie folgende Eingabe vor:

Vertragspartner Query$(»Wie ist der Name ?«)

↪ Klicken Sie danach die Schaltfläche <OK> an.

✧ Geben Sie im angezeigten Dialogfeld einen Namen ein, und bestätigen Sie mit <OK>.

✧ Aktivieren Sie erneut das Menü BEARBEITEN, und wählen Sie den Befehl »Felder«. Rufen Sie dann die Option »Vorhergehendes Feld« auf, so daß ein Rücksprung zum letzten Feld erfolgt.

✧ Aktivieren Sie noch einmal das Menü BEARBEITEN, und wählen Sie hier den Befehl »Felder«.

✧ Wählen Sie die Option »Einfügen«.

✧ Im angezeigten Dialogfenster »Feld einfügen« müssen Sie Option »Automatisch« markieren und dann die Schaltfläche <Abbrechen> anklicken.

Nun sind die Vorbereitungsarbeiten erledigt. Jetzt müssen Sie noch im Dokument der Reihe nach die Einfügemarken an die Stellen im Dokument plazieren, an denen der Name des Vertragspartners erscheinen soll. Hier müssen Sie jeweils folgende Aktionen durchführen:

✧ Aktivieren Sie das Menü BEARBEITEN, und wählen Sie hier den Befehl »Felder«.

✧ Wählen Sie die Option »Einfügen«.

✧ Im angezeigten Dialogfenster »Feld einfügen« müssen Sie im Textfeld »Einfügen« jetzt das Wort »Vertragspartner« eingeben.

✧ Bestätigen Sie danach mit <OK>.

Haben Sie diese Schritte für alle Einfügepositionen durchgeführt, müssen Sie jetzt noch die automatische Einfügung sicherstellen. Diese können Sie am besten auf folgende Weise erreichen:

✧ Aktivieren Sie das Menü BEARBEITEN, und wählen Sie hier den Befehl »Felder«.

✧ Wählen Sie die Option »Einfügen«, und markieren Sie die Option »Automatisch«.

✧ Aktivieren Sie die Schaltfläche <Feld zurück>, bis wieder das Feld mit dem Vertragspartner angezeigt wird. Hier ist dann jeweils »Automatisch« zu optieren.

Sobald alle Felder für den Vertragspartner mit »automatisch« gekennzeichnet sind, können Sie den Vorgang durch Anklicken der Schaltfläche <Abbrechen> beenden. Aktivieren Sie danach das Menü DATEI, und speichern Sie das Dokument. Schließen Sie danach das Dokument.

Damit ist die Erstellung abgeschlossen. Wenn Sie später einen individuellen Vertrag erstellen wollen, müssen Sie lediglich diese Datei öffnen. Sie werden dann automatisch aufgefordert, den Namen des Vertragspartners einzugeben. Das Programm setzt den gewählten Namen daraufhin automatisch an alle Stellen, an denen Sie zuvor das Feld eingefügt haben.

11 Geschäftsgrafiken erstellen und integrieren

AMI PRO ist hilfreich bei der Umsetzung der Forderung: »Eine Grafik sagt mehr aus als hundert Zahlen!«. Mit AMI PRO können Texte mit Grafiken direkt aufbereitet und Folienvorlagen erstellt werden. In diesem Kapitel wird nur ansatzweise das gestalterische Potential angedeutet, da die Kombination der eine Grafik bestimmenden Elemente groß ist und letztendlich die persönliche Kreativität bestimmt, was man aus den Möglichkeiten dieses Programms herausholt.

Einerseits können mit AMI PRO ansprechende Charts erstellt werden, andererseits ist es aber auch möglich, die Ergebnisse von Präsentations- und Tabellenkalkulationsprogrammen in AMI PRO-Dokumente einzubinden. Bei der ersten Variante stehen Ihnen u.a. folgende Aktionsparameter zur Verfügung:

- ✧ **Datenquellen**: Windows-Zwischenablage oder Eingabe in einem von der Grafikfunktion bereitgestellten, speziellen Datenblatt.

- ✧ **Diagrammtypen**: zwölf Diagrammtypen.

- ✧ **Farben**: umfangreiche Farbpalette.

- ✧ **Achsen**: Festlegen von Minimal- und Maximalwerten sowie der Schrittweite.

- ✧ **Darstellung**: zwei- und dreidimensional.

- ✧ weitere **Optionen**: Legende und Raster.

- ✧ **Plazierung**: Rahmen oder Zelle einer Tabelle.

Hervorzuheben ist hier die Fähigkeit des Programms, sofort alle Änderungen bei den Einstellungen der oben genannten Punkte in dem Dialogfenster »Präsentationsgrafik« anzuzeigen, so daß Sie Ihre Arbeit unverzüglich beurteilen können.

Darüber hinaus stehen Ihnen aber auch die Funktionen des Zeichentools zur weiteren Aufbereitung der Grafik zur Verfügung.

11.1 Datenquellen

Erstellen Sie eine Tabelle mit fünf Spalten und ebensoviel Zeilen; die Zellen der letzten Zeile verbinden Sie. Anschließend geben Sie die Werte und Texte gemäß BILD 11-1 ein. Bitte beachten Sie die Schreibweise der Spaltenüberschriften. Sollen Beschriftungen der Tabelle entweder zur Kennzeichnung der X-Achse dienen oder in der Legende erscheinen, so gilt es zu beachten, daß

↪ aus Ziffern bestehende Beschriftungen durch einen Unterstrich gekennzeichnet werden müssen, damit AMI PRO sie nicht als Zahlen interpretiert: _1992.

↪ aus mehreren Wörtern bestehende Kennzeichnungen durch einen Unterstrich verbunden werden müssen: 1._Quartal.

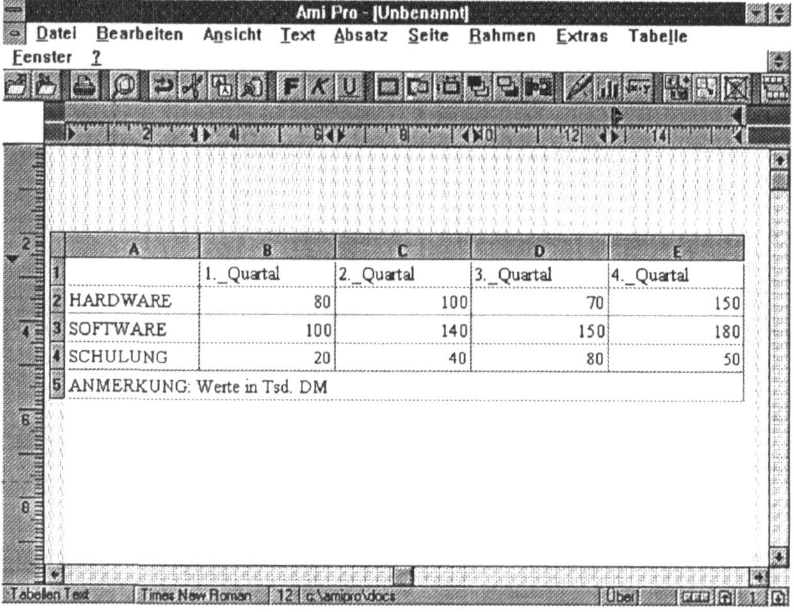

	A	B	C	D	E
1		1._Quartal	2._Quartal	3._Quartal	4._Quartal
2	HARDWARE	80	100	70	150
3	SOFTWARE	100	140	150	180
4	SCHULUNG	20	40	80	50
5	ANMERKUNG: Werte in Tsd. DM				

BILD 11-01: Daten zur Erstellung von Charts

Nun markieren Sie die Zellen A1..E4 und wählen entweder die Befehle BEARBEITEN-»Kopieren« oder das entsprechende SmartIcon. Anschließend steuern Sie eine freie Stelle im Dokument an und klicken das mit einer Säulengrafik gekennzeichnete, der Befehlsfolge EXTRAS-»Präsentationsgrafik...« entsprechende SmartIcon.

Es wird das Dialogfenster »Präsentationsgrafik« angezeigt, und auf der Arbeitsfläche öffnet sich ein Rahmen. Falls Sie nun die Schaltfläche <DATEN> aktivieren, können Sie sehen, daß die Daten der Zwischenablage in dem Datenblatt abgelegt worden sind. Sollten in der Zwischenablage keine verwendbaren Daten sein, erscheint die Meldung: »Die Zwischenablage enthält keine Werte. Möchten Sie diese jetzt eingeben?«

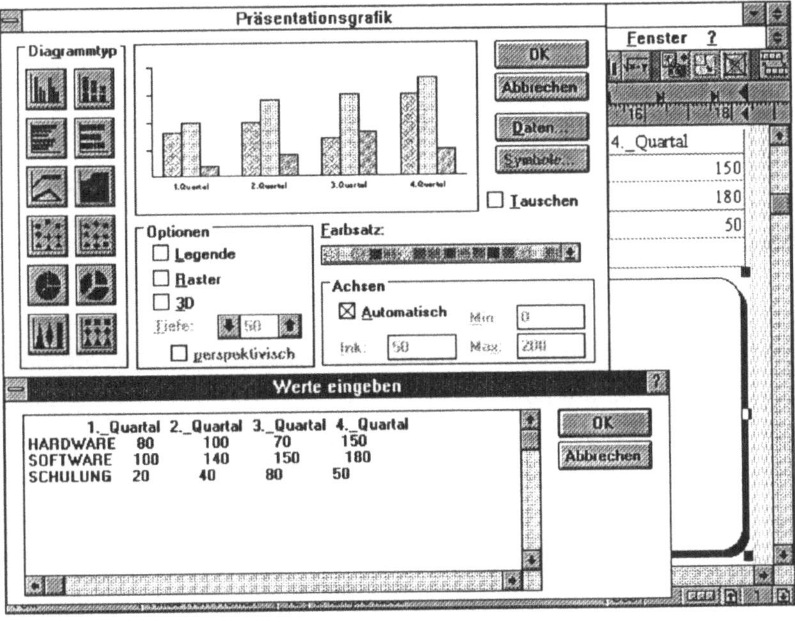

BILD 11-02: Säulengrafik mit Datenbasis

Falls Sie Ihre Experimentierfreude bändigen können, verlassen Sie die beiden Dialogfenster jeweils mit <OK>. In einem Rahmen können Sie nun eine einfache Säulengrafik wahrnehmen.

Zur Dateneingabe ist nicht unbedingt eine Tabelle notwendig. Sie können auch in einem ganz normalen Text Beschriftungen und Werte für eine spätere Weiterbearbeitung mit Hilfe der Präsentationsfunktion eingeben. Neben den erwähnten Besonderheiten bei den Beschriftungen, müssen Zahlen durch einen Leerschritt bzw. Tabulator getrennt werden. Tausendertrennzeichen und Dezimalkomma werden vom System erkannt. Die weitere Bearbeitung erfolgt entsprechend den oben beschriebenen Schritten.

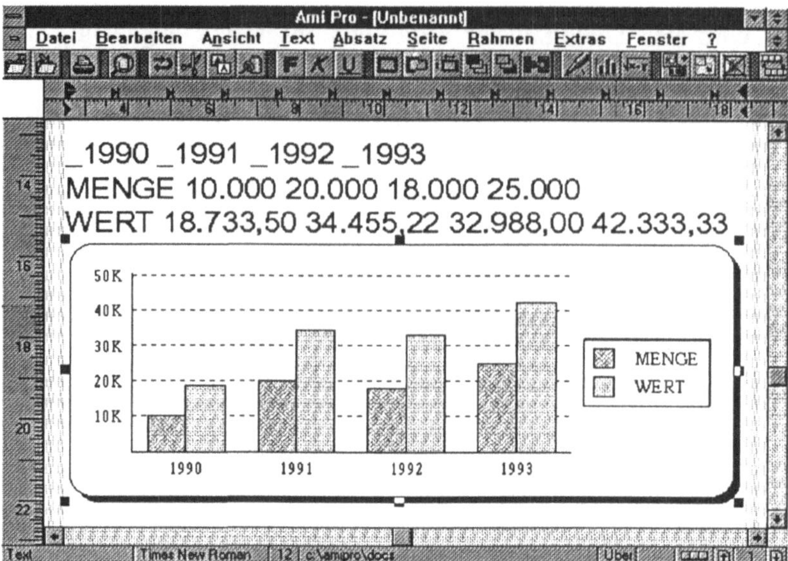

BILD 11-03: Datenbasis im Textbereich

Sollte Ihnen die Rahmengröße nicht gefallen, markieren Sie ihn,
und bringen Sie ihn auf die entsprechende Größe. Die Anpassung
der Grafik an den Rahmen erreichen Sie mit RAHMEN-»Grafik
anpassen...«.

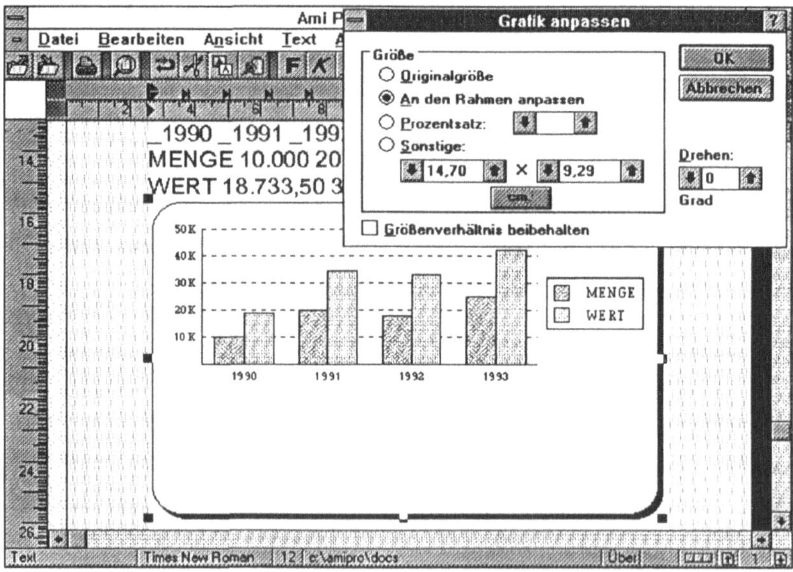

BILD 11-04: Ändern des Grafikrahmens

Sie können aber auch schon vor der eigentlichen Grafikerstellung
einen entsprechend großen Rahmen bereitstellen, diesen markieren und anschließend erst das Dialogfenster »Präsentationsgrafik«
aufrufen. Die gewählte Grafik wird dann in diesem Rahmen eingefügt.

Sind Daten schon in einem Fremdprogramm gespeichert, so können auch diese über die Zwischenablage als Grundlage zur
Diagrammerstellung herangezogen werden. Zu beachten sind aber
die Besonderheiten bei den Beschriftungen. Entweder erfolgt eine
Anpassung in dem Ursprungsdiagramm (_1958 und _1990) oder
in dem Werteeingabebereich der Präsentationsgrafik. Auch können Daten von DOS-Programmen indirekt über ein WINDOWS-
Tabellenkalkulationsprogramm grafisch aufbereitet werden. Zu
denken ist hier u.a. an den dBASE-Datenbestand.

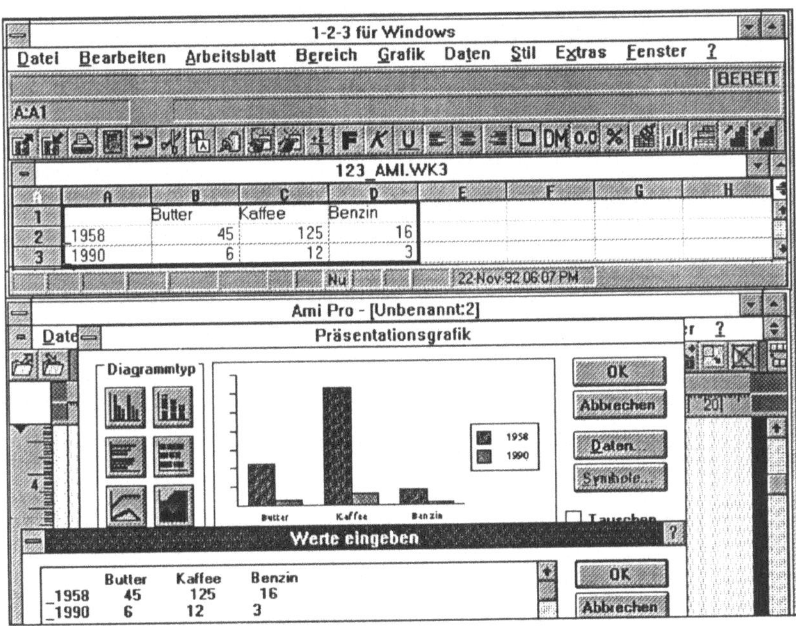

BILD 11-05: Chart basierend auf Lotus 1-2-3/W-Tabelle

Abschließend können Sie noch einmal versuchen, über das Dia-
logfenster »Werte eingeben« die notwendige Datenbasis zur
Diagrammerstellung zu schaffen. Zu diesem Zweck muß aber die
Zwischenablage leer sein.

Die erstellten Diagramme speichern Sie unter TEXT11_1.SAM und nochmals als TEXT11_2.SAM. Zur weiteren Bearbeitung nutzen Sie TEXT11_2.SAM.

Bezüglich der Beschriftungen im Datenblatt und der Positionierung in der Grafik bestehen die folgenden Zusammenhänge

Beschriftungen in der ersten	Koordinatenkreuz		Kreisdiagramm o
	Säulen, Linien, Symbole	Balken	
Zeile	X-Achse	Y-Achse	
Spalte	Legende	Legende	Legende

11.2 Gestaltungsmöglichkeiten bei vorgegebenem Diagrammtyp

Lassen Sie uns anhand der Werte aus der AMI PRO-Tabelle und dem Säulendiagramm die Optionen erkunden. Zu diesem Zweck tätigen Sie einen Doppelklick auf das zuerst erstellte Diagramm. Das Dialogfenster »Präsentationsgrafik« erscheint gemäß BILD 11-06.

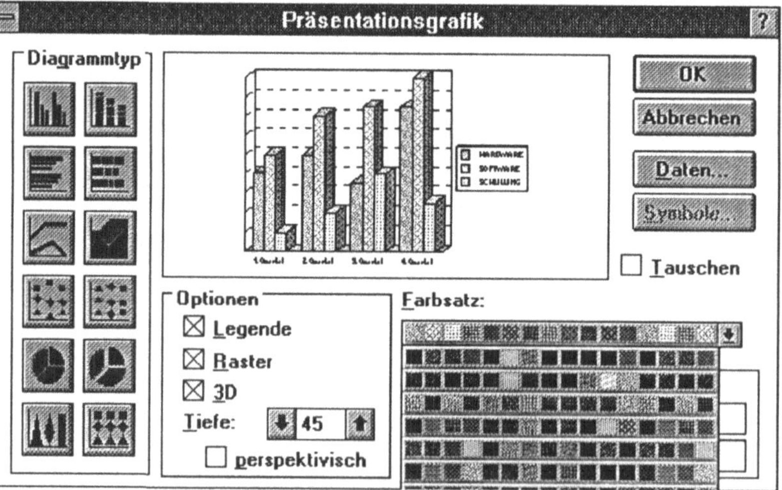

BILD 11-06: Gestaltungsmöglichkeiten

▷ **Legende**

Nach dem Aktivieren des entsprechenden Kontrollfelds erscheinen die Texte der ersten Spalte - HARDWARE, SOFTWARE, SCHULUNG - rechts von dem Diagramm in einem Rahmen. Den Bezeichnungen werden die entsprechenden Farben bzw. Symbole vorangestellt. Sollten Sie keine Kennzeichnungen für die Zeilen in der ersten Spalte vorgenommen haben und trotzdem eine Legende anfordern, so verwendet AMI PRO automatisch 1., 2., usw. als Legendentext. Diese Numerierung kann anschließend mit der Zeichenfunktion konkretisiert werden.

▷ **Raster**

Mit diesem Kontrollfeld können Sie alle in einem Koordinatenkreuz verwendeten Grafiken mit Rasterlinien hinterlegen. Diese verlaufen immer parallel zu der Achse mit den Bezeichnungen bzw. im 90º-Winkel zu der Wertachse. Diese erleichtern das Ablesen der entsprechenden Werte. Der Abstand der Rasterlinien voneinander wird bestimmt durch den Eintrag im Feld »INK« aus der Box »Achsen« des Dialogfensters »Präsentationsgrafik«.

▷ **3D/Tiefe/perspektivisch**

In Abhängigkeit von dem bei Tiefe angegebenen Wert erscheint die Grafik dreidimensional. Tiefe kann einen Wert zwischen 1 und 100 annehmen. Tragen Sie unterschiedliche Werte ein, und schalten Sie jeweils das Kontrollfeld »perspektivisch« ein bzw. aus. Sie werden erkennen, daß zu große Werte im Feld »Tiefe« und »perspektivisch« die Säulengrafik verzerren.

Hinweis:

Bei Linien- und Symbolgrafiken bzw. deren Kombinationen steht die 3D-Option nicht zur Verfügung. Sie ist in diesen Fällen abgeblendet.

▷ **Farbsatz**

Sie erkennen, daß die Farben und ihre Reihenfolge im Säulendiagramm mit dem Farbsatz von links nach rechts übereinstimmen. Entsprechen die verwendeten Farben nicht Ihrer gewünschten »Ampelkoalition«, so können Sie

- den gesamten Farbsatz austauschen,

- die Anordnung innerhalb des Farbsatzes ändern oder

- einzelne Farben austauschen.

Öffnen Sie das Listenfeld mit den unterschiedlichen Farbsätzen, indem Sie auf den nach unten weisenden Pfeil klicken. Positionieren Sie nun den Mauszeiger auf den Ihnen genehmen Farbsatz, und drücken Sie die linke Maustaste. Unverzüglich wird der Farbsatz ersetzt, und die Grafik paßt sich entsprechend an. Möchten Sie z.B. der zweiten Säule eine andere Farbe aus dem gewählten Farbsatz zuordnen, so ziehen Sie diese nach dem Markieren mit gedrückter Maustaste an die zweite Stelle des Farbsatzes. Nun hat aber, was Sie gar nicht beabsichtigen, die dritte Säule die Farbe der zweiten angenommen, da im Farbsatz eine Verschiebung stattgefunden hat. Dies können Sie aber nach demselben Verfahren wieder korrigieren.

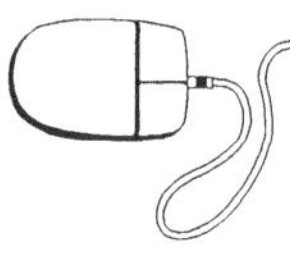

Wollen Sie eine Farbe/ein Muster ersetzen, so klicken Sie zweimal auf das entsprechende Kästchen. Nun wählen Sie aus dem Dialogfeld Füllmuster die gewünschte Farbe bzw. das bevorzugte Füllmuster aus.

Verfügen Sie nicht über einen Farbdrucker, so dürften i.d.R. die Schwarz-Weiß-Muster für den Ausdruck aussagekräftiger sein. Mit ihnen können Sie dann ein klareres Erscheinungsbild vermitteln.

⇨ **Achsen**

Standardmäßig nimmt AMI PRO »Automatisch« die Einstellungen für die Werteachse in Abhängigkeit von der Wertetabelle vor. Die Felder »Ink«, »Min«, »Max« sind abgeblendet. Durch Ausschalten der Automatik erhalten Sie Gelegenheit, diese Werte zu verändern. So können Sie mit Ink(rement)/Zuwachs den Abstand auf der Wertachse und damit auch den Abstand der davon abhängigen Rasterlinien festlegen. Ferner kann es ratsam sein, daß, wenn alle Zahlen sich auf einem ähnlich hohen Niveau bewegen, Sie einen von

Null abweichenden Wert für »Min« festlegen. Nehmen Sie an, die Werte für Hardware, Software und Schulung betragen 800.000,00 DM, 750.000,00 DM und 520.000,00 DM. Betrachten Sie dann einmal im Vergleich die Grafiken bei einem Wert von Min = 0 bzw. 500.000,00 DM.

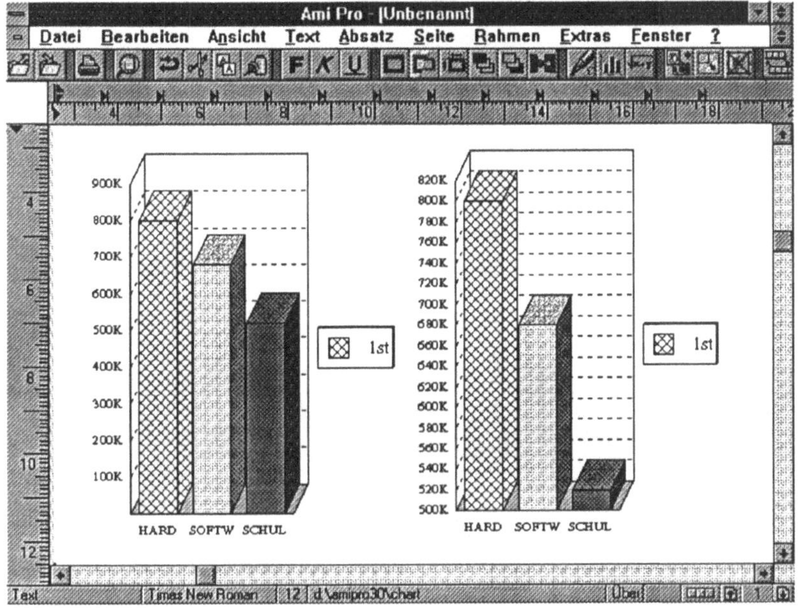

BILD 11-07: Werteeinteilung auf der Y-Achse

Möchten Sie die Unterschiede zwischen den einzelnen Bereichen betonen, wählen Sie selbstverständlich die zweite Variante. Solche Charts können sehr leicht zur Manipulation von Unkundigen benutzt werden.

Beachten Sie im Beispielfall auch die Y-Achsenbeschriftung. K(ilo) steht für Tausend.

✧ **Tauschen**

In Abhängigkeit von der vorliegenden Fragestellung können die Daten anders aufbereitet werden. So bewirkt man durch Einschalten des Kontrollfelds »Tauschen«, daß Zeilen und Spalten gewechselt werden: Die zweite Spalte wird zur zweiten Zeile, die dritte Zeile wird zur dritten Spalte.

Während die ursprüngliche Anordnung der Daten eine Antwort auf die Frage zuläßt: »Wie verhalten sich die einzelnen

Bereiche zueinander?«, steht nach dem »Tauschen« die Entwicklung der jeweiligen Bereiche im Zeitablauf im Vordergrund.

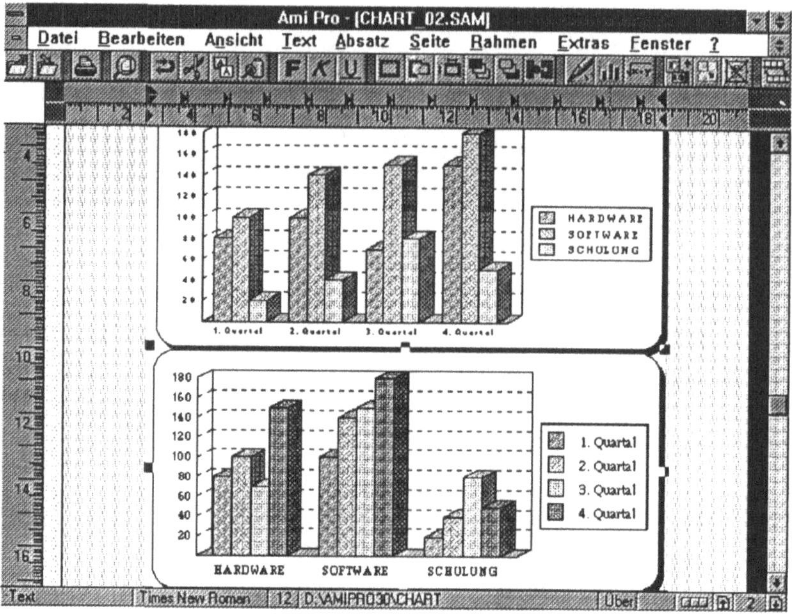

BILD 11-08: Tauschen der Achsen

Speichern Sie die bisher erstellte Grafik als TEXT11_2.SAM

11.3 Verwendung weiterer Diagrammtypen

Ausgehend von der soeben erstellten Grafik bestehen mehrere Möglichkeiten, die unterschiedlichen Diagrammtypen zu erkunden.

a) Klicken Sie auf den Grafikrahmen, so daß dieser aktiv ist. Sie erkennen dies an den schwarzen Griffen. Nun legen Sie mit BEARBEITEN-»Kopieren« bzw. dem entsprechenden Smart-Icon eine Kopie in die Zwischenablage ab. Anschließend positionieren Sie den Cursor neu im Text und fügen die Kopie der Grafik - BEARBEITEN-»Einfügen« - ein.

Durch Doppelklick auf diese Grafik gelangen Sie in das Dialogfenster »Präsentationsgrafik« und können jetzt Veränderungen vornehmen.

b) Sie erstellen noch einmal eine Tabelle mit folgendem Inhalt:

	HARDWARE	**SOFTWARE**	**SCHULUNG**
1._Quartal	80	100	20
2._Quartal	100	140	40
3._Quartal	70	150	80
4._Quartal	150	180	50

Vor jeder neuen Grafikerstellung markieren Sie die Daten und kopieren sie in die Zwischenablage. Daraufhin klicken Sie das SmartIcon »Präsentationsgrafik« und nehmen die entsprechende Auswahl vor.

Nachdem Sie sich für eine der beiden Varianten entschieden haben, spielen Sie die untenstehenden Möglichkeiten durch:

↪ **Gestapelte Spaltengrafik bzw. gestapeltes Säulendiagramm**

Die Bezeichnungen deuten darauf hin, daß hier die Werte einer Spalte jeweils in einer Säule abgebildet werden. Die erste Spalte bildet die erste Säule; der Wert der ersten Zeile der jeweils betrachteten Spalte befindet sich unten in der Säule, der Wert der letzten Zeile der jeweiligen Spalte an der Spitze der Säule. Diese Darstellung läßt einen Vergleich der einzelnen Produkt-/Dienstleistungsbereiche zu; außerdem ermöglicht sie beim zweiten Blick eine Aussage über die umsatzstärksten bzw. schwächsten Monate in jedem Bereich (siehe Bild 11-09).

↪ **Balkengrafik und gestapelte Balkengrafik**

Der Informationswert der Balkengrafiken ist ähnlich desjenigen der Säulendiagramme. Sie unterscheiden sich durch das Vertauschen der Achsen: Die Beschriftungen befinden sich auf der Y-Achse, die Zahlenwerte auf der X-Achse.

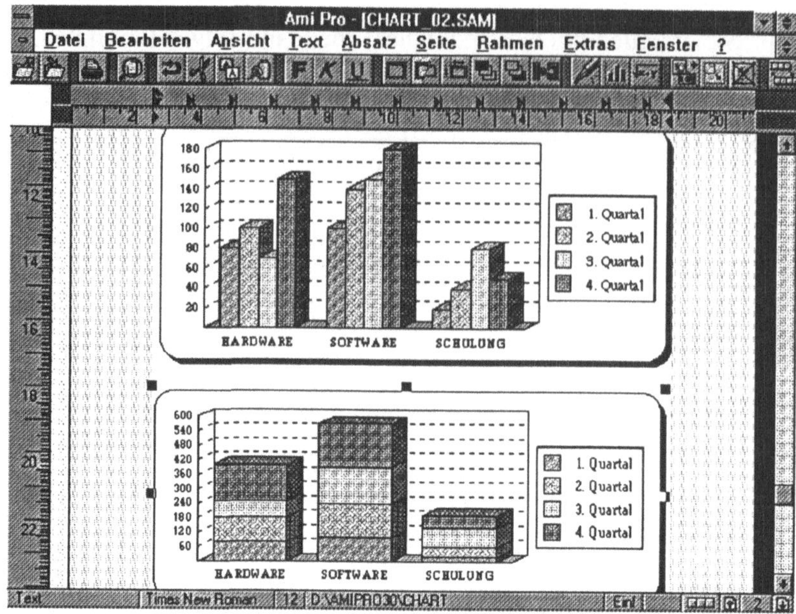

BILD 11-09: Säulengrafiken

Die Tabellenspalten werden von unten nach oben in die Balken umgesetzt, die Zeilen beim einfachen Balkendiagramm ebenfalls. Beim gestapelten Balkendiagramm sind die Werte des ersten Quartals im linken Teil des Balkens, die des letzten Quartals ganz rechts (siehe Bild 11-10).

⇨ **Linien- und Flächengrafik**

betonen in unserem Zusammenhang die Entwicklung des Umsatzes im Zeitablauf. Bei der Liniengrafik ist der Trend beim jeweiligen Produkt und die relative Bedeutung ersichtlich. Die Flächengrafik ermöglicht zuerst eine Einsicht in die Gesamtentwicklung und dann erst eine Aussage zum Beitrag der einzelnen Bereiche am Geschäftsergebnis (siehe Bild 11-11).

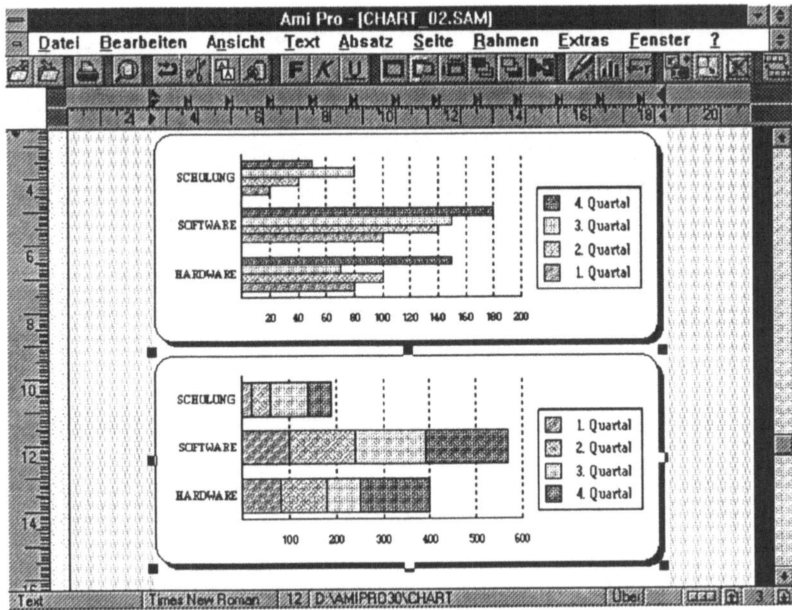

BILD 11-10: Balkengrafiken

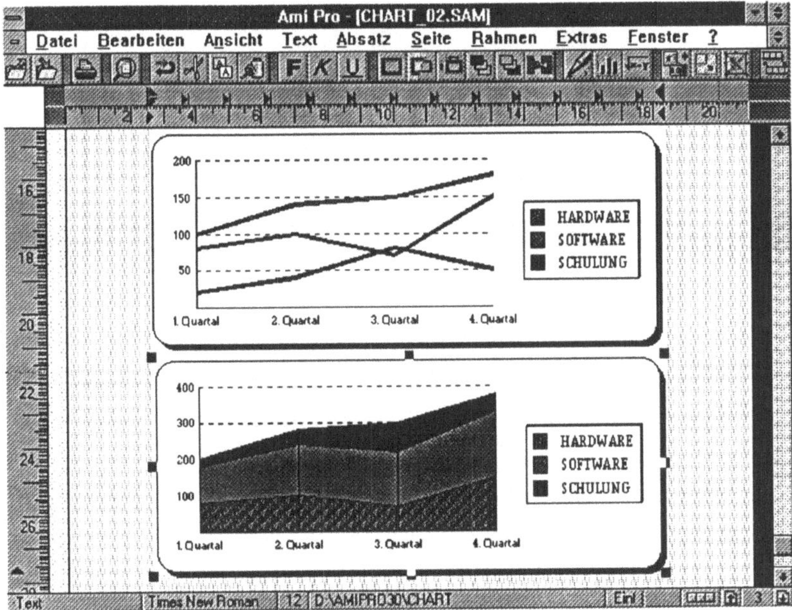

BILD 11-11: Linien- und Flächengrafik

⇨ **Symbolgrafik und gestapelte Symbolgrafik**

Die Symbolgrafiken entsprechen in der Umsetzung der Zahlen den Säulengrafiken. Nur können hier anstelle der Farben/Muster entsprechende Symbole Verwendung finden. So sind in dem untenstehenden Beispiel folgende Zuordnungen vorgenommen worden:

- Hardware<->Computer/COMPUTER.SDW,

- Software<>Diskette/35FLOPPY.SDW,

- Schulung<->Dozent/LOOKHERE.SDW

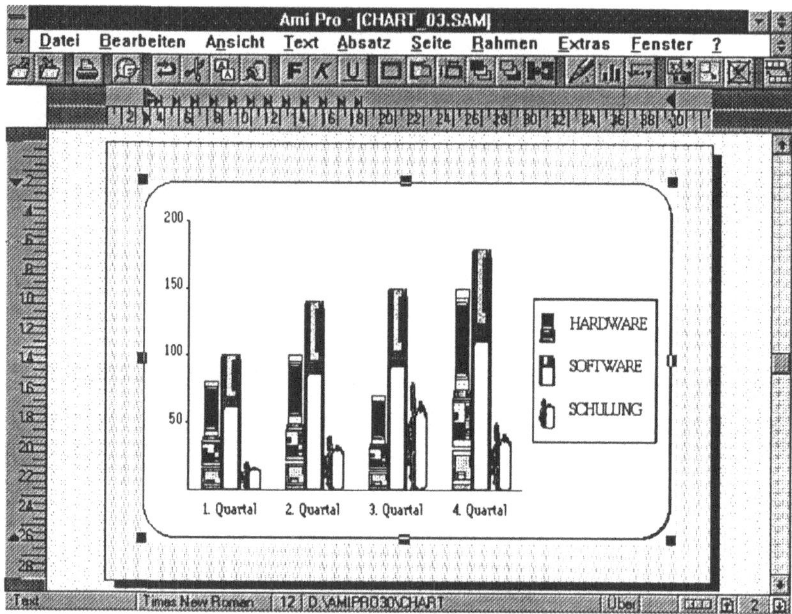

BILD 11-12: Symbolgrafik

Sie klicken in dem Dialogfenster »Präsentationsgrafik« auf die Grafikart in der letzten Zeile/ersten Spalte. Die sich nun bildende Grafik setzt sich aus den vom System vorgegebenen Symbolen Dreieck, Raute, Viereck zusammen. Diese nichtssagende Darstellung können Sie verändern, indem Sie auf die Schaltfläche <SYMBOLE> klicken. Sie markieren das Symbol neben der ersten Ziffer und betätigen dann die Schaltfläche <SYMBOL>.

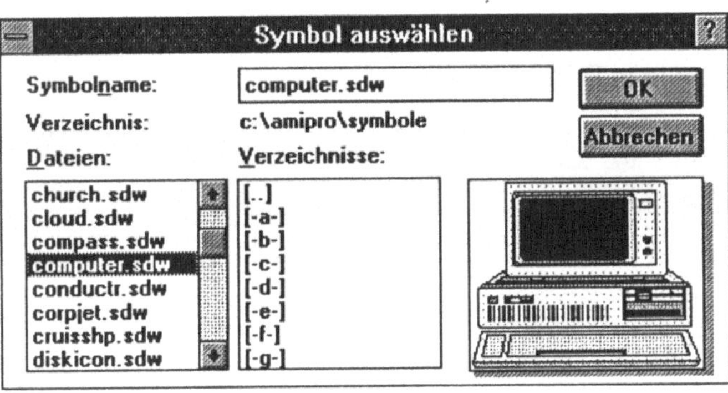

BILD 11-13: Symbolauswahl

Nun müssen Sie in das Verzeichnis mit den auf SDW enden-
den AMI PRO-Grafiken wechseln. Diese dürften sich bei einer Standardinstallation im Verzeichnis »C:\amipro\symbole«
befinden. Sie wählen COMPUTER.SDW aus. Auf der rechten
Seite des Dialogfensters können Sie überprüfen, ob die gewünschte Grafik ausgewählt worden ist. Sollte dies der Fall
sein, bestätigen Sie mit <OK>, ansonsten suchen Sie weiter.
Anschließend tauschen Sie in derselben Weise das zweite und
dritte Symbol aus. Wie Sie dem Dialogfenster entnehmen
können, kann man maximal sechzehn unterschiedliche Symbole definieren. Mit <OK> kehren Sie wieder in das Dialogfenster »Präsentationsgrafik« zurück. Sagt Ihnen nun die Symbolgrafik zu, bestätigen Sie auch dies.

Erstellen Sie nun eine Kopie dieses Grafikrahmens nach der
oben beschriebenen Methode, und rufen Sie durch Doppelklick das Dialogfenster »Präsentationsgrafik« auf. Nun wählen
Sie den zuletzt aufgeführten Diagrammtyp und erhalten die in
Bild 11-14 dargestellte Abbildung.

✧ **Symbol-Linien-Grafik**
Kopieren Sie den Rahmen mit der gestapelten Symbolgrafik,
und   öffnen   Sie   wieder   das   Dialogfenster
»Präsentationsgrafik«. Nun klicken Sie den Grafiktyp in der 4.
Zeile/1. Spalte an. Sie erhalten eine Liniengrafik mit drei Kur-
ven. Jede dieser Kurven gibt die Werte einer Zeile wieder.
Allen Werten einer Zeile wird ein identisches Symbol zuge-

ordnet. Aufgrund der vorher ausgewählten Symbole müßte das
Bild wie in Bild 11-15 dargestellt aussehen.

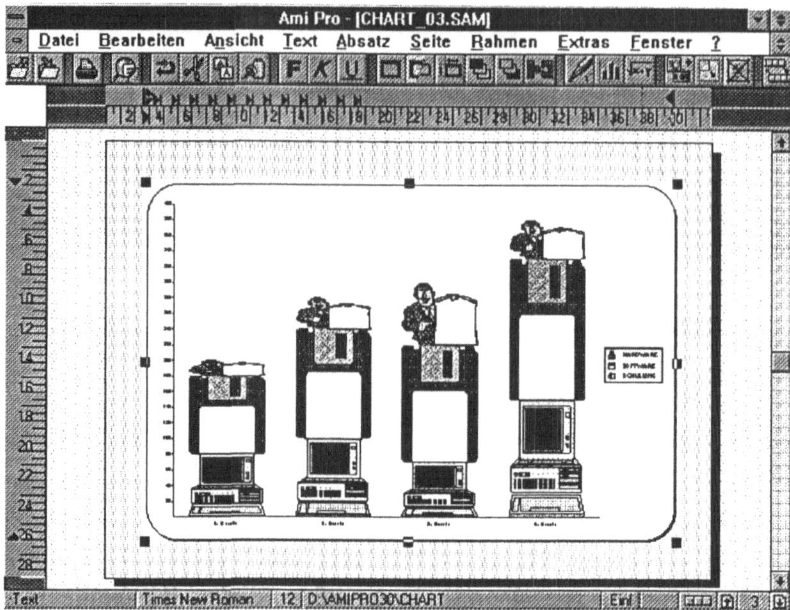

BILD 11-14: gestapelte Symbolgrafik

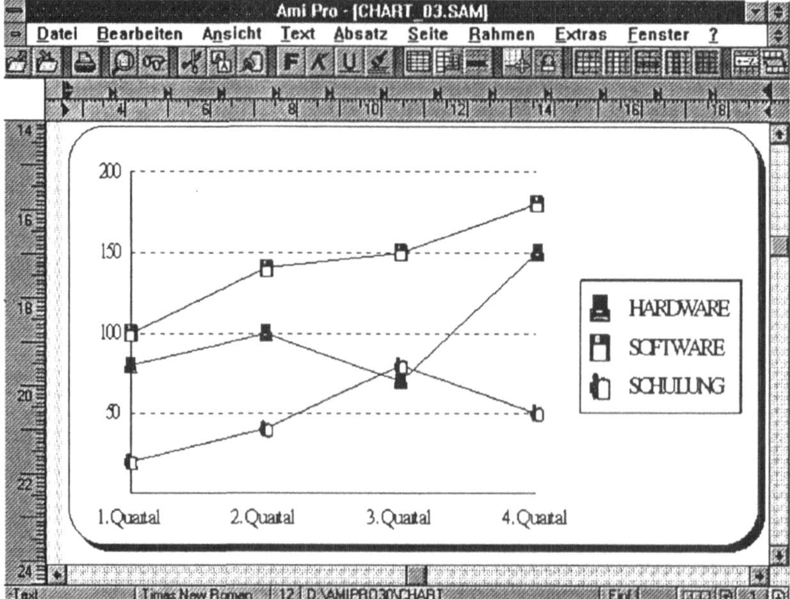

BILD 11-15: Symbol-Linien-Grafik

Verändern Sie dieses Präsentationsgrafik durch Auswahl des in der 4. Zeile/2. Spalte abgebildeten Grafiktyps, so verliert die Darstellung an Aussagekraft, da jetzt allen Werten einer Spalte das gleiche Symbol zugewiesen wird; d.h., gleichgültig ob Hardware, Software oder Schulung werden die Werte des 1. Quartals durch einen Computer, die des zweiten durch eine Diskette etc. dargestellt.

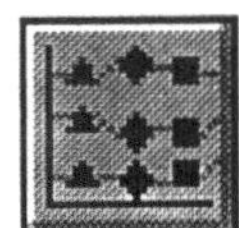

Sollten die vordefinierten Symbole zur Anwendung kommen, werden die Werte einer Spalte durch dasselbe Symbol, jedoch farblich differenziert, wiedergegeben.

Speichern und schließen Sie TEXT11_2.SAM.

11.4 Präsentationsgrafik, Tabellen und Zeichenfunktionen

Öffnen Sie eine neue Datei, und geben Sie ihr den Namen TEXT11_3.SAM. Anschließend erstellen Sie eine Tabelle mit 10 Spalten und 10 Zeilen. Nun verbinden Sie jeweils einige Zellen, so daß die Tabelle das auf Seite 307 dargestellte Aussehen erhält. Hierzu markieren Sie jeweils die zu verbindenden Zellen und führen den Befehl TABELLE-»Zellen verbinden« über die Menüleiste oder mit Hilfe des SmartIcons aus. Das Verändern der Höhe der Zeilen 9 und 10 sollte erst nach dem Eintrag der Kennzeichnungen, Werte und Formeln erfolgen.

Sollten Sie Probleme bei der Umsetzung haben, schlagen Sie noch einmal in dem entsprechenden Kapitel zu den Tabellen nach.

Vorlage Zur Übung

D:\VIEWEG\ÜB_DISK\TEXT11_3.SAM

UMSATZENTWICKLUNG 1992

	1. Quartal		2. Quartal		3. Quartal		4. Quartal	
	DM	%	DM	%	DM	%	DM	%
HARDWARE	80,00	40,00	100,00	35,71	70,00	23,33	150,00	39,47
SOFTWARE	100,00	50,00	140,00	50,00	150,00	50,00	180,00	47,37
SCHULUNG	20,00	10,00	40,00	14,29	80,00	26,67	50,00	13,16

DM in Tsd.

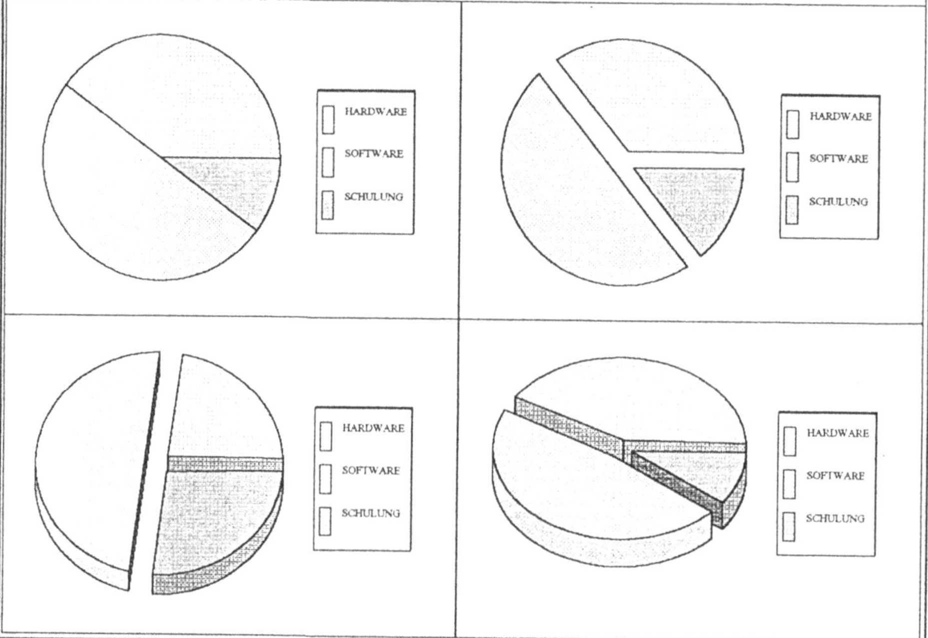

	A	B	C	D	E	F	G	H	I	J
1	UMSATZENTWICKLUNG 1992									
2										
3	·		1. Quartal		2. Quartal		3. Quartal		4. Quartal	
4			DM	%	DM	%	DM	%	DM	%
5	HARDWARE		80,00	For-	100,00	For-	70,00	For-	150,00	For-
6	SOFTWARE		100,00	mel	140,00	mel	150,00	mel	180,00	mel
7	SCHULUNG		20,00	"	40,00	"	80,00	"	50,00	"
8	DM in Tsd.									
9	Kreis für das 1. Quartal					Kreis für das 2. Quartal				
10	Kreis für das 3. Quartal					Kreis für das 4. Quartal				

Nachdem Sie die DM-Umsätze eingegeben haben, kann die Formel zur Ermittlung der prozentualen Anteile entwickelt und eingegeben werden. Zu diesem Zweck positionieren Sie den Cursor in das Feld D5 und aktivieren das Dialogfenster »Formel bearbeiten« über das TABELLE-Menü. Der prozentuale Wert für die Hardware im 1. Quartal ergibt sich, indem die 80 ins Verhältnis zum Gesamtumsatz des Quartals von 200 gesetzt werden. Allgemein formuliert kann man für alle Prozentwerte sagen:

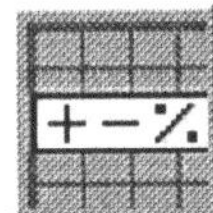

»Nehme den links vom Prozentwert stehenden DM-Betrag, multipliziere ihn mit 100 und teile dieses Zwischenergebnis durch die Summe der Werte, die sich in der vorhergehenden Spalte in den Zeilen 5 bis 7 befinden!«

Um dies zu erreichen, müssen Sie die Formel wie folgt eingeben:

C5 * 100 / (C$5 + C$6 + C$7)

Anschließend kopieren Sie die Formel und fügen sie in die entsprechenden Zellen ein. Dabei können Sie das Einfügen beschleunigen, indem Sie jeweils die zusammenhängenden Bereiche markieren und dann die Formel in die Zellen übertragen.

Cursor in D5	BEARBEITEN-»Kopieren«
D6..D7 markieren	BEARBEITEN-»Einfügen«
F5..F7 markieren	BEARBEITEN-»Einfügen«
H5..H7 markieren	BEARBEITEN-»Einfügen«
J5..J7 markieren	BEARBEITEN-»Einfügen«

Es müßten sich die untenstehenden Werte ergeben.

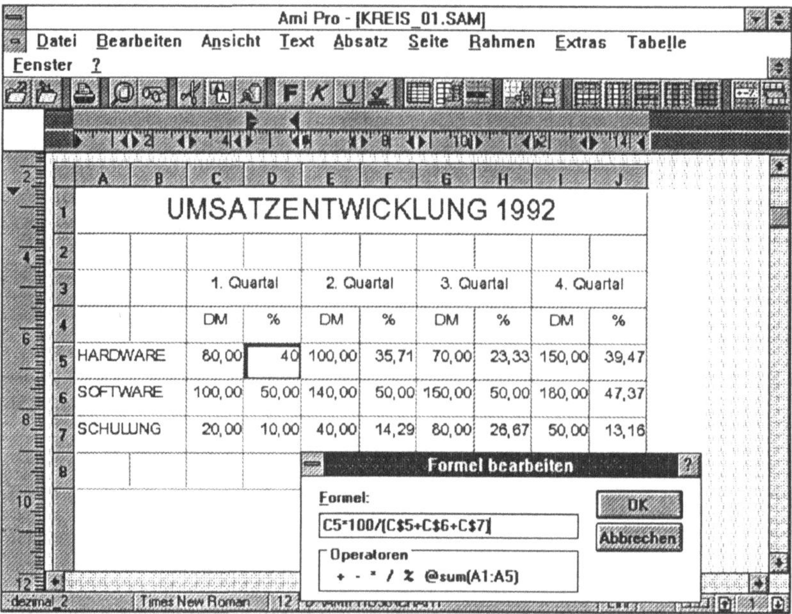

BILD 11-16: Formel mit gemischter Adressierung

Bevor Sie mit den Kreisgrafiken beginnen, sollten Sie den eigentlichen Tabellenbereich vom Layout her Ihren Vorstellungen entsprechend gestaltet haben.

Zur Veränderung der Zeilenhöhe ist es jetzt notwendig, mit TABELLE-»Layout ändern« in das entsprechende Dialogfenster zu wechseln, um das Kontrollfeld »Automatisch« abzuschalten. Nun verlassen Sie dieses Fenster wieder mit <OK>, markieren die Zeilen 9 und 10 und setzen den Wert für Zeilenhöhe auf 5,5 cm: TABELLE-»Zeilen-/Spaltengröße«.

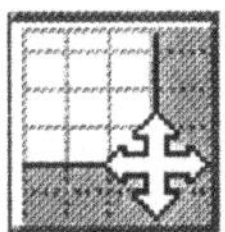

Jetzt haben Sie die entsprechenden Vorarbeiten erledigt, um für jedes Quartal ein entsprechendes Kreisdiagramm zu erstellen:

- 1. Quartal → einfaches Kreisdiagramm/2D,

- 2. Quartal → explodierte Kreisgrafik/2D,

- 3. Quartal → explodierte Kreisgrafik/3D,

- 4. Quartal → explodierte Kreisgrafik/3D, perspektivisch.

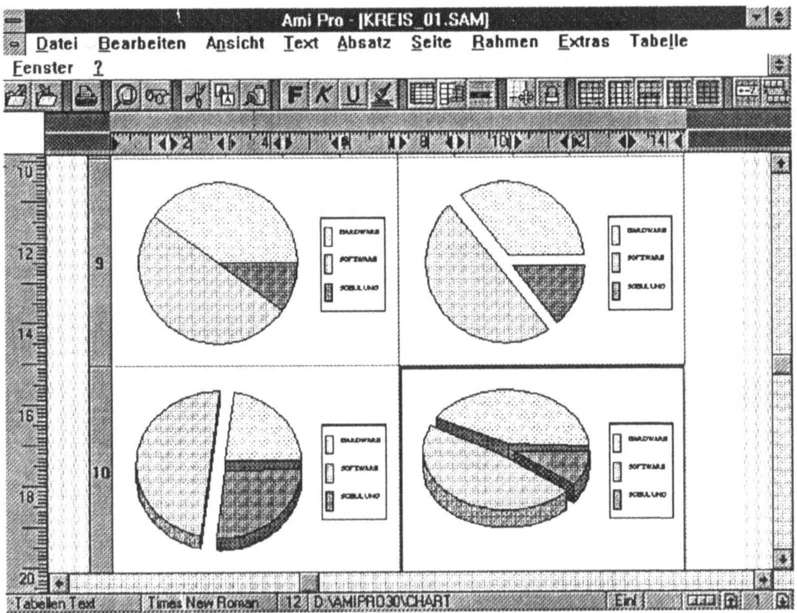

BILD 11-17: Kreisdiagramme

Markieren Sie jetzt die Zellen A5 .. J7 und kopieren Sie den Bereich ins Clipboard: BEARBEITEN-»Kopieren«. Anschließend wird der Cursor in den Bereich bewegt, der das Kreisdiagramm für das erste Quartal aufnehmen soll. Nun wechseln wir mit EX-TRAS-»Präsentationsgrafik« in das entsprechende Dialogfenster und markieren den Diagrammtyp einfaches Kreisdiagramm in der

5. Zeile/1. Spalte und das Kontrollfeld »Legende«. Es erscheint in dem Vorschaufenster das gewünschte Kreisdiagramm, und Sie betätigen die Schaltfläche <OK>.

Es wird Ihnen aufgefallen sein, daß von den kopierten neun Spalten für die Grafikerstellung lediglich die erste Textspalte und die zweite Wertespalte benötigt worden sind. Dies machen wir uns für unser weiteres Vorgehen zunutze.

Klicken Sie auf das erstellte Kreisdiagramm, und kopieren Sie es in die Zwischenablage; von dort fügen Sie es dann in den rechts von dem Original angrenzenden Bereich ein. Jetzt müssen Sie das eben eingefügte Diagramm doppelklicken, und in dem sich öffnenden Dialogfenster markieren Sie die explodierende Kreisgrafik. Wichtiger als diese gestalterische Änderung ist jedoch die Abbildung der korrekten Daten des zweiten Quartals. Zu diesem Zweck gehen Sie in das Untermenü <DATEN> und löschen dort die Spaltenwerte des ersten Quartals:

80	40
100	50
20	10

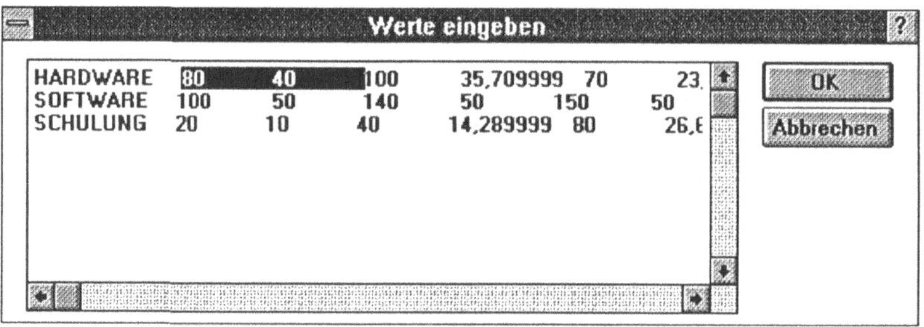

BILD 11-18: Werte löschen

Nach zweimaligem <OK> haben Sie jetzt in der Tabelle die explodierte Kreisgrafik für das 2. Quartal. Für das dritte und vierte Quartal wiederholen Sie das gerade praktizierte Verfahren.

↪ letzte Grafik in die Zwischenablage kopieren,

➪ Grafik in die entsprechende Zelle für die neue Grafik einfügen,

➪ Dialogfenster durch Doppelklick öffnen,

➪ Änderungen beim Layout vornehmen (3D /perspektivisch);

➪ DATEN des zweiten bzw. dritten Quartals löschen.

Speichern Sie Ihre Arbeitsergebnisse als TEXT11_3.SAM und zur Weiterbearbeitung als TEXT11_4.SAM.

Die Datei TEXT11_4.SAM soll nun mit dem Zeichenwerkzeugen von AMI PRO weiterbearbeitet werden. Dazu ist es notwendig, daß die entsprechende Zelle markiert ist. Mit EXTRAS-»Zeichnen« wird Ihnen die entsprechende Werkzeugpalette zur Entfaltung Ihrer kreativen Fähigkeiten zur Verfügung gestellt. Sie können die Objekte der Präsentationsgrafik verändern und löschen sowie um weitere ergänzen. Wichtig ist jedoch, daß, falls Sie die Zelle bzw. den Rahmen wieder in seiner Funktion als CHART benutzen wollen, die ursprünglichen Objekte wieder in den Ausgangszustand zurückversetzt werden.

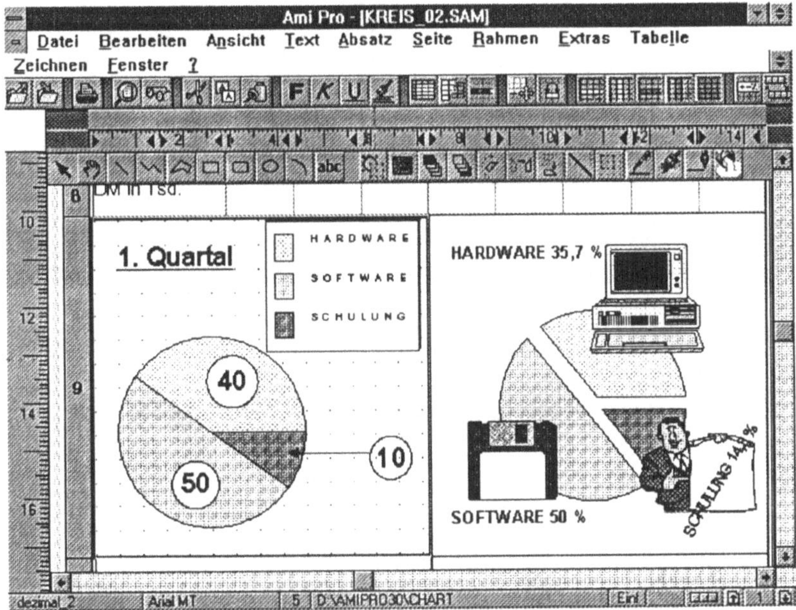

BILD 11-19: Charts mit Zeichentools bearbeiten

Interessant ist auch die Möglichkeit, die mit dem Zeichenwerk-
zeug bearbeitete Präsentationsgrafik nach entsprechendem Markieren als eigenständige Datei TEXT11_9.SAM in einem der
folgenden Formate:

⋄ AMI PRO-Zeichnung,

⋄ Windows Metafile,

⋄ Windows Bitmap,

abzuspeichern und später als Folienvorlage oder zur Veranschau-
lichung eines Textes zu verwenden.

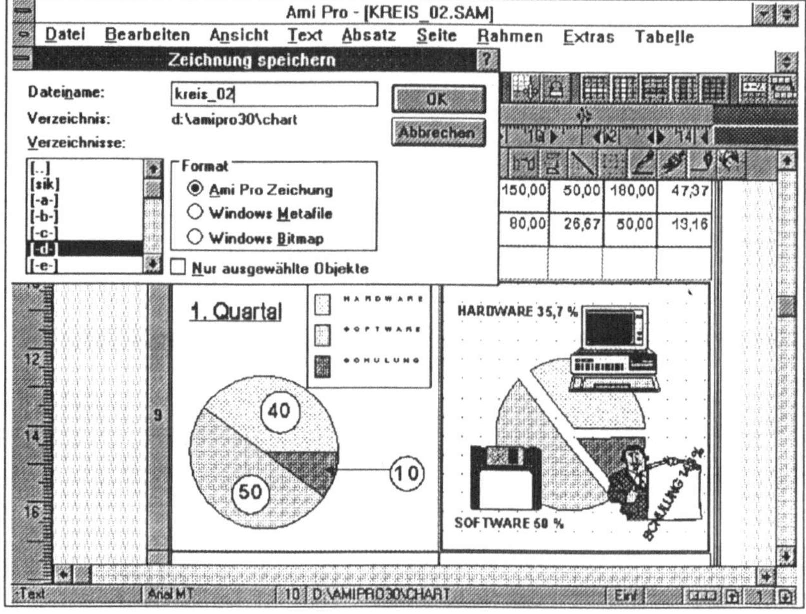

BILD 11-20: Grafik als gesonderte Datei speichern

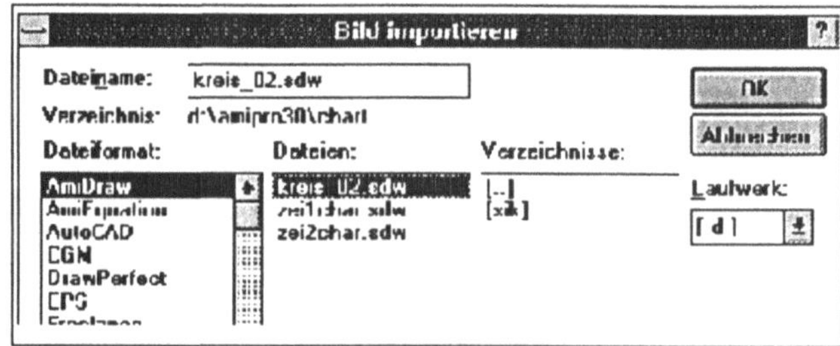

BILD 11-21: Öffnen der gespeicherten Grafik

11.5 Import von Grafiken aus anderen Anwendungen

Wie Sie gesehen haben, sind die Möglichkeiten von AMI PRO im Bereich der Präsentationsgrafiken schon bemerkenswert. Die Integration einer anderen Anwendung könnte notwendig bzw. zweckmäßig werden, weil

❖ die Aufbereitungsmöglichkeiten von Zahlen in einem Spezialprogramm wie FREELANCE oder HARVARD GRAPHICS umfangreicher sind;

❖ die Grafik mit den sich verändernden Zahlen gekoppelt sein soll: LOTUS 1-2-3/W oder EXCEL.

Verbindung mit FREELANCE GRAPHICS

Öffnen Sie eine neue Datei; und geben Sie ihr den Namen TEXT11_5.SAM. Nun erstellen Sie die Tabelle bezüglich der Umsatzentwicklung in den drei Geschäftsbereichen neu oder importieren sie aus einer anderen, schon erstellten SAM-Datei über die Zwischenablage. Nach Fertigstellung markieren Sie die ganze Tabelle und kopieren sie in das Clipboard.

Ohne AMI PRO zu schließen, wechseln Sie über den Programm-Manager nach FREELANCE GRAPHICS. Nach Wahl des Seitenlayouts »4. Eine Grafik« klicken Sie auf den für die Grafik vorgesehenen Bereich. In einem Fenster können Sie jetzt den Grafiktyp »Mehrere Kreise« in der Variante »mit abgesetztem Sektor und Angabe des prozentualen Anteils« auswählen. Es öffnet sich ein weiteres Fenster zur Aufnahme der Zahlenwerte und Beschriftungen. Sie positionieren den Cursor in die erste Spalte oberhalb der späteren Legendenbeschriftung und fügen die Tabelle aus der Zwischenablage mit dem Befehl »Einfügen« aus dem Menü BEARBEITEN ein.

BILD 11-22: Import über Clipboard von Freelance Graphics

Nach Bestätigen der Schaltfläche <FERTIG> brauchen Sie nur noch den Seitentitel »UMSATZENTWICKLUNG 1992« eingeben, alle Objekte durch Anklicken bei gedrückter ⇧-Taste markieren und über die Zwischenablage nach AMI PRO einfügen.

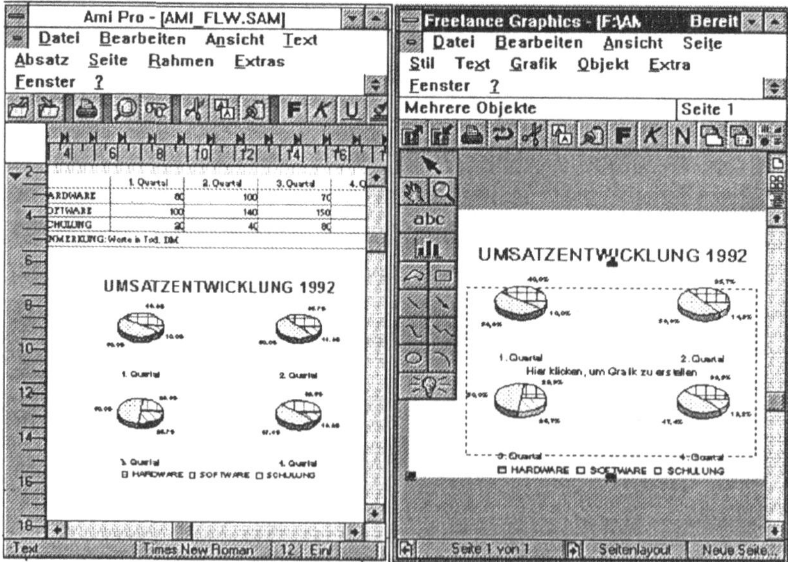

BILD 11-23: Grafikverknüpfung: AMI PRO und FREELANCE

Sie erkennen sofort die Arbeitserleichterung, die dieses Spezial-programm aus dem Hause Lotus bietet:

♢ die Errechnung der Prozentwerte erfolgt automatisch,

♢ die Werte aller vier Quartale werden in einem Schritt verarbei-tet.

Verbindung mit HARVARD GRAPHICS

Aber auch andere Präsentationsprogramme können mit Features aufwarten, die durch ihre Integration die AMI PRO-Dokumente aufwerten können. Dies sei z.B. anhand des Produkts HARVARD GRAPHICS für Windows dargestellt.

In AMI PRO öffnen Sie ein neues Arbeitsfenster und vergeben den Namen TEXT11_6.SAM. Außerdem sollten Sie als zweites Arbeitsfenster TEXT11_5.SAM geöffnet haben, da wir die Daten aus diesem Dokument verwenden wollen. Kopieren Sie die Tabel-le aus TEXT11_5.SAM in die Zwischenablage, und starten Sie anschließend mit Hilfe des Programm-Managers HARVARD GRAPHICS. Anschließend sind folgende Schritte auszuführen:

♢ <Neue Präsentation erstellen ...>,

♢ Folientyp: »Vertikales Balkendiagramm«,

♢ <DIAGRAMMGALERIE> ---> unten rechts: 3D mit Tabelle,

♢ CURSOR positionieren ins Feld Achsenbeschriftung,

♢ BEARBEITEN-»Verbindung einfügen« (DDE-Verknüpfung zur Ausgangstabelle) bzw. BEARBEITEN-»Einfügen« (ohne Verbindung),

♢ Titel, Untertitel, Fußnote vergeben,

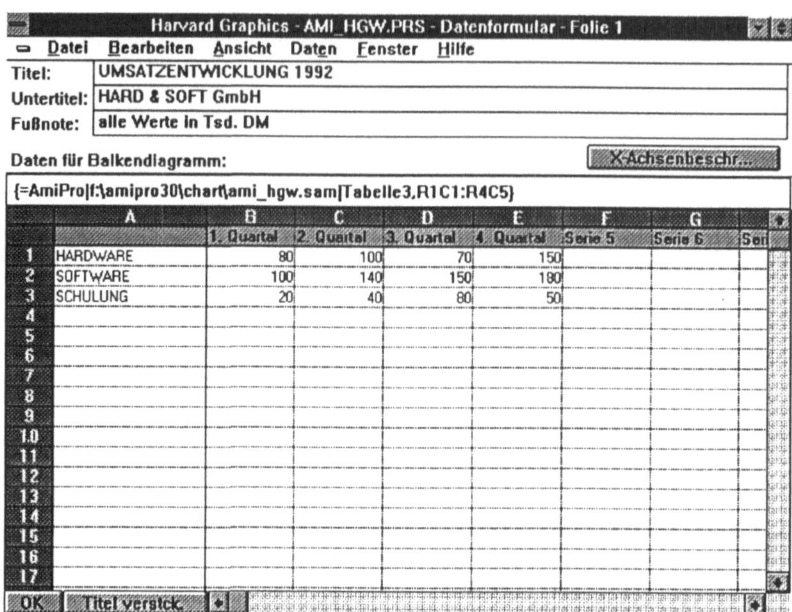

	A	B	C	D	E	F	G	Ser
		1. Quartal	2. Quartal	3. Quartal	4. Quartal	Serie 5	Serie 6	
1	HARDWARE	80	100	70	150			
2	SOFTWARE	100	140	150	180			
3	SCHULUNG	20	40	80	50			
4								
5								
6								
7								
8								
9								
10								
11								
12								
13								
14								
15								
16								
17								

BILD 11-24: Import der Werte aus dem Clipboard ins Datenblatt
von HARVARD GRAPHICS

⇨ <OK>,

⇨ Tool »AUSWAHL« hervorheben,

⇨ ⬆ drücken und Auswahlfeld um die zu exportierenden Objekte ziehen,

⇨ BEARBEITEN-»Kopieren«,

⇨ nach TEXT11_6.SAM wechseln,

⇨ CURSOR positionieren,

⇨ BEARBEITEN-»Kopieren«,

⇨ Ergebnis bewundern.

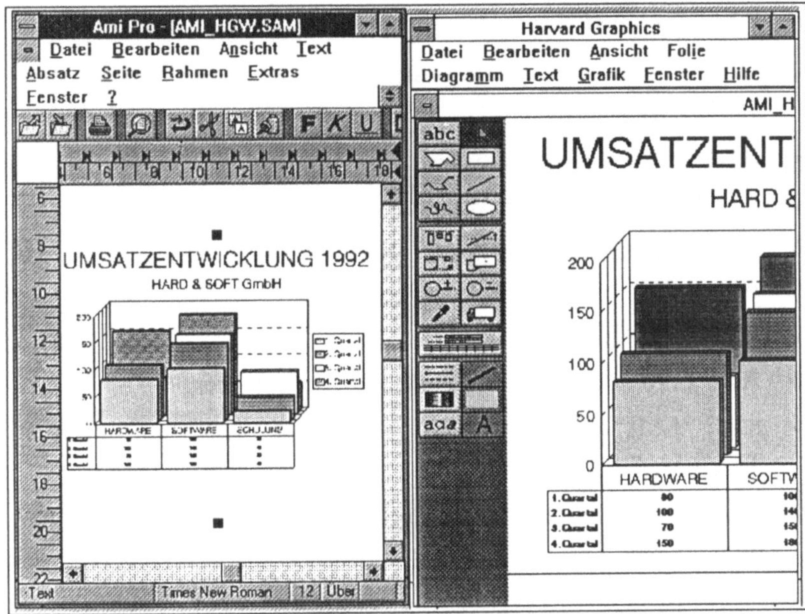

*BILD 11-25: DDE-Verknüpfung zwischen AMI PRO
und Harvard Graphics*

Nachdem exemplarisch die Verbindung zu Präsentationsprogrammen erläutert wurde, können Sie im folgenden

❖ eine DDE-Verknüpfung zu Lotus 1-2-3/W,

❖ eine OLE-Verbindung zu EXCEL

herstellen.

DDE-Verknüpfung zu Lotus 1-2-3/W

Sie starten 1-2-3/W und vergeben als Dateiname AMI_123W.WK3. Nun geben Sie die bekannten DM-Werte der einzelnen Bereiche für die vier Quartale einschließlich der Spalten-/Zeilenkennzeichnungen in den Bereich A1 .. E5 ein. Ferner befolgen Sie bitte die untenstehenden Anweisungen:

❖ A2 .. E4 markieren,

❖ GRAFIK-»Neu...«,

❖ GRAFIKNAME: AMI_123W,

❖ Umwandlung der Linien in eine 3D-Balkengrafik durch Anklicken des entsprechenden Symbols,

⇨ DIAGRAMM-»Legende«: 1. bis 4. Quartal eintragen,

⇨ DIAGRAMM-»Überschriften«: UMSATZENTWICKLUNG 1992,

⇨ BEARBEITEN-»Kopieren«,

⇨ FENSTER - AMI_123W.WK3,

⇨ Bereich zum Einfügen der Grafik durch Markierung festlegen: A6 .. E20,

⇨ BEARBEITEN-»Einfügen«,

⇨ A1 .. E 20 markieren und anschließend kopieren,

⇨ nach AMI PRO wechseln und neue Datei mit Namen TEXT11_7.SAM öffnen,

⇨ Rahmen zur Aufnahme des Inhalts der Zwischenablage manuell ziehen,

⇨ BEARBEITEN-»Verknüpfung einfügen«.

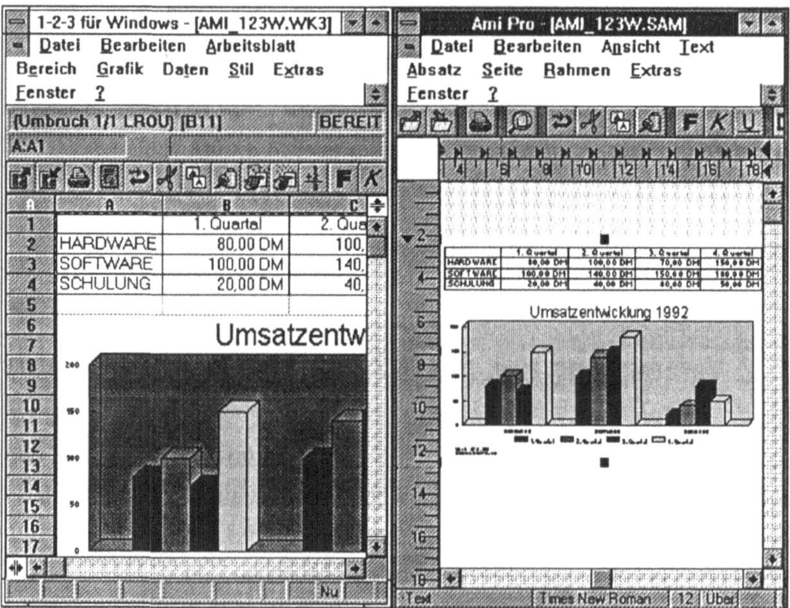

BILD 11-26: DDE-Verbindung zu Lotus

Versuchen Sie die beiden Anwendungen AMI PRO und 1-2-3 für Windows entsprechend der obigen Darstellung zu positionieren, und nehmen Sie Änderungen bei den Zahlenwerten der 1-2-3/W-Tabelle vor. Sie werden dann erkennen, wie sich auch unmittelbar die Grafik in AMI PRO den neuen Werten anpaßt.

OLE-Verknüpfung zu EXCEL

Laden Sie nun die sich auf der Diskette befindende Datei PROV1OLE.XLS, und ordnen Sie ihr mit BEARBEITEN-»Speichern unter« den neuen Namen PROV2OLE.XLS zu. Nun ist die Ausgangssituation geschaffen zur Durchführung der folgenden Punkte:

- ↩ Namen (A8 .. A11) und Gehälter (F8 .. F11) gleichzeitig markieren:

    - Cursor nach A8,

    - linke Maustaste gedrückt halten,

    - Bereich bis nach A11 ausdehnen,

    - linke Maustaste freigeben,

    - Mauszeiger nach F8 bewegen,

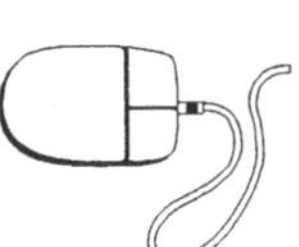

    - Strg-Taste gedrückt halten,

    - linke Maustaste gedrückt halten,

    - Bereich bis nach F11 markieren,

    - linke Maustaste und Strg deaktivieren.

- ↩ Anklicken des Grafiksymbols;

- ↩ Bereich A14 .. F26 zur Aufnahme der Grafik markieren;

- ↩ DIAGRAMMASSISTENT:

    - 1 v. 5: <WEITER>,

    - 2 v. 5: 3D-Säulen, <WEITER>,

    - 3 v. 5: Variante 4, <WEITER>,

    - 4 v. 5: <WEITER>,

    - 5 v. 5: DIAGRAMMTITEL: Provisionsabrechnung; <OK>,

- ↩ Bereich A1 .. F26 markieren,

- ↩ BEARBEITEN-»Kopieren«,

- ↩ Wechseln nach AMI PRO,

↪ Neue Datei TEXT11_8.SAM öffnen,

↪ manuell einen Rahmen zur Aufnahme des Inhalts der Zwischenablage ziehen,

↪ BEARBEITEN-»Verknüpfung einfügen«.

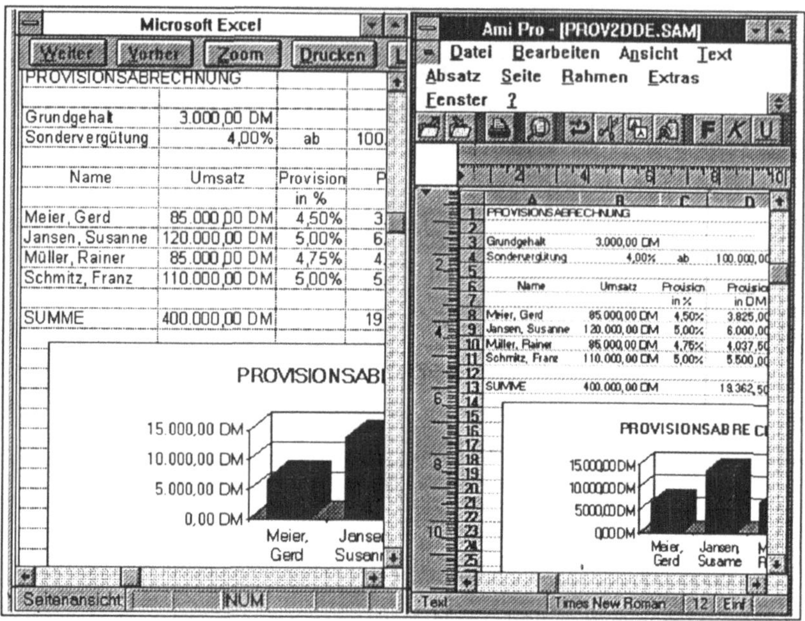

BILD 11-27: OLE-Verknüpfung zu EXCEL

Sie können jetzt von AMI PRO aus durch Doppelklick auf den Rahmen die entsprechende, verbundene Excel-Datei aufrufen, dort Änderungen bei den Daten vornehmen und die Auswirkungen sofort im AMI PRO-Dokument betrachten.

12 Die Zeichenfunktion von AmiPro

12.1 Aktivieren der Zeichenfunktion

Als Windows-Benutzer dürften Sie mit an Sicherheit grenzender Wahrscheinlichkeit auch eine Maus an Ihrem System installiert haben, so daß Sie die Zeichenfunktion nutzen können.

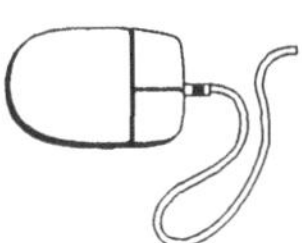

Zur Aktivierung der Zeichenfunktion stehen Ihnen mehrere Möglichkeiten offen:

➪ Nach Aufruf der Befehlsfolge EXTRAS-»Zeichnen«

- erstellt das Programm einen Rahmen gemäß der im Dialogfenster »Rahmen erstellen« angegebenen Ausmaße,

- fügt AMI PRO unterhalb der Menüleiste eine weitere Palette mit Objekt- und Befehlssymbolen ein,

- wird die Menüleiste um den Menüpunkt ZEICHNEN ergänzt.

➪ Häufig ist es zweckmäßiger, erst den Rahmen zu erstellen und dann die Befehlsfolge EXTRAS-»Zeichnen« aufzurufen. Bei dieser Vorgehensweise ist der Rahmen von vornherein

- an der richtigen Stelle,
- in den richtigen Ausmaßen
positioniert.

➪ Soll eine bestehende AMI PRO-Zeichnung weiterbearbeitet werden, so genügt ein Doppelklick auf diesen Rahmen, um die Zeichenfunktion aufzurufen. Alternativ haben Sie aber auch hier die Möglichkeit,

- erst den Rahmen mit einem Mausklick zu markieren
- und anschließend EXTRAS-»Zeichnen« aufzurufen.

➪ Möchten Sie eine AMI PRO-Bilddatei/SDW-Datei bearbeiten, so fügen Sie diese mit dem Befehl DATEI-»Bild importieren« in Ihr Dokument ein und rufen anschließend den Zeichenmodus gemäß der im vorherigen Punkt beschriebenen Vorgehensweise auf.

12.2 Das AMI PRO Zeichenfenster

Um die Möglichkeiten der Zeichenfunktion von AMI PRO optimal nutzen zu können, sollten Sie sich

➪ das horizontale Lineal mit ANSICHT-»Tabulatorleiste anzeigen« und

➪ das vertikale Lineal mit ANSICHT-»Bildschirm Optionen...«-»Vertikales Lineal«

anzeigen lassen. Nur so ist es Ihnen möglich, die Objekte in der gewünschten Größe zu zeichnen und genau anzuordnen.

In bestimmten Phasen der Arbeit kann es auch hilfreich sein, die Bildschirmansicht zu vergrößern. Dies erreichen Sie mit

➪ ANSICHT-»Vergrößert«. Die Darstellung entspricht dem Doppelten der Standardansicht.

➪ ANSICHT-»Bildschirm Optionen...«-»Arbeitsansicht«. Hier können Sie eine Darstellung bis zum Vierfachen der Standardeinstellung eingeben (maximal: 400).

Anhand des Bildes 12-01 soll die Anwendung der Zeichenfunktion erläutert werden.

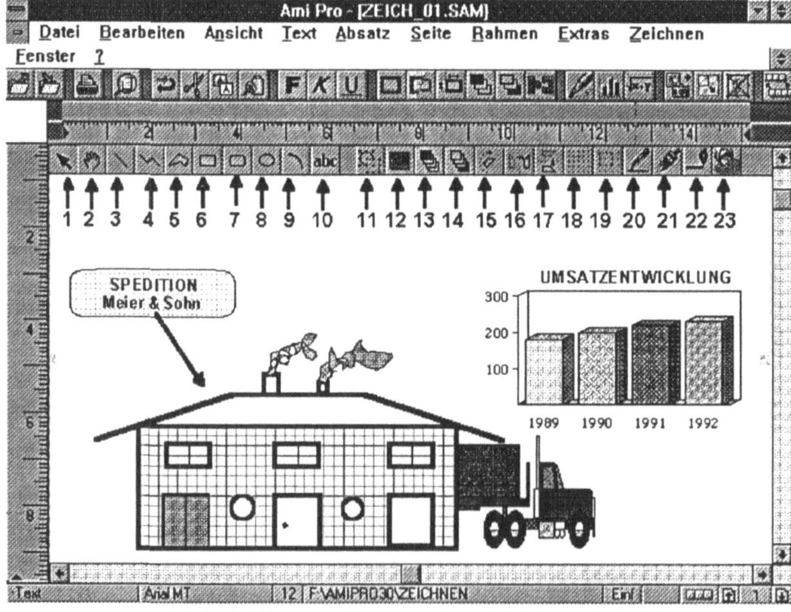

BILD 12-01: Überblick zum Zeichen-Modul

Nach Aufruf der Zeichenfunktion werden unterhalb der Tabulatorleiste die dreiundzwanzig Zeichensymbole angeordnet. Diese lassen sich in die beiden Gruppen

➪ Objekt- bzw. Werkzeugsymbole (1 bis 10) sowie

➪ Befehlssymbole (11 bis 23)

aufteilen. Anstelle der Befehlssymbole kann man - wie es der Name schon beinhaltet - einen entsprechenden Befehl aus dem Menü ZEICHNEN verwenden.

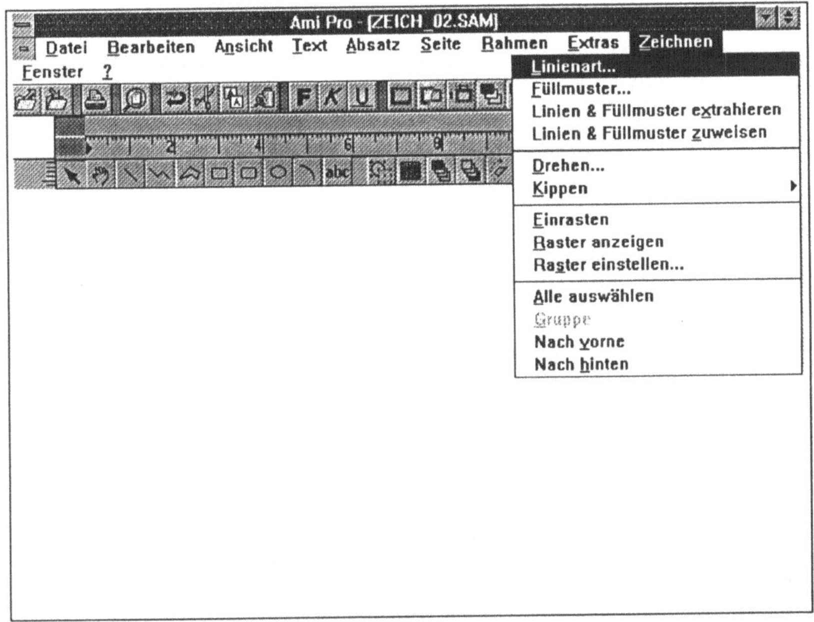

BILD 12-02: Befehle des Menüs ZEICHNEN

Eine Zeichnung besteht aus Objekten, die einzeln, aber auch als Gruppe bearbeitet werden können. Bei den Objekten wird unterschieden in:

➪ Grafikobjekten und

➪ Textobjekten

Grafikobjekte können mit den Werkzeugen 3 - 9 erstellt werden. Es besteht aber auch die Möglichkeit, Dateien zu importieren und zu bearbeiten. Mit dem AMI PRO-Zeichenmodul können Sie

➪ AMI PRO-Zeichnungen (*.SDW),

⇨ WINDOWS-Metafile-Dateien (*.WMF),

⇨ WINDOWS-Bitmap-Dateien (*.BMP)

integrieren und gestalterisch aufbereiten. TEXT1201.SAM enthält die von LOTUS mitgelieferte Datei BIGTRUCK.SDW und eine als Zeichnung gespeicherte AMI PRO-Präsentationsgrafik.

Mit dem Auswahlpfeil (1) können Sie ein oder mehrere Objekte markieren und anschließend z.B.

⇨ vergrößern sowie neu positionieren;

⇨ in den Vorder- (13) bzw. Hintergrund (14) bringen;

⇨ ihnen das aktuelle Füllmuster sowie die aktuelle Füllfarbe zuordnen (23).

Dies sind nur einige der Möglichkeiten, die Ihnen das Zeichenmodul von AMI PRO bietet und die Sie nun selbst realisieren sollen.

12.3 Grundlegende Techniken

12.3.1 Arbeiten mit Objektsymbolen

Der Auswahlpfeil dient zum Markieren von Objekten/Objektgruppen. Sie klicken das Symbol in der Zeichenleiste an, positionieren den Pfeil auf das entsprechende Objekt und klicken die linke Maustaste; zum gleichzeitigen Markieren mehrerer Objekte müssen Sie die ⇧-Taste gedrückt halten, während Sie die weiteren Objekte auswählen.

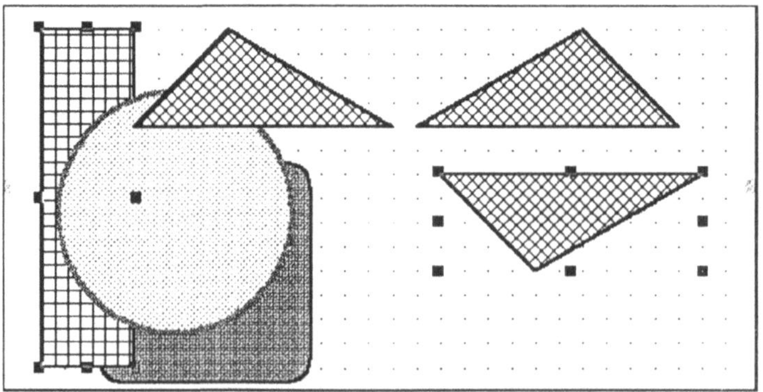

BILD 12-03: Markieren von Objekten (1)

Sind mehrere, nebeneinanderliegende Auswahlobjekte zu markieren, so wählen Sie eines der außen liegenden Objekte als Ausgangspunkt, drücken und halten die linke Maustaste und bewegen die Maus so, daß das sich öffnende, gestrichelte Rechteck alle zu markierenden Objekte berührt. Nach Freigabe der Maustaste wird jedes der berührten Objekte durch acht schwarze Quadrate/Griffe markiert. Anschließend können die markierten Objekte mit dem Auswahlpfeil bewegt und vergrößert werden.

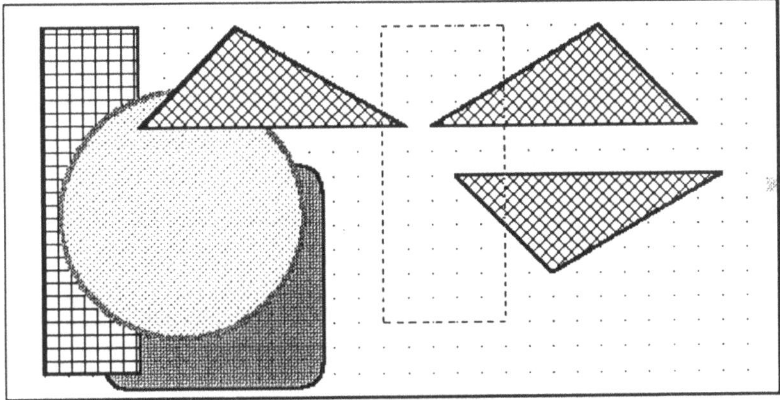

BILD 12-04: Markieren von Objekten (2)

Wollen Sie die Lage der Objekte verändern, muß der Auswahlpfeil weiterhin aktiv sein. Sie bewegen den Mauszeiger auf das markierte Objekt/die markierten Objekte, drücken und halten die Maustaste und verändern die Lage des Objekts/der Objekte durch die Mausbewegung. 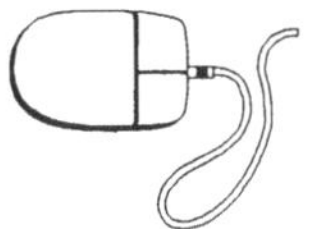

Zur Veränderung der Größe des Objekts ist einer der Griffe auszuwählen und anschließend erfolgt wieder dieselbe Prozedur:

➪ Maustaste drücken,

➪ Maustaste halten,

➪ Maus bewegen,

➪ Maustaste freigeben.

Mit Hilfe der Eckgriffe können Sie die Breite und Höhe des Objekts verändern, mit den Kantengriffen verändern Sie die Höhe oder die Breite.

Mit Hilfe der Hand markieren Sie das gesamte Bild und können es innerhalb des Rahmens verschieben. Damit können Sie bewirken, daß nur noch ein Teil des Bildes angezeigt wird.

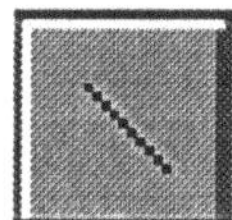

Klicken Sie das Liniensymbol an, und bewegen Sie den Mauszeiger wieder in den Rahmen, so nimmt er die Gestalt eines Fadenkreuzes an. Die Horizontale und die Vertikale dieses Kreuzes markieren jeweils auf den entsprechenden Linealen die Cursorposition. Dies ist wichtig für eine exakte Zeichnungserstellung. Wählen Sie die Ausgangsposition der Linie, drücken Sie die Maustaste und bewegen die Maus bei gedrückter Taste zu der Stelle, bei der die Linie enden soll. Erst nachdem Sie sich auf dem Lineal von der richtigen Position vergewissert haben, geben Sie die Maustaste frei (LINIE 1). Entspricht die Linie nicht Ihren Vorstellungen, markieren Sie sie, und drücken Sie die Entf-Taste bzw. klicken das BEARBEITEN-»Ausschneiden«-ICON.

Linienart, -farbe und -enden entsprechen den aktuellen Voreinstellungen, die sich über den Schalter (22) ändern lassen.

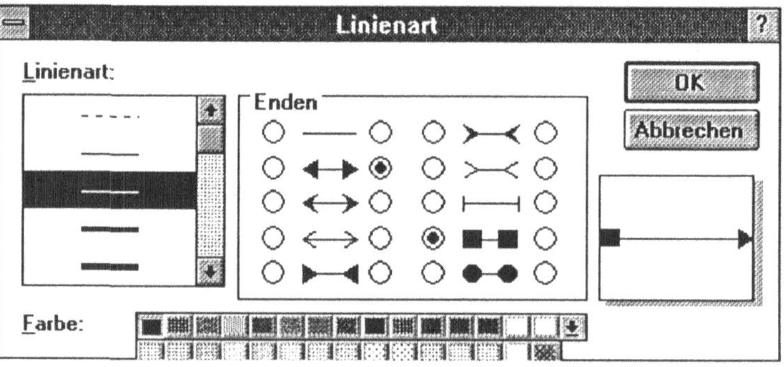

BILD 12-05: Vereinbaren der Linienarten

Wollen Sie eine Linie ziehen, die bezüglich ihrer Ausrichtung zur Horizontalen ein Vielfaches von 45° ausmacht, so müssen Sie zusätzlich die ⇧-Taste beim Ziehen gedrückt halten.

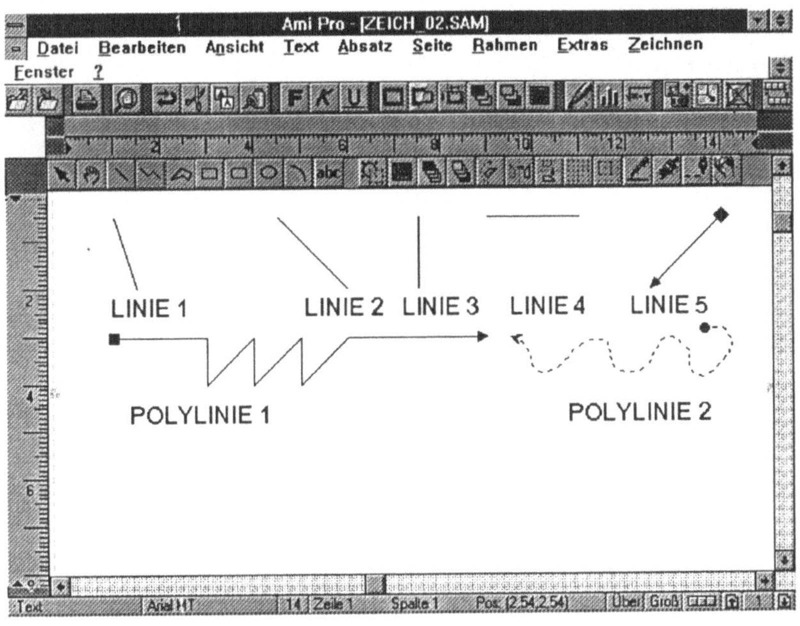

BILD 12-06: Linien und Polylinien

Mit diesem Schalter können Sie eine abgewinkelte Linie erstellen, indem Sie den Anfangspunkt, die Eckpunkte und den Endpunkt jeweils anklicken. Bevor Sie jedoch bei den einzelnen Punkten die Maustaste wieder loslassen, vergewissern Sie sich auf dem Lineal über die korrekte Position. Bei gedrückter Taste können mit der Maus noch Positionswechsel vorgenommen werden, ohne daß man die gesamte Linie verwerfen muß (Polylinie 1).

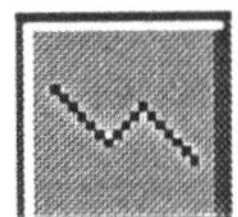

Dieser Schalter dient auch zum Erstellen von Freihandzeichnungen. Bei gedrückter ⇧-Taste wird die Mausbewegung exakt am Bildschirm wiedergegeben (Polylinie 2). Hier können Sie Ihre ruhige Hand unter Beweis stellen.

Nach Auswahl dieses Symbols können Sie ein geschlossenes Vieleck zeichnen. Auch hier bestimmen Sie die jeweiligen Eckpunkte, die dann von AMI PRO durch gerade Linien verbunden werden. Das Vieleck wird geschlossen, indem Sie entweder den Anfangspunkt anklicken oder automatisch, falls Sie ein anderes Zeichnensymbol, z.B. den Auswahlpfeil, aktivieren.

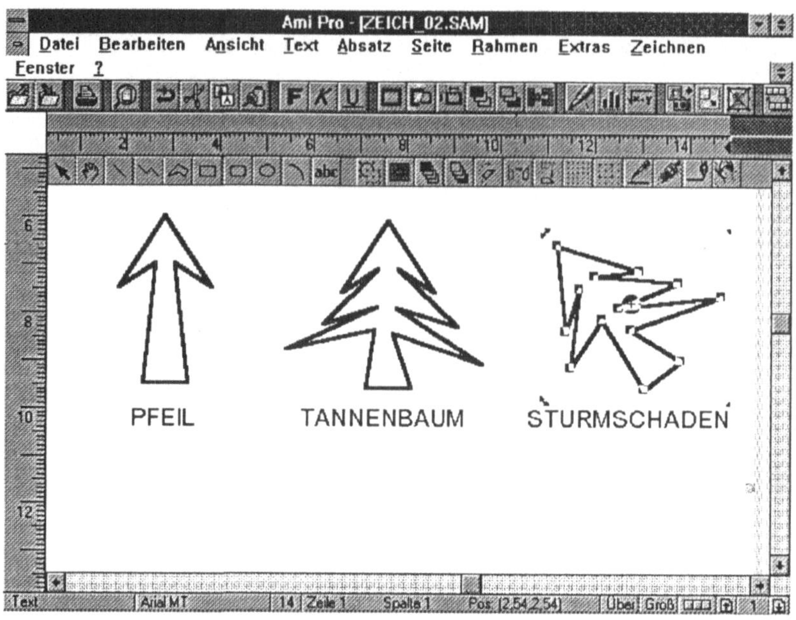

BILD 12-07: Arbeiten mit einem Vieleck

Nachdem Sie das Vieleck gezeichnet haben, werden Sie eine Kopie anfertigen und diese mit Hilfe des Auswahlpfeils verändern. Gehen Sie dabei wie folgt vor:

KOPIEREN

⇨ Markieren Sie den von Ihnen erstellten Pfeil.

⇨ Klicken Sie das SmartIcon BEARBEITEN-»Kopieren« und anschließend BEARBEITEN-»Einfügen«. Die Kopie wird immer auf dem Original abgelegt, so daß der Anwender im ersten Augenblick keine Veränderungen wahrnimmt.

⇨ Nun positionieren Sie den Cursor auf das markierte Objekt, drücken und halten die Maustaste und legen durch die Mausbewegung die Kopie rechts vom Original ab.

VERÄNDERN

⇨ Markieren Sie das als Pfeil dargestellte Vieleck.

⇨ Doppelklicken Sie in das Objekt, so daß von AMI PRO

   - an jedem Eckpunkt schwarze Griffe,

- in der Mitte des Objekts ein als schwarzer Kreis mit einem
  »+« versehener Drehmittelpunkt,
- vier Drehpfeile

angezeigt werden.

⇨ Klicken Sie auf eine Linie des Objekts, und halten Sie die Maustaste gedrückt.

⇨ Ziehen Sie die Maus zu dem neuen Eckpunkt.

⇨ Geben Sie die Maustaste frei.

⇨ Wiederholen Sie das Einfügen von Eckpunkten, bis der gewünschte Endzustand erreicht ist.

⇨ Schließen Sie diesen Teilschritt durch Klicken auf das Symbol »Auswahlpfeil« ab.

KOPIEREN

Nun sollen Sie eine elegantere, schnellere Vorgehensweise für das Kopieren kennenlernen:

⇨ Markieren Sie wiederum das Objekt.

⇨ Halten Sie die ⬆-Taste gedrückt.

⇨ Bewegen Sie den Mauszeiger auf das zu kopierende Objekt.

⇨ Klicken und halten Sie die linke Maustaste.

⇨ Positionieren Sie das durch ein Rechteck dargestellte Objekt an die gewünschte Stelle.

⇨ Geben Sie die ⬆- und Maus-Taste frei.

ECKPUNKTE LÖSCHEN und OBJEKT DREHEN

⇨ Markieren Sie das Objekt.

⇨ Doppelklicken Sie in das Objekt.

⇨ Klicken Sie auf den durch ein schwarzes Quadrat dargestellten, zu löschenden Eckpunkt mit der rechten, sekundären Maustaste; alternativ Doppelklick mit der linken Maustaste.

⇨ Wiederholen Sie nach Bedarf den Löschvorgang für weitere Eckpunkte.

⇨ Bei unbeabsichtigtem Löschen widerrufen Sie den letzten Vorgang mit BEARBEITEN-»Widerrufen«.

> ⇨ Wollen Sie das Objekt drehen, dann klicken Sie auf einen Drehpfeil und halten Sie die Maustaste.

> ⇨ Ziehen Sie die Maus in die gewünschte Drehrichtung.

> ⇨ Lassen Sie die Maustaste los.

Nach dem Aktivieren dieses Symbols können Sie Rechtecke und Quadrate erstellen. Grundsätzlich gehen Sie wie folgt vor:

> ⇨ Klicken Sie das Rechteck-Symbol an.

> ⇨ Bewegen Sie den Mauszeiger, der wieder die Form eines Fadenkreuzes annimmt, in den Rahmen.

> ⇨ Wählen Sie mit Hilfe der Lineale einen Eckpunkt des Vierecks aus, und klicken Sie die Maustaste.

> ⇨ Bei gedrückter Maustaste öffnen Sie ein Rechteck, indem Sie den Mauszeiger zur diagonal gegenüberliegenden Ecke bewegen.

> ⇨ Vergewissern Sie sich über die korrekten Ausmaße, und geben Sie die Maustaste wieder frei.

Ein Quadrat wird durch gleichzeitiges Halten der ⬆-Taste erstellt.

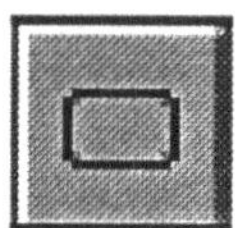

Rechtecke und Quadrate mit abgerundeten Ecken sowie Ellipsen und Kreise werden nach demselben Muster erstellt:

> ⇨ Symbol auswählen;

> ⇨ Startposition anklicken;

> ⇨ Ausmaße durch Ziehen bei gedrückter Maustaste und evtl. gehaltener ⬆-Taste festlegen;

> ⇨ Tasten freigeben.

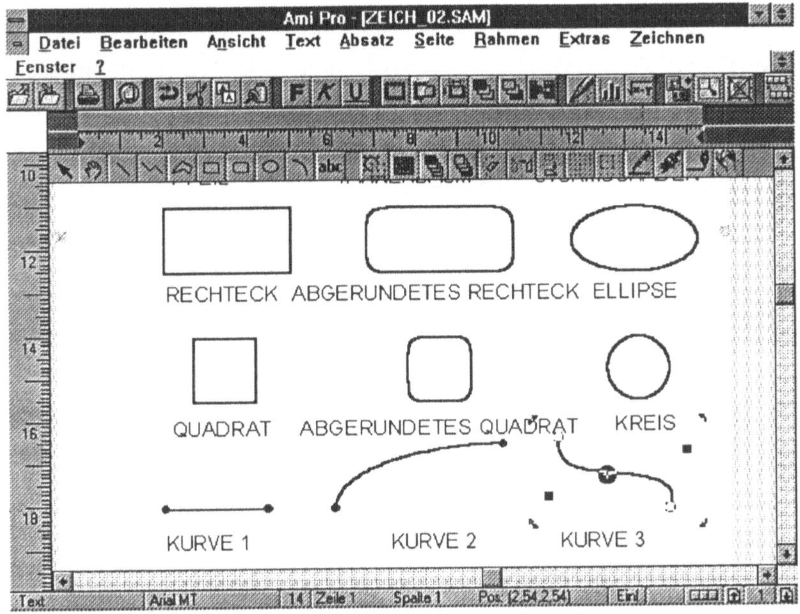

BILD 12-08: Das Arbeiten mit Viereck, Rundeck und Ellipse

Kurven werden genauso erstellt wie Linien. Das Bogenmaß wird von AMI PRO bestimmt. Liegen Anfangs- und Endpunkt der Kurve auf einer Senkrechten bzw. Horizontalen, so ist es für den Betrachter nicht ersichtlich, daß es sich bei dem Objekt um einen Bogen handelt (Kurve 1). 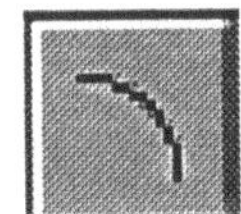

Diese Kurven können jedoch nachbearbeitet werden, indem Sie

- ⮑ die Kurve auswählen;

- ⮑ das ausgewählte Objekt doppelklicken;

- ⮑ einen der schwarzen Griffe anklicken und halten;

- ⮑ durch Mausbewegung die Kurve verformen.

Als letztes Objekt-/Werkzeugsymbol muß noch der Textschalter von Ihnen genutzt werden. Sie können in jede Zeichnung Text einfügen und diesen hinsichtlich der Schriftart, größe und -farbe über das Dialogfenster TEXT-»Schriftart« variieren. Außerdem stehen  Ihnen die Optionen »Normal«, »Fett«, »Kursiv«, »Unterstrichen« zur Verfügung. Hierbei ist jedoch zu beachten, daß ein Textobjekt nicht größer als eine Zeile sein kann und immer einheitlich in seiner Ausprägung behandelt wird. Wollen Sie also einzelne

Worte hervorheben, so müssen diese als gesondertes Textobjekt
erfaßt werden. Markieren Sie den Schalter, und experimentieren
Sie ein wenig:

♦ Schreiben Sie einen Text.

♦ Kopieren Sie diesen Text, indem Sie ihn markieren und bei
  gedrückter ⬆- und Maustaste an einer anderen Stelle able-
  gen.

♦ Verändern Sie Schriftart, -größe und -farbe über das entsprechende Menü TEXT-»Schriftart«.

♦ Kopieren Sie noch einmal den Ursprungstext, und vergrößern
  Sie das Objekt, indem Sie einen der Eckgriffe nach außen ziehen.

12.3.2 Arbeiten mit Befehlssymbolen

Die bisher erstellten Objekte können mit der Gruppe der Befehlssymbole bearbeitet werden. Wie oben schon erwähnt, kann man
natürlich alternativ dieselbe Wirkung über das ZEICHNEN-Fen-
ster erreichen.

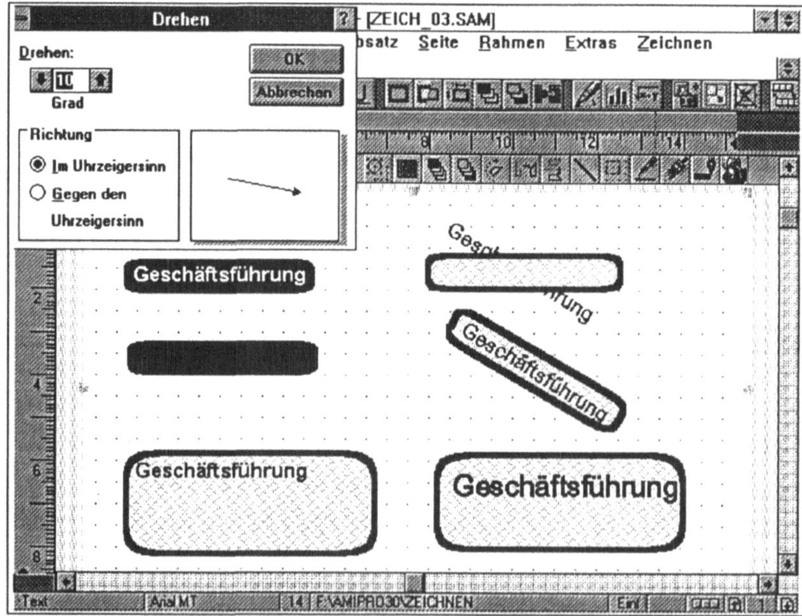

BILD 12-09: Arbeiten mit Befehlssymbolen

Erstellen Sie gemäß der oben beschriebenen Vorgehensweise ein abgerundetes Rechteck. Anschießend markieren Sie dieses mit dem Auswahlpfeil und verändern es wie folgt:

✧ Klicken Sie auf den Schalter ZEICHNEN-»Füllmuster«, und wählen Sie ein Muster und die entsprechende Farbe aus. Im rechten Teil des Dialogfensters wird Ihre aktuelle Wahl angezeigt. Benutzen Sie keinen Farbdrucker, so sollten Sie sich für die Grauwerte und Muster entscheiden. Kein Muster wird angezeigt bei Auswahl der äußerst linken Schaltfläche in der Musterleiste. Nach dem Bestätigen Ihrer Auswahl mit <OK> erhält das markierte Objekt das neue Farbmuster zugewiesen.

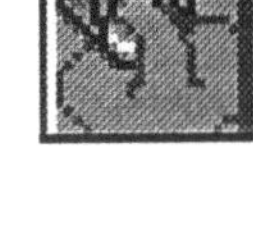

✧ Markieren Sie wiederum das abgerundete Rechteck, und betätigen Sie jetzt den ZEICHNEN-»Linienart«-Schalter. Wählen Sie eine dickere Linienart und eine zum Füllmuster kontrastierende Farbe aus. Mit <OK> erhält Ihr Rechteck die neue Umrandung.

✧ Anschließend markieren Sie den Text/ABC-Schalter, positionieren den Cursor wieder in das abgerundete Rechteck, klicken die Maustaste und schreiben »Geschäftsführung«.

✧ Sollte die Bezeichnung nicht mittig im abgerundeten Viereck stehen, so können Sie mit Hilfe des Auswahlpfeils Änderungen am Text- oder/und Grafikobjekt vornehmen.

✧ Anschließend betätigen Sie den Schalter ZEICHNEN-»Alle auswählen«, so daß sowohl das Text- wie auch das Grafikobjekt markiert sind.

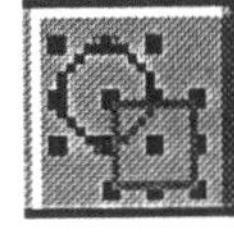

✧ Nun fertigen Sie fünf Kopien dieser markierten Objekte an. Cursor auf die markierten Objekte bewegen, Maustaste sowie ⇧-Taste drücken und halten, Objekte zu der neuen Stelle bewegen, Tasten freigeben. Dieser Vorgang ist fünfmal zu wiederholen.

✧ Anschließend klicken Sie nochmals auf den Auswahlpfeil und markieren das letzte Viereck mit der Beschriftung, indem Sie - wie weiter oben schon praktiziert - einen Markierungsrahmen über diese beiden Objekte ziehen. Beachten Sie, daß die anderen Objekte von diesem Rahmen nicht berührt werden. Nachdem die beiden Objekte markiert sind, klicken Sie auf den

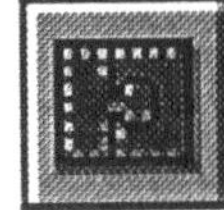

ZEICHNEN-»Gruppe«-Schalter. Diese zu einer Gruppe zusammengefaßten Objekte werden jetzt wie eine Einheit behandelt. Wiederholen Sie diese Gruppierung auch für die vorletzte Kopie.

Mit demselben Schalter können auch markierte Gruppierungen wieder aufgehoben werden.

➪ Sie wählen wieder den Auswahlpfeil und markieren den Rahmen der ersten Kopie, also des zweiten Rechtecks. Im nächsten Schritt klicken Sie auf den Schalter ZEICHNEN-»Nach vorne«. Erschrecken Sie nicht, weil der Text verschwunden ist; er wird lediglich von dem Grafikobjekt überlagert. Er wird wieder sichtbar, sobald das markierte Rechteck mit dem ZEICHNEN-»Nach hinten«-Schalter wieder in den Hintergrund gesetzt wird. Dasselbe funktioniert natürlich auch mit dem Textobjekt. Markieren des Textobjekts und ZEICHNEN-»Nach hinten« betätigen.

➪ Verändern Sie das Füllmuster und den Rahmen der zweiten Kopie entsprechend dem oben erwähnten Vorgehen. Abschließend markieren Sie das abgerundete Viereck mit dem Auswahlpfeil.

➪ Die Veränderungen beim Füllmuster und den Begrenzungslinien des Grafikobjekts sind so gelungen, daß auch die weiteren Kopien entsprechend verändert werden sollen. Hier bietet AMI PRO eine ökonomische Vorgehensweise an, indem die Eigenschaften des Musters extrahiert und im nächsten Schritt weiteren Objekten zugewiesen werden können.

Markieren Sie mit dem Auswahlpfeil das als Muster dienende Grafikobjekt, und extrahieren Sie die Farb-, Muster- und Linieneigenschaften durch Anklicken des entsprechenden Symbols.

➪ Im nächsten Schritt werden die Kopien drei bis fünf mit dem Auswahlpfeil durch Ziehen eines entsprechenden Rahmens markiert.

- Nun wird der Schalter ZEICHNEN-»Linien- und Füllmuster zuweisen« angeklickt. Die Objekte verändern ihr Aussehen entsprechend der Vorgabe.

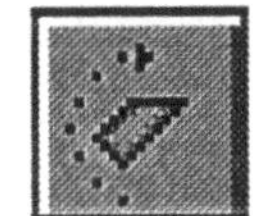

- Nun markieren Sie das Textobjekt im vierten Rechteck (= dritte Kopie) und drücken den nebenstehenden Schalter so häufig, bis der Text die gewünschte Lage eingenommen hat. Die Drehung erfolgt schrittweise gemäß den Einstellungen im entsprechenden Dialogfenster. Bei jedem Klicken erfolgt also hier eine Drehung um 10º im Uhrzeigersinn. Abschließend positionieren Sie das Textobjekt in den Hintergrund.

- Da Sie die Objekte in der vierten Kopie als Gruppe zusammengefaßt haben, erfolgt hier die Drehung des Gesamtobjekts.

- Eine weitere Besonderheit bei der Bearbeitung gruppierter Objekte werden Sie erfahren, wenn Sie jeweils nacheinander das abgerundete Rechteck der zweiten und letzten Kopie nach dem Markieren durch Ziehen des rechts unten befindenden Eckpunkts vergrößern. Während bei den gruppierten Objekten der Text sich auch entsprechend vergrößert, behält er im anderen Fall seine Größe bei.

Konnten wir bisher schon aufgrund der Orientierung an den beiden Linealen die Objekte recht genau im Rahmen plazieren, so bietet AMI PRO mit dem Befehl ZEICHNEN-»Raster einstellen ...« sowie den beiden Schaltern »Raster anzeigen« und »Einrasten« weitere Möglichkeiten zur effektiveren Arbeitsgestaltung.

In dem Dialogfeld Rasterabstand (Bild 12-10) kann man für jeden der drei Optionsschalter einen Abstand festlegen:

- Fein   --->   0,10 cm,

- Mittel   --->   0,50 cm,

- Grob   --->   1,00 cm.

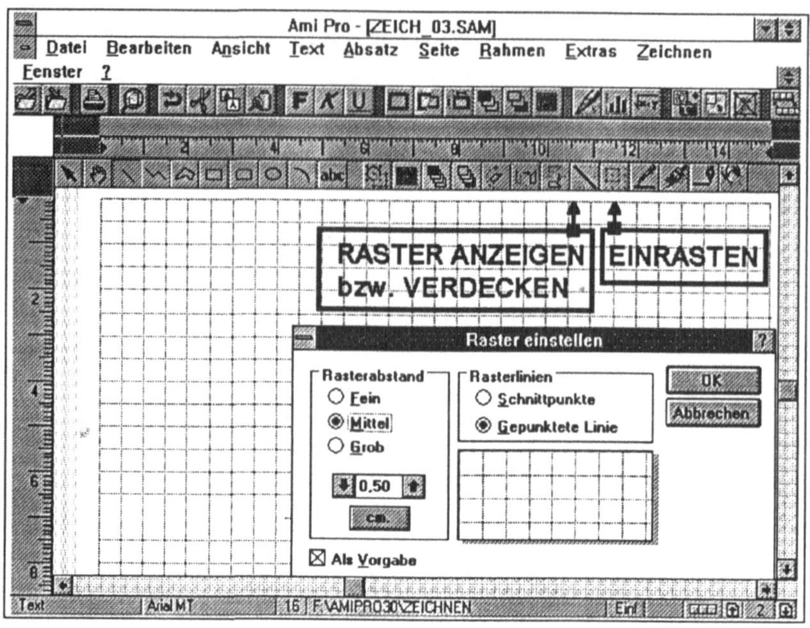

BILD 12-10: Raster einstellen

Der hier eingegebene Wert bestimmt den Abstand der horizontalen und vertikalen Rasterlinien, von denen entweder nur die Schnittpunkte oder die gesamten gestrichelten Linien angezeigt werden. Das Arbeiten mit dem feinen Abstand ist jedoch nur sinnvoll, wenn man die Bildschirmansicht entsprechend auf ihren Maximalwert von 400 setzt.

Für Ihre kommende Übung sollten Sie

➪ den mittleren Rasterabstand von 0,50 cm,

➪ die Rasterlinien in ihrer gepunkteten Form,

➪ Einrasten und

➪ Raster anzeigen

wählen. Falls Sie das Kontrollfeld »Als Vorgabe« markiert haben, werden die gewählten Einstellungen bei jedem Öffnen eines Zeichenrahmens verwendet.

Erstellen Sie nach Aktivieren des Schalters »Polygon« ein ungleichschenkliges Dreieck und erstellen von diesem zwei Kopien.

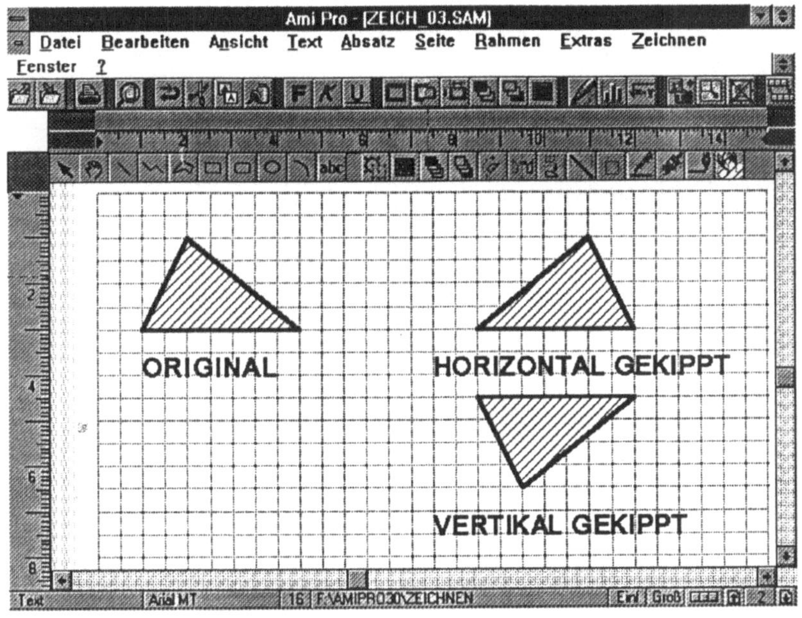

BILD 12-11: Kippen von Grafiken

Nun markieren Sie die erste Kopie und betätigen den Schalter »Horizontal Kippen«, abschließend kippen Sie das Dreieck vertikal. Ihr Ergebnis müßte jetzt der obigen Bildschirmdarstellung entsprechen.

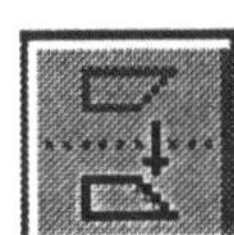

12.4 Zeichnungen speichern und laden

Haben Sie einen Rahmen zum Zeichnen geöffnet, so wird das Menü-Fenster DATEI um die Optionen

◇ Zeichnung importieren,

◇ Zeichnung speichern unter

ergänzt. Es können die drei Dateiformate

◇ AMI PRO-Zeichnungen (*.SDW),

◇ WINDOWS Metafile (*.WMF),

◇ WINDOWS Bitmap (*.BMP)

importiert und gespeichert werden.

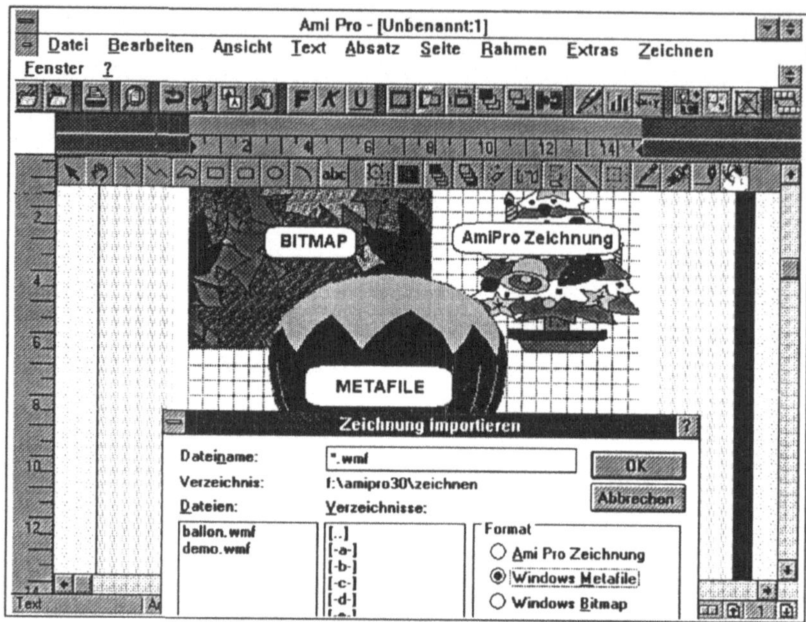

BILD 12-12: vom Zeichenmodul unterstützte Dateiformate

Interessant ist auch die Möglichkeit, Teile der Zeichnung zu markieren und »Nur (diese) ausgewählte(n) Objekte« zu speichern.
Versuchen Sie es einmal!

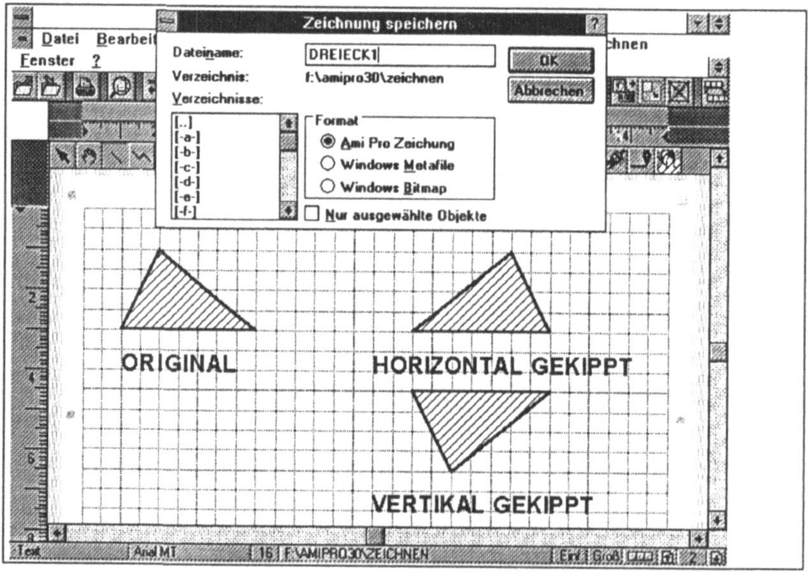

BILD 12-13: Zeichnung als eigenständige Datei speichern

13 Arbeiten mit Makros

Bei der Erstellung, Bearbeitung und Gestaltung von Dokumenten mit AMI PRO müssen nicht selten immer wieder die gleichen Befehlsfolgen durchlaufen werden. Um wiederholte Eingaben überflüssig zu machen, können deshalb in AMI PRO mehr oder weniger umfangreiche Makros angelegt werden.

Was ist nun ein Makro? Ein Makro faßt unter einem Namen eine bestimmte Folge von Tastenanschlägen, Befehlen und Anweisungen zusammen. Nach der Speicherung sind die Makros später durch einfachen Zugriff (etwa durch Eingabe des Namens oder mittels einer festgelegten Tastenkombination) jederzeit wieder verfügbar. Bei Ablauf des Makros werden dann die Befehls- und Tastenfolgen automatisch in der vordefinierten Reihenfolge ausgeführt.

Im Lieferumfang des Programms sind bereits einige vorgegebene Makros enthalten. Darüber hinaus können Sie entsprechend Ihren individuellen Vorstellungen eine Vielzahl eigener Makros erstellen.

Hier einige Beispiele für einfache Makros

Anwendungsfälle	Beispiele
1) Gezielte Positionierung und Markierung im Text	- Textmarkierung - Seitenende der jeweiligen Seite anspringen

Anwendungsfälle	Beispiele

2) Einfache Befehlsspezifi-
zierung:
a) Befehlsaufrufe
	- Aufruf der Seitenansicht
	- Rechenfunktionen
	- Schließen aller offenen
	  Dokumente
	- Aufruf der Rechtschreib-
	  prüfung

b) Druckspezifikation
  (Probedruck, Enddruck)
c) Einstellung bestimmter
  Formate
d) Zeicheneinfügung
	- Einstellung in Dialogboxen
	- Schriftart im Layoutbogen
	  ändern
	- Sonderzeichen aus der
	  Windows-Zeichentabelle
	- Anzeige des Copyright-
	  Symbols

3) Schreiben eines Standard- textes zu Beginn (Vorspann)	- Briefkopf, Notizkopf, - Protokoll
4) Startmakros	- Aufruf der DOS-Shell - Starten eines Grafikprogr. (z. B. Freelance Graphics) - Starten eines Mail-Programms

In fortgeschrittenen Makros können Sie sogar Programmenüs mit Kommentaren und Variablen erstellen.

Interessant kann auch zu Anfang der Arbeit mit Makros sein, daß Sie sich die im Lieferumfang von AMI PRO vorhandenen Makros einmal genauer anschauen. Wählen Sie dazu das Menü EXTRAS; dann den Befehls »Makros« und hier die Option »Bearbeiten«.

13.1 Makrobefehl schreiben und benennen

Für das Anlegen eines individuellen Makros muß zunächst der Anwendungszweck des Makros genau festgelegt sein. Danach können Sie dann das Schreiben und Benennen des Makros in Angriff nehmen.

Für das Erstellen des Makros haben Sie in AMI PRO zwei Möglichkeiten:

a) **Nutzung des Makro-Recorders.** Die Eingaben werden in diesem Fall automatisch aufgezeichnet. Insbesondere einfache Makros lassen sich so schnell und leicht erstellen.

b) **Direkte Eingabe des Makros über Tastatur.** Dieses ist natürlich aufwendiger als eine automatische Aufzeichnung. Wenn Sie sehr hohe Anforderungen an eine Automatisierung Ihrer Arbeiten haben, müssen Sie diese Variante jedoch auch kennen.

Der **Gültigkeitsbereich von Makros** kann unterschiedlich sein. So können Sie entscheiden, daß der Makro **für ein bestimmtes Dokument** gelten soll. Andererseits können Makros auch problemlos so angelegt werden, daß sie auch **in anderen Dokumenten einfach verwendbar** sind.

Dabei gilt folgendes:

↪ Wird der Makro nur in dem aktuellen Dokument benötigt, erfolgt eine sog. Schnellanlage. Dabei wird dann keine Speicherung vorgenommen, da dieser Makro ja später nicht mehr benötigt wird.

↪ Soll der Makro für alle Dokumentarten zur Verfügung stehen, wird dieser in einer besonderen Datei gespeichert.

13.2 Makro-Recorder nutzen

In den meisten Fällen können Sie ein Makro schneller aufbauen, indem Sie den sog. Makro-Recorder nutzen. Dieser wirkt quasi wie ein Kassettenrecorder, zeichnet bei der Eingabe von Befehlsfolgen automatisch die Tastenfolgen auf und speichert diese als Makro.

Aufgabe: Makros aufzeichnen

Ein typisches Beispiel für die Anwendung von Makros ist die Realisierung bestimmter, sich wiederholender Druckanwendungen:

Öffnen Sie die Datei mit dem Dateinamen »Text49.SAM«, und legen Sie ein Makro an, mit dem zunächst ausgehend von der aktuellen Seitenposition der Einfügemarke die Ansicht gegenüberliegender Seiten aufgerufen wird. Danach soll dann sofort ein Ausdruck des Dokuments in zweifacher Auflage erfolgen.

Realisieren Sie den Makro mit dem Makrorecorder unter Vergabe des Makro-Dateinamens »Druckakt«. Als Tastenschlüssel ist die Kombination [Strg]+[⇧]+[S] einzustellen.

Öffnen Sie zur Aufgabenlösung zunächst die Datei mit dem Namen »Text49.SAM«. Ausgangspunkt für die Erzeugung eines Makros durch Aufzeichnung ist die Aktivierung des Menüs EXTRAS, die anschließende Wahl des Befehls »Makros«. Danach ist die Option »Aufnehmen« zu wählen, da eine Speicherung des Makros in einer Makrodatei erfolgen soll. Ergebnis ist die folgende Bildschirmanzeige:

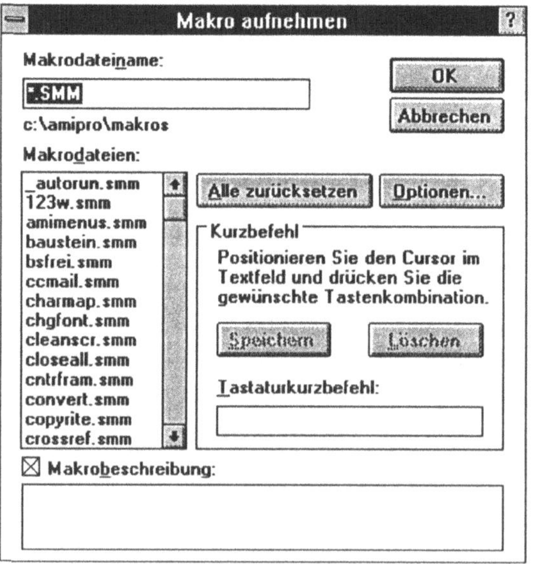

Bild 13-1: Dialogbox »Makro aufnehmen«

In dieser Dialogbox kann also angegeben werden:

➪ ein Makro-Dateiname: Der Name, unter dem der Makro später wieder aufrufbar ist, kann maximal 8 Zeichen umfassen. Er erhält automatisch die Erweiterung .SMM.

➪ ein Tastaturkurzbefehl: Alternativ zum Makroaufruf über einen Namen ist eine Aktivierung mit einer bestimmten Tastenkombination denkbar. Sie müssen dazu lediglich die Einfügemarke im Textfeld »Tastaturkurzbefehl« positionieren und dann die gewünschte Tastenkombination betätigen. Wählbar ist eine Kombination mit der Taste Strg oder der Taste ⬆ oder eine Kombination daraus. Gibt es den gewählten Tastenschlüssel bereits, wird ein entsprechender Hinweis gegeben, so daß nicht aus Versehen eine Doppelbelegung erfolgt.

➪ eine Kurzbeschreibung des Makros: Unter der Rubrik »Makrobeschreibung« kann eine ausführliche Anmerkung zur Anwendung und Funktion des Makros erfolgen.

Geben Sie im Beispielfall den Namen »Druckakt« im Feld »Makrodateiname« ein. Definieren Sie außerdem als Tastenbelegung für diesen Makro die Kombination Strg+⬆+S. Die Dialogbox kann dann folgendes Aussehen haben:

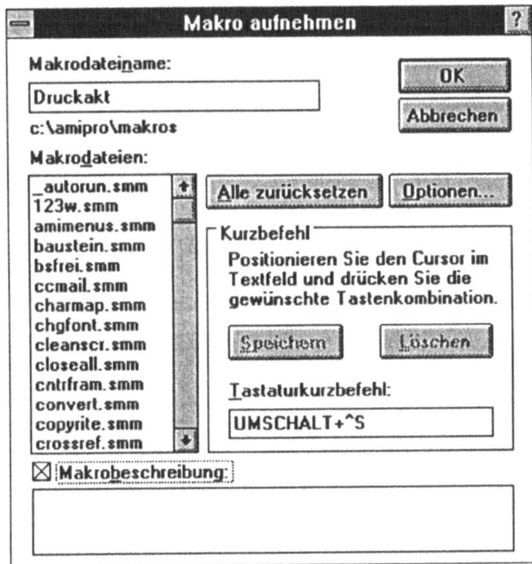

Bild 13-2: Ausgefüllte Dialogbox »Makro aufnehmen«

Klicken Sie nun die Schaltfläche <OK>. Damit ist der Makrorecorder zur Aufzeichnung bereit. Optisch ist dies auf dem Bildschirm dadurch erkennbar, daß in der Statusleiste die Meldung »Makro Aufnahme« erscheint. Alle Tastenbetätigungen (Befehle, Text- und Zahleneingaben), die Sie nun durchführen, werden aufgezeichnet. Die Maus ist jetzt nur teilweise verwendbar. So werden alle Optionen, die Sie in Menüs oder Dialogfeldern per Maussteuerung einstellen, aufgenommen. Bewegungen mit dem Mauszeiger im Text werden jedoch nicht aufgezeichnet. Sie müssen deshalb Bewegungen der Einfügemarke sowie Markierungen im Text unbedingt mit der Tastatur durchführen.

Führen Sie jetzt zur Lösung des Anwendungsbeispiels alle gewünschten Abläufe zur Realisierung des Makros »Druckakt« durch. Folgende Tastenfolge ist im Beispielfall notwendig: [Alt]+[N], [B], [Esc], [Alt]+[D], [D], [2], [Alt]+[A], [↵].

Wenn Sie die Aufzeichnung abgeschlossen haben, müssen Sie den Makrorecorder wieder ausschalten. Wählen Sie dazu erneut das Menü EXTRAS und hier den Befehl »Makros«. Statt des Befehls »Aufnehmen« erscheint nun die Option »Aufnahme Ende«. Wählen Sie diese.

Hinweis: Mausgesteuert können Sie das Beenden der Makroaufzeichnung auch schnell dadurch erreichen, indem Sie die Meldung »Makro Aufnahme« in der Statusleiste anklicken.

Die folgende Checkliste zeigt zusammenfassend die Vorgehensweise zum Aufzeichnen eines Makros mit dem Recorder:

Reihenfolge der Bearbeitung	Tastenfolge
1. Menü EXTRAS wählen	[Alt]+[B]
2. Befehl »Makros«	[M]
3. Wahl der Option »Aufnehmen«	[A]
4. Namen für den Makro eingeben	Druckakt

Reihenfolge der Bearbeitung	Tastenfolge
5. Tastaturkurzbefehl eingeben	[Alt]+[T], ...
6. Befehl ausführen	[↵]
7. Tasten-/Befehlsfolgen eingeben	.....
8. Menü EXTRAS wählen	[Alt]+[E]
9. Befehl »Makros«	[M]
10 Makro-Recorder ausschalten mit »Aufnahme Ende«	[E]

Beenden Sie jetzt einmal die Arbeit mit dem aktuellen Dokument.

13.3 Makros wiedergeben

Ein Makro können Sie auf verschiedene Weise ausführen. Dies sollen Sie im folgenden anhand einer Beispielanwendung genauer kennenlernen.

Aufgabe: Makro wiedergeben

Führen Sie den erstellten Makro »Druckakt« in zwei verschiedenen Variationen aus, nachdem Sie den Einfügecursor auf die fünfte Seite des Textes »Text49.DOC« plaziert haben:

a) durch Eingabe des Makro-Dateinamens und

b) durch Betätigung des definierten Tastenschlüssels.

Gehen Sie im Beispielfall nach Öffnen der zu verwendenden Datei zunächst so vor, daß Sie die Stelle im Text ansteuern, an der der Makro ausgeführt werden soll.

Befehlsgesteuerte Ausführung

Um einen gespeicherten Makro unter Nutzung des vergebenen Namens zur Ausführung zu bringen, müssen Sie im Menü EX-TRAS den Befehl »Makros« und dann die Option »Wiedergeben« wählen. Im Feld »Makrodateiname« können Sie nun den Namen des Makros eingeben oder eine Auswahl aus der angezeigten Liste

der Makrodateien vornehmen. Wählen Sie den Makronamen
»Druckakt«, so daß sich das folgende Dialogfenster ergibt:

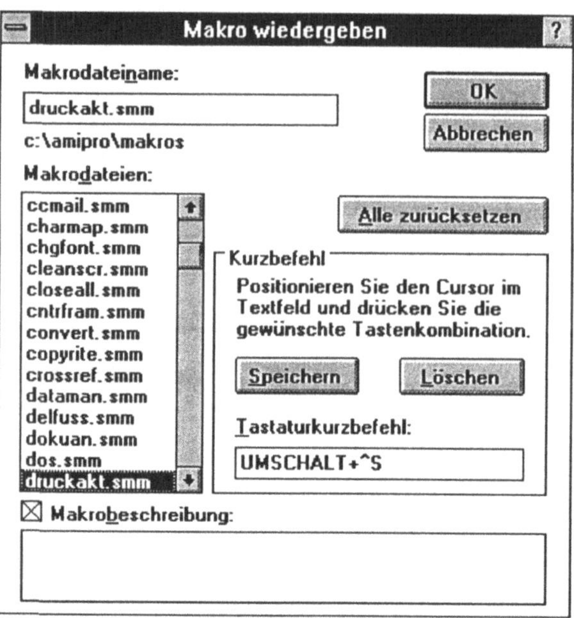

Bild 13-3: Dialogfenster »Makro wiedergeben«

Ist der zutreffende Makroname ausgewählt oder eingegeben, können Sie die Schaltfläche <OK> aktivieren. Danach wird der Makro direkt ausgeführt.

Das Vorgehen im Überblick veranschaulicht folgende Checkliste:

Reihenfolge der Bearbeitung	Tastenfolge
1. Ansteuern der Textstelle, an der der Makro ausgeführt werden soll	<Richtungstasten>
2. Wahl des Menüs EXTRAS	Alt + E
3. Wahl des Befehls »Makros»	M
4. Befehl »Wiedergeben» wählen	W
5. Gewünschten Makronamen eingeben oder markieren	Druckakt
6.Befehl ausführen	⏎

Nach Ausführung des Befehls erscheint zunächst automatisch die Seitenansicht. Nach Betätigung von (Esc) wird automatisch der gewünschte Druckvorgang realisiert.

Eingabe des Tastenschlüssels

Haben Sie dem Makro bei der Definition einen Tastaturkurzbefehl zugewiesen, so kann die Ausführung einfach durch Betätigung der Tastenkombination erfolgen.

Gehen Sie im Beispielfall zum Textdokument auf die dritte Seite. Betätigen Sie dann (Strg)+(⇧)+(S). Schon wird der Makro genauso ausgeführt wie im vorhergehenden Fall.

13.4 Schnellmakros verwenden

AMI PRO bietet die Möglichkeit, ein Makro schnell aufzunehmen und dann in einem bestimmten Dokument zu verwenden. Auf diese Weise können Sie Ihre aktuelle Arbeit einfach professionalisieren, ohne die Tastaturanschläge in einer Datei zu speichern.

Aufgabe: Schnellmakros erstellen und nutzen

Ein typisches Beispiel für die Anwendung von Schnellmakros kann die Erzeugung des Copyright-Zeichens sein. Testen Sie dies einmal aus, indem Sie dieses aus der Windows-Zeichentabelle einfügen und danach an beliebigen Stellen im Dokument anwenden.

Nach Aktivierung des Dokuments müssen Sie wie gehabt aus dem Menü EXTRAS den Befehl »Makros« wählen. Danach ist allerdings die Variante »Schnell aufnehmen« zu wählen. Danach ist für den Beispielfall folgende Tastenfolge auszulösen: (Alt)+<Leer>, (Z), (P), (Alt)+(W), (Alt)+(F), (Z), (Z), <Richtungstaste>, (Alt)+(W), (Alt)+(K), (Esc), (Alt)+<Leer>, (Z), (A), (Alt)+(B), (E).

Wenn Sie alle Tastenanschläge zur Makroaufnahme durchgeführt haben, können Sie erneut das Menü EXTRAS aktivieren und hier die Variante »Makros« aufrufen. Jetzt ist die Option »Schnell Aufnahme Ende« zu wählen.

Zur Ausführung des Makros müssen Sie dann den Befehl »Schnell wiedergeben« wählen, nachdem Sie aus dem Menü EXTRAS den Befehl »Makros« gewählt haben.

Hinweis: Sofern Sie ein weiteres Makro per Schnellaufnahme erstellen, steht nur das zuletzt erstellte für eine Wiedergabe zur Verfügung.

13.5 Makros bearbeiten

Mitunter sollen erstellte Makros verändert oder erweitert werden. Beispiele können etwa sein:

⇨ die Änderung des zugewiesenen Tastaturkurzbefehls bzw. die Erstzuweisung eines Tastaturkurzbefehls,

⇨ die Ergänzung der Beschreibungsinformationen,

⇨ die Bearbeitung des Dateiinhaltes,

⇨ die Festlegung, daß eine bestimmte Makrodatei immer beim Öffnen oder Schließen eines aktuellen Dokumentes ausgeführt wird.

Dazu muß der Befehl »Makros« aus dem Menü EXTRAS gewählt werden. Nach Wahl des Befehls »Bearbeiten« und Auswahl des Makros »Druckakt« können Sie den Befehl ausführen. Es ergibt sich die in Bild 13-4 dargestellte Bildschirmanzeige:

Sie sehen also nun einmal, wie ein Makro generell aufgebaut ist. In das Dokument kann der Rücksprung nach Aktivierung des Menüs FENSTER erfolgen.

13.6 Komfortable Nutzung von Makros

Sie haben in diesem Kapitel jetzt bereits die wichtigsten Grundlagen für das Erstellen und Nutzen von Makros kennengelernt. Es gibt jedoch noch weitere Optionen, die Ihnen die Anwendung von Makros erleichtern. Zwei davon seien im folgenden exemplarisch vorgestellt:

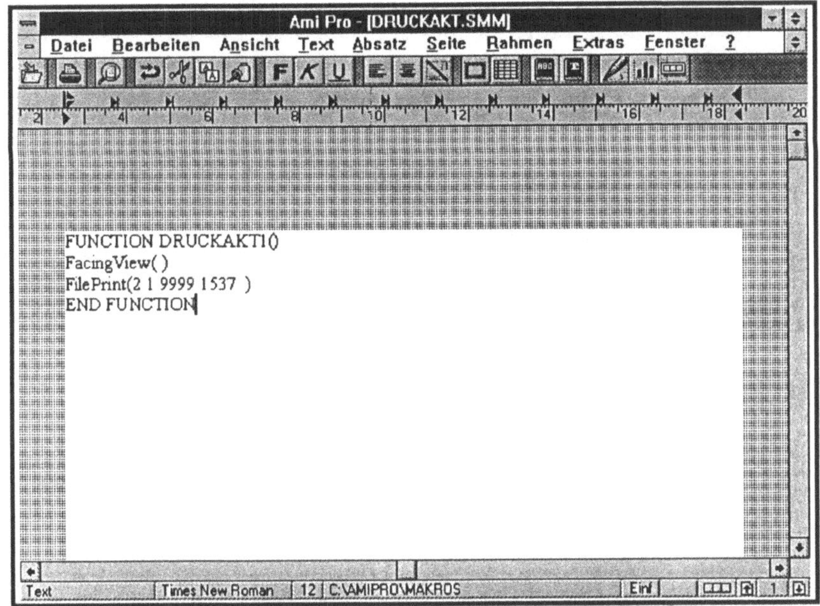

Bild 13-4: Dialogfenster zur Makrobearbeitung

Makro beim Öffnen eines Dokumentes ausführen

Eine besondere Möglichkeit der Makroausführung besteht auch darin, für ein aktuelles Dokument den Makro so festzulegen, daß dieser sofort nach dem Öffnen des Dokumentes ausgeführt wird.

Aufgabe: Makros bei Dokumentöffnung ausführen

Direkt mit dem Öffnen des Dokumentes »Text40.SAM«, das häufig zu Bearbeitungszwecken aufgerufen wird, soll eine Umschaltung auf freie Bildschirmanzeige erfolgen. Erstellen Sie ein entsprechendes Makro unter dem Dateinamen »BSFREI.SMM«.

Folgendes Vorgehen zur Problemlösung ist notwendig:

⇨ Öffnen Sie zunächst das Dokument »Text40.SAM«, für das der zu erstellende Makro gelten soll.

⇨ Aktivieren Sie dann das Menü EXTRAS, und wählen Sie hier den Befehl »Makros«.

➔ Wählen Sie »Aufnehmen«, und erstellen Sie das Makro mit dem Dateinamen »BSFREI« (Hinweis: Die Auswahloption zur Erzeugung eines freien Bildschirms steht im Menü AN-SICHT).

➔ Aktivieren Sie erneut das Menü EXTRAS, und wählen Sie hier den Befehl »Makros«.

➔ Aktivieren Sie den Befehl »Bearbeiten«, und optieren Sie dann für den Befehl »Zuweisen«. Ergebnis ist die Anzeige einer Dialogbox, die in folgender Weise auszufüllen ist:

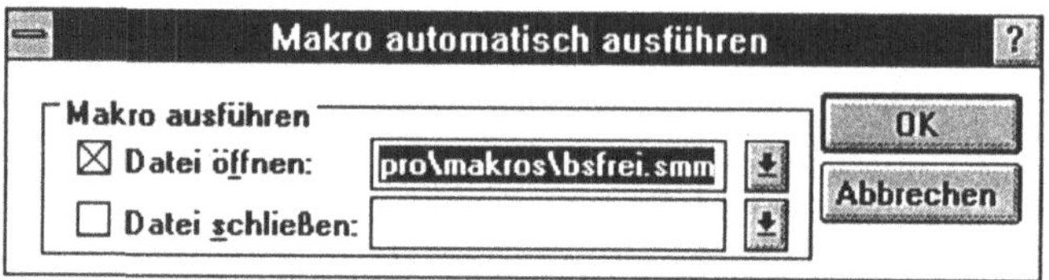

Bild 13-5: Makro bei Dokumentöffnung

➔ Sie müssen also zunächst das Optionsfeld »Datei öffnen« einschalten. Im rechts daneben liegenden Textfeld ist dann der gewünschte Makro einzugeben oder auszuwählen. Wichtig ist, daß der Suchpfad, in dem der Makro gespeichert wurde, genau mit angegeben wird.

➔ Wählen Sie anschließend die Schaltfläche <OK>. Dann können Sie die Schaltfläche <Schließen> anklicken, um zum aktuellen Dokument zurückzukehren.

Verlassen Sie danach das Dokument, und bestätigen Sie den Befehl zur Speicherung der Änderungen. Rufen Sie anschließend das Dokument wieder auf.

Makro beim Schließen eines Dokumentes ausführen

Eine weitere Möglichkeit der Makroausführung besteht auch darin, den Makro so festzulegen, daß dieser unmittelbar vor dem Schließen des Dokumentes ausgeführt wird.

Aufgabe: Makros bei Dokumentschließung ausführen

Nach Wahl der Option »Schließen« aus dem Menü DATEI soll zunächst immer erst eine Rechtschreibprüfung und dann eine Speicherung erfolgen.

Folgendes Vorgehen zur Problemlösung ist notwendig:

- ✧ Öffnen Sie zunächst das Dokument »Text48.SAM«, für das der zu erstellende Makro gelten soll.

- ✧ Aktivieren Sie dann das Menü EXTRAS, und wählen Sie hier den Befehl »Makros«.

- ✧ Wählen Sie »Aufnehmen«, und erstellen Sie das Makro mit dem Dateinamen »RECHT«.

- ✧ Aktivieren Sie erneut das Menü EXTRAS, und wählen Sie hier den Befehl »Makros«.

- ✧ Aktivieren Sie den Befehl »Bearbeiten«, und optieren Sie dann für den Befehl »Zuweisen«.

- ✧ Sie müssen nun zunächst das Optionsfeld »Datei schließen« einschalten. Im rechts daneben liegenden Textfeld ist dann der gewünschte Makro einzugeben oder auszuwählen.

- ✧ Wählen Sie anschließend die Schaltfläche <OK>. Dann können Sie die Schaltfläche <Schließen> anklicken, um zum aktuellen Dokument zurückzukehren.

Verlassen Sie danach das Dokument, indem Sie den Befehl »Schließen« aus dem Menü DATEI wählen.

14 Dokumenten-Manager und Dokumentenbeschreibung

Das Wiederauffinden eines gespeicherten Dokumentes ist meist recht zeitaufwendig, wenn eine Vielzahl von Dokumenten archiviert wurde. Dies liegt unter anderem darin begründet, daß der Dateiname nur maximal acht Zeichen lang sein kann, was in vielen Fällen nicht aussagekräftig genug ist.

In AMI PRO können erweiterte Möglichkeiten der Dokumentenbeschreibung genutzt werden, wenn ergänzend zu einem Dokument quasi ein Deckblatt angefertigt wird, das etwa Informationen zur Dateigröße, zum Erstellungsdatum oder Stichworte zum Dokumenteninhalt enthält. Auch mag es vielfach eine Hilfe sein, daß verschiedene Informationen zum Bearbeitungsstatus eines Dokuments angezeigt werden können.

Schließlich ist ein Dokumenten-Manager verfügbar, mit dem zusätzlich Dateioperationen direkt in AMI PRO durchgeführt werden können; etwa das Kopieren, Löschen oder das Umbenennen von Dokumenten.

14.1 Beschreibungen zum Dokumentenmanagement erfassen

Um die Möglichkeiten zum Dokumentenmanagement mit AMI PRO anhand von Beispielen konkret nachvollziehen zu können, sollen Sie zunächst einmal mit folgender Aufgabe vorhandene Dateien mit Beschreibungen versehen.

Aufgabe: Beschreibungen zum Dokumentenmanagement erfassen

Aktivieren Sie die Datei »Text41.SAM«, und erfassen Sie folgende Informationen:

Beschreibung: *Dies ist ein Übungstext*

Schlüsselworte: *Textverarbeitung, PC-Einsatz*

Nachdem Sie zunächst die Datei »Text41.SAM« geöffnet haben, müssen Sie das Menü DATEI aktivieren und hier den Befehl

»Dokumentbeschreibung« wählen. Ergebnis ist die folgende Bildschirmanzeige:

Dokumentbeschreibung

Dateiname: TEXT41.SAM
Verzeichnis: A:\
Layoutbogen: Ohne
Beschreibung:

Schlüsselworte:

Importierte Dateien:

Statistik
Seiten: Größe (K):
Worte:
Zeichen: Aktualisieren

OK
Abbrechen
Andere Felder...

Keine Änderungen erlaubt
Revisionmarkierung
Rahmenmakros ausführen

Erstellt am: 20.6.92
Erstellt um: 14:00
Geändert am: 18.1.93
Geändert um: 20:45
Änderungen: 9
Bearbeitungszeit: 130

Bild 14-1: Dokumentbeschreibung

Aus der Bildschirmanzeige wird deutlich, daß bereits automatisch
verschiedene wichtige Daten zu einem Dokument verwaltet werden. So werden im oberen Bereich angezeigt:

✧ Dateiname: Hier erscheint der Name, unter dem die Datei
   gespeichert ist.

✧ Verzeichnis: Hier wird das Laufwerk/Verzeichnis angegeben,
   in dem die Datei gespeichert ist.

✧ Layoutbogen: Angegeben wird der Name des Layoutbogens,
   der der Dokumentenerstellung zugrundeliegt. Der Name
   »Ohne« wird hier angezeigt, wenn beim Speichern der Datei
   die Option »Format im Dokument speichern« aktiviert wurde.

Darunter erscheinen zwei Textfelder, in denen sich standardmäßig
noch kein Inhalt findet:

✧ Beschreibung: Hier können Sie eine Kurzbeschreibung zum
   Dokument angeben. Maximal können dabei bis zu 119 Zeichen als Kommentar eingegeben werden. Die so erzeugte Be-

schreibung wird immer dann angezeigt, wenn Sie aus dem Menü DATEI den Befehl »Öffnen« oder den Befehl »Dokument-Manager« wählen.

↩ Schlüsselwörter: Hier können Sie ein Stichwort oder mehrere Stichworte angeben, die Themen betreffen, die in dem Dokument angesprochen werden. Dies ist dann sinnvoll, wenn später Dokumente zu einem bestimmten Anwendungsgebiet gesucht werden sollen.

Erfassen Sie nun die gewünschte Dokumentbeschreibung für die Datei »Text41.SAM«. Speichern Sie dann die Datei unter diesem Dateinamen.

Hinweis: Sie können bis zu acht weitere Felder einrichten und hier weitere Informationen zum Dokument erfassen; beispielsweise den Verfasser des Dokuments oder den Namen des betreffenden Adressaten/Kunden. Dazu müssen Sie die Schaltfläche <Andere Felder> anklicken. Ergebnis ist die folgende Bildschirmanzeige:

Bild 14-2: Weitere Felder zur Erfassung

Zur Bearbeitung können diese Felder gezielt benannt werden. Dazu muß die Schaltfläche <Felder benennen> aktiviert werden. Nach Aufruf der Schaltfläche erscheint ein Dialogfenster, das die Möglichkeit bietet, pro Feld einen Namen mit maximal 31 Zeichen zu vergeben. Testen Sie dies ruhig einmal aus. Gehen Sie dann durch Wahl der Schaltfläche <Abbrechen> wieder in das ursprüngliche Dialogfenster zurück.

14.2 Statistikinformationen anzeigen und aktualisieren

Außerdem werden automatisch verschiedene Informationen etwa zum Speicher- und Erstellungsdatum verwaltet.

Im einzelnen werden neben der Angabe des Dateinamens, des Verzeichnisses und des Layoutbogens folgende Grundinformationen zur Dokumentenerstellung festgehalten:

- ✥ Erstellt am bzw. Erstellt um: Diese Felder werden automatisch mit dem Erstellungsdatum bzw. der Uhrzeit ausgefüllt, wenn Sie einen Text erstmalig speichern. Standardmäßig ist dies das aktuelle Datum.

- ✥ Geändert am und Geändert um: Diese Felder werden ebenfalls automatisch ausgefüllt. Jedesmal, wenn man mit einer vorhandenen Datei gearbeitet hat und diese wieder speichert, wird das Speicherdatum bzw. die Uhrzeit auf den aktuellen Stand gebracht.

- ✥ Änderungen: Das Feld gibt die Häufigkeit der Dateispeicherung an.

- ✥ Bearbeitungszeit: Hier erfolgt in Minuten eine Anzeige dazu, wie lange das Dokument geöffnet war.

Unter der Rubrik »Statistik« erscheinen die Seitenanzahl, Wortanzahl und Zeichenanzahl des aktuellen Dokuments. Es ist möglich, daß die Daten der Statistik ungültig sind und abgeblendet erscheinen. Für diesen Fall ist die Schaltfläche <Aktualisieren> interessant, mit der eine unmittelbare Aktualisierung der Statistik aufgerufen werden kann. Dabei werden Änderungen berücksichtigt, die bei der aktuellen Arbeit vorgenommen wurden.

Nach einer Aktualisierung werden die Anzahl der Seiten, Wörter und Zeichen im Dokument angezeigt sowie die Größe des Dokuments in Kilobyte wiedergegeben.

Hinweis: Inhalte der Dokumentenbeschreibung können auch in den Text eines aktuellen Dokument eingesetzt werden. Dazu müssen Sie den Namen des entsprechenden Feldes an der Einfügestelle einsetzen. Dies geschieht, indem Sie aus dem Menü BEARBEITEN den Befehl »Variable einfügen« wählen und dann die Option »Beschreibungsfeld« aktivieren.

14.3 Dokumentenmanagement mit AMI PRO

AMI PRO verfügt im Menü DATEI mit dem Befehl »Dokument-Manager« über ein Instrument, mit dem Sie Dateien kopieren, verschieben, umbenennen, löschen sowie hinsichtlich zugeordneter Attribute (Lese-/Schreibstatus) verändern können.

Aktivieren Sie einmal das Menü DATEI und hier den Befehl »Dokument-Manager«. Ergebnis ist die folgende Bildschirmanzeige:

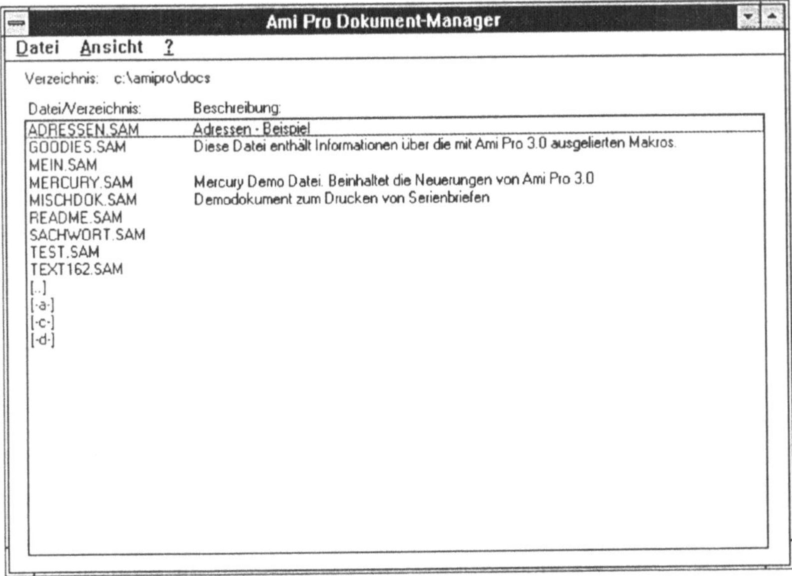

Bild 14-3: Dokument-Manager

Die Abbildung macht deutlich, daß jetzt die im aktuellen Verzeichnis vorhandenen Dateinamen angezeigt werden. Neben den Dateinamen erscheint die Beschreibung, sofern eine solche existiert.

In dem Fenster »Dokument-Manager« werden nicht nur Ami-Pro-Dateien angezeigt, sondern auch Dateien, die mit anderen Programmen erzeugt wurden. In der Spalte »Beschreibung« steht dann der Hinweis »Keine Ami Pro-Datei«.

Um die Möglichkeiten des Dokument-Managers im Überblick zu sehen, öffnen Sie bitte einmal den Menüpunkt DATEI. Die angezeigten Optionen haben folgende Bedeutung:

Befehle	**Bedeutung**
Kopieren	Hiermit kann ein Duplikat einer vorhandenen Datei auf einem anderen Datenträger oder in einem anderen Verzeichnis erstellt werden.
Bewegen	Eine Datei wird hiermit in einem anderen Laufwerk/Verzeichnis abgelegt.
Umbenennen	Der Dateiname wird geändert.
Löschen	Diese Option ermöglicht das Löschen ausgewählter Dateien.
Attribute	Sie können festlegen, daß an einer Datei Änderungen durchführbar sind oder nur eine Leseberechtigung vergeben.
Verzeichnis wechseln	Hier legen Sie fest, welches Laufwerk/Verzeichnis zur Anzeige verwendet werden soll.

Hinweis: Sie können mit dem Dokument-Manager allerdings nur Dateien verwalten und in besonderer Weise organisieren. Beispielsweise ist es nicht möglich, ein Verzeichnis mit AMI PRO zu kopieren oder zu bewegen.

Um das Arbeiten mit dem Dokument-Manager genauer kennenzulernen, gehen Sie bitte von folgender Aufgabenstellung aus:

Aufgabe: Arbeiten mit dem Dokument-Manager

Verwenden Sie den Dokument-Manager, um folgende Aufgaben
zu lösen:

a) Kopieren Sie die Datei »Goodies.SAM« auf Ihre Arbeitsdiskette in Laufwerk A.

b) Wechseln Sie für die Anzeige der Dokumenten-Informationen
auf das Laufwerk A, und benennen Sie die Datei
»Goodies.SAM« in »Unsinn.SAM« um.

c) Ordnen Sie der Datei »Unsinn.SAM« das Attribut »Nur Lesen« zu.

d) Löschen Sie die Datei »Unsinn.SAM«.

e) Lassen Sie sich die Dokumentenbeschreibung der Dateien im
Laufwerk A anzeigen.

14.3.1 Dateien kopieren

Sie sollen zunächst das Kopieren von Dateien mit AMI PRO
üben. Aktivieren Sie dazu zunächst das Menü DATEI, und wählen
Sie dann den Befehl »Dokument-Manager«. In dem dann angezeigten Listenfenster sollten Sie zunächst die zu kopierende Datei
markieren; im Beispielfall »Goodies.SAM«.

Aktivieren Sie im Dialogfenster »Ami Pro Dokument-Manager«
nun das Menü DATEI und hier den Befehl »Kopieren«. Das
daraufhin geöffnete Dialogfenster kann im Beispielfall in folgender Weise ausgefüllt werden:

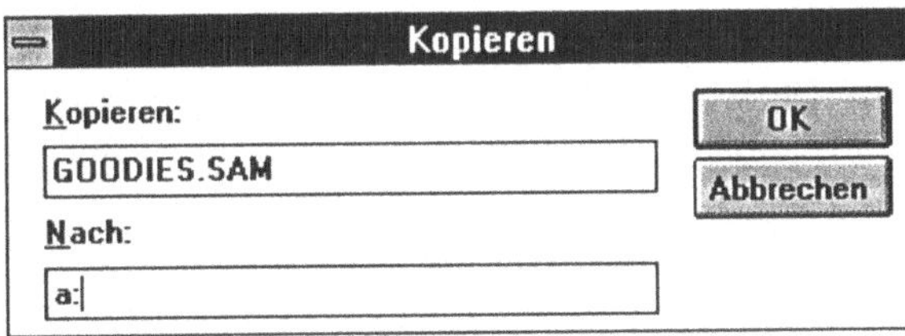

Bild 14-4: Kopieren von Dateien

Nach Bestätigung mit <OK> erscheint zunächst noch ein Optionenfenster:

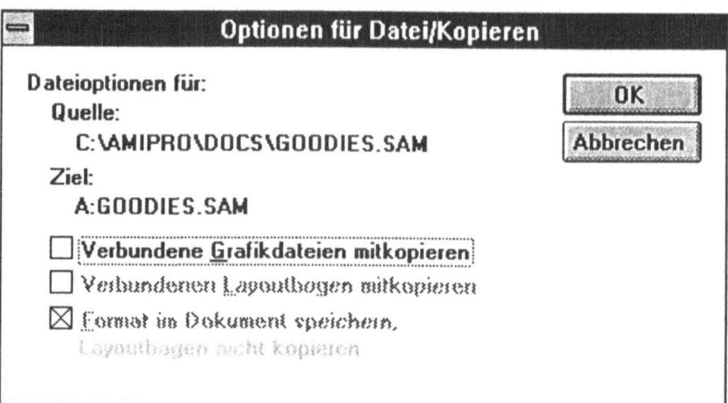

Bild 14-5: Optionen zum Kopieren von Dateien

Entscheiden Sie sich, ob beim Kopieren

✧   die eventuell verbundenen Grafikdateien mit kopiert werden sollen. Bei Aktivierung des Optionsfeldes »Verbundene Grafikdateien mitnehmen« wird bei der Kopie nicht nur das Dokument, sondern auch eine vorhandene Originalgrafikdatei, auf die in dem zu kopierenden Dokument Bezug genommen wird, mit kopiert.

✧   auch der Layoutbogen, der mit dem Dokument verbunden ist, berücksichtigt werden soll. Um den Layoutbogen mit zu kopieren, muß das zweite Optionsfeld »angekreuzt« werden. Andernfalls müssen Sie das dritte Optionsfeld wählen, so daß die Formatangaben (Seitenlayout, Absatzlayout) direkt im Dokument gespeichert werden.

Nach Durchführung des Kopiervorganges durch Anklicken der Schaltfläche <OK> haben Sie die Datei auf die Diskette in Laufwerk A dupliziert. Die Originaldatei ist weiterhin auf dem Ursprungs-Datenträger vorhanden.

14.3.2 Laufwerk/Verzeichnis wechseln

Bisher wurde mit dem Dokument-Manager das aktuelle Verzeichnis angezeigt. Dies können Sie sehr einfach ändern, indem

Sie nach Aufruf des Dokument-Managers aus dem dann angezeigten Menü DATEI die Option »Verzeichnis wechseln« wählen.

Im Beispielfall ist folgende Eintragung im angezeigten Dialogfenster notwendig:

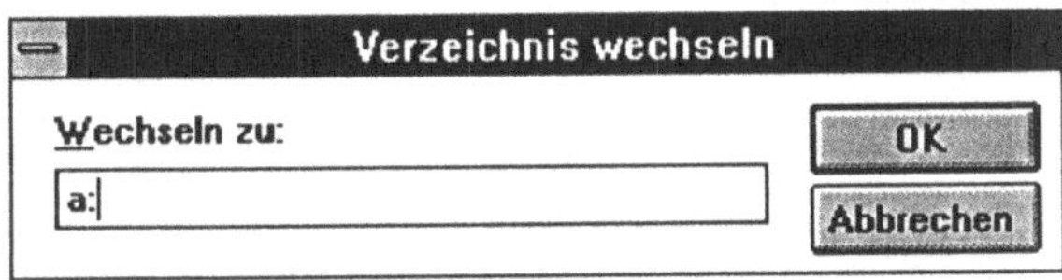

Bild 14-6: Neues Verzeichnis/Laufwerk einstellen

Durch Bestätigung mit <OK> wird die Laufwerksbezeichnung geändert. Es werden nun die Dateinamen aus dem Laufwerk A angezeigt.

14.3.3 Dateien umbenennen

Die Datei »Goodies.SAM«, die sich auf der Diskette in Laufwerk A befindet, soll nun in »Unsinn.SAM« umbenannt werden. Markieren Sie dazu zunächst im Fenster »Dokument-Manager« die Datei, die Sie umbenennen wollen; also die Datei »Goodies.SAM«. Aktivieren Sie anschließend das Menü DATEI und hier den Befehl »Umbenennen«, so daß sich die folgende Bildschirmanzeige ergibt:

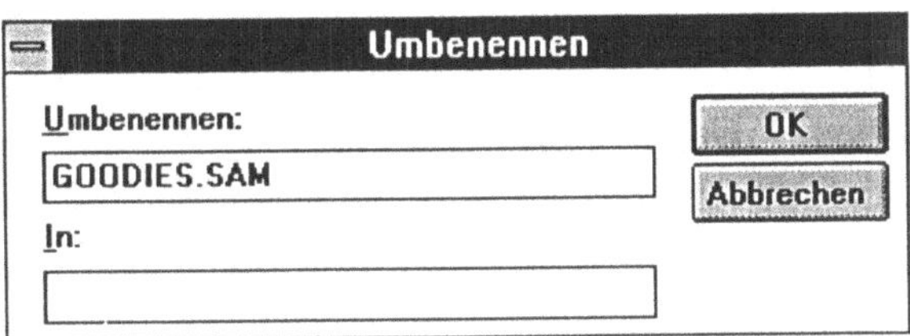

Bild 14-7: Dialogfenster »Umbenennen«

Im Textfeld »In« müssen Sie nun den neuen Namen eingeben, den Sie für das Dokument vorgesehen haben. Im Beispielfall ist also »Unsinn.SAM« einzutragen. Nach Ausführung des Befehls mit <OK> wird die Umbenennung vom Programm unmittelbar durchgeführt.

14.3.4 Attribute für Dateien ändern

Lese- und Schreibrechte können Sie mit AMI PRO gezielt den Dateien zuordnen. Aktivieren Sie dazu nach Aufruf des Dialogfensters »Dokument-Manager« zunächst die Datei, deren Attribute geändert werden sollen; also die Datei »Unsinn.SAM«. Aktivieren Sie anschließend das Menü DATEI, und wählen Sie hier die Option »Attribute«. Nun erscheint das folgende Dialogfenster:

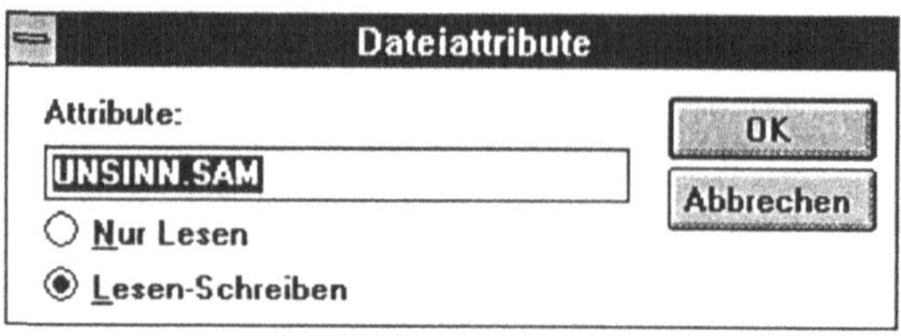

Bild 14-8: Dialogfenster »Dateiattribute«

In diesem Fenster können Sie also festlegen, ob das Dokument nur zum Lesen zur Verfügung stehen soll oder ob auch Änderungen möglich sein sollen. Im Beispielfall sollen Sie den Modus »Nur Lesen« aktivieren. Testen Sie die Wirkungen anschließend beim Dokument aus. Sie können jetzt keine Änderungen mehr daran ausführen und diese dann speichern.

14.3.5 Dateien löschen

Unter Nutzung des Dokument-Managers können Sie in AMI PRO jede Dateiart direkt löschen. Dazu ist im Dokumenten-Manager die zu löschende Datei zu wählen, dann das Menü DATEI zu aktivieren und hier die Option »Löschen« zu wählen. Nach Ausführung des Befehls mit <OK> wird die Datei vom Datenträger entfernt.

Hinweise:

↪ Nicht möglich ist es, Dateien zu löschen, die das Attribut »Nur Lesen« besitzen. Deshalb müssen Sie zur Lösung der Beispielanwendung zunächst das Attribut wieder auf »Lesen-Schreiben« ändern.

✧ Nach Markierung der Datei im Dokument-Manager kann auch einfach die Taste `Entf` betätigt werden, um eine Datei zu löschen.

Verlassen Sie nun den Dokument-Manager. Dazu müssen Sie im Menü DATEI die Option »Beenden« wählen. Alternativ können Sie beim Dialogfenster auch mit der Maus einen Doppelklick auf das Steuerungsmenüfeld vornehmen.

15 Was AMI PRO sonst noch kann?

Im Rahmen eines anwendungsorientiert aufgebauten Buches zu einem so komplexen Programm wie AMI PRO ist es natürlich nicht möglich, alle Funktionen im Detail mit Beispielen darzustellen. Deshalb soll im letzten Kapitel nur noch kurz auf weitergehende Möglichkeiten des Programms eingegangen werden.

Hilfreich können vielfach vor allem die sogenannten Referenzfunktionen sein. Auf diese Weise lassen sich einfach und mit hoher Formatqualität Fußnoten und Glossareinträge in ein Dokument einfügen.

In umfangreichen Dokumenten und Publikationen verschiedener Art kann außerdem die Gliederungsfunktion sowie das automatische Erstellen von Inhalts- und Sachwortverzeichnissen nützlich sein. Auch hierzu sollen Sie in diesem Kapitel des Buches die zur Realisierung solcher Anwendungen notwendigen Informationen erhalten.

Schließlich wird die Thesaurusfunktion erläutert. Damit verfügen Sie über die Möglichkeit, sich zu Wörtern, die im Dokument vorkommen, Definitionen, Variationen und Synonyme anzeigen zu lassen und eventuell durch eine der angezeigten Alternativen zu ersetzen.

15.1 Fußnotenverwaltung

In Texten aus den Bereichen Wissenschaft und Forschung, aber auch bei vielen Berichten und Vortragstexten ist eine Aufteilung der Seiten in Fließtext und Fußnoten erforderlich. Fußnoten sind beispielsweise üblich,

➪ um bei Zitaten genaue bibliographische Angaben aufzunehmen sowie

➪ zur näheren Erläuterung der im Haupttext auftauchenden Begriffe oder Sachverhalte.

Eine programmgesteuerte Fußnotenverwaltung ist heute praktisch unentbehrlich, um derartige Anwendungen einfach und formal sauber zu realisieren. Andernfalls verursacht die formgerechte Erstellung solcher Texte einen erheblichen Gestaltungsaufwand.

Beim Erfassen von Texten mit Fußnoten bieten Programme mit entsprechenden Funktionen beispielsweise den Vorteil, daß die Numerierung automatisch vom System erfolgt. Hinzu kommt, daß die Fußnotentexte automatisch an das jeweilige Seitenende gesetzt werden können und bei Änderungen eine schnelle Anpassung vorgenommen wird.

15.1.1 Optionen in AMI PRO

Um Fußnoten zu erfassen, müssen Sie in AMI PRO zunächst die Einfügemarke im Dokument an die Stelle setzen, an der die Fußnoten-Referenznummer angezeigt werden soll. Wählen Sie dann das Menü EXTRAS und hier den Befehl »Fußnoten«. Ergebnis ist die folgende Bildschirmanzeige:

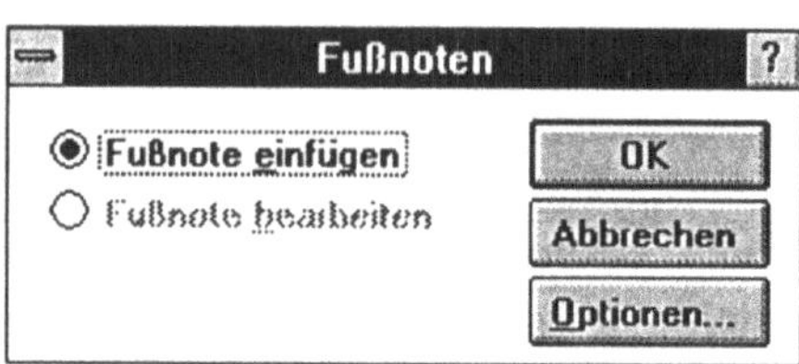

Bild 15-1: Fußnoten einfügen

Wenn Sie nun den Befehl mit <OK> ausführen würden, könnten Sie direkt mit der Erfassung des Fußnotentextes beginnen. Bevor Sie dies jedoch testen, sollten Sie zunächst noch die Schaltfläche <Optionen> aus dem Dialogfenster »Fußnoten« aufrufen. Ergebnis ist die folgende Bildschirmanzeige:

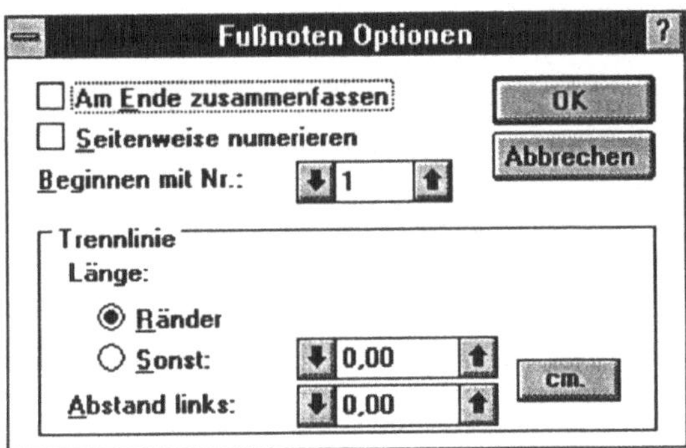

Bild 15-2: Fußnoten-Optionen

Über dieses Dialogfenster können Sie verschiedene Festlegungen für einzufügende Fußnoten treffen:

a) **Position der eingefügten Fußnoten** festlegen: Sie haben die Wahl, die Fußnoten am Ende der jeweiligen Seite oder insgesamt an das Ende des Dokuments zu setzen. Schalten Sie beispielsweise das Optionsfeld »Am Ende zusammenfassen« ein, werden alle Fußnoten, die im Haupttext des Dokuments vorkommen, an das Dokumentende gesetzt. Andernfalls werden die Fußnoten an das Ende der jeweiligen Seiten plaziert.

b) Festlegung der **Art der Fußnotennumerierung**: Grundsätzlich werden die Fußnotenreferenzen, die sich in einem Dokument befinden, fortlaufend numeriert. So kann es beispielsweise vorkommen, daß auf der S. 25 die Fußnoten 47 bis 49 erscheinen. Soll dagegen die Fußnotennumerierung auf jeder Seite neu beginnen, müssen Sie das Optionsfeld »Seitenweise numerieren« einschalten. Dies sollten Sie jedoch unterlassen, wenn Sie alle Fußnotenhinweise am Dokumentenende zusammenfassen wollen, da ja ansonsten keine fortlaufende Numerierung der Fußnoten vorgenommen wird.

c) **Beginn der Numerierung** festlegen: Im Feld »Beginnen mit Nr.« können Sie durch eine Eintragung ergänzend festlegen, mit welcher Nummer bzw. Zeichenlänge die Numerierung der Fußnoten beginnen soll. Dies kann etwa interessant sein, wenn das gesamte Dokument aus mehreren Dateien besteht. So können Sie etwa festlegen, daß die erste Referenznummer für die Fußnoten keine 1 sein soll, sondern etwa die Zahl 45.

Hinweis: Statt Ziffern/Zahlen können Sie als Referenztyp für Fußnoten auch andere Zeichen wählen; beispielsweise *. Diese Änderung müssen Sie im Absatzlayout für Fußnoten vornehmen.

d) Festlegung einer **Trennlinie**: Der eigentliche Fußnotentext kann vom Haupttext durch eine Linie abgetrennt werden. Diese Trennlinie erstreckt sich standardmäßig vom linken bis zum rechten Rand; erkennbar durch die Einstellung des Optionsfeldes »Ränder«. Alternativ können Sie auch das Optionsfeld »Sonst« einstellen. Dann läßt sich eine Trennlinie mit frei bestimmbarer Länge erzeugen, die am linken Rand beginnt. Dazu ist eine Angabe im danebenliegenden Feld notwendig; im Regelfall in der Maßeinheit Zentimeter (cm). Einrücken vom linken Rand können Sie die Trennlinie, indem Sie eine Eingabe im Feld »Abstand links« vornehmen.

Nach Festlegung der von Ihnen gewünschten Optionen können Sie dann durch Anklicken der Schaltfläche <OK> wieder in das Dialogfenster »Fußnoten« zurückkehren.

15.1.2 Text mit Fußnoten erfassen

Für das Schreiben von Texten mit Fußnoten haben sich gewisse formale Anforderungen herausgebildet, die Sie unbedingt beachten sollten. Im einzelnen sind folgende Regeln zu berücksichtigen:

a) Fußnoten-Hinweiszeichen im Text sind hochgestellt zu schreiben. Als Zeichen sind arabische Ziffern zu verwenden, die möglichst mit einer Nachklammer abzuschließen sind (Ausnahme: bei höchstens 3 Fußnoten können auch Fußnoten-Hinweissterne verwendet werden).

b) Bei mehrseitigen Texten sind die Fußnoten über alle Seiten hinweg fortlaufend zu numerieren.

c) Die Fußnoten sind jeweils unten auf der Seite zu schreiben, auf der im Text auf sie verwiesen wird. Sie sollten

⇨ mit einem Fußnotenstrich vom Text abgegrenzt werden;

▷ mit einfachem Grundzeilenabstand geschrieben werden;

▷ mit dem entsprechenden Fußnoten-Hinweiszeichen (in der Regel ohne Hochstellung) gekennzeichnet werden.

Mit AMI PRO können Sie diese Regeln gezielt berücksichtigen. Alternativ haben Sie jedoch auch weitere Möglichkeiten.

Aufgabe: Text mit Fußnoten erfassen

Erfassen Sie folgenden Text unter Berücksichtigung der Möglichkeit, die Fußnotenhinweise im Text automatisch zu setzen. Speichern Sie den Text unter dem Dateinamen »Text150«:

```
Neuentwicklungen der Telefontechnik

Die technische Entwicklung im Bereich des Fernsprechens ist
gekennzeichnet durch die Einführung der digitalen Übertragungs-
technik und der Ablösung der bisherigen elektro-mechanischen Wähl-
systeme durch programmgesteuerte Wählsysteme, in denen Rechner die
Steuerung des Vermittlungssystems übernehmen.1) Das Telefon steht
heute praktisch auf jedem Schreibtisch und gehört somit zur Stan-
dardausstattung eines Büroarbeitsplatzes2).

Insbesondere rechnergesteuerte, speicherprogrammierte Fernsprech-
Nebenstellenanlagen ermöglichen eine Reihe neuer Anwendungsformen
des Telefons. Als Beispiele seien hier die Zieltastenwahl (automa-
tisches Anwählen eingespeicherter Rufnummern auf Tastendruck), die
Weiterschaltung und Umleitung von Anrufen ("Ruhe vor dem Tele-
fon"), die Anrufwiederholung der zuletzt gewählten Nummer, der au-
tomatische Rückruf, das Aufschalten und die Konferenzschaltung ge-
nannt3). Desweiteren läßt sich das Telefon auch als Datentelefon
nutzen, bei dem Daten nach dem Aufbau einer Fernsprechverbindung
ohne weitere Zusatzeinrichtungen übertragen werden können, indem
die Telefon-Tastatur zur Dateneingabe benutzt wird4).




_______________________

1)    Vgl. Witte, E.: Kommunikationstechnologie. In: HWO, hrsg.
      von E. Grochla, 2. Aufl., Stuttgart 1980, Sp. 1050
2)    Vgl. Arbenz, D.; Helmrich, H.; Jurk, R.: Bedeutung und
      Auswirkungen der Telekommunikation im Büro. In: ZfO, 46. Jg.
      1977, S. 393
3)    Vgl. Kanzow, J.: Technische Entwicklungslinien des
      Kommunikations-Angebotes. In: ZfO, 46. Jg. 1977, S. 376
4)    Vgl. Kanzow, J.: Technische Entwicklungslinien...., a. a.
      O., S. 376
```

Erfassen Sie zunächst den ersten Teil des Textes. Wenn Sie an die erste Einfügestelle für Fußnoten gelangen, müssen Sie zur Aufgabenlösung das Menü EXTRAS und hier den Befehl »Fußnoten« wählen. Führen Sie diesen Befehl durch Anklicken von <OK> unmittelbar aus. Es ergibt sich folgende Bildschirmanzeige.

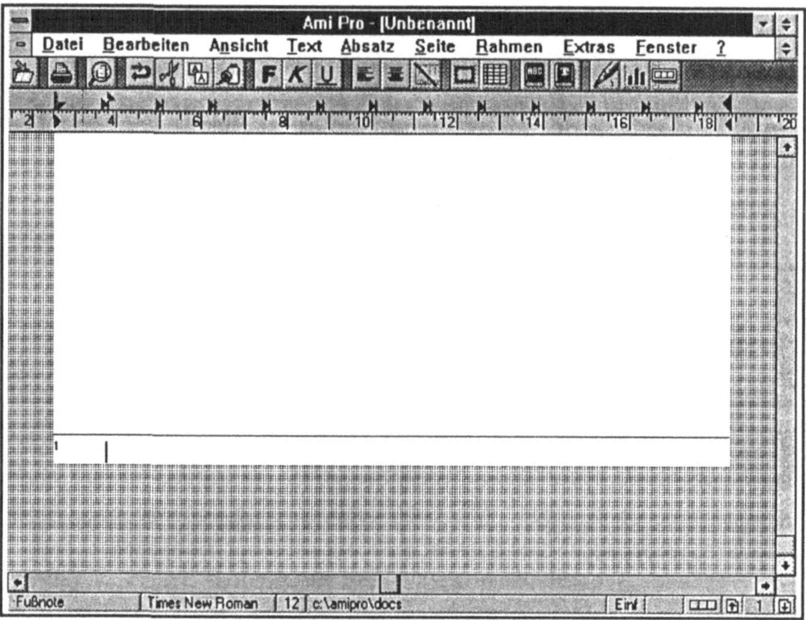

Bild 15-3: Bereich zur Fußnotenerfassung

Nun erscheint ein Bereich zur Erfassung des Fußnotentextes. Die erste Fußnotennummer wird angezeigt. Die Einfügemarke befindet sich auf der Position für das erste Zeichen der Fußnote. Sie können jetzt also direkt den Fußnotentext eintippen. Im Beispielfall sind das lediglich zwei Zeilen. Grundsätzlich kann der Fußnotentext jedoch beliebig lang sein und damit auch mehrere Absätze umfassen.

Für die Fußnoten, die in einem Dokument erzeugt werden, verwendet das Programm AMI PRO ein spezielles Absatzlayout. Dies wird automatisch zugeordnet, wenn Sie eine Fußnote im Dokument einfügen. Als Format wird grundsätzlich auf die Einstellungen zugegriffen, die für das Absatzlayout »Text« gelten. Ergänzend wird eine hochgestellte Nummer erzeugt, die in den Optionen für spezielle Effekte erstellt wurde.

Ändern Sie im folgenden zunächst das Absatzlayout für Fußnoten, indem Sie das Menü ABSATZ aktivieren und hier den Befehl »Layout ändern« wählen. Aktivieren Sie im angezeigten Dialogfenster aus dem Listenfeld »Absatzlayout« die Variante »F9-Fußnote«. Nun sind folgende Änderungen vorzunehmen:

a) Schalten Sie zunächst das Optionsfeld »Anordnung« aus dem Bereich »Ändern« ein. Nehmen Sie dann für »Einrückung-Rest« die gleiche Einstellung wie für »Erste« vor; beispielsweise 1,27.

b) Aktivieren Sie danach das Optionsfeld »Bullets & Nummern«, und ergänzen Sie hier die runde Klammer bei Nummer. Schalten Sie dazu das Optionsfeld »Text« ein, und geben Sie im danebenliegenden Eingabefeld die runde Klammer ein.

Danach kann der Befehl mit <OK> bestätigt werden.

Sobald der Fußnotentext erfaßt ist, möchte man in der Regel zur weiteren Texterfassung wieder in den eigentlichen Text zurückkehren. Durch Betätigen der Funktionstaste Esc kann in den Haupttext zurückgekehrt werden. Mausgesteuert können Sie dies ebenfalls erreichen, wenn Sie im Layoutmodus arbeiten: Sie müssen dann nur auf eine beliebige Stelle im Haupttext des Dokuments klicken.

Mit der Rückkehr zum Haupttext können Sie nun die weitere Erfassung für die Aufgabenlösung vornehmen. Soweit wieder Fußnoten bzw. Fußnotentexte einzufügen sind, können Sie in ähnlicher Form vorgehen, wie voranstehend beschrieben. Wenn Sie dann die weiteren Fußnoten setzen, wird die laufende Numerierung automatisch vorgenommen. Sie müssen dazu im Menü EXTRAS jeweils den Befehl »Fußnoten« auslösen.

In allen Fällen fügt AMI PRO die jeweilige Referenznummer an zwei Stellen im Dokument ein:

⇨ Im Haupttext wird die korrekte Fußnotennummer an der Stelle eingefügt, an der die Einfügemarke im Dokument plaziert war, als der Befehl aufgerufen wurde.

⇨ Im Bereich des Fußnotentextes findet sich die zugehörige Fußnotennummer dann wieder. Dies ist in der Regel der untere Rand einer Textseite.

Sofern Sie die Aufgabe vollständig gelöst haben, können Sie das Dokument unter dem Namen »Text150.SAM« speichern.

Zusammenfassend gilt somit folgender Ablauf für das Einfügen von Fußnoten:

1. Positionieren Sie die Einfügemarke an die Stelle im Dokument, an der die Referenznummer der Fußnote angezeigt werden soll.

2. Wählen Sie aus dem Menü EXTRAS den Befehl »Fußnoten«, und führen Sie diesen unmittelbar aus.

3. Geben Sie den Fußnotentext ein.

4. Kehren Sie mit der Einfügemarke zum Haupttext zurück, indem Sie die Taste ⟨Esc⟩ betätigen oder mit der Maus im Haupttext klicken.

15.1.3 Texte mit Fußnoten überarbeiten

Auch bei Texten mit Fußnoten kommt es häufig vor, daß später Änderungen vorzunehmen sind. Typisch ist etwa das nachträgliche Einfügen, Löschen und Verschieben von Fußnoten.

Für die Durchführung von Überarbeitungen ist es von Vorteil, wenn die jeweils betroffenen Fußnotenzeichen und Fußnoten im Text schnell aufgesucht werden können. Eine wesentliche Hilfe ist hierbei im Menü BEARBEITEN der Befehl »Gehe zu«. Er bietet - je nach Cursorposition - folgende Anwendungsmöglichkeiten:

a)   Sprungweises Ansteuern von Fußnotenzeichen

Im Rahmen von Überarbeitungsvorgängen kann es sinnvoll sein, bestimmte im Text befindliche Fußnotenzeichen aufzusuchen. Stehen Sie mit dem Cursor am Textanfang, können Sie durch Aktivierung des Menüs BEARBEITEN und Wahl Befehls »Gehe zu«

das erste Fußnotenzeichen anspringen. Dazu müssen Sie im Dialogfenster die Option »Folgendem Punkt« anklicken und hier »Fußnotenmarke« wählen. Aktivieren Sie dann die Schaltfläche <Gehe zu ^H>. Nach der Befehlsausführung wird die Einfügemarke im Haupttext des Dokuments sofort auf die nächste Referenznummer für eine Fußnote gesetzt.

Hinweis: Sofern die Einfügemarke sich im Haupttext auf der letzten Fußnotenreferenz bzw. danach befindet, erscheint nach Ausführung des Befehls der Hinweis, daß kein entsprechender Punkt mehr gefunden werden kann.

b)   Fußnotentext ansteuern

Um gezielt Einsicht in den Text der Fußnote zu nehmen und dort Veränderungen vornehmen zu können, müssen Sie zunächst das Fußnotenzeichen (= Nummer der Fußnotenreferenz) im Haupttext durch Setzen der Einfügemarke markieren und dann ebenfalls aus dem Menü BEARBEITEN den Befehl »Gehe zu« wählen. Jetzt ist aber bei »Folgendem Punkt« die Option »Fußnotentext« zu aktivieren. Ausgeführt wird der Befehl durch Anklicken der Schaltfläche <Gehe zu ^H>. Auf diese Weise gelangen Sie unmittelbar in den Fußnotentext, auf den sich das zuvor markierte Fußnotenzeichen bezieht.

Aufgabe: Dokument mit Fußnoten überarbeiten und drucken

a)   Öffnen Sie - sofern sich der Text nicht mehr auf dem Bildschirm befindet - zunächst das soeben erstellte Dokument »Text150«, und positionieren Sie die Einfügemarke in der achten Zeile nach dem Satz mit dem zweiten Fußnotenzeichen. Schreiben Sie nun folgenden Text:

```
Nicht nur im dienstlichen, sondern auch im privaten Bereich hat
sich das Telefon immer mehr durchgesetzt. Während es bis in die
sechziger Jahre vor allem ein Medium der Ober- und Mittelschicht
war, besitzen heute mehr als 95 % aller Haushalte einen Hauptan-
schluß.
```

Fügen Sie am Ende des Satzes ein automatisches Fußnotenzeichen ein, und geben Sie folgenden Fußnotentext ein:

```
Vgl. Brepohl, K.: Neue Medien in der Verwaltungs- und Büroarbeit.
Köln 1982
```

b) Steuern Sie das zweite Fußnotenzeichen im Text an. Löschen Sie das Fußnotenzeichen einschließlich der zugehörigen Klammer. Prüfen Sie nach, wie sich der Löschvorgang auf den Fußnotentext ausgewirkt hat.

c) Gehen Sie jetzt mit der Einfügemarke an den Anfang des ersten Satzes des ersten Absatzes, und markieren Sie den Satz. Setzen Sie diesen Satz an das Ende des Absatzes.

d) Speichern Sie das Ergebnis unter dem Dateinamen »Text151«, und erstellen Sie einen fehlerfreien Ausdruck.

Die Teilaufgaben der Musteraufgabe lassen sich in folgender Weise lösen:

a)   Fußnoten und Fußnotentext einfügen:

Nach Positionierung des Cursors können Sie zunächst den gewünschten Text erfassen und dann wie gehabt aus dem Menü EXTRAS den Befehl »Fußnoten« wählen und ausführen. Danach springt die Einfügemarke (bei automatischer Numerierung) in den Fußnotenteil, wo der entsprechende Fußnotentext eingegeben werden kann. Als Nummer wird im Beispiel automatisch die 3 erzeugt; die anderen betroffenen Fußnoten werden entsprechend der Numerierung angepaßt. Dies macht das folgende Bild deutlich:

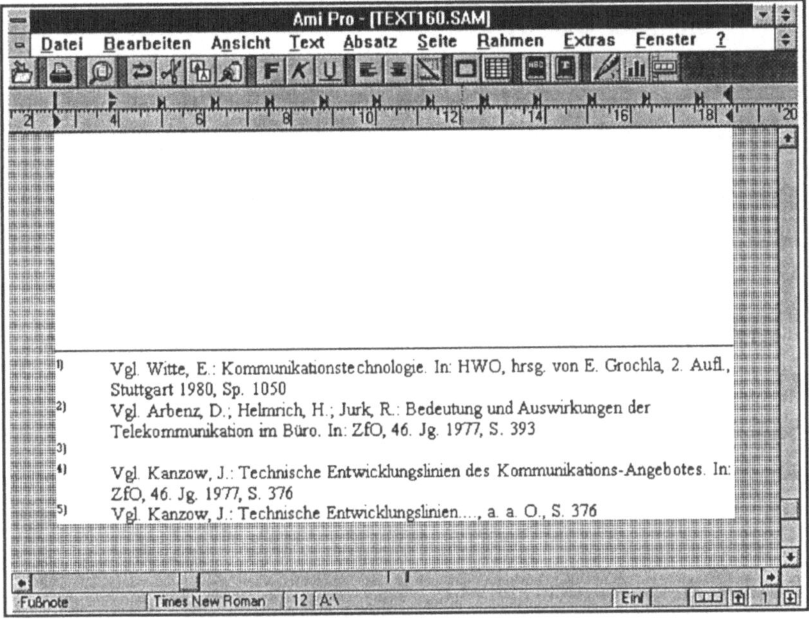

Bild 15-4: Einfügen einer Fußnote

Geben Sie jetzt den gewünschten Fußnotentext ein. Der Rücksprung in den Haupttext erfolgt mit der Taste [Esc]. Auch hier wird automatisch eine korrekte Neunumerierung sämtlicher Fußnoten vorgenommen.

b)   Fußnoten löschen:

Wollen Sie eine Fußnote löschen, müssen Sie zunächst das Fußnotenzeichen im Dokumenten-Haupttext anspringen und die Referenznummer markieren. Wenn Sie dann die Taste [Entf] betätigen, erscheint die folgende Meldung:

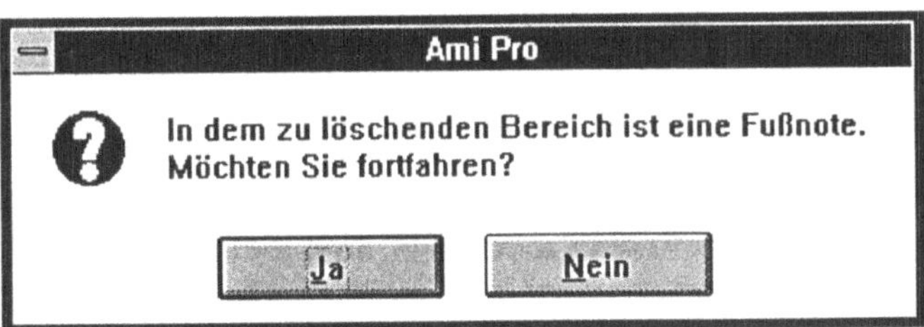

Bild 15-5: Warnmeldung zum Löschen von Fußnoten

Wenn Sie jetzt die Option <Ja> wählen, werden sowohl das Fußnotenzeichen im Text als auch die eigentliche Fußnote gelöscht. Gleichzeitig wird automatisch eine korrekte Neunumerierung sämtlicher Fußnoten vorgenommen.

Hinweis: Die Warnmeldung bezüglich des Entfernens einer Fußnote erscheint nicht, sofern die Option Warnmeldungen in den Voreinstellungen für das Arbeiten mit AMI PRO ausgeschaltet wurde.

c)   Fußnoten verschieben:

Sollen Sätze oder Absätze mit Fußnoten verschoben werden, müssen die Abschnitte zunächst entsprechend markiert und danach mit der Befehlsfolge BEARBEITEN AUSSCHNEIDEN in den »Zwischenspeicher« gelöscht werden. Vor Ausführung des Befehls erscheint der Hinweis, daß sich in dem zu löschenden Bereich eine Fußnote befindet. Das Löschen findet dann erst nach der Bestätigung statt.

Nachdem die Einfügestelle angesteuert wurde, kann mit der Befehlsfolge BEARBEITEN EINFÜGEN der zuvor markierte Text eingefügt werden. Die Fußnoten werden dabei automatisch verwaltet und neu durchnumeriert.

Speichern Sie Ihre Arbeit unter dem Dateinamen »Text151«, wenn Sie mit der Einfügung der Fußnote fertig sind. Testen Sie nach der Speicherung des jetzt erstellten Dokuments den Ausdruck. Danach können Sie dann erkennen, wie AMI PRO die Fußnotentexte beim Ausdruck formatiert und positioniert.

Grundsätzlich ist das Absatzlayout für Fußnoten so eingestellt, daß die Fußnotennummern hochgestellt gedruckt werden. Dies gilt allerdings nur für den Fall, daß eine Schrift gewählt wurde, die kleiner ist als die Schrift, die im Fußnoten-Absatzlayout bestimmt wurde. Verfügt Ihr Drucker nicht über eine kleinere Größe derselben Schrift, so werden die Fußnoten zwar hochgestellt auf dem Bildschirm angezeigt, allerdings in normaler Form ausgedruckt.

Beachten Sie außerdem noch folgende **Hinweise:**

⇨ Bei mehrseitigen Texten formatiert AMI PRO das Dokument automatisch so, daß die Fußnotenhinweise genügend Platz auf der für sie vorgesehenen Seite haben. Sie brauchen sich darum nicht mehr im Detail zu kümmern.

⇨ Auch in einer Tabelle können Sie Fußnotenhinweise einfügen. Dazu müssen Sie die Einfügemarke zunächst in die entsprechende Zelle positionieren und dann in gleicher Form vorgehen, wie dies bei Fließtexten der Fall ist. Am Ende der Tabelle wird dann eine einspaltige Zeile für den Fußnotentext erstellt.

15.1.4 Absatzlayout für Fußnoten ändern

Es wurde in diesem Kapitel bereits darauf hingewiesen, daß der Formatierung von Fußnoten ein bestimmtes Absatzlayout zugrundeliegt. Sofern Sie dies wünschen, können Sie das Fußnoten-Absatzlayout ändern oder ein neues erstellen.

Zur Änderung müssen Sie das Menü ABSATZ aktivieren und hier den Befehl »Layout ändern« wählen. Nach Aktivierung der Variante »F9-Fußnote« aus dem Listenfeld »Absatzlayout« können Sie folgende Veränderungen vornehmen:

⇨ Format der Fußnotennummer: Soll das Nummernformat geändert werden, müssen Sie die Variante »Bullets & Nummern« wählen und dann eine entsprechende Option unter »Nummer« aktivieren. Sie können dabei folgende Varianten einstellen: 1., I., i., A., a. oder *.

⇨ Attribute der Fußnotennummern ändern: Um die Attribute für Fußnotennummern zu ändern, müssen Sie die gewünschten Attribute markieren bzw. nicht gewünschte Markierungen aufheben.

⇨ Abstand für eine Fußnotennummer ändern: Um den Raum zwischen der Fußnotennummer und dem Fußnotentext festzulegen, müssen Sie eine Angabe im Textfeld »Abstand« vornehmen.

15.2 Gliederungsfunktion

In vielen Fällen der betrieblichen Praxis weisen die anfallenden Texte einen mehr oder weniger logischen Aufbau auf. Dies ist natürlich unumgänglich, wenn es sich um Berichtstexte, längere Aufsätze oder wissenschaftliche Arbeiten handelt. In allen Fällen wird eine Gliederung zugrundegelegt. Sowohl beim Konzipieren der Gliederung als auch bei späteren Überarbeitungen kann die in AMI PRO vorhandene Gliederungsfunktion nützlich sein.

Vorteilhaft ist eine solche Gliederungsfunktion aber nicht allein bei umfassenden Fließtexten. Weitere interessante Anwendungsfälle sind etwa:

⇨ das Sammeln und Systematisieren von Ideen zu bestimmten Themen;

⇨ das Aufstellen von Tagesordnungen für Besprechungen und Sitzungen verschiedener Art;

⇨ das Erstellen von Tätigkeitslisten (»Things to do-Listen«);

⇨ das Erstellen von Besprechungsprotokollen durch systematische Zuordnung von Gesprächsthemen zu Hauptpunkten;

⇨ das Vorbereiten von Präsentationsmaterial (z. B. Folienvorlagen).

Die Gliederungshilfe beruht auf der Erfahrung, daß es einfacher ist, einen längeren Text zu entwerfen und zu formulieren, wenn bereits ein Gerüst von Überschriften, Zwischenüberschriften und Textmaterial existiert. Gliederung und Textdokument stellen dabei eine Einheit dar. Durch Deklaration als Gliederungspunkt werden diese automatisch auch Teil des Textdokumentes. Das hat den Vorteil, daß Gliederungsüberschriften nur einmal eingegeben werden müssen.

Bei der Erstellung müssen die Gliederungspunkte - während des Schreibens oder nachträglich - in besonderer Form gekennzeichnet werden. Wichtig ist in vielen Fällen, daß eine ausreichende Zahl von Gliederungsstufen möglich ist und verschiedene Numerierungsarten zur Verfügung stehen. Die Numerierung der Kapitel und Unterkapitel kann dabei meist vom Programm automatisch vorgenommen werden.

Weitere Vorteile bietet die Nutzung der Gliederungsfunktion für

⇨ die schnelle Umorganisation in Dokumenten

⇨ das schnelle Ansteuern von bestimmten Dokumenten-positionen

⇨ das automatische Erstellen von Einträgen für das Inhaltsver-zeichnis

⇨ die automatische Numerierung bei Hinzufügen oder Löschen von Überschriften.

AMI PRO verfügt über eine äußerst komfortable Gliederungs-funktion. Diese sollen Sie anhand des folgenden Anwendungsbei-spiels genauer kennenlernen.

Aufgabe: Schreiben und Überarbeiten von Gliederungen

a) Es soll ein Vortragstext zum Thema »Stand und Entwick-lungstendenzen moderner Telekommunikation« erstellt wer-den. Als erstes wird zu diesem Zweck eine Stichwortsamm-lung erstellt. Das Ergebnis ist die nachfolgende Stichwortliste, die zunächst in dieser noch nicht strukturierten Form im sog. Gliederungsbildschirm zu erfassen ist:

⇨ Netze der Bundespost

⇨ Fernsprechnetz

⇨ IDN-Netze

⇨ Weiterentwicklung zum ISDN

⇨ Dienste der Bundespost

⇨ Telex

⇨ Teletex

⇨ Telefax

⇨ Bildschirmtext

⇨ Datex-P

⇨ Datex-L

⇨ Fernsprechdienst

b) Strukturieren Sie die Gliederung nun in der Form, daß Sie die Begriffe der Liste jeweils als Unterpunkte zu den beiden Hauptpunkten »Netze der Bundespost« und »Dienste der Bundespost« zuordnen.

c) Fügen Sie auf der zweiten Ebene (vor der Zeile »Fernsprechnetz«) ein: Standardnetze. Plazieren Sie anschließend die Zeilen »Fernsprechnetz« und »IDN-Netze« auf die 3. Ebene.

d) Führen Sie eine automatische Numerierung der Gliederung durch.

e) Lassen Sie sich das Dokument im Gliederungsbildschirm in verschiedenen Varianten anzeigen.

f) Speichern Sie das Ergebnis unter dem Dateinamen »Text152«.

15.2.1 Erfassen einer Gliederung

Die Gliederung dient meist als Grundlage für einen umfangreichen Text. Deshalb findet sich für das Arbeiten mit der Gliederungsfunktion eine Unterscheidung zwischen verschiedenen Bildschirm-Ansichten:

➪ Arbeitsbildschirm (Text- oder Layoutmodus)

➪ Gliederungs-Bildschirm.

Um eine Gliederung anlegen zu können, müssen Sie die bisher bekannte Ansicht (Text- oder Layoutmodus) verlassen und den sog. Gliederungsmodus aufrufen. In diesem Bildschirm kann der Aufbau eines Textdokumentes übersichtlich dargestellt werden.

Während der Textbildschirm für das Erfassen und Bearbeiten von Text benötigt wird, muß die Bildschirmart »Gliederungsmodus« gewählt werden, wenn Gliederungsüberschriften erfaßt oder umstrukturiert werden sollen. Der Wechsel zum Gliederungsbildschirm wird durch Wahl des Menüs ANSICHT und Aktivierung des Befehls »Gliederungsmodus« realisiert.

Schalten Sie zur Lösung der Teilaufgabe a) durch Wahl des Befehls »Gliederungsmodus« aus dem Menü ANSICHT auf die Gliederungsansicht um. Dann wird im oberen Teil des Bildschirms die Gliederungsleiste mit den Gliederungs- und Befehlssymbolen angezeigt. Gleichzeitig ist die Menüleiste um den Menüpunkt GLIEDERUNG erweitert worden:

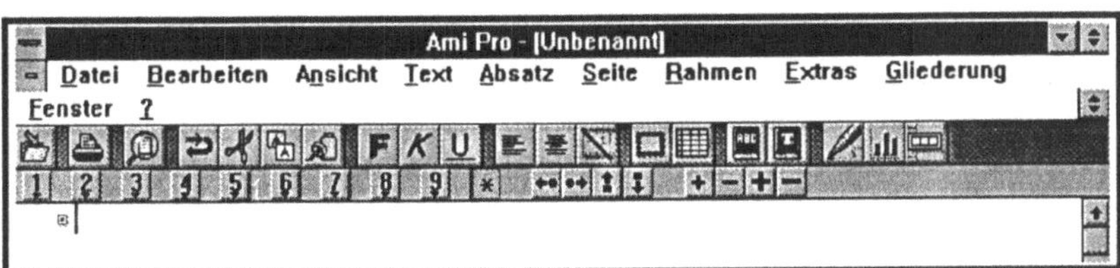

Bild 15-6: Bildschirm im Gliederungsmodus

Die Gliederungssymbole werden im linken Teil der Gliederungsleiste angezeigt. Damit können Sie die Gliederungsebene bestimmen, die angezeigt werden soll. Um ein Gliederungssymbol zu verwenden, müssen Sie auf das entsprechende Symbol klicken.

Da jeder der angegebenen Begriffe eine Gliederungsüberschrift darstellen soll, können Sie nun der Reihe nach die Überschriften untereinander erfassen. Alle erfaßten Überschriften der Gliederung befinden sich damit auf derselben Wichtigkeitsebene. Ergebnis ist die folgende Bildschirmanzeige:

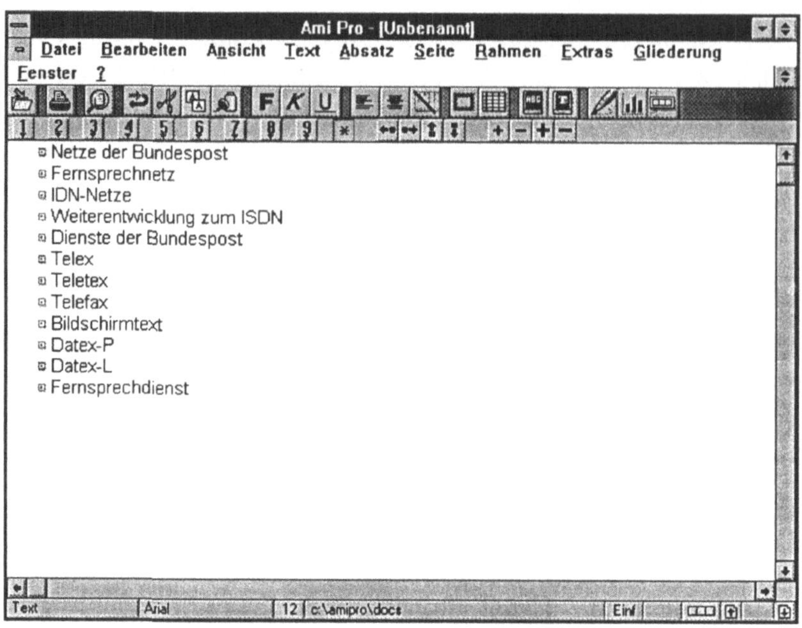

Bild 15-7: Erfaßter Text im Gliederungsmodus

In einem nächsten Schritt soll nun eine erste Strukturierung vorgenommen werden. Dazu kann einigen Überschriften eine geringere Bedeutung zugewiesen. Dies ist möglich, indem die Ebenen geändert werden. Die Zuordnung einer Überschrift zu einer Gliederungsebene können Sie mit folgenden Tastenkombinationen ändern:

a) Umschalten auf eine höhere Ebene: Symbol höhere Ebene einschalten (Pfeil links)

b) Umschalten auf eine niedrigere Ebene: Symbol niederer Ebene einschalten (Pfeil rechts).

Zur Lösung der Teilaufgabe b) steuern Sie bitte die Überschriftszeile »Netze der Bundespost« an, und klicken Sie das Symbol für höhere Ebene. Ergebnis ist dann, daß diese Zeile nach links eingerückt wird. Haben Sie die Zuordnung zur 2. Ebene für alle Überschriften vorgenommen, können Sie Text einfügen und eine dritte Ebene in ähnlicher Form realisieren.

Das Ergebnis zeigt das Bild 15-8:

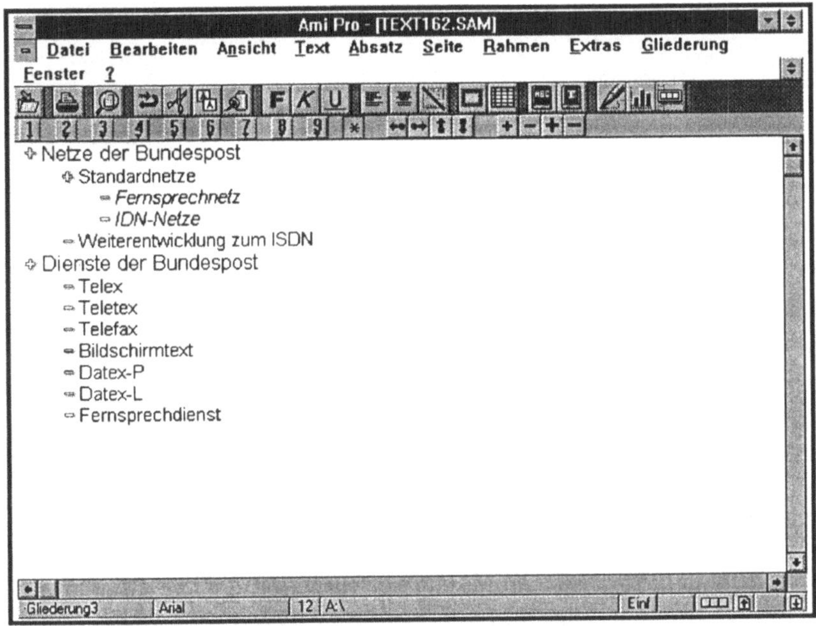

Bild 15-8: Änderung der Gliederungsebene

15.2.2 Automatische Numerierung der Gliederung

Um eine automatische Numerierung der Gliederung vornehmen zu
können, müssen Sie das Menü ABSATZ aktivieren, und hier den
Befehl »Gliederung/Numerierung«. Ergebnis ist die folgende Bildschirmanzeige:

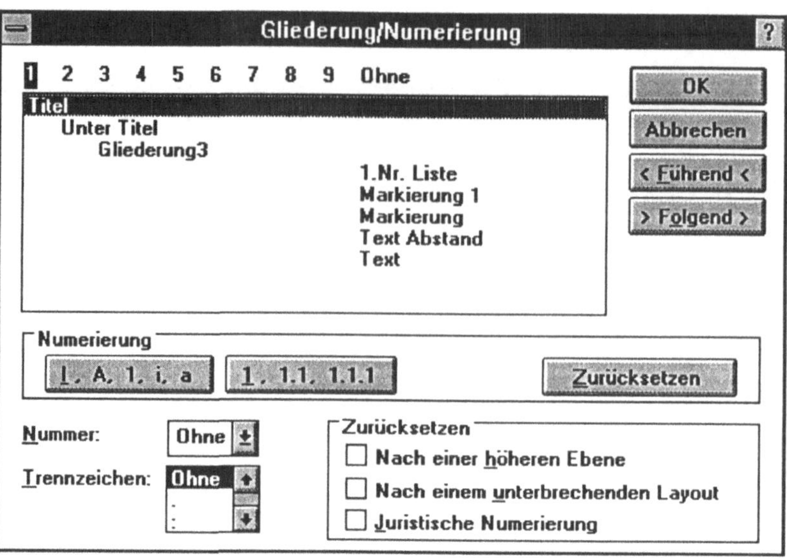

Bild 15-9: Gliederungsnumerierung

Nun können Sie eine automatische Numerierung der Gliederung vornehmen. Im einzelnen ist dazu folgendes Vorgehen erforderlich:

Reihenfolge der Bearbeitung	Tastenfolge/Mausaktionen
1. Zeichen in der Gliederung markieren	<Richtungstasten>
2. Menü ABSATZ aktivieren	[Alt]+[A]
3. Befehl »Gliederung/ Numerierung« wählen	[G]
4. Einstellungen vornehmen	z. B. Anklicken der Schaltfläche <Numerierung>
5. Befehl ausführen	[↵]

Das Ergebnis zeigt beispielhaft die im folgenden wiedergegebene Bildschirmanzeige (nach Umschaltung in den Layoutmodus):

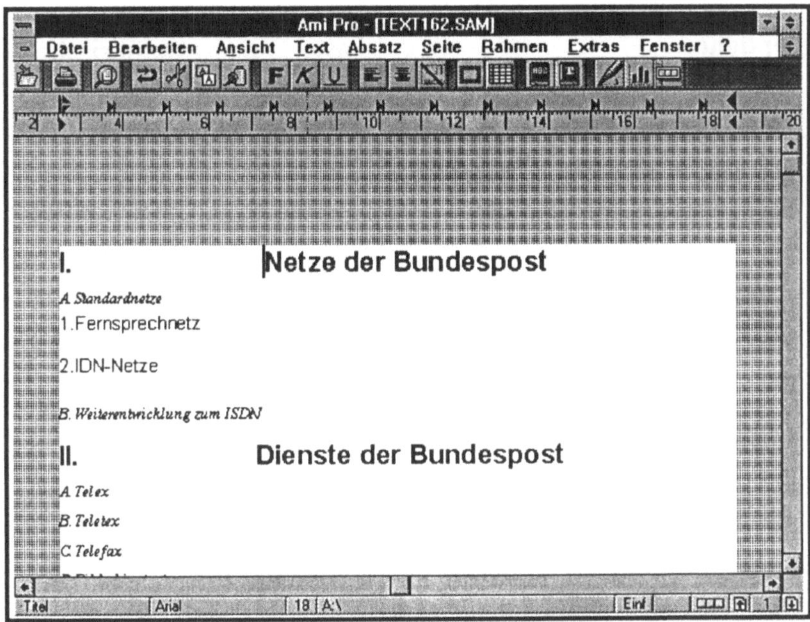

Bild 15-10: Automatisch numerierte Gliederung

Speichern Sie das Ergebnis nach Fertigstellung unter dem Dateinamen »Text152.SAM«.

15.2.3 Überarbeiten von Gliederungen im Text

Für das Bearbeiten von Texten ist es wichtig und interessant, daß man die Ansicht einer Gliederung ändern kann. Optionen, über die eine Gliederungsfunktion verfügt, sind etwa:

a) das Erweitern der Ansicht, um z. B. dazugehörigen Text anzusehen;

b) die Möglichkeit, Unterkapitel-Überschriften verschwinden zu lassen, um nur Hauptüberschriften zu betrachten. Dadurch kann etwa besser geprüft werden, ob eine Zuordnung auf einer richtigen Gliederungsstufe vorgenommen wurde.

Um im Gliederungsbildschirm unterschiedlich genaue Anzeigen zu einer Überschrift zu realisieren, gibt es folgende Optionen nach Ansteuerung der Überschrift:

Optionen	Taste im numerischen Block oder Funktionstaste
Überschrift reduzieren (Ausblenden der niedrigeren Überschriftsebene und des Textkörpers)	- (kleines (Minuszeichen)
Verdeckt werden alle untergeordneten Textstellen des Absatzes, in dem sich die Einfügemarke befindet	− (großes Minuszeichen)
Überschrift erweitern (Anzeige der nächstniedrigeren Überschriftsebene)	+ (kleines Pluszeichen)
Jede untergeordnete Textstelle des Absatzes wird angezeigt, in dem sich die Einfügemarke befindet	+ (großes Pluszeichen)
Überschrift global erweitern (Einblenden aller untergeordneten Überschriften)	*

Aufgabe: Testen Sie die Befehlsschaltflächen anhand der zuletzt erstellten Gliederung aus!

Unter Nutzung der Gliederungsfunktion können Dokumente außerdem schneller und effizienter bearbeitet werden. So ist es lediglich erforderlich, die Gliederungspunkte zu verschieben. AMI PRO sorgt dann automatisch dafür, daß auch alle untergeordneten Überschriften und der dazugehörige Text mit verschoben werden.

15.3 Inhaltsverzeichnis erstellen

In engem Zusammenhang mit der Gliederungsfunktion steht das Erstellen von Inhaltsverzeichnissen. Mit dieser Funktion können Sie die Einträge für ein Inhaltsverzeichnis in Form von Kapitelüberschriften aus dem dazugehörigen Text erfassen und ordnen.

Programmtechnisch kann diese Option in der Textverarbeitung in der Form realisiert werden, daß die Überschriften der einzelnen Kapitel und Unterabschnitte eines Textdokumentes - während des Schreibens oder nachträglich - markiert werden. Aus diesen Angaben kann das Programm dann automatisch ein Inhaltsverzeichnis erstellen. Unterschiede weisen die angebotenen Programme in der Praxis bezüglich der Anzahl der vorhandenen Gliederungsebenen sowie hinsichtlich der Numerierungsmöglichkeiten (Zahlen- und Buchstabenkombinationen) auf.

15.3.1 Inhaltsverzeichnis auf der Basis von Gliederungsüberschriften

Am einfachsten ist es, auf der Basis der Gliederungsüberschriften ein Inhaltsverzeichnis zu erstellen. Dazu müssen Sie nach Aufruf der Datei, in der die Gliederung enthalten ist, den Cursor zunächst an den Textanfang setzen und den Layoutmodus wählen. Danach ist aus dem Menü EXTRAS der Befehl »Inhaltsverzeichnis,Index« zu wählen. Nach Einstellung der Option wird dann automatisch das Inhaltsverzeichnis mit den zugehörigen Seitennummern erzeugt.

15.3.2 Einträge für ein Inhaltsverzeichnis kennzeichnen

Bisher haben Sie kennengelernt, wie AMI PRO aus einer Gliederung ein Inhaltsverzeichnis erzeugt. Alternativ oder ergänzend ist es auch möglich, einen Eintrag für ein Inhaltsverzeichnis aus ausgewähltem Text zu erstellen.

Aufgabe: Inhaltsverzeichnis durch Textmarkierungen erstellen

Aktivieren Sie den bereits erstellten Text mit dem Dateinamen »Text41.SAM«. Fügen Sie aus Übungsgründen am Anfang des Textes zunächst die Überschrift »Textverarbeitung im Wandel der Zeit« ein.

Nehmen Sie danach folgende Markierungen zur Erstellung eines Inhaltsverzeichnisses vor:

⇨ Die eingefügte Überschrift »Textverarbeitung im Wandel der Zeit« soll als Hauptüberschrift gelten (= 1. Ebene).

⇨ Positionieren Sie danach den Cursor vor den 2. Absatz, schreiben Sie das Wort »Texteingabe«, markieren Sie dieses Wort, und ordnen Sie dies der 2. Überschriftsebene zu.

⇨ Positionieren Sie danach den Cursor auf der 4. Seite des Dokuments vor dem 2. Absatz, schreiben Sie das Wort »Textbearbeitung«, markieren Sie dieses Wort, und ordnen Sie dies ebenfalls der 2. Überschriftsebene zu.

Erstellen Sie danach ein Inhaltsverzeichnis, und speichern Sie das Ergebnis unter dem Dateinamen »Text153.SAM«.

Bevor das eigentliche Verzeichnis erstellt werden kann, müssen zunächst in dem Text die Textstellen als entsprechende Einträge gekennzeichnet werden. Aktivieren Sie zunächst das Dokument, für das Sie ein Inhaltsverzeichnis erstellen wollen. Danach ist in folgender Weise vorzugehen:

⇨ Markieren Sie den Textabschnitt, aus dem ein Inhaltsverzeichniseintrag erstellt werden soll

⇨ Wählen Sie das Menü BEARBEITEN und hier den Befehl »Text markieren«.

⇨ Wählen Sie »Inhaltsverzeichniseintrag«. Ergebnis ist die folgende Bildschirmanzeige:

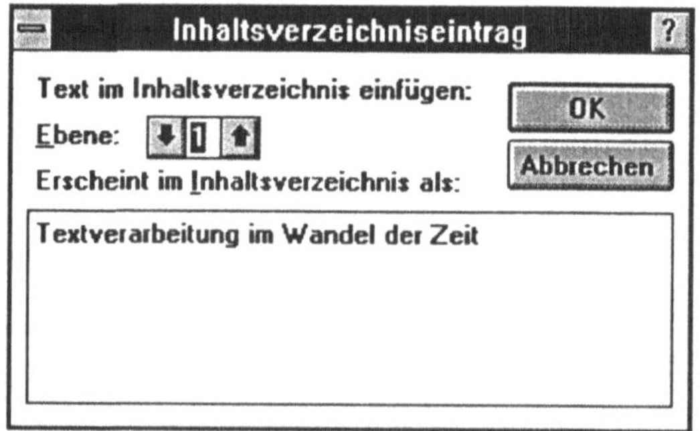

Bild 15-11: Dialogfeld»Inhaltsverzeichniseintrag«

Sie können jetzt die Inhaltsverzeichnisebene für den Eintrag festlegen. Dies ist im Beispiel zunächst die 1. Ebene, später die 2. Ebene. Möglich sind bis zu 9 Ebenen.

Darunter wird der im Inhaltsverzeichnis erscheinende Text angezeigt.

✏ Eine Rückkehr zum Dokument erfolgt, wenn Sie <OK> wählen.

Führen Sie die drei gewünschten Inhaltsverzeichnis-Eintragungen durch.

15.3.3 Zusammenstellen des Inhaltsverzeichnisses

Um nun aufgrund der im Text vorgenommenen Kennzeichnungen ein Inhaltsverzeichnis zu dem Dokument zu erstellen, müssen Sie das Menü EXTRAS aktivieren und hier die Option »Inhaltsverzeichnis, Index« aufrufen.

Wenn Sie dann das Optionsfeld »Inhaltsverzeichnis« einschalten, müssen Sie den Namen für die Ausgabedatei angeben. Ansonsten wird das Inhaltsverzeichnis an den Anfang des aktuellen Dokuments automatisch eingefügt. Die Eintragung kann zum Beispiel wie folgt aussehen:

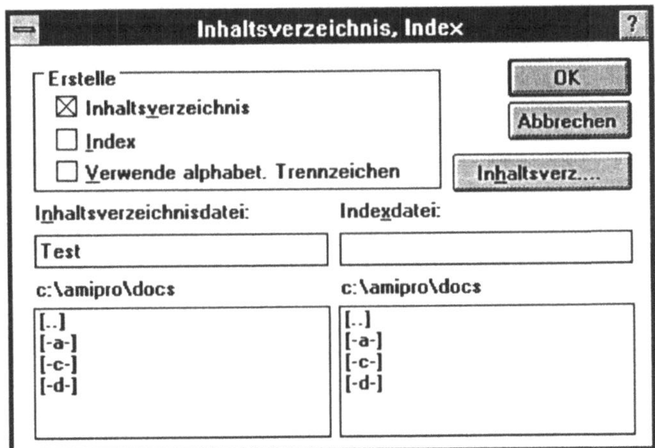

Bild 15-12: Inhaltsverzeichnis erstellen

Die Art der Formatierung des Verzeichnisses kann durch entsprechende Angaben für Layoutänderungen beeinflußt werden. Klicken Sie dazu die Schaltfläche <Inhaltsverz..> an. Es ergibt sich folgende Anzeige:

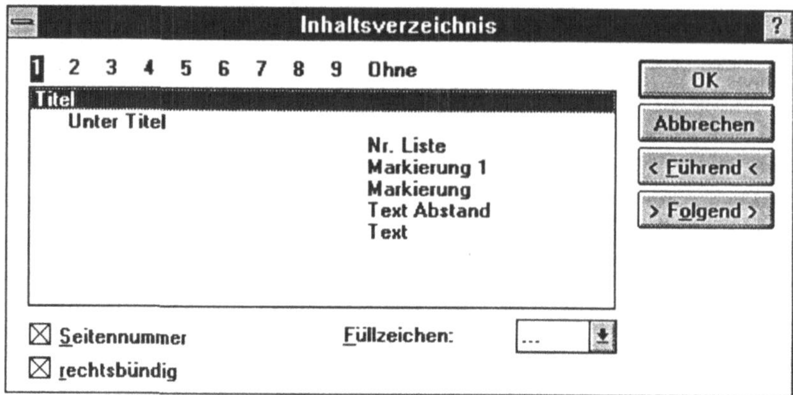

Bild 15-13: Inhaltsverzeichnis formatieren

So kann hier unter anderem festgelegt werden,

⇨ ob automatisch Seitenzahlen zuzuordnen sind oder

⇨ wie die Einträge von der Seitenzahl getrennt werden sollen.

Für das kleine Anwendungsbeispiel würde sich nach der Befehlsauslösung etwa die folgende Anzeige ergeben:

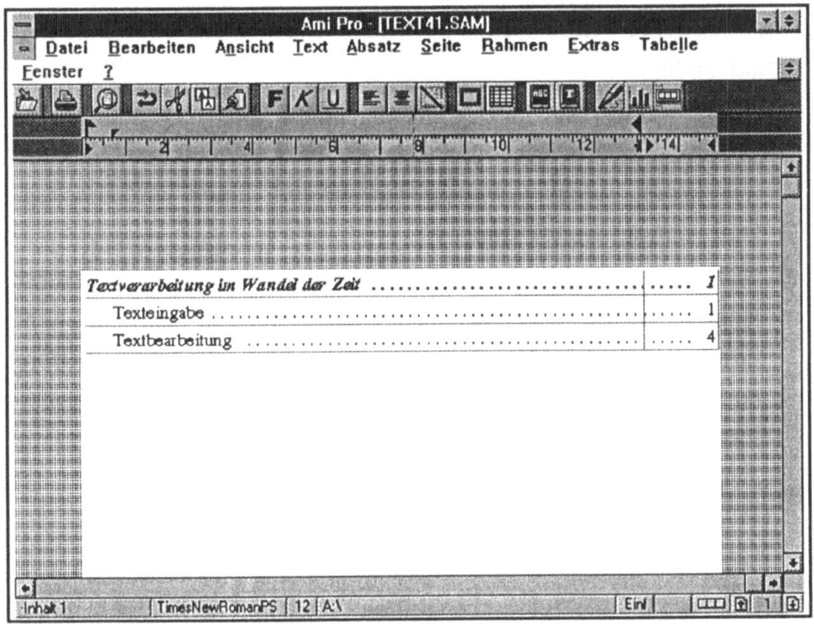

Bild 15-14: Erzeugtes Inhaltsverzeichnis

15.4 Stichwortverzeichnis erstellen

Gute Publikationen, die einen gewissen Umfang überschreiten, enthalten sinnvollerweise am Schluß ein Sachwortverzeichnis. Das Erstellen derartiger Verzeichnisse ist herkömmlicherweise recht aufwendig. So müssen zunächst nach Durchlesen des Textes die Stichworte mit den zugehörigen Seitenangaben herausgeschrieben werden. Anschließend sind die Stichworte dann in eine alphabetische Reihenfolge zu bringen.

15.4.1 Kennzeichnung von Indexeinträgen

In AMI PRO wird die Funktion für das Erstellen von Stichwortverzeichnissen **Indexfunktion** genannt. Unter einem Index wird dabei eine alphabetische Auflistung der festgelegten Wörter, Themen und Funktionen verstanden. Zu einem Indexeintrag gehören dann eine oder mehrere Seitennummern. Der Text, auf den durch die Indexeinträge verwiesen wird, wird **Indexreferenz** genannt.

Die Erzeugung eines Stichwortverzeichnisses kann mit AMI PRO grundsätzlich auf zwei verschiedene Arten erfolgen:

⇨ Sie erstellen die Indexeinträge, indem Sie das zugehörige Dokument aktivieren und hier die Textstellen kennzeichnen, auf die im Index verwiesen werden soll. Ihnen wird ein sog. Indexeintrag zugewiesen.

⇨ Alternativ können Sie zunächst auch eine Liste mit Indexeinträgen erfassen und diese Liste anschließend in das Dokument einfügen, auf das in den Indexeinträgen verwiesen werden soll. Mit Hilfe der Indexeinträge können dann die Indexreferenzen erstellt werden.

Aufgabe: Stichwortverzeichnis durch Textmarkierungen erstellen

Aktivieren Sie den bereits erstellten Text mit dem Dateinamen »Text153.SAM«, und erstellen Sie ein Stichwortverzeichnis mit folgenden Einträgen:

⇨ Markieren Sie auf der Seite 2 das Wort »Benutzer« und machen Sie daraus einen Indexeintrag.

⇨ Erzeugen Sie einen Indexeintrag aus dem Wort »Textverarbeitung« auf der Seite 3.

⇨ Erzeugen Sie einen Indexeintrag aus dem Wort »Textbearbeitung« auf der Seite 5 des Dokuments.

Fertigen Sie danach das Stichwortverzeichnis an.

Zur Erzeugung des Stichwortverzeichnisses aufgrund von Textstellen muß jeder Begriff des Dokumentes manuell als Indexeintrag markiert werden. Hierzu ist wie folgt vorzugehen:

⇨ Markieren des Indexbegriffes im Text; im Beispielfall zunächst den Begriff »Benutzer«

⇨ Menü BEARBEITEN aktivieren

⇨ Befehl »Text markieren« wählen

⇨ Option »Indexeintrag« wählen

Ergebnis ist die folgende Bildschirmanzeige:

Bild 15-15: Indexeintrag markieren

Aus der Bildschirmanzeige wird deutlich, daß nun im Textfeld »Primär« der zuvor markierte Text/Begriff angezeigt wird.

Alternativ kann auch eine Definition als Sekundäreintrag erfolgen. Dazu müssen Sie den Text im Textfeld »Primär« ausschneiden und anschließend im Textfeld »Sekundär« einfügen.

Schließlich können weitere Referenzoptionen eingestellt werden. Beispiele sind:

➪ Seitennummer: Ist das Optionsfeld »Seitennummer« eingeschaltet, wird beim Erzeugen des Stichwortverzeichnisses neben den Indexeintrag die Seitennummer dieser Referenz gesetzt.

➪ Andere: Schalten Sie dieses Textfeld ein, und nehmen Sie hier einen Eintrag vor, wenn hinter der Seitennummer zusätzlich Querverweise angezeigt werden sollen; beispielsweise »siehe« oder »siehe auch«.

Schließlich stehen verschiedene Schaltflächen für weitere Aktionen zur Verfügung. Durch Aktivierung der Schaltfläche <Markieren> können Sie beispielsweise bewirken, daß die im Dokument markierte Textstelle als Indexeintrag übernommen wird.

Führen Sie nun die Aufgabenstellung aus.

15.4.2 Zusammenstellung des Indexregisters

Um anschließend aufgrund der im Text vorgenommenen Indexeinträge ein Sachwortverzeichnis zu dem Dokument zu erstellen, muß das Menü EXTRAS aktiviert und hier der Befehl »Inhaltsverzeichnis, Index« gewählt werden. In dem dann angezeigten Bildschirm müssen Sie die Variante »Index« einschalten.

Über Angaben im Dialogfeld »Erstelle« kann außerdem eine gezielte Formatierung vorgenommen werden. Dann kann durch Aktivierung der Option »Verwende alphabet. Trennzeichen« festgelegt werden, daß die zugehörigen Einträge bei Ausgabe des Registers mit großen Anfangsbuchstaben erscheinen.

Vergeben müssen Sie außerdem einen Dateinamen unter der Rubrik »Indexdatei«. Im Beispielfall sollten Sie den Namen »Sachwort« vergeben, so daß das Dialogfenster in folgender Weise ausgefüllt ist:

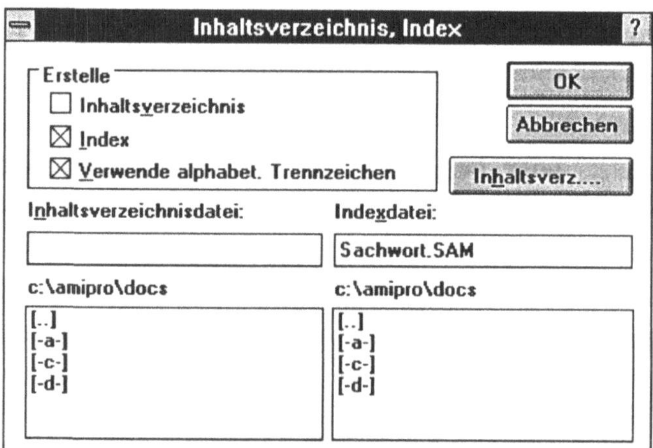

Bild 15-16: Inhaltsverzeichnis, Index

Nach Ausführung des Befehls erstellt AMI PRO automatisch das Sachregister mit alphabetischer Ordnung. Dabei werden gleichlautende Begriffe zusammengefaßt sowie die Seitenangaben zugeordnet.

Im Beispielfall der Testanwendung stellt sich das folgende Ergebnis ein:

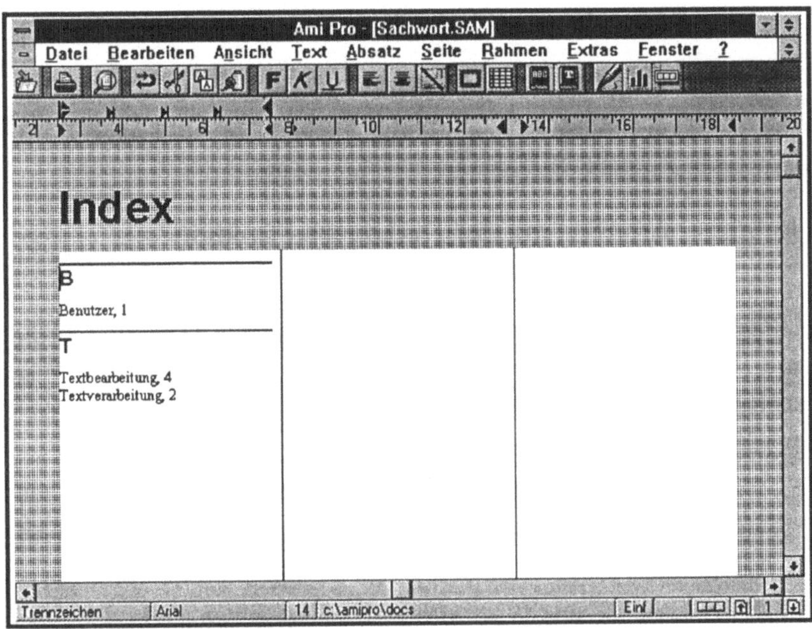

Bild 15-17: Stichwortverzeichnis

15.5 Thesaurus

Für das Konzipieren und Direkterfassen von Texten am Bildschirm kann der Zugriff auf ein Synonymlexikon von Vorteil sein. Manchmal fällt einem beim Konzipieren eines Textes nicht sofort das geeignete Wort ein, um einen speziellen Gedanken zum Ausdruck zu bringen. Außerdem entdeckt man mitunter, daß bestimmte Wörter zu häufig vorkommen. Um eine gewisse Eintönigkeit zu vermeiden, sollen Wiederholungen minimiert werden. Nicht immer ist dann ein Synonymwörterbuch griffbereit, mit dessen Hilfe man das passende Wort ermitteln könnte.

In diesen Fällen hilft die Thesaurus-Funktion des Programms AMI PRO weiter. Per Befehlswahl kann hier schnell Abhilfe geschaffen werden. Dabei wird auf ein deutsches Synonym-Lexikon zugegriffen, das sinnverwandte Wörter zu definierten Begriffen enthält (insgesamt steht ein Wortschatz von 1.400.000 Wörtern und etwa 40.000 Schlüsselwörter zur Verfügung). Mit dieser Hilfe können Sie sich für ein beliebiges Wort schnell ein Synonym-

Wort anzeigen lassen, das dieselbe oder eine ähnliche Bedeutung hat.

Um die Anwendung auszuprobieren, gehen Sie bitte analog der folgenden Aufgabe vor.

Aufgabe: Arbeiten mit der Thesaurus-Funktion

Öffnen Sie das Dokument mit dem Dateinamen »Text40.SAM«, und lassen Sie sich mögliche Variationen und Synonmye für verschiedene Wörter anzeigen. Lösen Sie dann die im folgenden vorgeschlagenen Aktionen aus:

a) Suchen Sie Synonyme für das Wort »Vorteil«. Suchen Sie aus der dann angezeigten Liste die Synonyme für das Wort »Trumpf«.

b) Markieren Sie das Wort »Praxis« in der ersten Zeile des dritten Absatzes, und lassen Sie sich Variationen und Synonyme für dieses Wort anzeigen. Ersetzen Sie das Wort durch den Begriff »Realität«.

c) Suchen Sie Synonyme für das Wort »Textgestaltung«, und verlassen Sie danach die Thesaurus-Funktion.

Um die Thesaurus-Funktion realisieren zu können, müssen Sie zunächst das gewünschte Dokument öffnen. Anschließend ist das Wort zu markieren, zu dem ein Synonym gesucht werden soll. Markieren Sie im Beispielfall nach Öffnen des Textes »Text40« zunächst das Wort »Vorteil« in der vierten Zeile des Textes. Wenn Sie nun das Menü EXTRAS und hier den Befehl »Thesaurus« wählen, ergibt sich das folgende Bild:

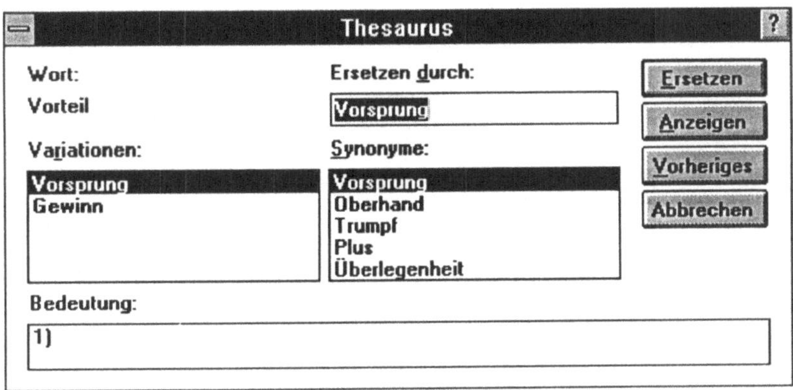

Bild 15-18: Anwendung von EXTRAS THESAURUS

Der Bildschirmausschnitt macht deutlich, daß Variationen und Synonyme zum Begriff »Vorteil« angezeigt werden. Es stehen dann - wie auch das Dialogfenster »Thesaurus« zeigt - verschiedene Optionen zur Wahl:

- ⇨ Ersetzen des Wortes;

- ⇨ weiteres Nachschlagen für ein beliebig einzugebendes Wort bzw. für ein angezeigtes Synonym (mit der Schaltfläche <Anzeigen>);

- ⇨ Mit <Vorheriges> können Sie das vorherige Wort und dessen Variationen, Synonyme und Begriffsbedeutungen wieder anzeigen.

- ⇨ Abbrechen der Option Thesaurus.

Im Beispielfall soll für das angezeigte Synonymwort »Trumpf« eine weitere Synonymliste angezeigt werden. Zu diesem Zweck muß durch Betätigen der entsprechenden Richtungstaste oder per Maussteuerung das gewünschte Synonym im Thesaurus-Bildschirm angesteuert werden. Anschließend ist das Schaltfeld <Anzeigen> zu wählen. Ergebnis:

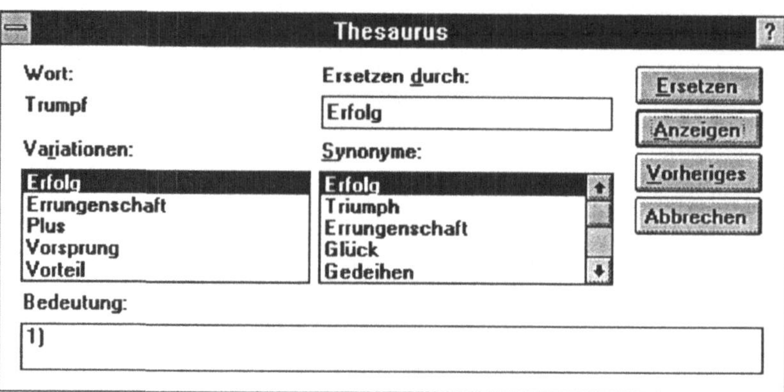

Bild 15-19: Anzeigen auslösen

Wir wollen nun die anderen Teilaufgaben der Beispielanwendung in Angriff nehmen.

In Teilaufgabe b) ist zunäcbt der Begriff »Praxis« in der ersten Zeile des dritten Absatzes anzusteuern. Nach Aufruf der Thesaurusfunktion erscheint unter »Variationen« unter anderem das Wort »Realität«. Dies ist nun mit der Richtungstaste im Thesaurus-Bildschirm anzusteuern oder per Mausklick zu markieren. Wenn anschließend das Schaltfeld <Ersetzen> gewählt wird, ersetzt das Programm die Markierung durch den gewählten Begriff.

In Teilaufgabe c) wird Ihnen für den Begriff »Textgestaltung« kein Synonymbegriff angezeigt. Das Programm reagiert dann in der Weise, daß der Hinweis erfolgt, daß das Wort »Textgestaltung« nicht im Thesaurus enthalten ist. Vergleichen Sie als Ergebnis den Bildschirm für den Beispielfall.

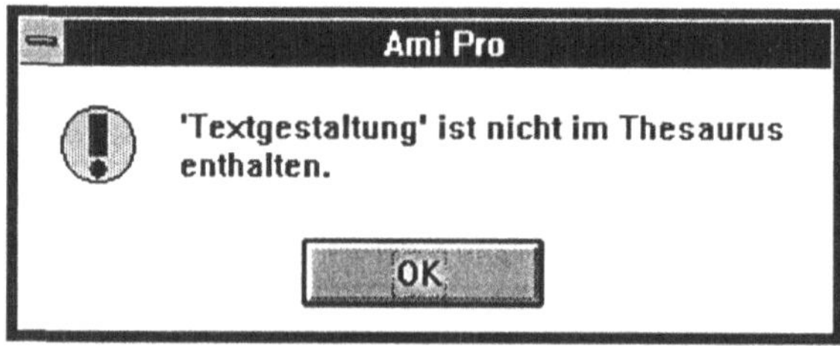

Bild 15-20: Anzeige bei nicht gefundenen Synonymen

Sachwortverzeichnis